普通高等教育"十一五"电子电气基础课程规划教材

电路分析基础教程

主　编　蒋志坚
副主编　李　慧　刘静纨　何伟良　王志秀
参　编　史晓霞　刘辛国　白连平

机 械 工 业 出 版 社

本书针对普通高等院校培养工程应用型人才的需求，组织不仅具有深厚的专业基础知识，而且具有丰富一线教学经验的教师队伍编写。本书的特点是：包含了电路理论的全部基本内容，并结合后续课程和教学改革，整合或简化了部分教学内容；基础理论部分的章节（如电路模型与电路基本定理）在讲明基本概念的同时，强调理论的系统性和理论的应用意义；其他章节或者按照思想方法编写（如电路的等效变换一章突出“等效”的思想方法、二端口网络分析一章突出“模块化”的思想方法），或者按照解决的工程问题编写（如正弦稳态电路和电路的暂态分析分属不同的工程问题），突出学习的目的性和针对性。本书的部分章节配备有相应的实验内容，并精选了适量的练习题，力求结构简明精练，难度适中，实用够用。

本书可作为全国普通高等院校本科电气与信息类专业电路理论课程的教材，也可供其他不同类型院校的师生参考。

图书在版编目（CIP）数据

电路分析基础教程/蒋志坚主编. —北京：机械工业出版社，2010.4（2011.6 重印）

普通高等教育“十一五”电子电气基础课程规划教材

ISBN 978-7-111-29858-8

Ⅰ.①电… Ⅱ.①蒋… Ⅲ.①电路分析-高等学校-教材 Ⅳ.①TM133

中国版本图书馆 CIP 数据核字（2010）第 030482 号

机械工业出版社（北京市百万庄大街 22 号 邮政编码 100037）

策划编辑：于苏华 责任编辑：于苏华 版式设计：霍永明

责任校对：陈立辉 封面设计：张 静 责任印制：乔 宇

三河市国英印务有限公司印刷

2011 年 6 月第 1 版第 2 次印刷

184mm×260mm · 17 印张 · 421 千字

标准书号：ISBN 978-7-111-29858-8

定价：29.00 元

凡购本书，如有缺页、倒页、脱页，由本社发行部调换

电话服务

社服务中心：（010）88361066

销售一部：（010）68326294

销售二部：（010）88379649

读者购书热线：（010）88379203

网络服务

门户网：http：//www.cmpbook.com

教材网：http：//www.cmpedu.com

绪　言

电容易变换、传输、控制，已经成为一种优越的能量形式和信息载体。关于电的各种理论和技术使人类文明飞速发展，特别是20世纪后半叶，电技术在各个领域取得了惊人的进展，各种新型电子元器件层出不穷，尤其是电子计算机的不断完善和广泛使用，推动着一场又一场的科技革命。无疑，在当今高新技术的各个领域里，有关电的理论和技术构成当之无愧的中坚。

电路是由电路元件连接而成的电流通路。电路也常被称为网络或系统。电的技术应用越广泛，电路也就越复杂。电路的物理尺寸相差巨大，横亘千里的电力网是一个大电路，而嵌刻在几平方毫米硅片上的集成芯片也是一个规模巨大的电路。电路的复杂程度不能以物理尺寸而论，就电路网络的复杂程度而言，精巧的集成芯片往往远超过物理尺寸庞大的电力网。

由于电技术的广泛应用和飞速发展，使得电路变得越来越复杂，由此催生了电路理论这门学科。电路理论主要用来分析电路中各部分电压与电流的关系。构成经典电路理论的基石主要有三部分：基尔霍夫定律、线性叠加原理、欧姆定律。当然，随着现代科技的深化，电路理论也在自我更新，引入了不少自动控制理论、网络图论、信号与系统等相关学科的研究成果，但电路理论最核心、最基本、最经典的部分没有变化。

电路理论是研究电路普遍规律的一门科学。其首要工作是建立电路模型，就是把实际电路的本质特征抽象出来，形成理想化电路。电路理论对实际电路进行了不少理想化处理。例如，假设连接导线没有电阻；开关是理想的；电路元件的特性单一，每个电路元件只存在一种特性；电流不存在“泄漏”或“存留”现象；电路元件存在所谓“线性”；电路元件的工作参数“时不变”；所研究的电路是“集总参数电路”（所谓集总参数电路是指相对其传输电信号的电磁波波长而言“尺寸短小，结构紧凑”）等。

《电路分析基础教程》，顾名思义是一本电路理论的入门教材，服务对象是普通高等院校、尤其是培养工程应用型人才的工科院校。本教材可作为电类专业重要专业基础课“电路原理”教学之用。通过对本教材的学习，可使学生掌握电路的基本理论、分析方法和实验技能。对于电类专业，电路理论是学生专业发展的看家本领，其中许多概念看似简单，真正透彻理解很难，熟练掌握基本的电路分析方法也必须下苦功。

本书追求如下特点：

1. 定位于普通高等院校应用型人才培养的教学需求，不追求“高大全”。编写内容首先不求“全”，**适用**、**实用**、**够用**、**好用**即可；不求“高大”，是考虑到所教学生并不是以电路理论为主修专业，因此编著重心回归电路理论经典内容。

2. 力争把书写“薄”。本书以经典电路基本理论为主，与其关系不密切的内容留给加强分流课程或后续课程（如自控理论、模拟电子技术、数字电子技术）；力求行文精练，空话少说。

3. 明确学习“重心”。教学要突出主要知识点和相应的工程背景，而不过分追求理论体系的完备性和推导的严密性；减轻对“知识”的要求，加强对“能力”的要求；重要的知识点一定掌握，次要知识点可轻松带过。

4. 风格追求“短平快”。编写单刀直入、开门见山，直接进入核心内容，不拖泥带水。

5. 结构追求“即学即练即会”。每章以重要的知识点和分析方法为核心组织教学内容，形成若干相对独立又紧密关联的小节模块。每小节后一般留有相应思考题，边学边思考，不积累旧账。思考题不难，老师可适当启发，减少学生的“失败”，强化学生的“成就感”。

6. 强调“目的”与“背景”。每次讲新的一节的内容时，应首先讲“背景”以及新内容和前面所讲内容的联系，再讲清本节内容的教学目的和预期效果，让学生学习新的内容时有目标、有希望、有信心、有动力。

7. 突出“电”与“路”：突出“电”，意思是必须讲清电磁量的物理变化过程，防止把电路原理讲成“高等数学”；突出“路”，则强调电路分析必须有个可视的“线路”或“图”作为依据，而不仅仅是抽象的公式。

8. 强调基本概念是第一位的，解题技巧是第二位的。

9. 概念的论述一定准确、明确，不能模棱两可。

10. 贯穿全书的是工程应用的思想，即“等效”、“模块化”、“近似简化”。告诉学生电路理论也许是完美的，但工程实际并不完美。为了解决实际工程问题，适当地简化和近似是必须的。

本书由来自北京多所院校的教学经验丰富的一线教师编写。其中，北京建筑工程学院蒋志坚教授任主编，负责制订了全书的写作框架和写作大纲，统一了写作风格，进行了全书的组织和统稿工作，同时编写了第1章、第2章和第8章二阶电路的暂态分析一节。北京服装学院的李慧副教授编写了第6章和第9章，北京信息科技大学的白连平教授百忙中友情相助编写了第8章，北京石油化工学院的王志秀老师编写了第3章（*的章节为选讲）。在此，对兄弟院校的大力支持表示诚挚地感谢。北京建筑工程学院“电路原理”课程建设组紧密团结，全体成员为编好本书付出不少辛劳。其中，刘静纨副教授编写第5章和第7章，何伟良高级实验师编写了与各章配套的典型实验内容，刘辛国副教授编写第10章，史晓霞老师编写了第4章。在此向所有参加本书编写的同志们表示衷心感谢！我坚信，虽然付出很大，但我们的编写工作很有意义，本书将以自身的特色为普通高等院校电类专业应用型人才培养提供一本好用、够用的“电路原理”课程教材。

北京建筑工程学院教授蒋志坚
2009年11月6日于北京

目　录

第 1 章　电路的模型与基本概念

【本章学习要点】

本章介绍实际电路，并从实际电路抽象出理想电路；论述电路的基本概念；建立理想化的无源元件、独立电源、受控源等电路模型；分析电路的功率问题。本章的目的是使同学们对电路理论有初步认识，并为本课程后续学习打下基础。

学习难点：参考方向；独立电源；受控源。

1.1　实际电路与理想电路

1.1.1　电路及其功能

实际电路是由若干电路器件连接而成的网络（因此又称电路为网络）。通过建立电路网络，人们主要达到两个目的，即**电能的处理与信号的处理**。

电路一般用电路图的形式表达。

完成电能处理功能的电路如图 1-1 所示，图中展示了一个远距离电力传输网络。网络中，发电机首先将其他形式的能量转换为电能，然后通过变压器升压，由输电线路将电能输送到目的地，再经变压器降压分配电能给各个用户。

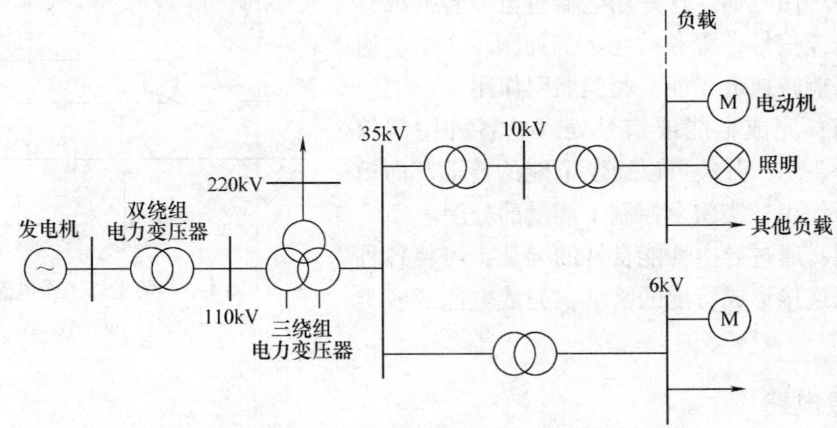

图 1-1　远距离电力传输网络

完成信号处理功能的电路例如图 1-2 所示，图中展示了一个智能楼宇控制网络。网络中，任何一个传感器发出警报或控制器发出指令，都会以某种电信号的形式瞬间传送到楼宇控制中心。注意，在该电路网络的工作过程中，**能量的处理微不足道，重要的是电信号中隐含的“信息”**。

1.1.2　电路的基本组成

实际电路一般由四部分组成：电源、负载、控制环节、连接导线。例如图 1-3 所示的荧

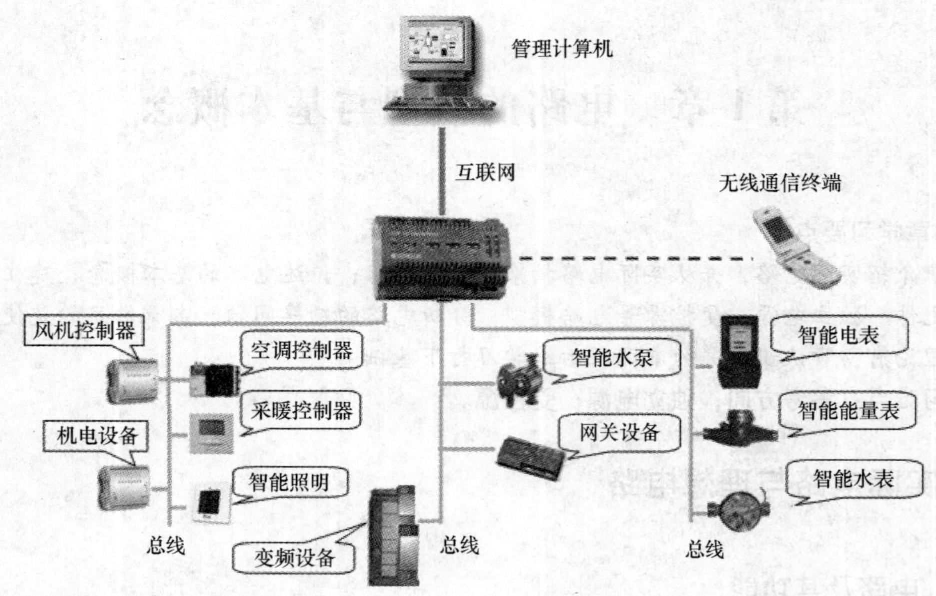

图 1-2 智能楼宇控制网络

光灯工作电路，该电路由 220V 交流电源、荧光灯管、开关与镇流器、连接导线组成。

其中：

电源：为电路提供能量或信号的装置。例如生活中随处可见的 220V 交流电源、干电池、可充电电池等，这些电源为千家万户提供了便捷的电能。

负载：各种用电器。这些用电器将电能转换成其他形式的能量或信号，服务社会。例如图 1-3 中，通过荧光灯将电能转换成光能，起到照明作用。

控制环节：完成电能或信号处理的各种中间控制。例如图 1-3 中，开关可以通断电能的传输；而镇流器起到分压作用，实质上控制了能量的分配。

连接导线：通过导电性能良好的导线，可将各种电路元件相互连接形成特定的网络，完成电能或各类信号的传输。

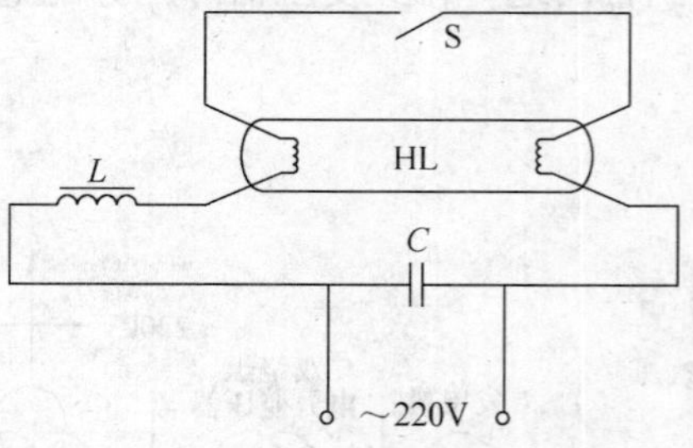

图 1-3 荧光灯工作电路

1.1.3 理想电路

以上初步介绍了实际电路。但要深入系统地分析实际电路，却存在巨大困难。主要问题是：组成电路的各个部分都存在不同程度的“不精确性”。例如，连接导线存在电阻，有长度和截面积的使用限制；开关闭合时存在电阻，断开时有漏电现象；电路元件存在复合特性，被称为电阻器的电路元件可能还有电容或电感的性质；等等。

为精确分析和设计电路，电路理论对实际电路进行了如下理想化处理：

1）**连接导线是理想的**：导线没有电阻。导线是“柔性的”，可以任意变形，可长可短，甚至缩为一个连接点。

2）**开关是理想的**：开关闭合时其两个连接端子之间的电阻为零，断开时电阻无穷大。

3）**电路元件的特性单一**：每个电路元件只存在一种特性，比如电阻器只存在电阻特性；电容器只存在电容特性；电压源只存在独立的电压特性；等等。

4）**电流不存在“泄漏”或“存留”现象**：相似于日常生活中密封的自来水管路，电路是严格“封闭”的，其中电流按照设计的线路流动，不存在任何“泄漏”或“存留”。

5）**电路元件存在“线性”**：所谓“线性”有两方面含义。其一，电路元件的特性呈现某种简单的比例关系，如电阻器的电压与电流成正比、电容器的存储电荷与两端电压成正比等；其二，电路元件的工作电压或工作电流遵循所谓“叠加原理”和“齐性原理”（详见第 2 章内容）。

6）**电路元件的工作参数“时不变”**：当某些电路参数随时间变化时，所分析的电路就叫“时变”电路。本书假设电路元件的参数，如电阻器的电阻、电容器的电容都不随时间变化。

7）**电路处理或产生的信号具有模拟与连续的特征**：图 1-4 所示为模拟连续、模拟离散、模拟离散量化、数字化四种不同形式的信号。一般情况下，本书所述理论仅能解决第一种类型的信号问题。

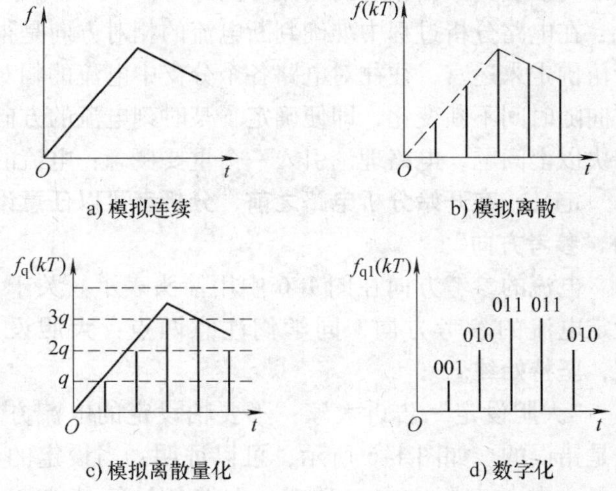

图 1-4　不同形式的信号

8）**电路空间尺寸相对短小，结构集中紧凑**：就是说电路可以集中在一个体积相对较小的“黑匣子”里，叫做“**集总参数电路**”。注意：这里所说的“尺寸短小，结构紧凑”是相对于电源发出电信号的电磁波波长而言的。在发出信号的工作频率较低时，由于电磁波波长很长，电路分布在几公里的范围内也算“集中紧凑”。但对高频信号，由于电磁波波长很短，电路分布在几厘米的范围内也难称“集中紧凑”。

本书分析的电路都进行了如上理想化处理。实际的电路并不理想，例如实际电路元件一定程度上都是非线性的；在高频电路中，当电路的尺寸相对较大、参数分布相对分散，电流将出现一定程度的“泄漏”。分析这类实际电路时，本书讲解的电路理论将无法精确解决问题。这时必须学习新的、更高层次的课程。

【每节思考】

1. 电路具有电能处理功能或信号处理功能，分别就每种情况举两个实例。
2. 讨论一下对理想导线“柔性”的理解。
3. 讨论采用不理想的开关“通”、“断”电路会出现什么后果？画出实际开关等效电路。

1.2　电路的基本概念

本节介绍几个电路理论的基本概念，以便为后续学习打好基础。

1. 电流及其参考方向

如图1-5所示，在导体中电荷的定向移动形成电流。表征电流强弱的物理量称为电流强度，简称“电流”，用符号 i 表示，基本单位为A（安培）。

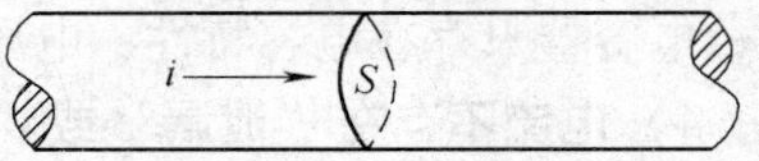

定义：**电流是通过某导体横截面 S 的电荷对时间的变化率。**

图1-5 电流

公式表达为

$$i=\frac{\mathrm{d}q}{\mathrm{d}t}$$

显然，电流有方向和强弱的不同。现代科学确定，在金属导体中带负电荷的自由电子流动的方向才是电流的真实方向。但由于历史原因，人们**习惯约定：正电荷的流动方向为电流方向**。其实，在工程实际中确定电荷流动的“真实方向”意义不大，只需根据大家公认的标准，准确判断出相对的电流方向即可。

在电路分析过程中准确判断电流的相对方向是很困难的。首先实际电路网络复杂，分析者仿佛走入迷宫，往往对电路各个分支中电流的相对方向很难把握。其次，某些电路的电流方向随时间不断变化，即便确定了某时刻电流的方向，但另一时刻，电流方向又改变了。为解决以上问题，电路理论引入一个重要概念：电流的“**参考方向**”。

定义：**在开始分析电路之前，分析者可以任意设定电路各个分支的电流方向，叫做电流的“参考方向”**。

电流的参考方向在图1-6中用箭头表示。关于设定电流的参考方向，同学们注意两点：**大胆设定，坚持始终**。

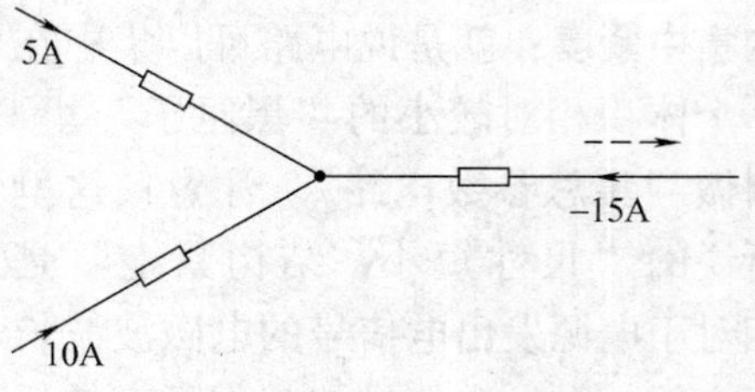

图1-6 电流的参考方向与实际方向

“大胆设定”告诉大家：不要怕设定的电流方向是错误的。如图1-6所示，可以证明：当设定的参考方向与实际方向一致时，电流的计算值为正数；当电流的计算值为负数时，电流的实际方向（虚线所示）将与设定的参考方向相反；分析结束，结合参考方向和计算值的正负，总可以准确判断电流的实际方向。“坚持始终”告诫大家：分析开始前确定的电流参考方向，在分析过程中不要改变。因为随意改变电流参考方向，可能使电路方程出现错误。

2. 电压及其参考方向

定义：在电路中，把单位正电荷 q 从a点移动到b点电场力所做的功 w 定义为a、b两点之间的电压。用符号 u_{ab} 表示，基本单位为V（伏特）。

电压的强弱可用公式表达为

$$u_{\mathrm{ab}}=\frac{\mathrm{d}w}{\mathrm{d}q}$$

电压表达了电场力将电荷移动的能力。电压有方向，在图1-7中用 ± 表示两端电压的参考方向，其中“+”号表示电压的高端，“-”号表示电压的低端。电荷总是被电场力从高端移动到低端，此间由于做功，电场能量下降。

由于与电流相似的原因，电路分析过程中很难准确判断电压的实际方向。为此，电路理论引入重要概念：电压的“**参考方向**”。

定义：**在开始分析电路之前，分析者可以任意设定电路两点之间电压的方向，叫做电压的“参考方向”**。

设定电压的参考方向同样要注意两点：**大胆设定，坚持始终**。

不要怕设定的电压方向是错误的。因为可以证明（见图 1-7）：当设定的参考方向与实际方向一致时，电压的计算值为正数；而当设定的参考方向与实际方向相反时，电压的计算值为负数；计算数据的正负有神奇的方向自动纠错的能力。

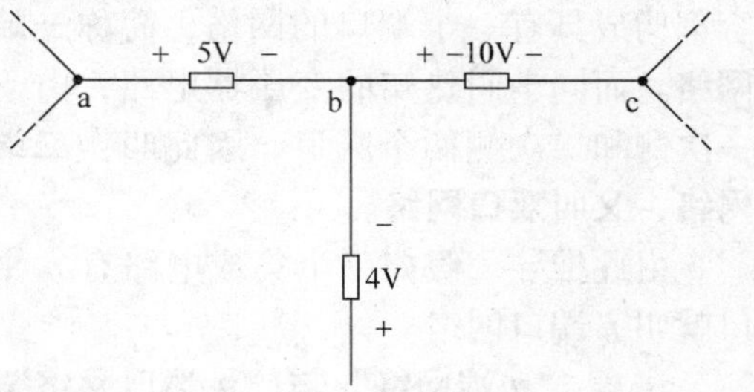

图 1-7　电压的参考方向与实际方向

3. 电动势

定义：**在电源内部非静电力作用下，单位正电荷从电源负极 b 移动到电源正极 a 所做的功，定义为该电源的电动势**。用符号 e_{ba} 表示，基本单位为 V（伏特）。

电动势的强弱用公式表达为

$$e_{ba}=\frac{dw}{dq}$$

相似于电压，电动势也有方向，如图 1-8 所示。

表面看，电动势与电压的公式相同，**但实质上电动势与电压是截然不同的两个概念。它们有如下几点本质差异**：

1）电压表示电场力对电荷做功，而电动势则表示电源提供的某种外力（如化学力、机械力）对电荷做功。

2）正常情况下电压驱使电荷运动使电场能量不断下降，故**电压又被称为“电压降”**；相反，电动势驱使电荷运动使电场能量不断上升，故**电动势又被称为“电压升”**。所以，本质上**两者（做功）方向相反**，在图 1-8 所示的参考方向下，显然有表达式 $u_{ab}=e_{ba}$。

3）电动势是电源独有的概念，但电压的概念适用于电路任何部分（包括电源）。

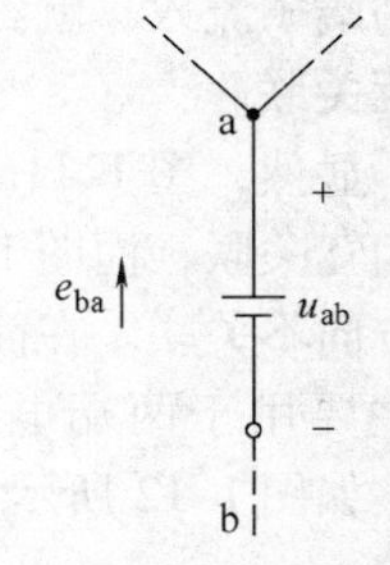

图 1-8　电动势的方向

4. 端口

随着电路结构日益复杂，人们发明了集成电路。所谓集成电路就是把具有特定功能的复杂电路用绝缘材料“封装”起来，仿佛装入一个不透明的“黑匣子”。使用者无法了解（大多数情况下也没必要了解）其中具体的电路构成。“黑匣子”中的电路与外界仅仅通过若干连接点相互联系，这些连接点叫做端子或接线端。通过这些端子，人们可以使用或分析集成电路。图 1-9 所示为一个典型的大规模集成电路：MCS51 单片计算机。它有 40 个引脚，也就是说这个“黑匣子”对外有 40 个联络端子。

图 1-9　MCS51 单片计算机

***n* 端网络的定义**：如图 1-10 所示，如果一个集成电路对外有 n 个联络端子，该集成电路就叫 n 端网络。图 1-9 所示的单片计算机就是一个 40 端网络。

“端口”的定义：如图 1-10 所示，如果 n 端网络的一对端子满足条件 $i=i'$，**即从一个端子流进的电流等于从另一个端子流出的电流**，则这对端子就构成观测或联络网络内部的一个“端口”。显然，图中①－②、③－⑦端子构成端口。

端口的概念十分重要，如果要分析封装在“黑匣子”里的集成电路，则每一个端口都可以形象比喻成人们从外界观测或联络集成电路的“窗口”。

任何两端电路元件或电路，如电阻、电容都构成具有一个端口的网络，简称**一端口网络**。而同学们熟知的变压器电路，由于有一次侧和二次侧两个端口，因此叫做**二端口网络，又叫双口网络**。

由此推导，假如一个集成电路有 n 个端口就叫 n 端口网络。

注意：**“n 端网络”与“n 端口网络”根本不是一个概念**。n 端网络只是说明某集成电路对外有 n 个联络端子或引脚而已，意义不大。但是 n 端口网络表明某集成电路对外有 n 个观测或联络的“窗口”，意义重大。

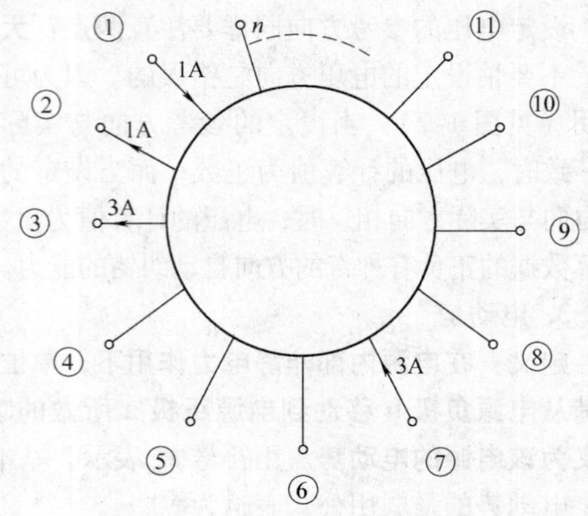

图 1-10　端口的概念

5. 关联参考方向

参考方向关联的定义：**设定某端口的电压与电流的参考方向，假如电流从某端口电压为正的端子流入，就约定该电流与该电压的参考方向相互关联。**

显然，图 1-11a 所示端口的电流与电压参考方向相互关联，而图 1-11b 所示端口的电流与电压参考方向不关联。在简单情况下，关联参考方向的概念主要用于两端电路元件，如电阻、电容、电感等，如图 1-12 所示。

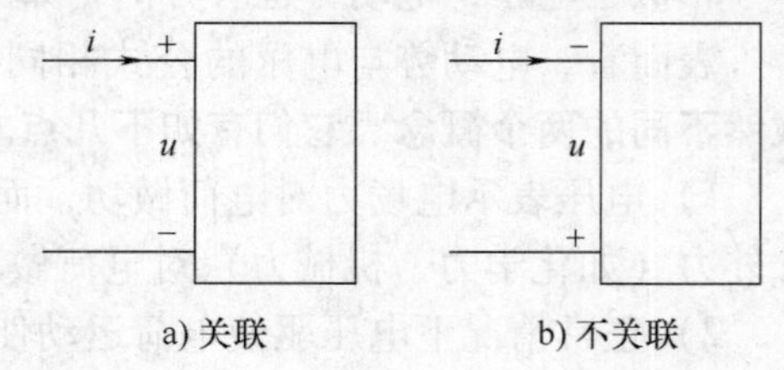

图 1-11　端口的关联参考方向

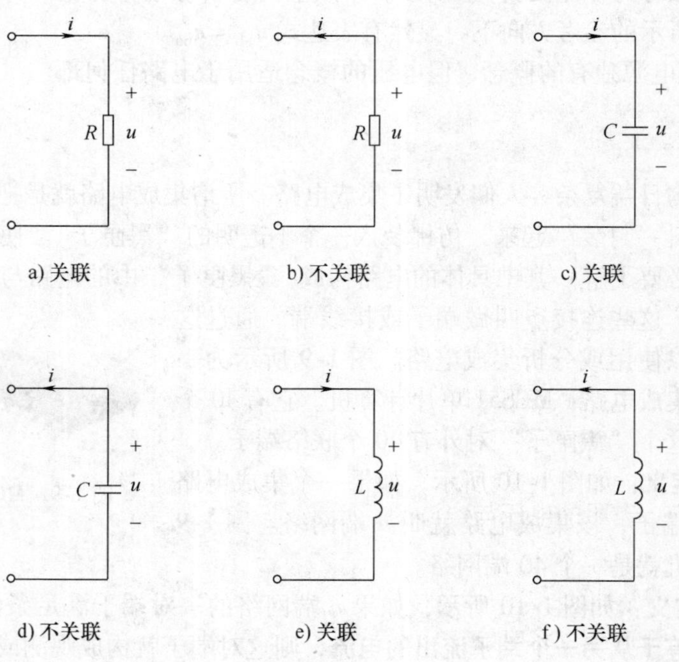

图 1-12　两端器件的关联参考方向

关联参考方向的概念在后续内容中成为一种不言而喻的约定，同学们一定要明白。

【每节思考】

1. 总结如何根据电流（或电压）的参考方向，结合计算数据的正负，判断电流（或电压）的实际方向。
2. 分析集成电路时，两个端子构成端口的条件是什么？谈谈你对“端口”重要性的认识。
3. 在电路中，电压和电流参考方向相互关联的条件是什么？相互关联的约定仅限于电阻、电容这类两端电路元件吗？

1.3 无源元件的理想模型

在大学物理课程中，同学们已经明确了电阻、电感、电容等参数的物理概念。其中：电阻体现了电路元件将电能消耗，并转换成其他形式能量（如热能）的特性；电感与电容则体现了电路元件将电能以电磁场的形式存储交换的性质。实际电路元件往往兼有电阻、电感、电容的特性。本节将这些特性分别考虑，形成三个理想的电路元件模型：电阻器、电容器、电感器，以下简称为电阻、电容、电感。由于这三个电路元件共同的特点是不能为电路提供能量，故统称“无源”元件。

1.3.1 电阻

电路中，只有电阻可将电能消耗，并且不可逆转地转换成其他形式的能量。在生活中，电暖器与白炽灯都是电阻的实例，它们的主要作用是将电能转换成热能或光能。

理想电阻的图形符号如图1-13a所示，有如下基本性质。

当电阻的电压 $u(t)$ 与电流 $i(t)$ 选取“**关联参考方向**”时，两者成正比，比例系数为**正实数**，符号为 R。

公式表达为

$$R=\frac{u(t)}{i(t)} \tag{1-1}$$

称为欧姆定律，电阻值 R 的基本单位为 Ω（欧姆）。

电阻的基本性质可用 u—i 关系曲线表达，如图1-13b所示。

电阻的倒数定义为电导，符号为 G，基本单位为 S（西门子）。有关系

$$G=\frac{1}{R}$$

如图1-14所示，电路分析时电阻的电压与电流一般选取关联参考方向（约定）。当然也可以选取“非关联参考方向”，如图1-14b所示。但这时式（1-1）中将多出一个负号，似乎出现了所谓“负阻”现象。事实上作为无源元件，电阻的阻值只能是正实数，**不可能出现“负阻”**。但公式中多出的“-”号如何解释？唯一的可能就是电阻的电压或电流的参考方向中有一个与实际方向相反，分析结果将出现负数。负负相抵消，式（1-1）的关系其实没变。

以上分析得出：**电阻的电压与电流的实际方向总是“关联”的。**

1.3.2 电容

在电路中，只有电容可将电能存储或交换为电场能量。

在生活中，稳压电源的电解电容、电风扇的起动电容都是电容的应用实例，它们利用电

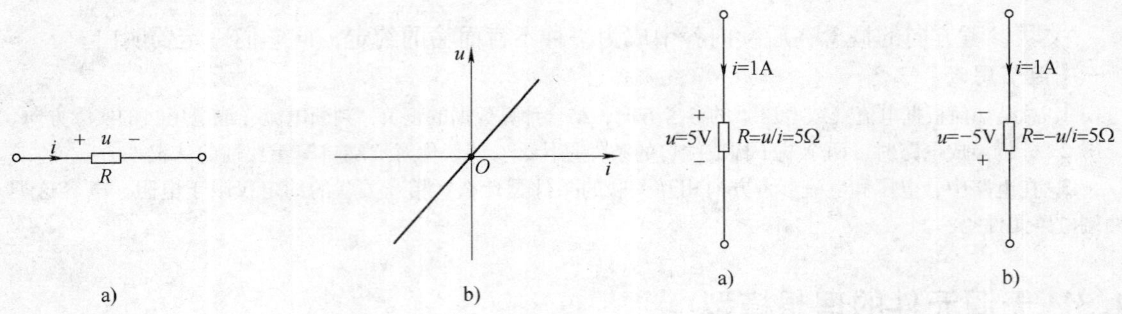

图 1-13　电阻的图形符号及其基本性质　　图 1-14　电阻的关联性质

容存储或交换的电场能量，达到稳定输出电压或提供风扇电动机初始起动能量的作用。

理想电容的图形符号如图 1-15a 所示，有如下基本性质：

电容存储的电荷 $q(t)$ 与两端电压 $u(t)$ 成正比，比例系数为正实数，符号为 C，C 的基本单位为 F（法拉）。

公式表达为

$$C = \frac{q(t)}{u(t)} \tag{1-2}$$

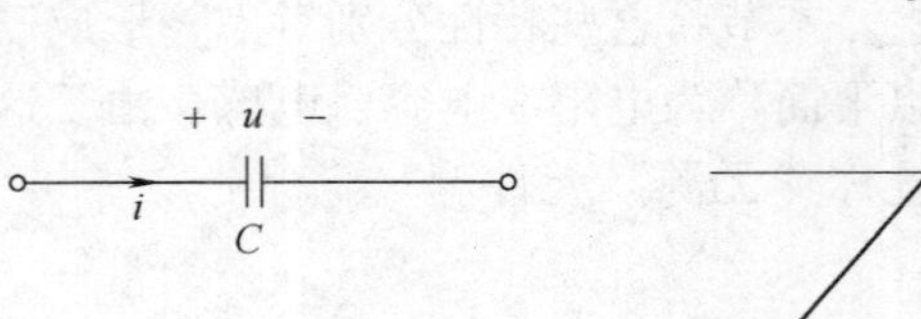

图 1-15　理想电容的图形符号及其基本性质

电容的 q—u 关系曲线如图 1-15b所示。由式（1-2），假如电容两端的电压随时间变化，则电容存储的电荷也会随时间而变。因为电流是电荷的变化率，有如下性质：**流经电容的电流与其两端电压的变化率成正比**。

用公式表达为

$$i(t) = \frac{\mathrm{d}q(t)}{\mathrm{d}t} = C\frac{\mathrm{d}u(t)}{\mathrm{d}t} \tag{1-3}$$

式（1-3）中约定：**电容的电压与电流选取“关联参考方向”**。

1.3.3　电感

在电路中，只有电感可将电能存储或交换为磁场能量。

在生活中，稳压电源的变压器是电感典型应用实例。变压器利用电感存储的磁场能量作为交换中介，可以实现两个完全分离电路的能量或信号传输。

理想电感的图形符号如图 1-16a 所示，有如下基本性质。

在理想电感的磁场中，磁链 $\psi(t)$ 与电流 $i(t)$ 成正比，比例系数为正实数，符号为 L，L 的基本单位为 Wb（韦伯）。

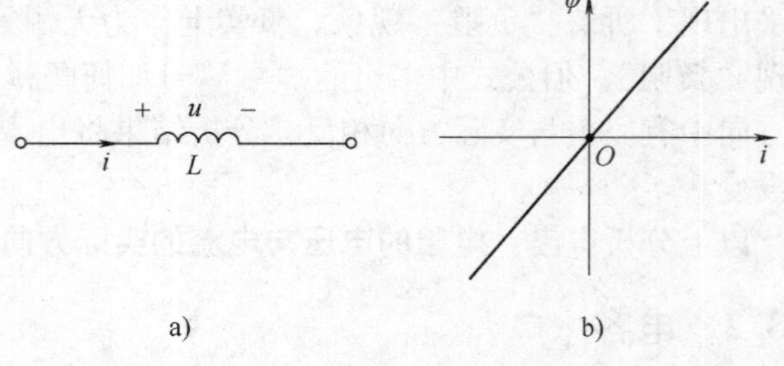

图 1-16　理想电感的图形符号及其基本性质

公式表达为

$$L=\frac{\psi(t)}{i(t)} \tag{1-4}$$

电感的 ψ—i 关系曲线如图 1-16b 所示。由式（1-4），假如电感电流随时间变化，则电感磁场的磁链也会随时间而变。由电磁感应定律，当磁场变化时，电感内部便会产生感应电动势 $e_L=-\frac{d\psi(t)}{dt}$。

结合式（1-4），考虑到电感内部的感应电动势 $e_L(t)$ 与其两端电压 $u_L(t)$ 方向相反，推导出如下性质：**电感两端电压 $u_L(t)$ 与流经电流 $i(t)$ 的变化率成正比**。

用公式表达为

$$u_L(t)=\frac{d\psi(t)}{dt}=L\frac{di(t)}{dt} \tag{1-5}$$

式（1-5）中约定：**电感的电压与电流选取“关联参考方向”**。

【每节思考】

1. 讨论如下论断：“电路中，只有电阻可将电能消耗，并且不可逆转地转换成其他形式的能量。”

2. 假如电路中电压与电流都恒定不变，分析电容中电流和电感两端电压。这时两种电路元件分别相当于什么工作状态？（提示：短路？开路？通路？）

3. 证明：电阻的电压与电流的实际方向总是“关联”的。分析一下，电容与电感有此特点吗？

1.4 独立电源模型

在实际应用中，必须有化学电池、发电机组、太阳能电池板、信号源等装置为电路提供能量或信号，从而激活电路。这类装置叫做“电源”，又称“激励”。由于这类电源的主要特性基本不受相连电路的影响，因此称之为独立电源。本节讨论独立电源的理想模型，分为独立电压源和独立电流源两种。

1.4.1 独立电压源

独立电压源的图形符号如图 1-17a 所示，其特点是：电源两端的电压有其独立的内部变化规律，不受外连电路的影响。由此得出以下重要性质：**独立电压源两端的电压 $u_s(t)$ 与流经电流 $i(t)$ 的大小、方向皆无关**。

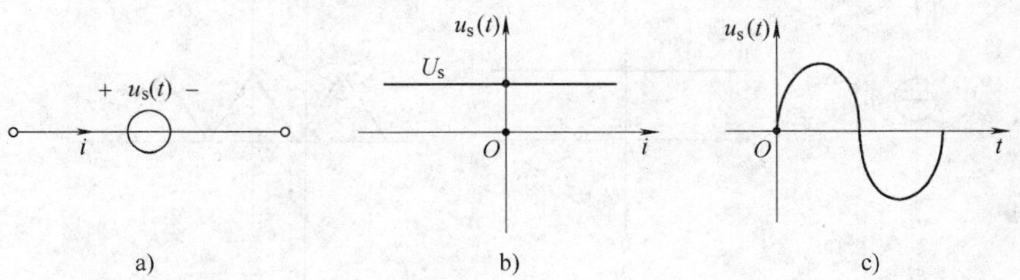

图 1-17 独立电压源的图形符号及其重要性质

在生活中，电池是独立电压源的一个实例。电池将其中存储的化学能转换为电能，理想情况下，电池内部的化学转换过程与外连电路毫无关系。其 u—i 关系曲线如图 1-17b 所示。两端电压 $u_s(t)$ 为恒定值，与电源的电流 $i(t)$ 无关，与时间 t 也无关，一般用大写 U_s 表示。

正弦交流电源是独立电压源的又一个实例。其 u—t 关系曲线如图 1-17c 所示。两端电压 $u_s(t)$ 随时间 t 呈现正弦变化规律，但注意：两端电压函数 $u_s(t)$ 与流经电源的电流 $i(t)$ 却没有关系！

例 1-1 假如有理想直流电压源，其为电压 12V，分析图 1-18 所示各种情况下该电源的两端电压。

解 在图 1-18a 情况下，由于电源开路，输出电流 $i(t)=0$，电源两端电压 $u_s(t)=12V$。

在图 1-18b、c 情况下，虽然输出电流由 $i(t)=5A$ 变为 $i(t)=10A$，但电源两端电压 $u_s(t)=12V$ 不变。

在图 1-18d 情况下，输出电流 $i(t)$ 方向变反，说明电压源并没有输出电流和功率，反而是外连电路正在向电源输入电流和功率，发生了所谓“充电”现象。即便如此仍有独立电源两端电压 $u_s(t)=12V$。

在图 1-18e 情况下，电源短路，理论上仍有电源 $u_s(t)=12V$，输出电流 $i(t)\to\infty$。但注意：实际的独立电压源做不到这点！首先，实际电源无法提供无穷大的能源，其次，因为实际电压源都有内部电阻，当电流急剧上升时，由于内阻的发热，电压源将快速烧毁。

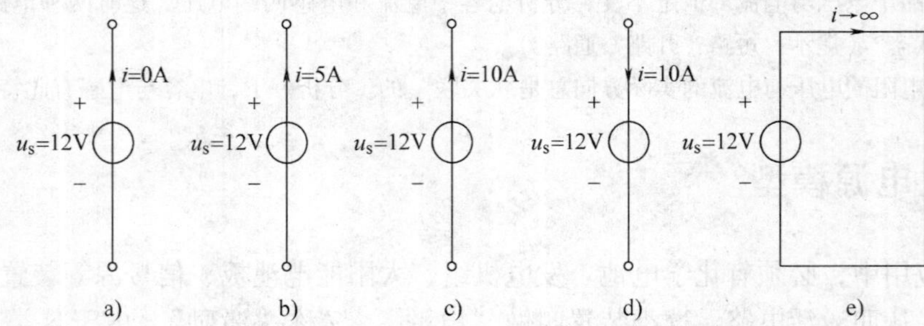

图 1-18 独立电压源的工作状况

1.4.2 独立电流源

独立电流源的图形符号如图 1-19a 所示，其特点是：流经电源的电流有其独立的内部变化规律，不受外连电路的影响。由此得出如下重要性质：**独立电流源的电流 $i_s(t)$ 与其两端电压 $u(t)$ 的大小、方向皆无关。**

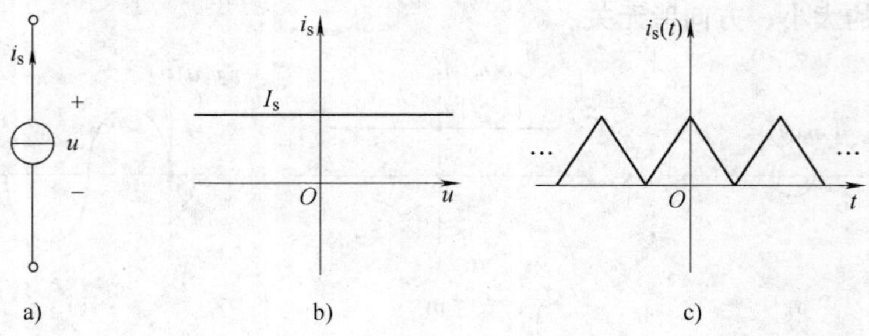

图 1-19 独立电流源的图形符号及其重要性质

在生活中，太阳能电池板在一定光照条件下近似独立电流源。理想情况下，其 u—i 关系曲线如图 1-19b 所示。其电流 $i_s(t)$ 为恒定值，既与时间 t 无关，更与电源两端的电压 $u(t)$ 无关，一般用大写 I_s 表示。

实验室中的三角波电流信号源是独立电流源的又一个实例。理想情况下，其 u—t 关系曲线如图 1-19c 所示。其电流 $i_s(t)$ 与时间 t 呈现三角形变化规律，但注意：电流 $i_s(t)$ 却与电源两端电压 $u(t)$ 没有关系！

例 1-2 假如有理想直流电流源，其输出电流 $i_s(t)=10\text{A}$，分析图 1-20 所示各种情况下该电源的输出电流。

解 在图 1-20a 情况下，由于电源短路，电源两端电压 $u(t)=0$，但输出电流为 10A。

在图 1-20b、c 情况下，虽然电源两端电压 $u(t)=10\text{V}$ 变为 $u(t)=20\text{V}$，但输出电流 $i_s(t)=10\text{A}$ 不变。

在图 1-20d 情况下，电源两端电压 $u(t)$ 变为负值，电流源并没有输出功率，反而是外连电路正在向电源输入功率，发生了所谓“充电”现象。即便如此仍有独立电流源输出电流 $i_s(t)=10\text{A}$。

在图 1-20e 情况下，电流源开路，电源两端电压 $u(t)\to\infty$，理论上仍有独立电流源输出电流 $i_s(t)=10\text{A}$。但注意：实际的独立电流源做不到这点！首先，实际电源无法提供无穷大的能源，其次，因为实际电流源都存在漏电导，当电源电压急剧上升时，电源或是由于内电导的发热、或是由于电压过高，绝缘材料被击穿而快速烧毁。

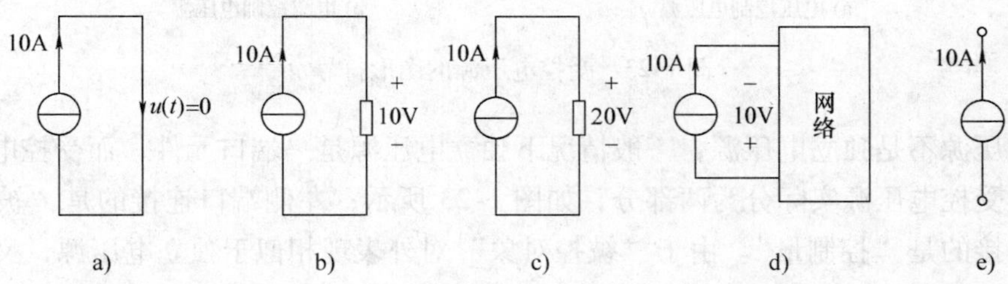

图 1-20 独立电流源各种工作状况

【每节思考】

1. 实际独立电压源的特性并不理想，存在内阻，等效电路如图 1-21 所示。试分析：当电压源短路时输出电压与电流如何？开路时输出电压与电流如何？伴随电压源输出电流的上升，其两端电压变化趋势如何？

2. 实际独立电流源的特性并不理想，等效电路如图 1-22 所示，存在漏电导。试分析：电流源短路时输出电压与电流如何？电流源开路时输出电压与电流如何？伴随电流源输出电压的上升，电流源的输出电流变化趋势如何？

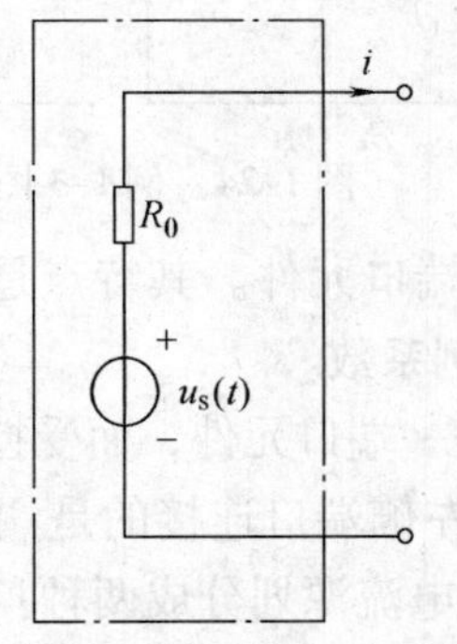

图 1-21 实际独立电压源等效电路

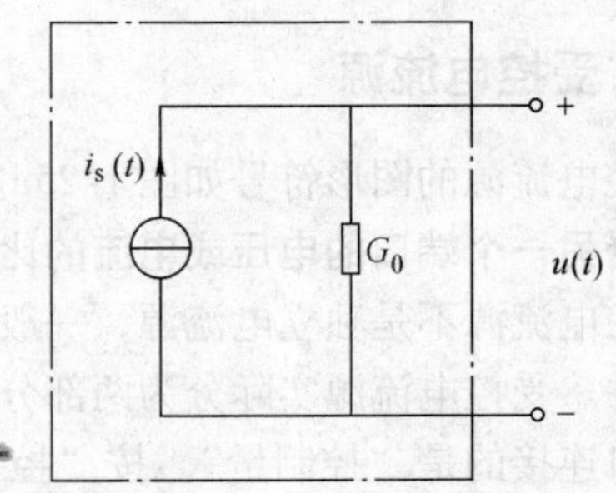

图 1-22 实际独立电流源等效电路

1.5 受控源模型

本节介绍受控电源，简称受控源。受控源表面上相似于独立电源，但由于不能为电路提供原始的能量或信号，因此其**本质上不是电源**。受控源实质上反映了复杂电路不同部分工作参数之间的关联与耦合，一般情况下必须用二端口元件表达。

1.5.1 受控电压源

受控电压源的图形符号如图 1-23a、b 所示，**一般为二端口元件**。其特点是：**一个端口的电压受另一个端口的电压或电流的比例控制**，其中 μ、γ 为比例系数。

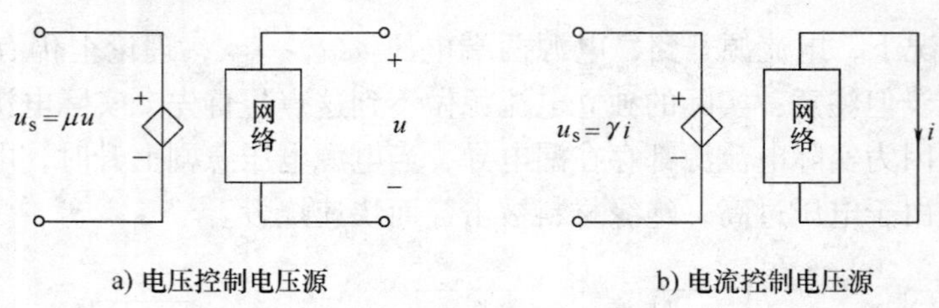

图 1-23 受控电压源的图形符号

受控电压源不是独立电压源，一般情况下独立电压源是一端口元件，而受控电压源是二端口元件。受控电压源实际分为两部分，如图 1-23 所示，左侧端口连接的是“被控对象”，右侧端口连接的是“控制量”。由于“被控对象”对外表现相似于独立电压源，又往往是电路分析的焦点，所以常常将其视为受控源的全部。实际上，受控源还包括“控制量”，且按“控制量”受控电压源可划分成两种：电压控制电压源（VCVS）和电流控制电压源（CCVS）。

虽然受控电压源本质上不是电源，**但列写电路方程时，同学们可以把受控电压源的“被控对象”部分当作独立电压源处理**。

例 1-3 在图 1-24 中含有电流控制电压源（CCVS），求电流 $i=?$

解 由左侧电路 $i_1=5\text{V}/10\Omega=0.5\text{A}$，根据受控源的关系 $u=3i_1=1.5\text{V}$，则 $i=(1.5/5)\text{A}=0.3\text{A}$

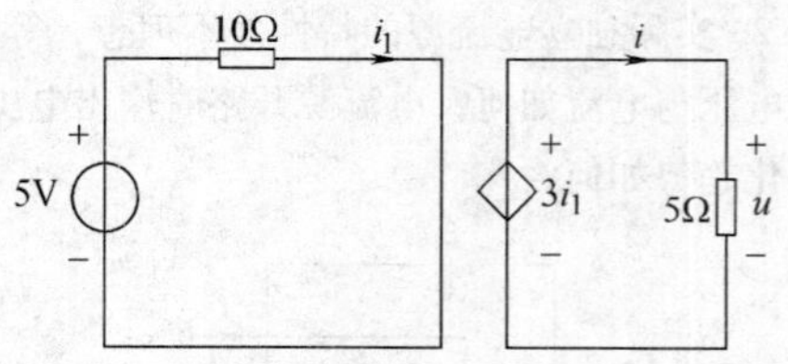

图 1-24 例 1-3 图

1.5.2 受控电流源

受控电流源的图形符号如图 1-25a、b 所示，一般为二端口元件。其特点是：**一个端口的电流受另一个端口的电压或电流的比例控制，g、β 为比例系数**。

受控电流源不是独立电流源，一般情况下独立电流源是一端口元件，而受控电流源是两端口元件。受控电流源实际分为两部分。如图 1-25 所示，左侧端口连接的是“被控对象”，右侧端口连接的是“控制量”。按“控制量”的不同，受控电流源划分成两种：电压控制电流源（VCCS）和电流控制电流源（CCCS）。

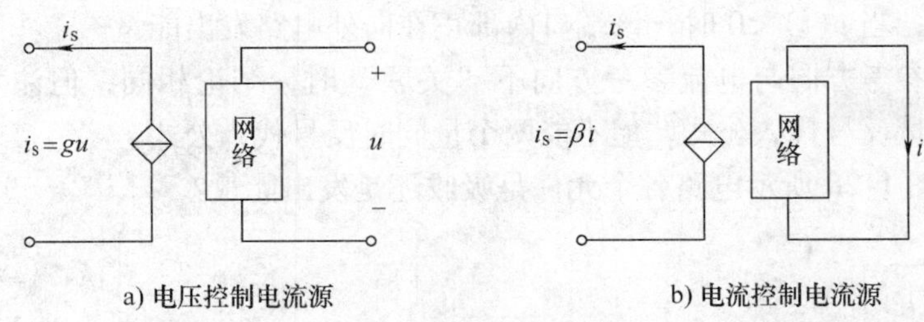

a) 电压控制电流源　　b) 电流控制电流源

图1-25　受控电流源的图形符号

虽然受控电流源本质上不是电源，**但列写电路方程时，同学们可以把受控电流源的“被控对象”当作独立电流源处理**。

例1-4　在图1-26中含有电流控制电流源（CCCS），求电流 $i_1=?$

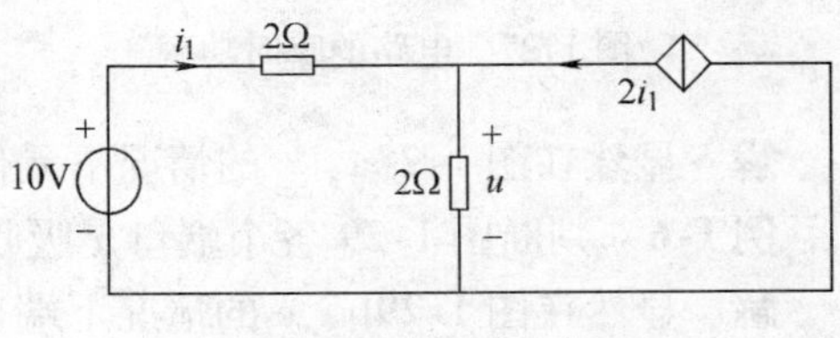

图1-26　例1-4图

解　联立方程

$$i_1+2i_1=u/2$$
$$2i_1+u=10$$

解得 $i_1=1.25\text{A}$。

由例1-4可见，把受控源的“被控对象”当作独立电压源或独立电流源处理给列写方程带来方便。但往往问题实质上并没有得到解决，因为**受控源中隐含着新的“未知量”，增加了求解难度**！要想求解这些未知量，必须寻求新的方程或关系式联合求解。

【每节思考】

1. 如何将电阻用电流控制电压源（CCVS）表达？（提示：虽然受控源是二端口元件，但可以把二端口元件的两个端口重合，退化为一端口网络。）

2. 如何将电阻用电压控制电流源（VCCS）表达？（提示：把二端口元件的两个端口重合，退化为一端口网络。）

3. 如何理解受控源不是“电源”？

1.6　电路的功率

电路的基本功能之一是进行能量处理，因此有必要讲解与能量密切相关的功率概念。

功率的物理学定义：功率是能量对于时间的变化率，即

$$p(t)=\frac{\mathrm{d}w}{\mathrm{d}t}$$

功率是代数量，没有方向，但有大小和正负。在电路理论中功率的基本单位是W（瓦特）。电子电路中常见的功率大小为几毫瓦至几十瓦，而电力系统常见的功率大小为几千瓦至几千兆瓦。

推导

$$p(t)=\frac{\mathrm{d}w}{\mathrm{d}t}=\frac{\mathrm{d}w}{\mathrm{d}q}\frac{\mathrm{d}q}{\mathrm{d}t}=u(t)\ i(t)$$

电路瞬时功率的定义：电路的一个“端口”如图1-27所示。假定端口的电压参考方向与电流参考方向**相互“关联”**，则瞬时功率 $p(t)=u(t)i(t)$。当 $p(t)\geqslant0$ 时，该端口内部正

在吸收外电路能量；当 $p(t)<0$ 时，该端口内部正在向外电路发出能量。

当端口的电压参考方向与电流参考方向不“关联”时，结论相同，但注意这时需将电压和电流其中一个量反号代入公式，但不能两个量同时反号代入公式。

例 1-5 判断图 1-28 所示电路各个元件是吸收还是发出能量？

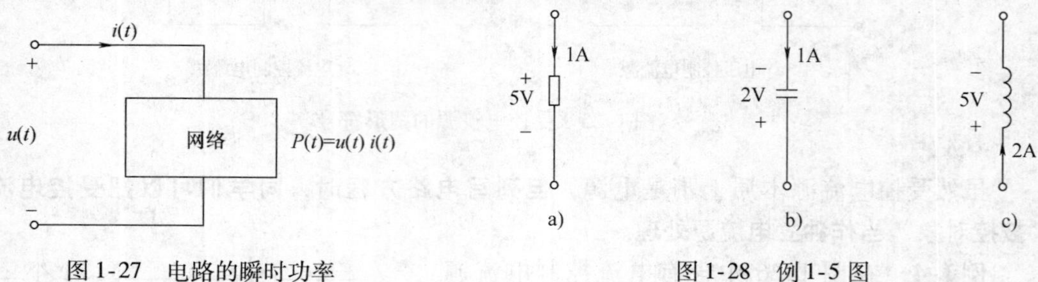

图 1-27 电路的瞬时功率　　图 1-28 例 1-5 图

解 显然在图 1-28a、c 的情况下元件吸收能量，而在图 1-28b 的情况下元件发出能量。

例 1-6 判断图 1-29 各个端口是吸收还是发出功率？

解 显然在图 1-29b、c 的情况下端口发出能量，而在图 1-29a 的情况下端口吸收能量。

例 1-7 如图 1-29 所示一端口电路中，若流入端口的正弦交流电路中，电流 $i(t)=2\cos(314t-30°)\text{A}$，端口电压 $u(t)=5\cos 314t\text{V}$，求瞬时功率 $p(t)=$？并画出瞬时功率波形图。

解：由 $p(t)=u(t)i(t)$，计算结果如图 1-30 波形所示。

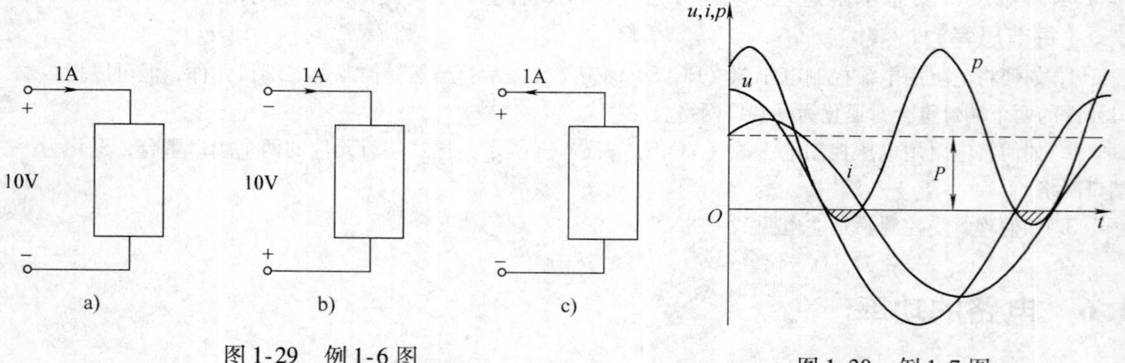

图 1-29 例 1-6 图　　图 1-30 例 1-7 图

在例 1-7 中，虽然瞬时功率精确地反映了电路时时刻刻的功率变化，但由于正负大小不断变化，很难掌握其特征。为此，人们对周期变化的功率在一个周期内取平均值。

电路的平均功率为

$$P=\frac{1}{T}\int_0^T p(t)\,\mathrm{d}t$$

可见，平均功率反映在一个工作周期内电路吸收（或发出）功率的平均值。由于一般情况下，平均功率的是电路纯吸收的功率，反映电磁场做功的强度，电气工程又称平均功率为有功功率，详细介绍见后续课程。

例 1-8 如果图 1-30 中电压与电流，求平均功率。

解

$$P=\frac{1}{T}\int_0^T p(t)\,\mathrm{d}t=\frac{1}{T}\int_0^T u(t)i(t)\,\mathrm{d}t=\frac{1}{2\pi}\int_0^{2\pi}5\cos 314t\times 2\cos(314t-30°)\,\mathrm{d}t=5\cos 30°\approx 4.33\text{W}$$

将功率对时间积分就得到电能的公式。电能表示电路电场吸收存储或发出释放的能量，用大写符号 W 表示，基本单位是 J（焦耳）。

电能的计算：电路的一个“端口”如图 1-27 所示。假定端口的电压参考方向与电流参考方向相互“关联”，则电能 $W = \int_0^t p(t)\mathrm{d}t = \int_0^t u(t)i(t)\mathrm{d}t$ 。

当 $W \geqslant 0$ 时，表示内部电路从该端口吸收了外部电路的能量；当 $W \leqslant 0$ 时，表示内部电路通过该端口向外部电路发出了能量。当端口的电压参考方向与电流参考方向不“关联”时，端口吸收与发出能量的结论正好相反。

例 1-9 计算在 10 个周期内图 1-30 所示端口吸收的电能。

解 方法 1：采用积分方法

$$W = \int_0^{10T} p(t)\mathrm{d}t = \int_0^{10T} u(t)i(t)\mathrm{d}t = \int_0^{20\pi} 2\cos 314t \times 5\cos 314t\mathrm{d}t = 50\mathrm{W}$$

方法 2：利用平均功率的概念，$W = 10 \times 5W = 50W$。

可见在周期变化的系统中，利用平均功率的概念，能量的计算可以简化。

【每节思考】

1. 研究当端口的电压参考方向与电流参考方向不“关联”时，功率计算的正负与端口吸收（或释放）能量的关系。

2. 为什么研究交流电路的瞬时功率意义不大，而要重点研究交流电路的平均功率？

1.7 实验

1.7.1 电路元件的伏安特性实验

1. 实验目的

1）掌握直流电流表、直流电压表、万用表及可调直流稳压电源的使用方法。

2）了解几种电路元件的伏安特性，学习元件伏安特性的测试方法。

2. 实验原理

在电路中，电路元件的特性一般用该元件上的端电压与通过该元件的电流之间的函数关系 $u = f(i)$ 表示。把这个函数关系绘成 u—i 平面上的一条曲线，就成为该元件的伏安特性曲线。

本实验所用的负载为常用的线性电阻、非线性电阻。其中线性电阻的伏安特性是一条通过坐标原点的直线，如图 1-31 所示。其电压和电流之间的关系满足欧姆定律，其阻值不随电压和电流的变化而变化。因此，任意测取一组电压与电流值，便可计算出电阻 $R = u/i$，这就是伏安法测定电阻的基本原理。

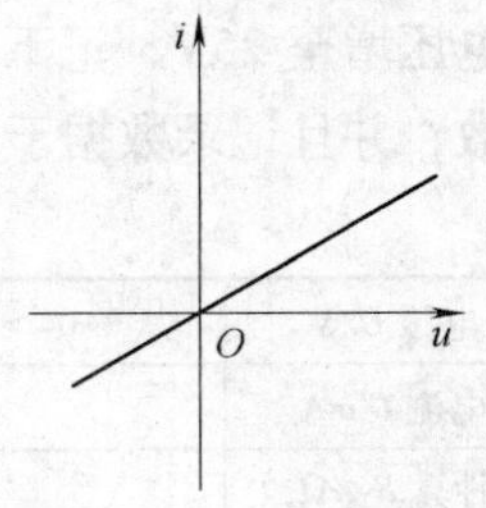

图 1-31 线性电阻的伏安特性

一般的白炽灯在工作时灯丝处于高温状态，其灯丝电阻随着温度的升高而增大。通过白炽灯的电流越大，其温度越高，阻值也越大。一般白炽灯的“冷电阻”与“热电阻”的值可相差几倍至十几倍。它的伏安特性如图 1-32 所示，是一条曲线。

普通二极管是一种非线性元件，其阻值随着端电压的大小和极性的不同而变化，其伏安特性如图1-33所示。只有在正向电压足够大时，正向电流才从零随电压按指数规律增大。使二极管开始导通的临界电压称为开启电压 U_{on}。当二极管所加反向电压的数值足够大时，反向电流为 I_S。反向电压太大将使二极管击穿，不同型号的二极管的击穿电压差别很大，从几十伏到几千伏不等。硅管的开启电压约为0.5V（锗管的开启电压约为0.1V），正向导通后管压降变化较小（硅管为0.6～0.8V，锗管为0.1～0.3V）。反向电流可粗略地视为零。可见，二极管具有单向导电性。

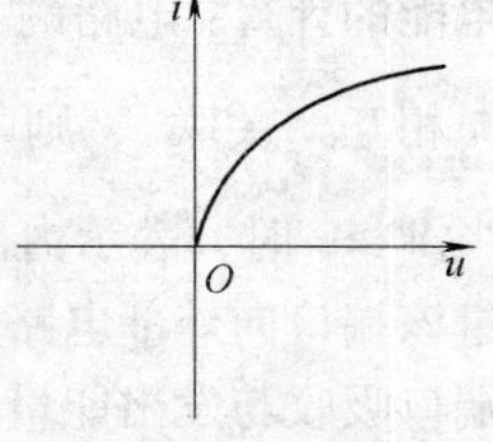

图1-32　白炽灯的伏安特性

稳压管是一种特殊的半导体二极管，它工作在反向击穿区，其正向特性与普通二极管类似，为指数曲线，如图1-34所示。在反向电压开始增加时，其反向电流几乎为零，但当反向电压增加到一定程度时则击穿。击穿区的曲线很陡，几乎平行于纵轴，表现出很好的稳压特性。不同型号的稳压管有不同的稳压值 U_Z。

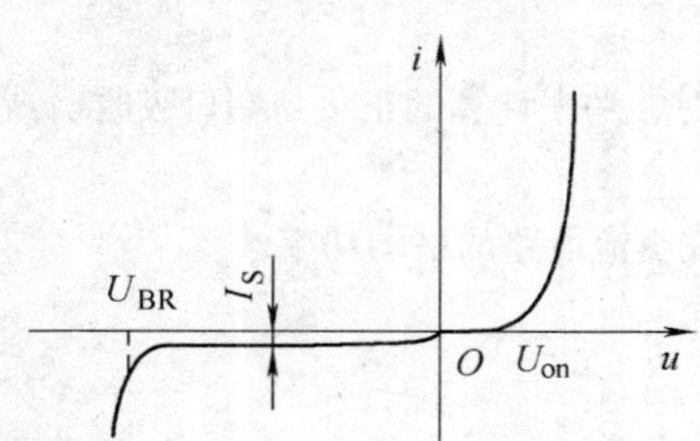

图1-33　普通二极管的伏安特性

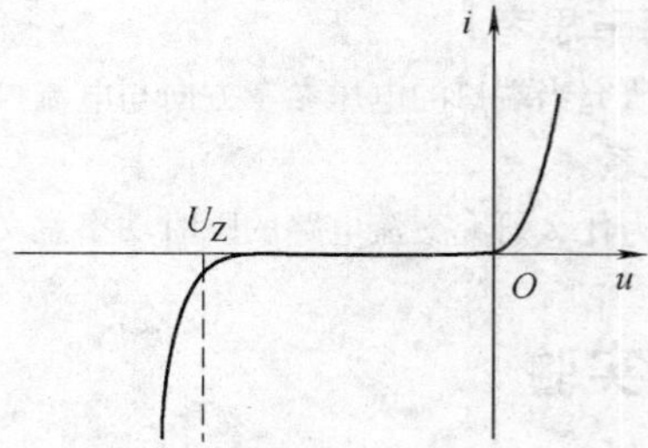

图1-34　稳压管的伏安特性

3. 实验设备

1）可调直流稳压电源一台。

2）直流电流表、直流电压表各一只。

3）线性电阻、白炽灯、普通二极管及稳压管若干。

4. 实验内容

（1）测定线性电阻的伏安特性

按图1-35所示接线，调节稳压电源的输出电压 U_s，从0V开始缓慢地增加，使元件两端的电压增至25V，记下相应的电压表和电流表读数，并且记录数据于表1-1中。

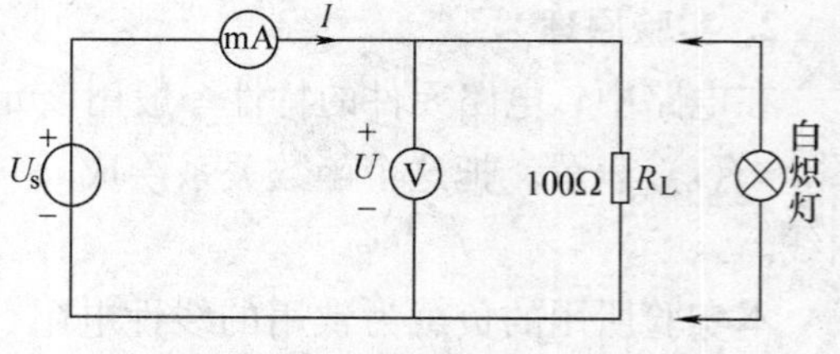

图1-35　测定线性电阻的伏安特性

表1-1　线性电阻伏安特性数据记录

电压 U/V	0	5	10	15	20	25
电流 I/mA						
计算 R_L/Ω						

（2）测定非线性电阻（白炽灯）的伏安特性

将图1-35中的 R_L 换成一只白炽灯，其额定电压为24V，重复实验内容（1）的步骤，测试白炽灯的伏安特性，并将数据记录在表1-2中。

表 1-2 白炽灯伏安特性数据记录

电压 U/V	0	5	10	15	20	24
电流 I/mA						
计算 R_L/Ω						

（3）测定普通二极管的伏安特性

按图1-36所示接线，R 为限流电阻。测二极管的正向特性时，二极管 VD 的正向压降可在 0～0.8V之间自行取值，特别是在0.4～0.8V 之间更应多取几个测试点以便作图，并将数据记录在表1-3 中。

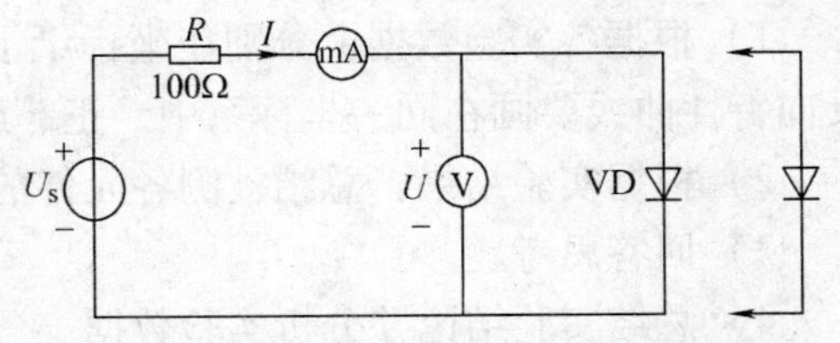

图1-36 测定普通二极管的伏安特性

表 1-3 普通二极管伏安特性数据记录

电压 U/V	0	0.4					0.8
电流 I/mA							

（4）测定稳压管的伏安特性

将图1-36中的普通二极管换成稳压管（$U_Z=12V$），重复实验内容（3）的步骤，测试稳压管的正向伏安特性，并将数据记录在表1-4 中。测试反向特性时，只需将稳压管反接，可在0～13V之间自行取值，特别是在11.5～13V之间更应多取几个测试点以便作图，并将数据记录在表1-5 中。

表 1-4 稳压管伏安特性数据记录 1

电压 U/V							
电流 I/mA							

表 1-5 稳压管伏安特性数据记录 2

电压 U/V							
电流 I/mA							

5. 预习要求

1）了解可调直流稳压电源、直流电流表、直流电压表以及万用表的使用方法。

2）了解所用各种元件的伏安特性。

3）应用 Multisim 进行仿真实验。

4）写出预习报告。

6. 注意事项

1）稳压电源不得短路，以免损坏。

2）连接线路和测量电压、电流时，应注意直流仪表的极性，应先估算电压和电流值，合理选择仪表的量程，勿使仪表超量程。

3）测量二极管伏安特性时，稳压电源应由小到大逐渐增加。

7. 思考题

1）若误用电流表去测定电压，将会产生什么后果？

2）平时判断电池的好坏时，常用电压表测量其端电压，该电压是否等于电池实际工作的输出电压？

8. 实验报告要求

1）根据各实验数据，分别在坐标纸上绘出各元件的伏安特性曲线（其中稳压管的正、反向特性曲线要画在同一坐标系中，正、反向电压可取不同的比例）。

2）根据实验结果，总结被测各元件的特性。

3）回答思考题。

4）总结实验结论并分析实验数据。

1.7.2　电路元件的伏安特性仿真实验

1. 仿真设备

1）硬件：计算机。

2）软件：Multisim。

2. 仿真电路

如图1-37和图1-38所示。

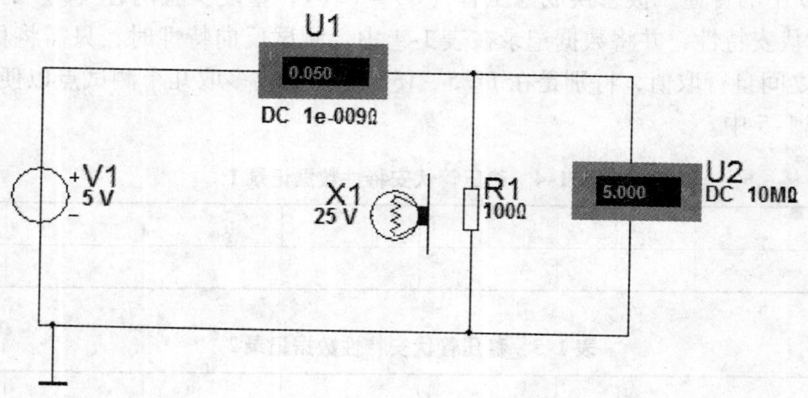

图1-37　线性元件（电阻）伏安特性测试电路

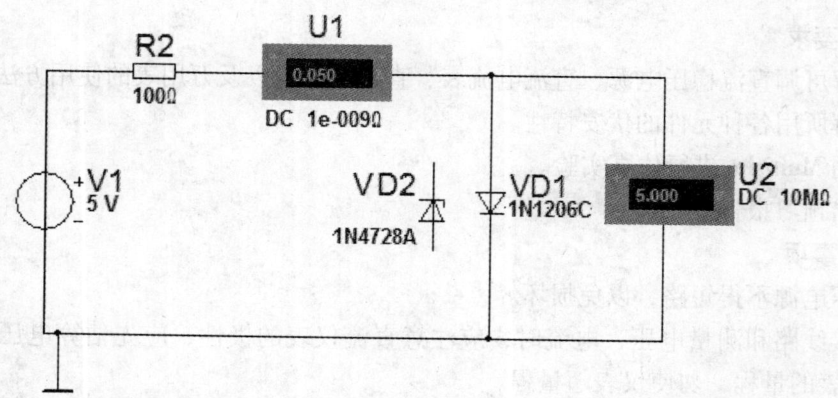

图1-38　非线性元件（二极管）伏安特性测试电路

3. 仿真步骤

在 Multisim 工作区内建立仿真电路。为建立仿真电路，将鼠标指向快捷工具栏，单击鼠标右键，弹出工具栏菜单，从中选择电源元件、基本元件、二极管、杂项元件、测量元件等快捷工具栏。

单击电源快捷工具栏中的“直流电压源”按钮，使鼠标置于电路窗口的适当位置，单击鼠标，电源即出现在电路窗口；单击“接地”按钮，将接地元件放置到电路窗口中合适位置（建立的仿真电路中必须有一个接地点）。双击电源，可将电压 V1 标签值 12V 改为实验需要的数值，然后单击“OK”按钮。

从基本元件快捷工具栏中选取电阻元件，用鼠标拖曳到电路窗口合适位置，单击放置。单击右键，对电阻位置调整。双击，可根据需要重置电阻数值。

本章小结

本章举例介绍了在实际生产与生活中常见的电路，并对实际电路理想化处理，抽象出理想的电路模型；论述了电路的基本概念，如电压、电流、电动势、参考方向、端口、关联等，为后续的学习打下基础；建立了理想化的无源元件、独立电源、受控源等电路模型及其基本方程；最后分析了电路的功率问题，不仅明确了瞬时功率的定义，并且针对交流电路建立了平均功率的概念。

习　题

1-1　图 1-39 中已经指定各元件的电压 u 与电流 i 的参考方向，写出各个元件的 u—i 关系式。

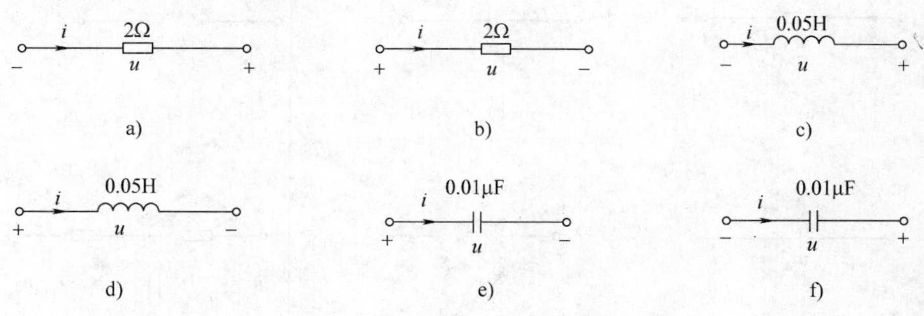

图 1-39　题 1-1 图

1-2　写出图 1-40 所示独立电源的 u 或 i 约束方程。

1-3　判断图 1-41 所示元件或端口，哪些 u、i 的参考方向是关联的？哪些是不关联的？

1-4　如图 1-42 所示，$R=5\Omega$，$C=0.05\text{F}$，$L=2\text{H}$。如电路稳定后电流源电流 $i=4\sin(314t)\text{A}$，求 $u_R=?$ $u_L=?$ $u_C=?$

1-5　如图 1-43 所示，$i_s=3\text{A}$，$u_s=20\text{V}$：

（1）分析电流源与电压源各自的功率。

（2）如在回路中串入一个电阻 $R=1\Omega$，再分析电流源与电压源的功率。

（3）如在电流源两端并联一个电阻 $R=1\Omega$，再分析电流源与电压源的功率。

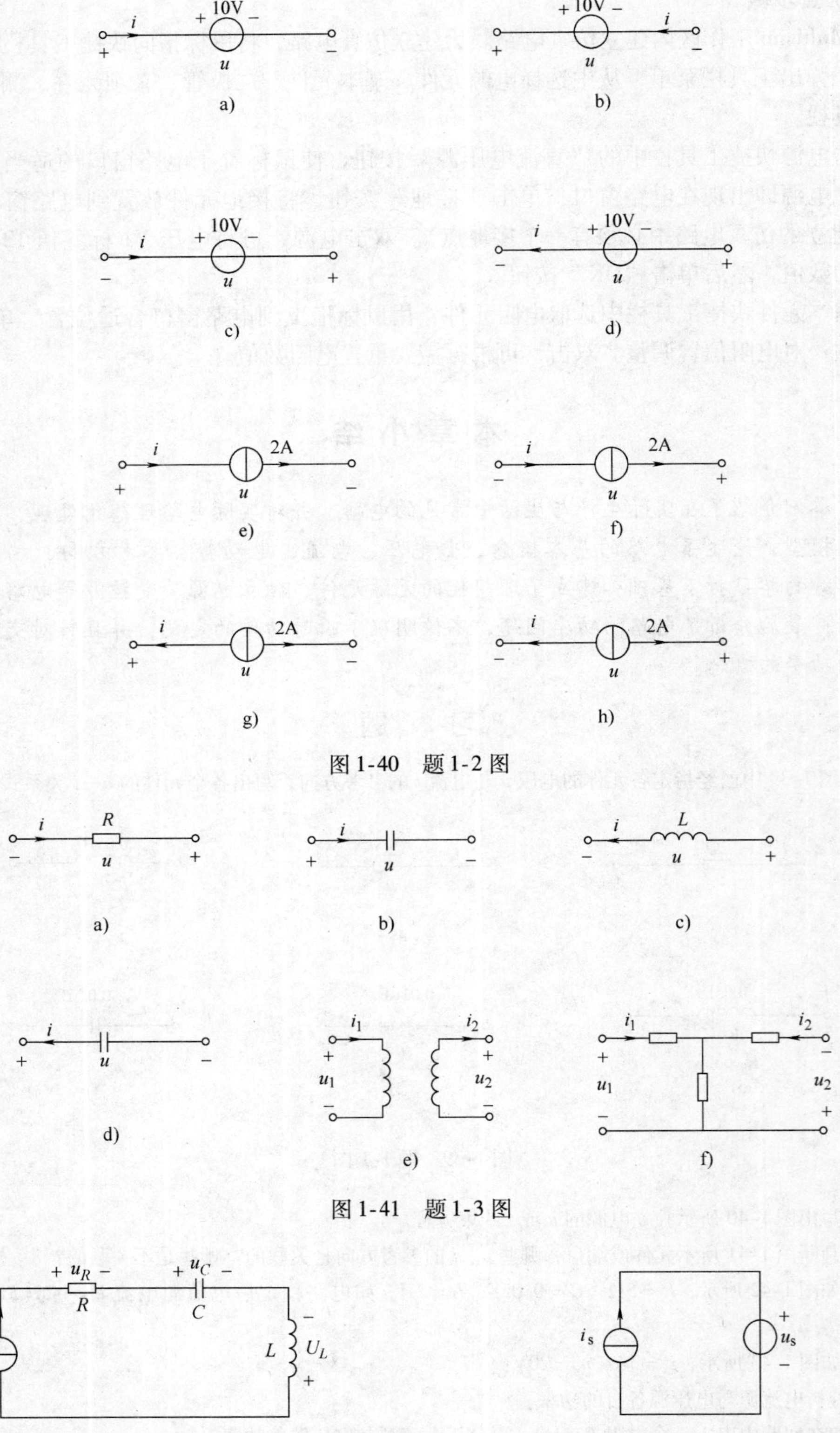

图 1-40　题 1-2 图

图 1-41　题 1-3 图

图 1-42　题 1-4 图

图 1-43　题 1-5 图

1-6　求图1-44中每个元件发出或吸收的功率？假如定义发出功率为负、吸收功率为正，验证电路中全部元件功率的代数和为零（所谓功率守恒定律）。

1-7　求图1-45所示各独立电源和受控电源的功率，并计算电阻上吸收的功率。

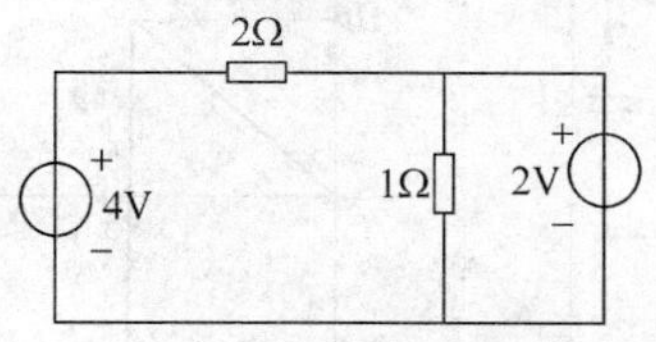

图1-44　题1-6图

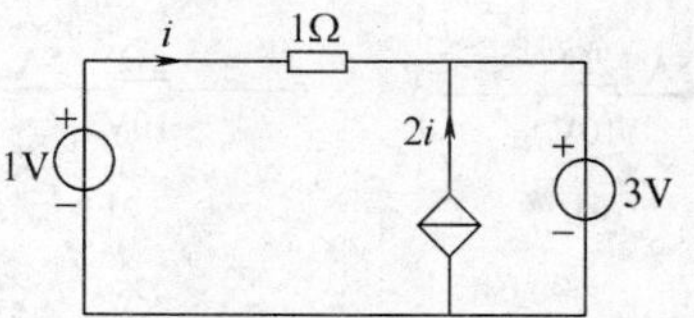

图1-45　题1-7图

1-8　如图1-46所示，已知$\beta=2$，$\mu=3$，求两受控电源各自功率。

1-9　如图1-47所示电容串联回路，$C_1=1\text{F}$，$C_2=2\text{F}$，$u_s=10\text{V}$。当时间足够长，电路稳定后，回路中的电流将为零，回路相当于开路。能否从电容的u—i关系式解释这一现象？并计算两电容的分压各为多少？（提示：电容分压相似于电阻分流）

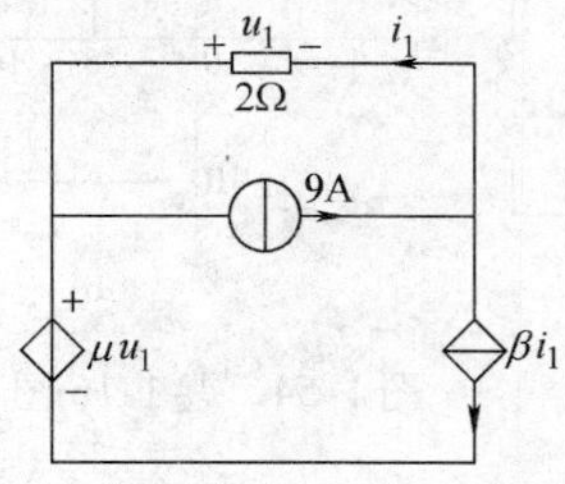

图1-46　题1-8图

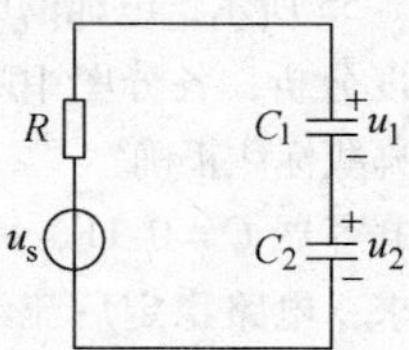

图1-47　题1-9图

1-10　如图1-48所示电感并联电路，$L_1=1\text{H}$，$L_2=2\text{H}$，$i_s=10\text{A}$。当时间足够长，电路稳定后，电路两端的电压将为零，并联的电感相当于短路。能否从电感的u—i关系式解释这一现象？并计算两电感的分流各为多少？（提示：电感分流相似于电阻分压）

1-11　如图1-49所示，$u_s=20\text{V}$，求受控电源发出的功率？

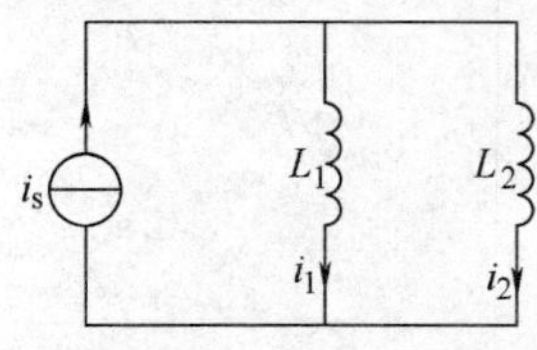

图1-48　题1-10图

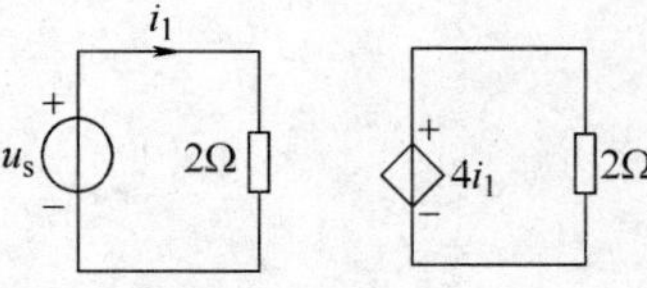

图1-49　题1-11图

1-12　图1-50中，电感L与电容C在$t=0$时都没有储能。设$u_s=2t$（$t\geqslant0$），求：t为何值时L与C两元件的储能相等？此储能数值是多少？

1-13　求图1-51所示电路中的电压$u_1=$？

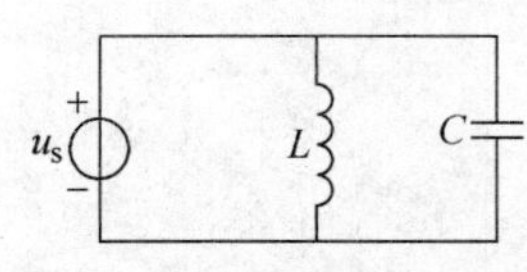

图1-50　题1-12图

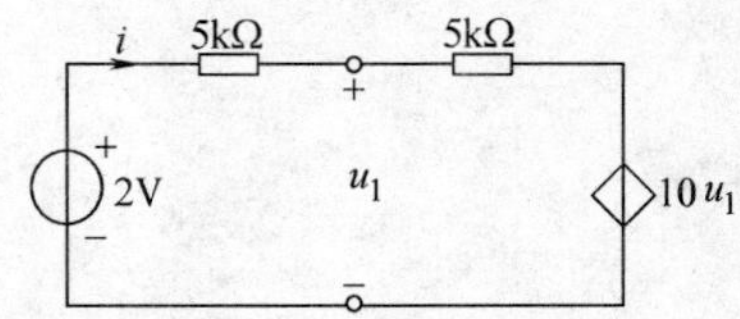

图1-51　题1-13图

1-14　根据图1-52中标示的电压与电流参考方向，判断电阻元件的电压与电流数据正确与否。

1-15　电容如图 1-53a 所示，流经电容的电流波形如图 1-53b 所示。已知 $u_C(0)=1\text{V}$，求 $t=1\text{s}$、5s、10s 时的电容电压。

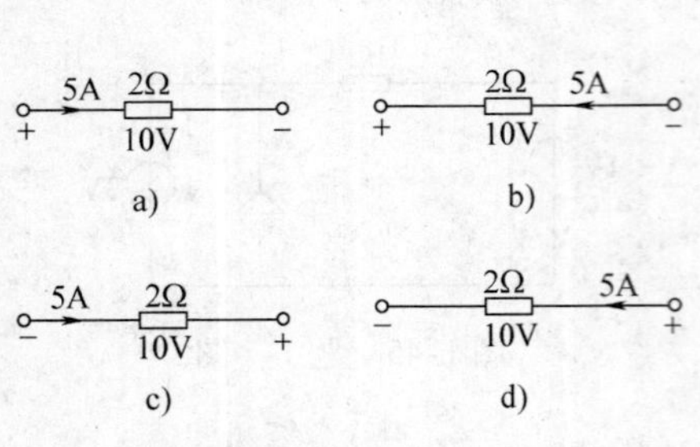

图 1-52　题 1-14 图

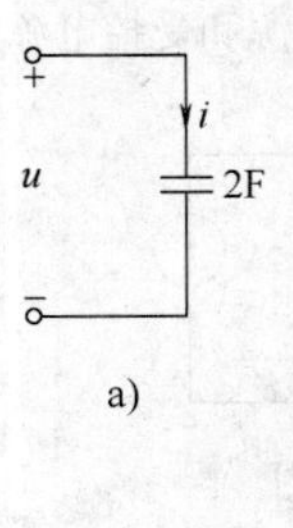

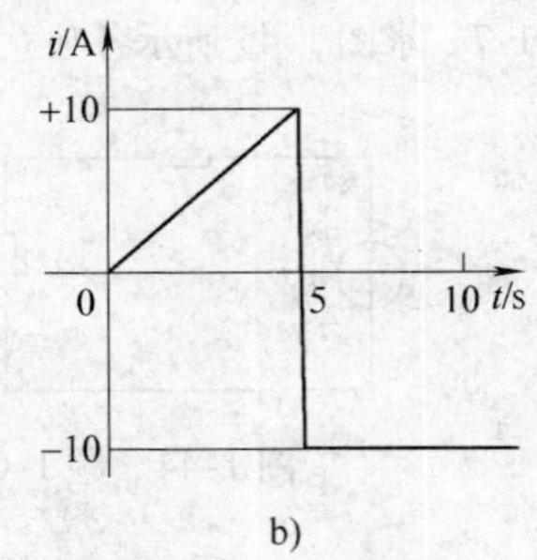

图 1-53　题 1-15 图

1-16　电感如图 1-54a 所示，电感两端的电压波形如图 1-54b所示。已知 $i_L(0)=0$，求 $t=5\text{s}$、10s、15s 时的电感电流。

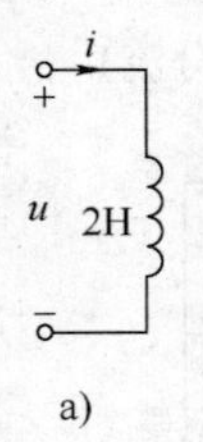

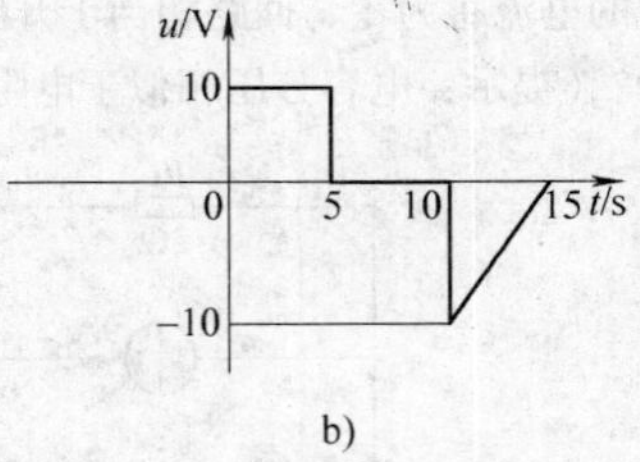

图 1-54　题 1-16 图

1-17　如图 1-55 所示，电池的电压为 5V，从电动势与电压概念区别的角度分析，各分图中哪些电动势或电压的标注存在概念错误？哪些标注正确？

1-18　在某电容器 $C=0.1\text{F}$，两端施加电压源 $u_s=10\cos(314t+30°)\text{V}$，求：电路稳定后流经电容的电流是多少？电压源输出的平均功率是多少？

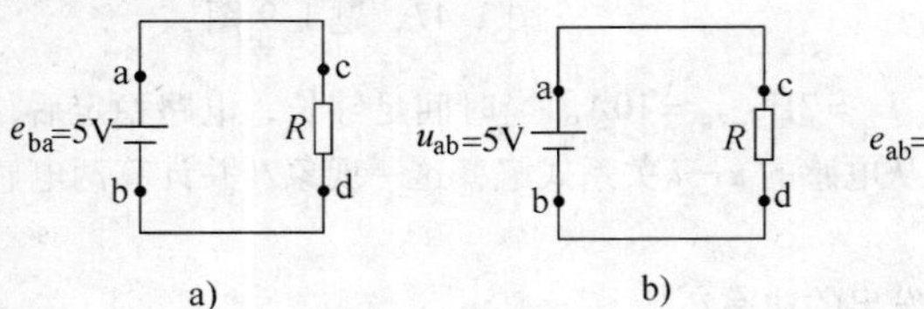

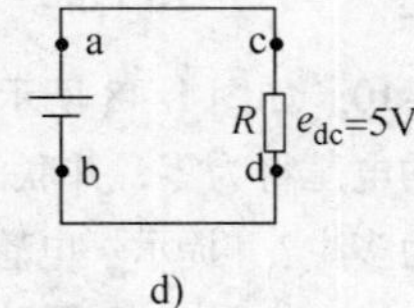

图 1-55　题 1-17 图

第2章 电路基本定律

【本章学习要点】

本章介绍电路理论最重要最基本的内容，这些内容构成了经典电路理论大厦的基石，这些内容是：基尔霍夫定律、欧姆定律、线性定律和功率守恒定律。为简化论述，本章内容以分析简单的电阻电路为背景，但结论适合所有线性集总参数电路。

学习难点：基尔霍夫定律；线性定律。

2.1 基尔霍夫定律

基尔霍夫定律实质上反映了电路作为一个复杂网络，各个电路元件相互连接的几何拓扑特性，它所提供的关系式与电路元件的具体特性无关，因而最基本、最普遍。为讲解这部分内容，有必要先介绍几个概念。

支路：简单地说，支路就是电路网络的分支。其最主要特征是：**每个支路对外仅有两个端子，从一个端子流入的电流必然从另一个端子流出，呈现一端口结构**。支路两端的电压叫支路电压，流经支路的电流叫支路电流。关于支路最简单的定义如下：每个二端电路元件构成一条支路。按此定义，在图2-1中共有6条支路。还有一种定义是：若干二端电路元件不分叉地首尾相连构成的组合叫“支路”，按此定义在图2-1中共有5条支路。可见，支路的定义并不唯一，可以按不同的需要定义。本书为规范和简化电路分析工作，特定义“典型支路”，详细内容见下节。

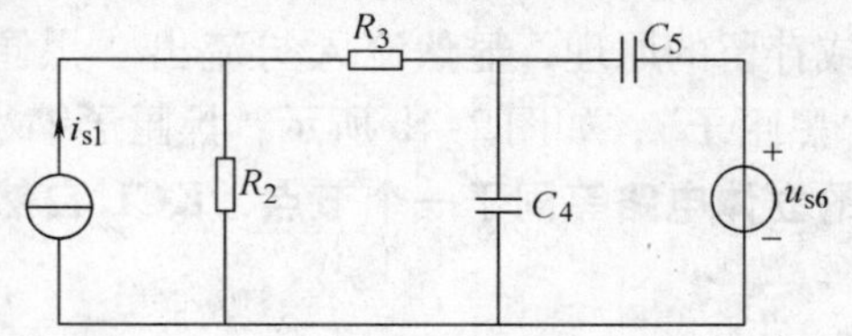

图2-1 支路、节点、回路

节点：两条或两条以上支路的连接点叫“节点”。节点的数目与支路的定义相关，在图2-1中，按上述两种不同支路定义，分别有4个和3个节点。

回路：电路中，由若干支路构成的闭合路径叫回路。图2-1中有6个回路。

平面电路与立体电路：如图2-1所示，把某电路画在一个平面上而不出现支路相互交叉的现象，该电路就叫平面电路。其中**可以不交叉画在平面上的回路叫网孔**。相反，如图2-2所示，假如把某电路网络画在一个平面上而不可避免出现支路相互交叉的现象，该电路就叫立体电路。在实际制作印制电路板时，立体电路无法敷设在单面电路板上，不得不采用双面印制，甚至采用多层印制电路板。

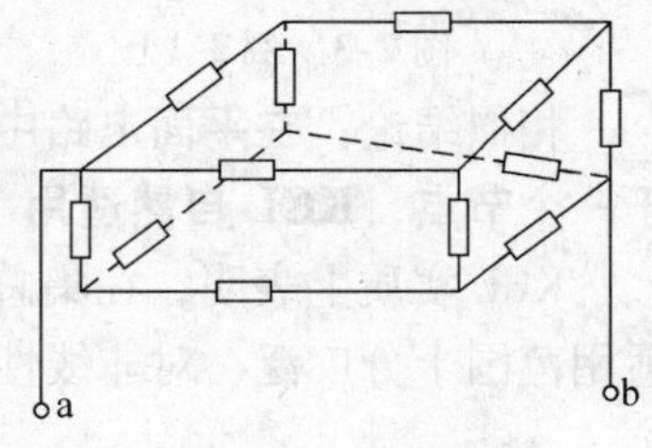

图2-2 立体电路

2.1.1 基尔霍夫电流定律

基尔霍夫电流定律（Kirchhoff Current Law，KCL）：

集总参数电路任何时刻沿若干支路流入某节点的电流之和等于流出该节点的电流之和。

用公式表达为

$$\sum_{\text{in}} i = \sum_{\text{out}} i \tag{2-1}$$

假如规定流出某节点的电流取正号，则流入某节点的电流必定取负号，即有 $\sum_{\text{in}}(-i) + \sum_{\text{out}} i = 0$，推论：流入与流出某节点的电流代数和为零。因此得到 **KCL 更为简洁的形式**

$$\sum i = 0 \tag{2-2}$$

例 2-1 列出图 2-3 各个节点的电流方程。

解 在节点 a 应用式（2-1），有：$i_1 + i_2 = i_3$。

在节点 a 应用式（2-2），有：$-i_1 - i_2 + i_3 = 0$。

在节点 b 应用式（2-1）和式（2-2），都有：$-i_3 - i_4 - i_5 = 0$。

从例 2-1 可知，在大多数情况下，由于采用电流的参考方向列写 KCL 方程，开始并不知道哪些电流实际流入节点、哪些电流实际流出节点。但这并不妨碍正确使用 KCL 定律。在电路分析结束后，各电流数据的正负号可以自动纠正设立参考方向时的错误，从而自动满足 KCL。

采用“黑匣子”理论可以扩大 KCL 的适用范围。如图 2-4a 所示，用一个密封的“黑匣子”将某 n 端立体网络封装起来，对外只余 n 根引线端子。根据 KCL 流动电荷不存在泄漏或存留的原理，显然流入与流出“黑匣子”的电流代数和仍然为零。用远大的视野观察“黑匣子”，如图 2-4b 所示，黑匣子缩小到看似一个节点，有结论：**密封于“黑匣子”之中的立体电路等同于一个节点，KCL 自然适用！**

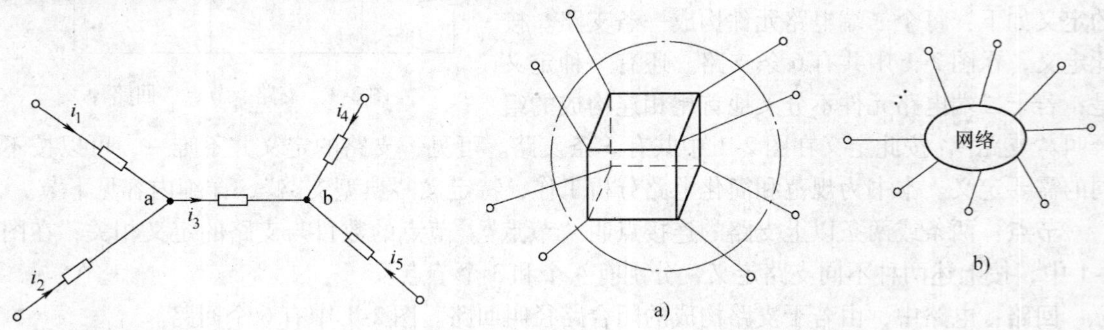

图 2-3 例 2-1 图　　　　图 2-4 扩展应用 KCL 定律

相似结论：**在平面电路中，假如某部分电路可以用封闭曲线围合，可以将围合电路等同于一个节点，KCL 自然适用！**

KCL 实质上表明，在集总参数电路中，电荷流动过程中不存在泄漏或存留的现象。KCL 适用范围十分广泛，对非线性和参数时变的电路其结论仍然成立。

2.1.2 基尔霍夫电压定律

基尔霍夫电压定律（Kirchhoff Voltage Law，KVL）：

集总参数电路任何时刻沿任意回路各个部分电压的代数和为零，即

$$\sum u = 0 \tag{2-3}$$

在实际应用 KVL 时，一般规定一个回路绕行方向，**标示电压下降的方向**。当回路某部

分电压的参考方向与绕行方向一致时，该电压分量取正，反之取负。KVL说明，在一个回路里，全部正负电压分量的代数和为零。

由回路绕行方向的规定，电压分量取正表示电压下降、电压分量取负表示电压上升。因此有 $\sum_{down} u + \sum_{up}(-u) = 0$，将此式等号左面符号为负的电压分量移到等号右面，则得到KVL的另一表达方式

$$\sum_{down} u = \sum_{up} u \tag{2-4}$$

即任意回路电压降的代数和等于电压升的代数和。

电动势使电场能量上升，是电压升，则单独将电动势分离出来，KVL还可以写成

$$\sum u = \sum e \tag{2-5}$$

式（2-5）说明，在一个回路里，电压分量的代数和等于电动势分量的代数和。在可以区分回路中电压分量与电动势分量的情况下，应用式(2-5)比较方便。

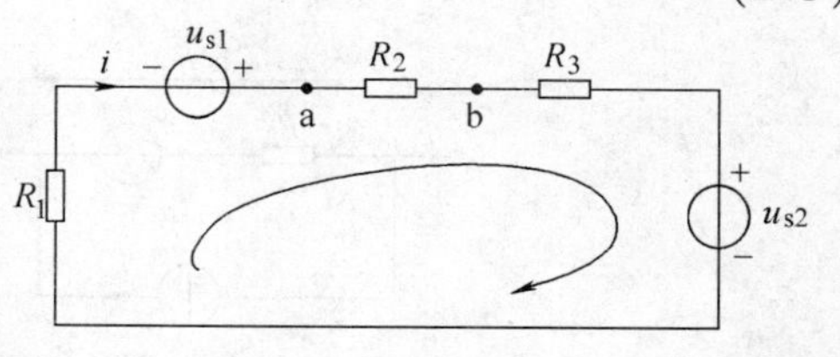

图2-5　例2-2图

例2-2　利用KVL列写图2-5回路中的电压方程。

解　应用式（2-3），有：$u_{R1} - u_{s1} + u_{R2} + u_{R3} + u_{s2} = 0$。

应用式（2-4），有：$u_{R1} + u_{R2} + u_{R3} + u_{s2} = u_{s1}$。

应用式（2-5），有：$u_{R1} + u_{R2} + u_{R3} = u_{s1} - u_{s2}$。

如图2-5所示，随意选择回路中两点a与b，显然从左右两条路径计算的电压 u_{ab} 是相等的，否则回路 $\sum u = 0$ 的结论无法成立。可见KVL**实质上说明电路两点之间电压的计算与路径无关**。KVL应用范围十分广泛，不仅对平面电路，且对立体电路、对非线性和参数时变的电路其结论仍然适用。

【每节思考】

1. 如何理解“支路呈现一端口结构”这句话？
2. 讨论KCL两种形式的区别。
3. 讨论KCL对“黑匣子”和封闭曲面的扩展应用。
4. 讨论KVL定律三种形式的区别。

2.2　典型支路欧姆定律

支路是复杂电路网络的“细胞”。如果说基尔霍夫定律从电路几何拓扑结构的“宏观”视角，提供了各支路电压和支路电流的基本关系，那么本节介绍的支路欧姆定律则深入细节，具体地提供了一个支路中电压与电流的基本关系。同学们熟知的电阻元件的欧姆定律：$R = u/i$ 就是支路基本关系的一种体现（欧姆定律又简称VCR）。本节的任务是将单一元件的欧姆定律推广到更加一般化的所谓“典型支路”。

上节分析已知，支路的定义并不唯一，可以按不同的需要定义，只需保证支路最根本的特征：**每个支路对外仅有两个端子，呈现一端口结构**。据此，本书为规范和简化电路分析，特定义“典型支路”如下。

典型支路：在图 2-6a 中，一个电阻串联一个电压源，再并联一个电流源的组合叫典型支路，简称支路。

特殊情况下，如图 2-6b 所示，当典型支路的电流源电流为零时，则得到常见的电阻串联电压源的组合；如图 2-6c 所示，当典型支路的电压源电压为零，则得到常见的电阻并联电流源的组合；如图 2-6d 所示，当典型支路的电压源电压和电流源电流全为零，则得到常见的无源电阻支路。

支路两端的电压 u 叫支路电压，流经支路的电流 i 叫支路电流。在图 2-6 a 中，务必注意支路电压 u 与支路电流 i 的**准确位置**。

如图 2-6e 所示，典型支路中的电压源可以包含受控电压源。如图 2-6f 所示，典型支路中的电流源可以包含受控电流源。

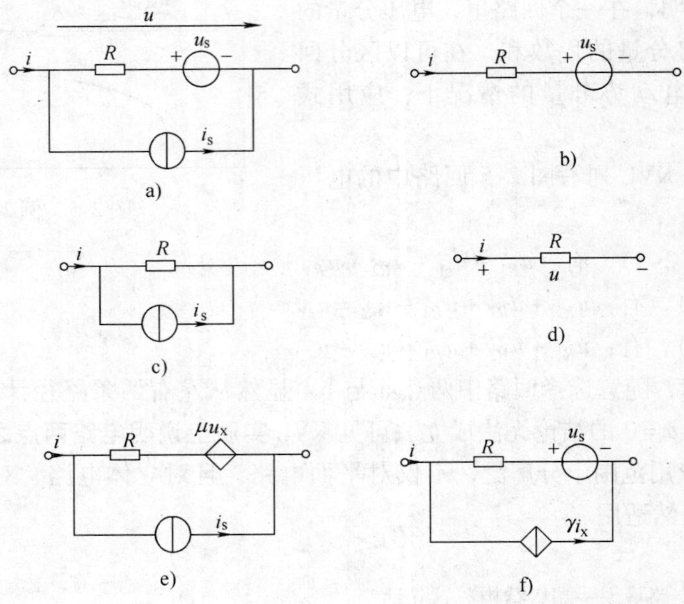

图 2-6　典型支路的定义

定义了典型支路，就可以系统分析支路中电压与电流的基本关系。

典型支路欧姆定律：假设图 2-6a 所示典型支路中，支路电压 u 与支路电流 i 的参考方向取关联方向，则有如下关系称为典型支路欧姆定律：

$$R=\frac{u-u_s}{i-i_s} \tag{2-6}$$

式中，u_s 与 i_s 分别是电压源的电压和电流源的电流；R 为支路电阻。

当典型支路的电流源电流为零时，则得到简化的公式

$$R=\frac{u-u_s}{i}$$

当典型支路的电压源电压为零时，则得到简化的公式

$$R=\frac{u}{i-i_s}$$

当电压源电压和电流源电流全为零时，则得到熟知的电阻欧姆定律

$$R=\frac{u}{i}$$

注意:

1）为准确使用式（2-6），支路电压与支路电流必须取关联参考方向。假如支路电压与支路电流的参考方向不关联，可以将支路电压与支路电流其中一个量反号代入公式，但不可同时反号代入公式。

2）电压源为零用短路线代替；电流源为零用开路代替。

3）使用式（2-6）时如遇受控源，可当成普通电源处理，只不过一般情况下列出的方程中将**隐含新的未知量**。

例 2-3 利用典型支路欧姆定律求解图 2-7 所示电路中的未知电压 $u_{ab}=?$

解 由式（2-6），$u_{ab}=R(i-i_s)+u_s=70V$。

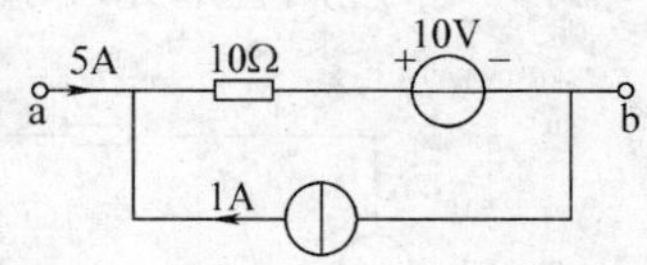

图 2-7 例 2-3 图

例 2-4 图 2-8 所示电路中含有受控源，试用典型支路欧姆定律求解未知电压 $u_{ab}=?$

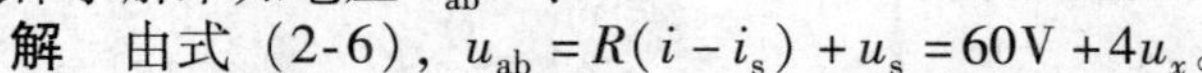

解 由式（2-6），$u_{ab}=R(i-i_s)+u_s=60V+4u_x$。

可见答案中还**隐含**电路其他部分的**未知量电压** u_x，只有通过其他部分电路（图中没画出）的分析才能找到新的关系式，进而求解。

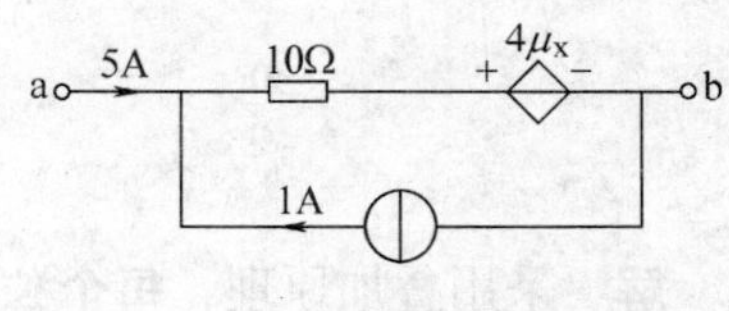

图 2-8 例 2-4 图

【每节思考】

1. 仅仅使用基尔霍夫定律，不使用支路欧姆定律，可以求解出电路中全部的支路电压和支路电流吗?
2. 列出支路欧姆定律的全部变形公式。
3. 含有受控源的支路欧姆定律有何不同?

2.3 线性定律

经典电路理论只分析由线性电路元件和独立电源构成的电路，称为线性电路。可以证明，线性电路以支路电压或支路电流为未知量的方程是一组线性方程。根据线性代数知识，线性方程组的解具有所谓“可加性”与“齐性”。将这两个重要性质落实到电路分析中，就得到本节介绍的“叠加原理”和“齐性原理”，二者合一，就得到“线性定律”。

事实上，线性定律是任何线性系统必然遵守的规律，线性电路也不例外。但当分析的电路涉及非线性电路元件或运算关系时，线性定律将失效。

2.3.1 叠加原理

前述，电路中的独立电源又称“激励”，激励的加入激活了电路，使电路的各个支路产生了电流，不同节点之间产生了电压，这些电流和电压统称为“响应”。

分析表明，线性电路响应与激励之间存在确定的**“比例”**与**“代数和”**关系。公式表达为

$$f_x=\sum k_{um}u_{sm}+\sum k_{in}i_{sn}=\sum f_{um}+\sum f_{in} \tag{2-7}$$

式中，f_x 为电路总响应，可以是某支路电流，也可是某两点间电压，而 u_{sm} 与 i_{sn} 为各个独立电源对应的激励。

从式（2-7）还可看出，每一个激励 u_{sm} 与 i_{sn} 都对总响应 f_x 做出贡献，贡献分量分别为 $f_{um}=k_{um}u_{sm}$ 与 $f_{in}=k_{in}i_{sn}$。值得注意的是：各个贡献分量 f_{um} 与 f_{in} 相互无关，呈现简单的“代数和”关系，根据这一特征得到如下叠加原理。

叠加原理：线性电路中有多个独立电源。当全部独立电源共同作用时，在任一支路产生的电流（或任意两点间产生的电压）等于各个独立电源单独作用时在该支路产生的电流（或该两点间产生的电压）的代数和。

叠加原理实质上是将复杂电路问题分解成若干相对简单问题分别解决，采用科学研究常用的“分解”思想，很多情况下可以降低电路分析的难度，举例如下。

例 2-5　应用叠加原理求解图 2-9a 所示电路中的电压 $U=?$

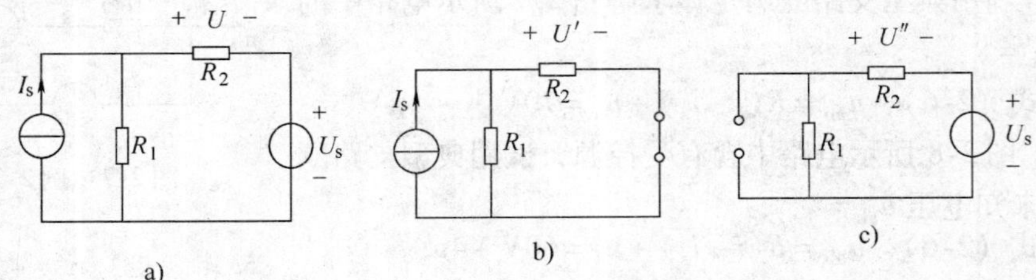

图 2-9　例 2-9 图

解　采用叠加原理，**每个独立电源（激励）的作用分别考虑一次**。依据叠加原理的分析思想，将图 2-9a 分解为图 2-9b、c 两个分图。

在图 2-9b 中，电流源单独作用，不起作用的电压源用短路线代替，电流源在电阻 R_2 上产生压降

$$U'=\frac{R_1R_2}{R_1+R_2}I_s$$

在图 2-9c 中，电压源单独作用，不起作用的电流源用开路代替，电流源在电阻 R_2 上产生压降

$$U''=\frac{-R_2}{R_1+R_2}U_s$$

依据叠加原理，电阻 R_2 上最终产生压降

$$U=U'+U''=\frac{R_1R_2}{R_1+R_2}I_s-\frac{R_2}{R_1+R_2}U_s$$

例 2-6　应用叠加原理求解图 2-10a 所示电路中的电压 $U=?$

解　**将三个独立电源分为两组考虑（每个电源只能考虑一次）**。其中 U_{s1} 与 U_{s2} 为一组，I_s 为一组。依据叠加原理，将图 2-10a 分解为图 2-10b、c 两个分图。在图 2-10b 中，电流源单独作用，不起作用的电压源用短路线代替，电流源在电导 G_2 上产生的压降 $U'=0$，原因是电流源电流沿图示绕行线路直接环流，不经任何电阻元件，电导 G_2 上压降自然为零。

在图 2-10c 中，U_{s1} 与 U_{s2} 联合作用，不起作用的电流源用开路代替，在 a 点应用 KCL

$$G_1(U''-U_{s1})+G_2U''+G_3(U''-U_{s2})=0$$

电流源在电导 G_2 上产生的压降

$$U''=\frac{G_2U_{s2}+G_3U_{s1}}{G_1+G_2+G_3}$$

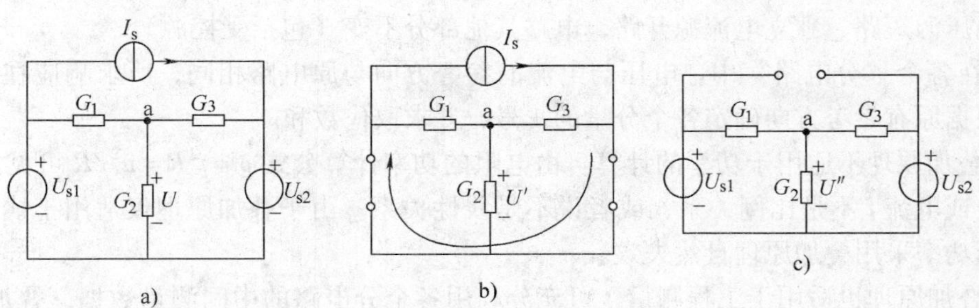

图 2-10　例 2-6 图

依据叠加原理电导 G_2 上最终产生的压降

$$U = U' + U'' = 0 + \frac{G_2 U_{s2} + G_3 U_{s1}}{G_1 + G_2 + G_3} = \frac{G_2 U_{s2} + G_3 U_{s1}}{G_1 + G_2 + G_3}$$

例 2-7　图 2-11 中含有受控源，用叠加原理计算电压 $U = ?$

解　叠加原理只针对独立电源，对受控电源不适用。当电路中包含受控电源时，分析过程中可保持其不变，然后分别考虑两个独立电源的作用，将图 2-11a 分解为图 2-11b、c 两个分图。

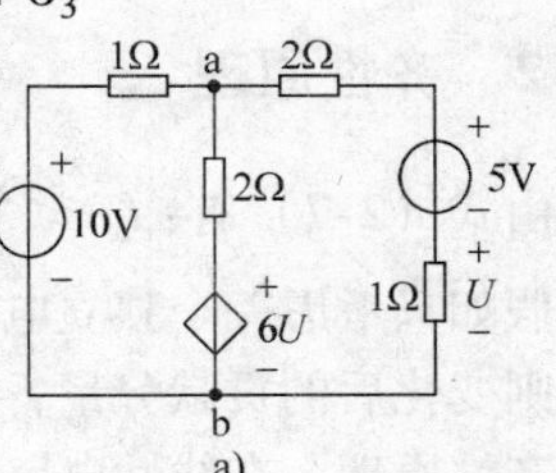

在图 2-11b 中，5V 电压源单独作用，不起作用的电压源用短路线代替，在节点 a 列写 KCL 方程

$$\frac{U_{ab}}{1} + \frac{U_{ab} - 5}{3} + \frac{U_{ab} - 6U'}{2} = 0$$

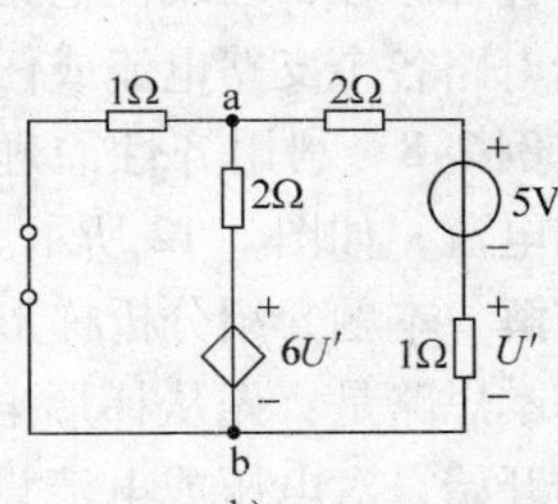

再根据 5V 电压源所在支路的欧姆定律

$$U' = 1 \times \frac{U_{ab} - 5\text{V}}{3}$$

联立上述两个方程，得：$U' = -3\text{V}$。

在图 2-11c 中，10V 电压源单独作用，不起作用的电压源用短路线代替，在节点 a 列写 KCL 方程

$$\frac{U_{ab}}{3} + \frac{U_{ab} - 10\text{V}}{1} + \frac{U_{ab} - 6U''}{2} = 0$$

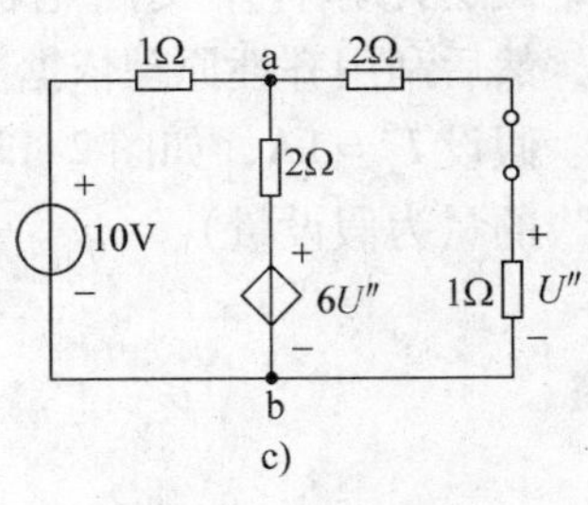

图 2-11　例 2-7 图

再根据分压公式

$$U'' = \frac{U_{ab}}{3}$$

联立上述两个方程，得：$U'' = 4\text{V}$。

依据叠加原理最终有计算结果

$$U = U' + U'' = 1\text{V}$$

叠加原理的运用要点总结如下：

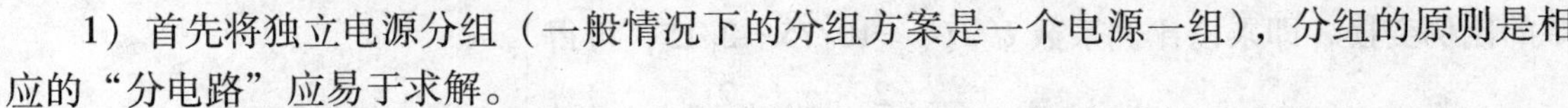

1）首先将独立电源分组（一般情况下的分组方案是一个电源一组），分组的原则是相应的“分电路”应易于求解。

2）画出各组电源单独作用时的“分电路”。在分电路中，将暂不考虑的电源“置零”，

即独立电压源短路、独立电流源开路，电路其他部分不变（包括受控源）。

3）在各个“分电路”中，电压与电流的参考方向与原电路相同，所求响应在叠加时，应注意根据原有参考方向确定各个分量的±号，并求取代数和。

4）叠加原理不适用于功率的计算。由电阻的功率计算公式 $p=i^2R=u^2/R$ 可见，功率 p 与电压 u 或电流 i 不是比例关系，或者说不是线性关系。由于叠加原理仅适用于线性系统，因此计算功率采用叠加原理自然失效。

5）叠加原理也适用于工程测量，可充分利用各个分电路的中间测量数据，叠加后求取最终结果。

6）同学们应当认识到：**叠加原理的重要性在于它为电路理论提供了重要的理论基础，利用它形成一种解题技巧反倒是次要的**。事实上，很多情况下利用叠加原理分析电路虽然可以降低难度，但不一定简单和效率高。

2.3.2 齐性原理

由式（2-7）有：$f_x = \sum k_{\mathrm{um}} u_{\mathrm{sm}} + \sum k_{\mathrm{in}} i_{\mathrm{sn}}$。

假如只考虑一个独立电压源 u_{s1} 对电路某响应 f_x 的贡献，有 $f_x = k_{\mathrm{u1}} u_{\mathrm{s1}}$。现将 u_{s1} 变化 k 倍，则变化后的贡献分量 $f_x' = k_{\mathrm{u1}}(k_{\mathrm{us1}}) = k(k_{\mathrm{u1}} u_{\mathrm{s1}}) = kf_x$，由此得到齐性原理。

齐性原理：在线性电路中，如果某激励（独立电源）的大小变化 k 倍，那么该激励贡献给电路各个支路电流或任意两点间电压的“分量”也将变化 k 倍。

例 2-8 利用齐性原理计算梯形电路各个支路电流，如图 2-12 所示。

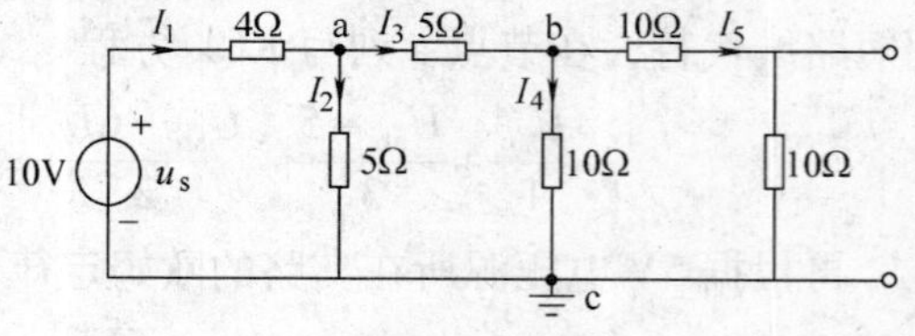

图 2-12 例 2-8 图

解 本题介绍分析梯形电路的“倒推法”。其基本思路是：先从梯形电路距离电源最远的一端开始，对电压或电流设定一个便于计算的值，倒退计算各个支路电流，直到电源处为止，然后利用齐性原理依据实际电源数值比例修正全部计算结果。

假设 $I_5' = 1\mathrm{A}$，如图 2-12 所示，从右至左得到以下各个支路电流：（注：右上角标注“′”的量为假设量）

$$U_{\mathrm{bc}}' = I_5' \times 20\Omega = 1 \times 20\mathrm{V} = 20\mathrm{V}$$
$$I_4' = U_{\mathrm{bc}}' / 10\Omega = 2\mathrm{A}$$
$$I_3' = I_4' + I_5' = 2\mathrm{A} + 1\mathrm{A} = 3\mathrm{A}$$
$$U_{\mathrm{ac}}' = I_3' \times 5\Omega + U_{\mathrm{bc}}' = 15\mathrm{V} + 20\mathrm{V} = 35\mathrm{V}$$
$$I_2' = U_{\mathrm{ac}}' / 5\Omega = 35/5\mathrm{A} = 7\mathrm{A}$$
$$I_1' = I_2' + I_3' = 7\mathrm{A} + 3\mathrm{A} = 10\mathrm{A}$$
$$U_{\mathrm{s}}' = I_1' \times 4\Omega + U_{\mathrm{ac}}' = 40\mathrm{V} + 35\mathrm{V} = 75\mathrm{V}$$

计算表明，当电压源电压 $U_{\mathrm{s}}' = 75\mathrm{V}$ 时，各个支路电流如上所示。

但实际的电压源 $U_{\mathrm{s}} = 10\mathrm{V}$，根据齐性原理各个支路的电流**不必从头计算，只需做一个简单的比例变换**，即乘以比例系数 $U_{\mathrm{s}}/U_{\mathrm{s}}' = 10/75 = 2/15$，可得

$$I_1 = I_1' \times \frac{2}{15} = 10 \times \frac{2}{15}\mathrm{A} = 1\ \frac{1}{3}\mathrm{A}$$

$$I_2 = I_2' \times \frac{2}{15} = 7 \times \frac{2}{15}\text{A} = \frac{14}{15}\text{A}$$

$$I_3 = I_3' \times \frac{2}{15} = 3 \times \frac{2}{15}\text{A} = \frac{2}{5}\text{A}$$

$$I_4 = I_4' \times \frac{2}{15} = 2 \times \frac{2}{15}\text{A} = \frac{4}{15}\text{A}$$

$$I_5 = I_5' \times \frac{2}{15} = 1 \times \frac{2}{15}\text{A} = \frac{2}{15}\text{A}$$

例 2-9　在例 2-5 中独立电压源的电压 U_s 增大到 3 倍，求电压 $U = ?$

解　在例 2-5 中解得

$$U = U' + U'' = \frac{R_1 R_2}{R_1 + R_2} I_s - \frac{R_2}{R_1 + R_2} U_s$$

由于电流源 I_s 没变，其响应 $U' = \frac{R_1 R_2}{R_1 + R_2} I_s$ 也没变。

但由于电压源 U_s 增大到 3 倍，根据齐性原理其响应

$$U'' = 3 \times \frac{-R_2}{R_1 + R_2} U_s$$

故本题

$$U = U' + U'' = \frac{R_1 R_2}{R_1 + R_2} I_s - 3 \times \frac{R_2}{R_1 + R_2} U_s$$

2.3.3　线性定律的定义

线性定律：线性电路中有多个独立电源。首先将各个电源进行比例变换，分别变换为原有电源的 k_1 倍、k_2 倍……。然后将比例变换后的电源共同作用于电路，则在任一支路产生的电流（或任意两点间产生的电压）等于各个独立电源单独作用时在该支路产生的电流（或该两点间产生的电压）进行相应比例变换后的叠加。

公式表达为

$$f_x = \sum k_m f_{um} + \sum k_n f_{in}$$

式中，f_x 为电路总响应，可以是某支路电流，也可是某两点间电压，而 f_{um} 与 f_{in} 则是各个激励 u_{sm} 与 i_{sn} 单独作用时产生的响应。

显然，线性定律是叠加原理和齐性原理的综合，举例说明如下。

例 2-10　在例 2-5 中独立电压源的电压 U_s 增大到 3 倍，电流源 I_s 增大到 5 倍，求电压 $U = ?$

解　在例 2-5 中解得

$$U = U' + U'' = \frac{R_1 R_2}{R_1 + R_2} I_s - \frac{R_2}{R_1 + R_2} U_s$$

电压源 U_s 增大到 3 倍，根据齐性原理其响应

$$U'' = 3 \times \frac{-R_2}{R_1 + R_2} U_s$$

电流源 I_s 增大到 5 倍，根据齐性原理其响应

$$U' = 5 \times \frac{R_1 R_2}{R_1 + R_2} I_s$$

根据叠加原理

$$U = U' + U'' = 5 \times \frac{R_1 R_2}{R_1 + R_2} I_s - 3 \times \frac{R_2}{R_1 + R_2} U_s$$

【每节思考】

1. 在运用叠加原理时，为什么每个独立电源的贡献只能考虑一次？
2. 齐性原理只能应用于单一电源的电路吗？
3. 你能否找到一个利用叠加原理或齐性原理解题反而麻烦的例子，是否说明线性定律意义不大？

2.4 特勒根定理

能量处理是电路两大功能之一。由物理学的知识可知：任何封闭系统能量守恒，而开放平衡系统功率守恒。电路是典型的开放平衡系统，必然遵守功率守恒定律。

2.4.1 功率守恒定律

功率守恒定律（特勒根第一定理）：某电路具有 b 条支路，各支路电流为（i_1，i_2，…，i_b），各支路电压为（u_1，u_2，…，u_b），且各支路的电流与电压取关联参考方向，则在任何时刻，全部支路吸收功率的代数和为零。

公式表达为

$$\sum_{k=1}^{b} u_k i_k = 0$$

功率守恒定律又称为**特勒根第一定理**，实质上表达了在一个电路系统中，电源提供（或发出）的功率与电路吸收的功率相等，就整个系统而言，功率是守恒的。

特勒根第一定理的应用范围十分广泛，不仅对本书研究的线性时不变集总参数电路适用，而且对非线性时变集总参数电路也适用。

例 2-11 通过功率守恒定律验证图 2-13 所示电路的分析数据是否正确。

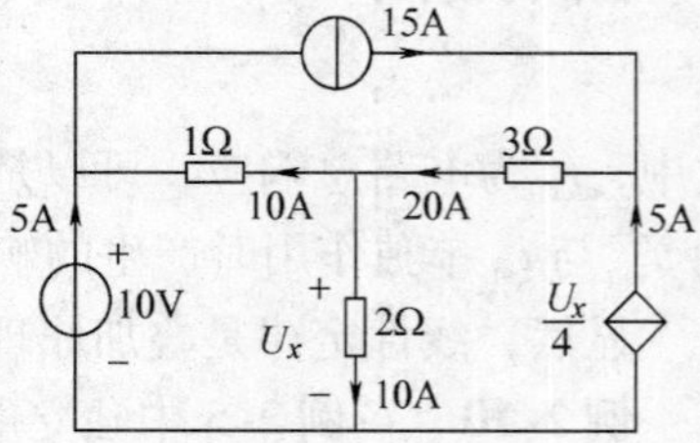

图 2-13 例 2-11 图

解 10V 电压源发出功率

$$p_1 = 10 \times 5\text{W} = 50\text{W}$$

15A 电流源发出功率

$$\begin{aligned} p_2 &= 15 \times [1 \times (15 - 5) + 3 \times (15 + 5)]\text{W} \\ &= 150\text{W} + 900\text{W} = 1050\text{W} \end{aligned}$$

受控电流源发出功率

$$p_3 = \frac{U_x}{4}(3 \times 20 + U_x) = 5 \times (3 \times 20 + 20)\text{W} = 400\text{W}$$

三个电阻消耗功率

$$p_{吸} = 1 \times 10^2\text{W} + 2 \times 10^2\text{W} + 3 \times 20^2\text{W} = 1500\text{W}$$

而电路发出的全部功率

$$p_{发} = p_1 + p_2 + p_3 = 1500\text{W}$$

$$p_{发} = p_{吸} 或 \sum p_{吸} = 0$$

因此满足支路功率守恒定律，说明电路分析的数据是正确的。

2.4.2 似功率守恒定律

如图2-14所示，两个电路虽然具体支路构成不同，但具**有相同拓扑结构**。即两电路的支路数和节点数相同，对应的支路与节点连接关系也相同，称为相似电路或相似网络。

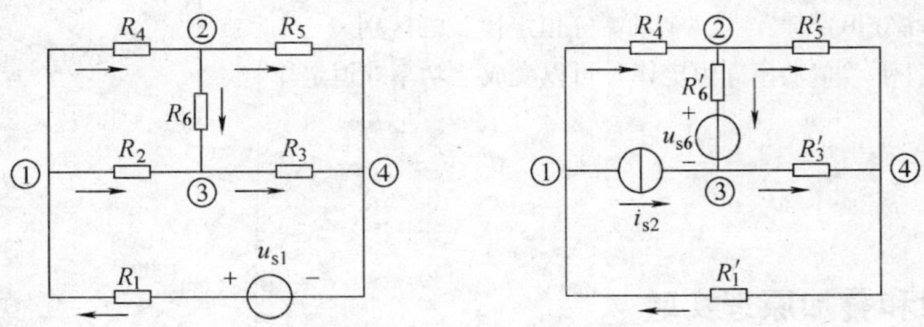

图2-14 相似网络（箭头表示支路电流参考方向）

假设两个电路中对应的支路电流与支路电压参考方向相同，且支路电流均取和支路电压关联参考方向，则可以证明如下“似功率守恒定律”。

似功率守恒定律（特勒根第二定理）：在两个相似电路 N 与 $\hat{N}$ 之中，电路 N 的每一支路的支路电压 u_k 与电路 $\hat{N}$ 每一支路电流 $\hat{i}_k$ 的乘积之和等于零；电路 $\hat{N}$ 的每一支路电压 $\hat{u}_k$ 与电路 N 每一支路电流 i_k 乘积之和等于零。即有

$$\sum_{k=1}^{b} u_k \hat{i}_k = 0 \quad 和 \quad \sum_{k=1}^{b} \hat{u}_k i_k = 0$$

注意：公式中各支路电压与电流取关联参考方向。

将“似功率守恒定律”用于分析同一电路中各支路电流和支路电压（这时 N、$\hat{N}$ 为同一电路，则 $u_k = \hat{u}_k$，$i_k = \hat{i}_k$），即可得到“功率守恒定律”。可见“功率守恒定律”是“似功率守恒定律”（特勒根第二定律）在两个相似电路完全相同情况下的特例。但“功率守恒定律”有鲜明的物理意义，“似功率守恒定律”却只有几何拓扑意义，实际上是基尔霍夫定律（KCL + KVL）的变形。可见特勒根定理适用于一切集总参数电路，只要各支路电压与电流满足 KCL 和 KVL 即可。

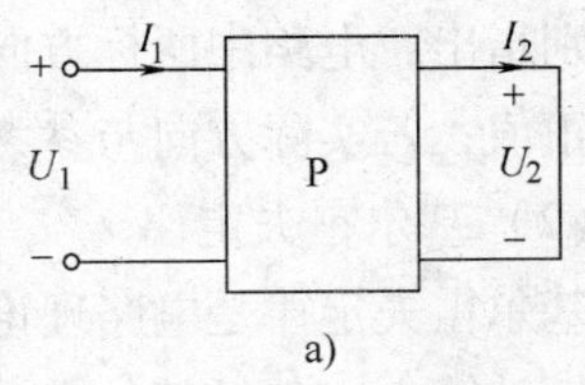

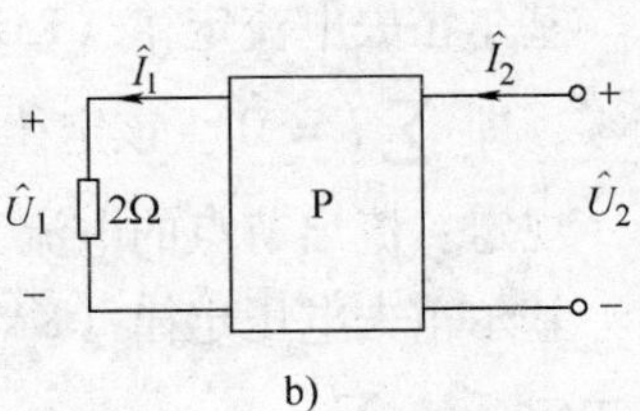

图2-15 例2-12图

例2-12 图2-15中为两个相似网络，其中P为纯电阻网络，已知 $U_1 = 10\text{V}$，$I_1 = -5\text{A}$，$U_2 = 0$，$I_2 = 1\text{A}$，$\hat{U}_2 = 10\text{V}$，求解：$\hat{U}_1 = ?$

解

由似功率守恒定律：（b 为电路的支路数）

$$U_1(-\hat{I}_1) + U_2(-\hat{I}_2) + \sum_{k=3}^{b} R_k i_k \cdot \hat{i}_k = 0$$

$$\hat{U}_1(-I_1)+\hat{U}_2(-I_2)+\sum_{k=3}^{b}R_k\hat{i}_k\cdot i_k=0$$

推得：$U_1(-\hat{I}_1)+U_2(-\hat{I}_2)=\hat{U}_1(-I_1)+\hat{U}_2(-I_2)$

联立：$\hat{U}_1=2\hat{I}_1$

解得：$\hat{U}_1=1\text{V}$

【每节思考】

1. 讨论“功率守恒定律”与“似功率守恒定律”的区别。
2. 在什么条件下“似功率守恒定律”可以变成“功率守恒定律”？

2.5 实验

基尔霍夫定律和叠加原理实验

1. 实验目的

1）验证基尔霍夫定律和叠加原理的正确性，加深对基尔霍夫定律和线性电路叠加性的理解。

2）加深对参考方向的理解。

3）学习基本电路的测量方法。

4）正确选用元器件和设备。

2. 实验原理

（1）参考方向

为了便于分析和计算电路，可假定一个电流（或电压）的正方向，称为参考方向。如无特别指出，电路中所标方向均为参考方向。在参考方向下，若实际方向与参考方向一致，则为正值；若实际方向与参考方向相反，则为负值。

（2）基尔霍夫定律

基尔霍夫定律是电路理论中最基本、最重要的定律之一，广泛应用于线性和非线性电路的分析计算中，包括基尔霍夫电流定律和基尔霍夫电压定律，其内容如下：

基尔霍夫电流定律（KCL）：在任意时刻流入（或流出）任意节点的电流之代数和恒等于零，即 $\sum i=0$。该定律是电流连续性的反映。

规定：流出节点的电流为正，流入节点的电流为负。

基尔霍夫电压定律（KVL）：在任意时刻沿电路任意闭合路径各段电路电压之代数和恒等于零，即 $\sum u=0$。

规定：各段电路电压的参考方向与回路绕行方向一致时，记为正；反之，记为负。

（3）叠加原理

在线性电路中，如果有多个独立电源同时作用，任何一支路的电流或电压等于各个电源单独作用时对该支路所产生的电流或电压的代数和。

这里所说的一个独立电源单独作用是指除了该独立电源外，其余独立电源均为零值

（将理想电压源视为短路，理想电流源视为开路）。若电路中存在着实际电源，则电源的内阻或电导应保留在原电路中。

叠加原理适用于线性电路中电压和电流的计算，但不适合直接用于功率的计算。

3. 实验设备

1）双路直流稳压电源一台。

2）直流电流表、直流电压表各一只。

3）实验电路板一套。

4. 实验内容

（1）验证基尔霍夫定律

1）验证 KCL。按图 2-16 所示接线，其中直流电源 $U_{s1}=20V$，$U_{s2}=30V$，（两路电源数值可以自定），将开关 S_1、S_2 分别置于电源侧，用直流电流表分别测量各支路电流 I_1、I_2 和 I_3，并记录在表 2-1 中，验证 $\sum i=0$。

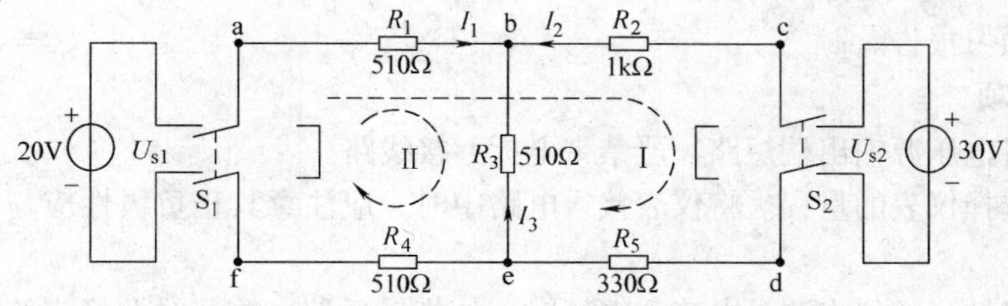

图 2-16　验证基尔霍夫定律和叠加原理实验电路

表 2-1　验证 KCL 数据记录

待测量	I_1/mA	I_2/mA	I_3/mA	验证 $\sum I$
测量值				
计算值				
绝对误差				

2）验证 KVL。用电压表分别测量图 2-16 中回路 I 中的电压 U_{ab}、U_{bc}、U_{cd}、U_{de}、U_{ef}、U_{fa}，并记录在表 2-2 中，验证 $\sum u=0$。

表 2-2　验证 KVL 数据记录表

待测量	U_{ab}/V	U_{bc}/V	U_{cd}/V	U_{de}/V	U_{ef}/V	U_{fa}/V	验证 $\sum u=0$
测量值							
计算值							
绝对误差							

（2）验证叠加原理

在图 2-16 所示电路中，当 U_{s1} 单独作用（$U_{s2}=0$，即将 S_2 置于短路侧）时，测量出 I_1、I_2、I_3、U_{ab}、U_{be} 和 U_{bc}；当 U_{s2} 单独作用（$U_{s1}=0$，即将 S_1 置于短路侧）时，测量出 I_1、I_2、I_3、U_{ab}、U_{be} 和 U_{bc}；当 U_{s1}、U_{s2} 共同作用时，测量出 I_1、I_2、I_3、U_{ab}、U_{be} 和 U_{bc}。将上

述各数据记录在表 2-3 中。

5. 预习要求

1）复习基尔霍夫定律和叠加原理。

2）根据实验所提供的电阻值及 U_{s1}、U_{s2} 的值，计算出各支路的电压和电流值，以便与测量值比较。

表 2-3　验证叠加原理数据记录表

	I_1/mA	I_2/mA	I_3/mA	U_{ab}/V	U_{be}/V	U_{bc}/V
U_{s1} 单独作用						
U_{s2} 单独作用						
U_{s1}、U_{s2} 共同作用						
绝对误差						

3）应用 Multisim 进行仿真实验。

4）写出预习报告。

6. 注意事项

1）严禁将电压源输出端短路，严禁带电拆、接线路。

2）正确选择仪表的量程。将仪表接入电路中时，应注意其正负极性应与电路中参考方向保持一致。

3）使用指针式的仪表测量电流和电压时，如指针反偏，要及时调换表笔，并在测量值前加“－”号。

7. 思考题

1）叠加原理的应用条件是什么？实验电路中若有一个电阻改为二极管，试问叠加原理还成立吗？为什么？

2）为什么线性电路中的电压、电流可以叠加而功率不能叠加？

8. 实验报告要求

1）根据实验测量数据验证 KCL、KVL 和叠加原理，并分析产生误差的原因。

2）回答思考题。

基尔霍夫定律和叠加原理仿真实验

1. 仿真设备

1）硬件：计算机。

2）软件：Multisim。

2. 仿真电路

如图 2-16 所示。

3. 仿真步骤

1）在 Multisim 工作区内建立仿真电路。为建立仿真电路，将鼠标指向快捷工具栏，单击鼠标右键，弹出工具栏菜单，从中选择电源元件、基本元件、测量元件等快捷工具栏。

单击电源快捷工具栏中的“直流电压源”按钮，使鼠标置于电路窗口的适当位置，单击鼠标左键，电源即出现在电路窗口，再重复一次，设置两个电压源；单击“接地”按钮，将接地元件放置到电路窗口中合适位置（建立的仿真电路中必须有一个接地点）。双击电源，可将电压 U_{s1} 标签值 12V 改为 20V，U_{s2} 改为 30V。然后单击“OK”按钮。

从基本元件快捷工具栏中选取电阻元件，用鼠标拖曳到电路窗口合适位置，单击鼠标左键放置。单击右键，对电阻位置调整。双击鼠标左键，可根据需要重置电阻数值。重复几次，将所需电阻放置在电路窗口中。

从测量元件快捷工具栏中选取电压表、电流表。双击鼠标右键，将电表设置成直流。

单击菜单 Place/Component 选项，出现对话框，选择 Group/basic 中的 Switch 选项，找到需要的双掷开关。单击右键，对开关位置调整。

2）连接元件和测量电表，构成如图 2-17 所示电路。

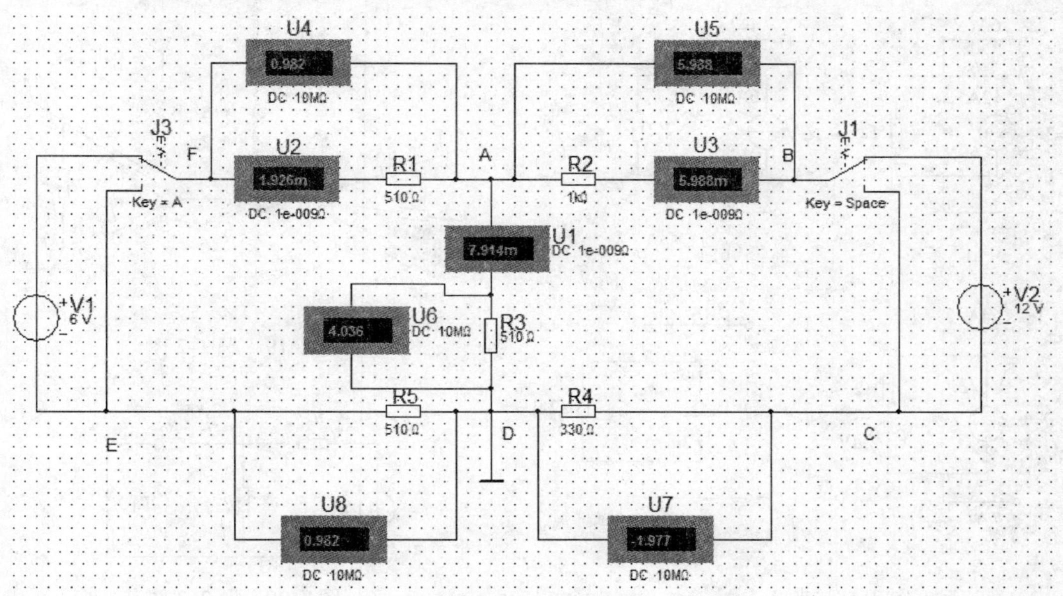

图 2-17　基尔霍夫定律和叠加定理仿真实验电路

3）电路仿真。单击 Simulation 中的“Run”按钮进行仿真，再次单击“Run”按钮时仿真停止；或单击“Pause”按钮停止仿真，再次单击“ Pause”按钮，仿真又重新进行。

4）仿真结果的观察。观察串联在各支路中电流表的读数，可得到各支路中的电流值；观察并联在各电阻上的电压表的读数，可得到各电阻上的电压值。将测量数据填入表 2-1 ~ 表 2-3 中。

电路中的两个开关分别用字母“A”键和空格键控制。按一次开关状态变换一次。通过控制两个开关的状态，可以仿真电路在 U_{s1} 单独作用下或 U_{s2} 单独作用下，或在 U_{s1}、U_{s2} 共同作用下电路中的各个电压、电流的数值。经过对测量数据的处理，仿真结果验证了线性电路的叠加原理。

比较实物实验和仿真实验结果。

本章小结

本章介绍的内容在电路理论中最为重要、最为基本。这些内容是：基尔霍夫定律、欧姆定律、线性定律、功率守恒定律，它们构成了经典电路理论大厦的基石。本章内容以分析简单的电阻电路为背景，但结论适合所有线性集总参数电路。为此目的，在介绍欧姆定律时定义了典型电路；在介绍叠加定理和齐性原理时，将两者综合成为线性定律；在介绍功率守恒定律时，将其扩展到更加一般的“似功率守恒定律”。所有这些努力，目的都在于使同学们掌握的理论基础更扎实，应用范围更加宽广。

习 题

2-1 试计算图 2-18 中各支路的支路电压 $u=?$ 或支路电流 $i=?$

2-2 利用 KCL 与 KVL 确定图 2-19 中全部未知电流 i_1、i_2、i_3、i_4、i_5。已知 $R=1\Omega$。

2-3 图 2-20 中，已知 $u_s=10V$、$i_1=2A$、$R_1=4\Omega$、$R_2=1\Omega$，求 $i_2=?$

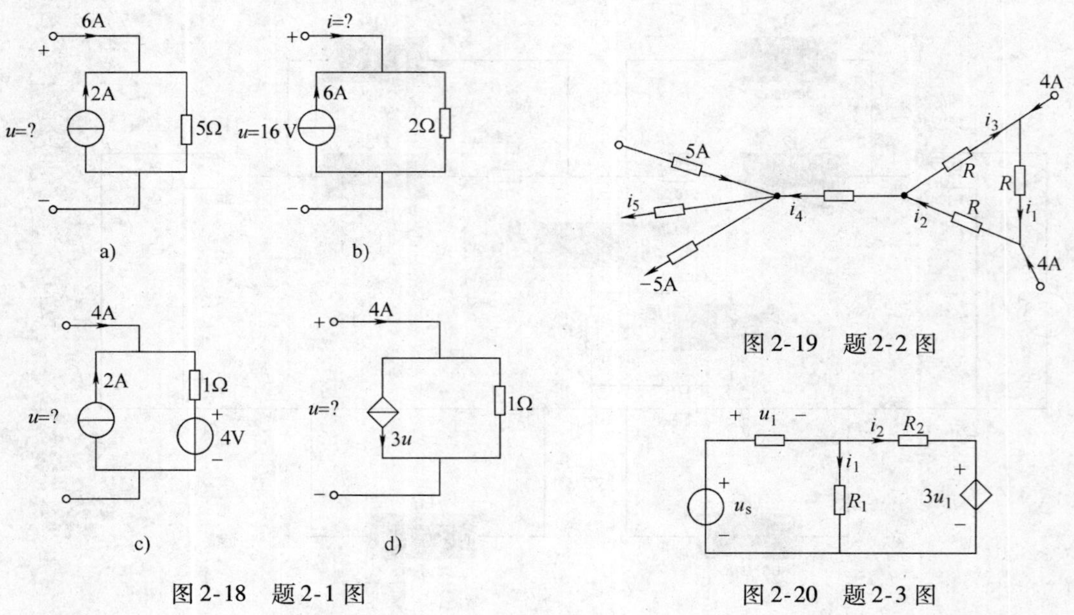

图 2-18 题 2-1 图

图 2-19 题 2-2 图

图 2-20 题 2-3 图

2-4 求图 2-21 中电压 $u_{cb}=?$ $\alpha=0.01$

2-5 如图 2-22 所示电路，列出所有可能的回路 KVL 方程，列出所有节点的 KCL 方程。这些方程都相互独立吗?

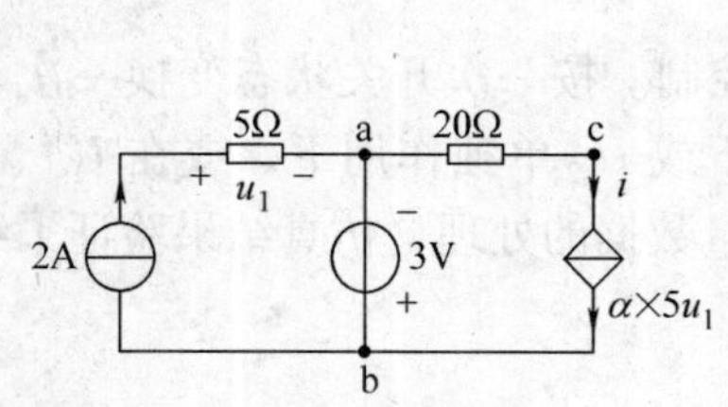

图 2-21 题 2-4 图

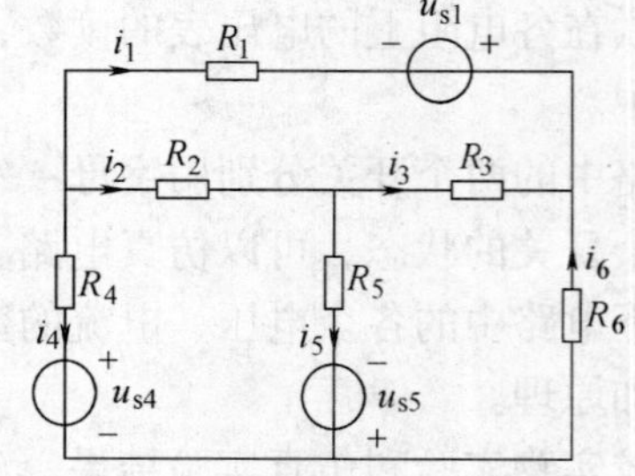

图 2-22 题 2-5 图

2-6 利用 KCL 与 KVL 确定图 2-23 中电压 $u=?$

2-7 求图 2-24 中 $I_1=?$ $U_0=?$

2-8 求图 2-25 中 $U_1=?$

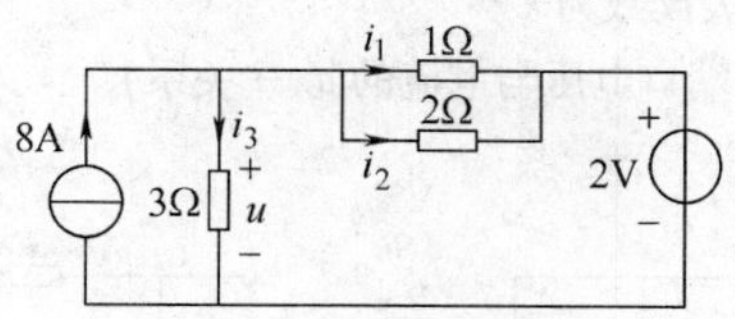

图2-23　题2-6图

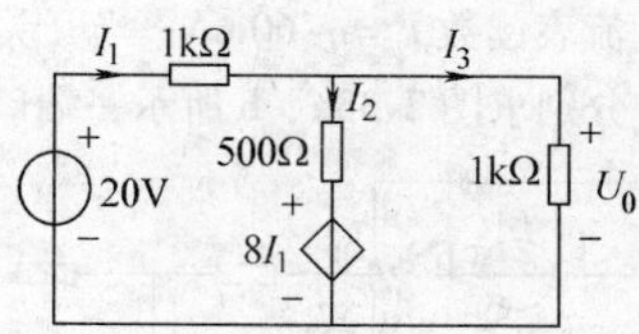

图2-24　题2-7图

2-9　利用叠加原理确定图2-26中电压 u = ?

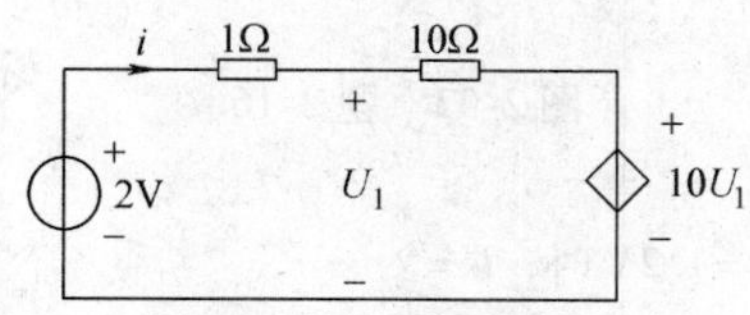

图2-25　题2-8图

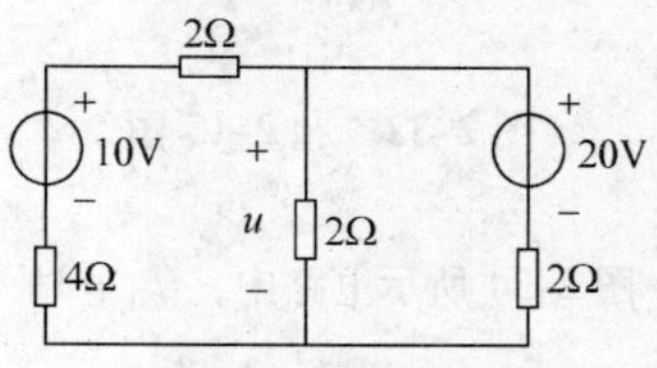

图2-26　题2-9图

2-10　利用叠加原理确定图2-27中开路电压 u_{ab} = ?

2-11　利用叠加原理求图2-28中电压 U = ?

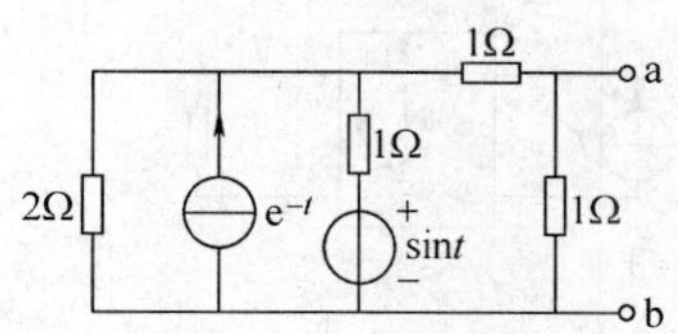

图2-27　题2-10图

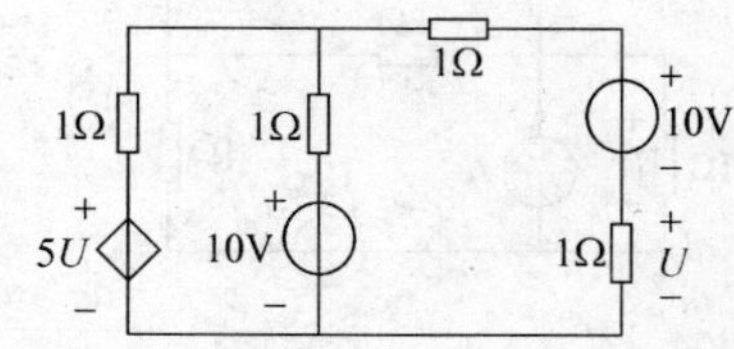

图2-28　题2-11图

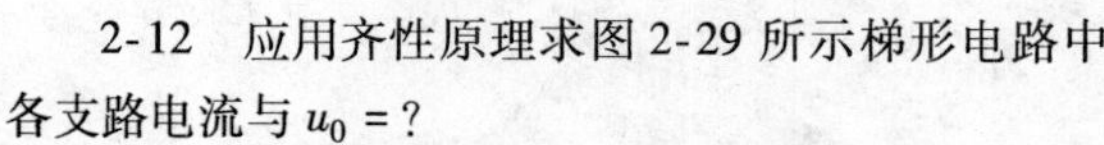

2-12　应用齐性原理求图2-29所示梯形电路中各支路电流与 u_0 = ?

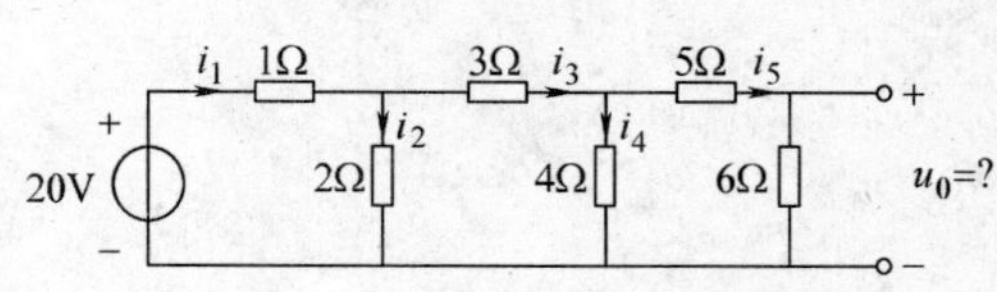

图2-29　题2-12图

2-13　在图2-30所示集成电路中，当电源 i_{s1} 与 u_{s1} 反向时（u_{s2} 不变），输出电压 u_{ab} 是原有值的0.5倍。而当电源 i_{s1} 与 u_{s2} 反向时（u_{s1} 不变），输出电压 u_{ab} 是原有值的0.3倍。问：仅仅 i_{s1} 反向（u_{s1}、u_{s2} 均不变），输出电压 u_{ab} 是原有值的几倍?

2-14　图2-31所示电路中，$R_1=1\Omega$，$R_2=2\Omega$，$u_s=1V$，$i_s=2A$，其中电流源 i_s 发出功率为12W，求受控电流源的系数 γ = ?

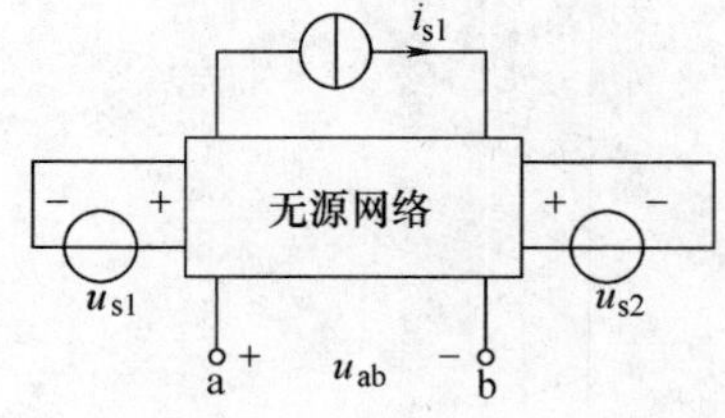

图2-30　题2-13图

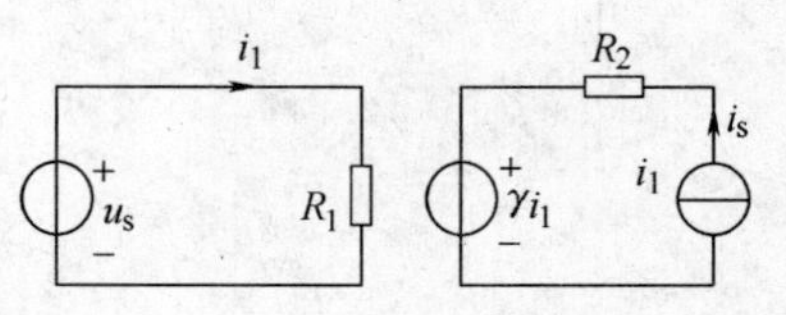

图2-31　题2-14图

2-15　图2-32中，$u_{s1}=10V$、$u_{s2}=15V$，当开关S在位置a时，电流表读数 $I'=40mA$；当开关S在位

置 b 时，电流表读数 $I''=-60\text{mA}$；当开关 S 在位置 c 时，电流表读数为多少？

2-16　分别求图 2-33a、b 所示一端口电路的端口方程（即端口电压与电流的 u—i 关系）。

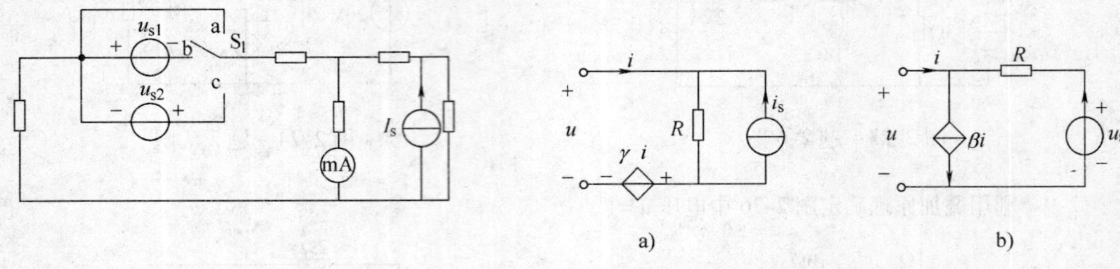

图 2-32　题 2-15 图　　　　图 2-33　题 2-16 图

2-17　图 2-34 所示电路中，$U_{s1}=1\text{V}$ 时，$U=\dfrac{4}{3}\text{V}$。求 $U_{s1}=1.2\text{V}$ 时，$U=?$

2-18　图 2-35 中，N 为线性含源电阻网络，$R=100\Omega$，已知：$I_s=0$ 时，$I=1.2\text{mA}$；$I_s=10\text{mA}$ 时，$I=1.4\text{mA}$。求当 $I_s=15\text{mA}$ 时，$I=?$

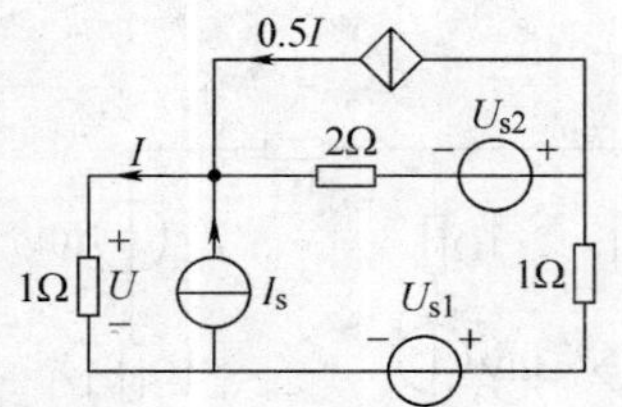

图 2-34　题 2-17 图

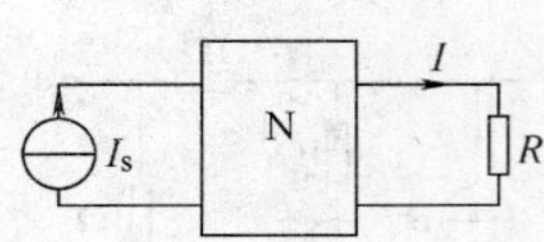

图 2-35　题 2-18 图

第 3 章　电阻电路的系统分析方法

【本章学习要点】

本章论述全面系统地分析电阻电路的基本方法，包括 2*b* 法，以及支路电压法和支路电流法、回路电流分析法和节点电压分析法。本章的目的是掌握全面分析电阻电路的基本方法，能熟练列写电路方程组，能熟练求解相关电路方程并进行相关的电路分析。

学习难点：回路电流分析法；节点电压分析法。

3.1　电路的独立方程

要全面分析含有 *b* 条支路的电阻电路，必须求解 *b* 个支路电压和 *b* 个支路电流，共 2*b* 个未知量。为此**必须找到 2*b* 个线性无关的代数方程**。

集总参数电路的各支路电流受到 KCL 约束，各支路电压受到 KVL 约束，这两种约束只与电路元件的连接方式有关，与元件特性无关，称为网络拓扑约束。

集总参数电路的支路电压和支路电流还要受到元件特性，即欧姆定律的 VCR 约束，这类约束只与元件的 VCR 有关，与元件连接方式无关，称为元件约束。

任何集总参数电路的电压和电流都必须同时满足这两类约束关系。因此电路分析的基本方法是：根据电路的结构和参数，分别列出反映这两类约束关系的 KCL、KVL 和 VCR 方程，然后联立求解电路方程组就能得到各支路电压和电流的解答。

3.1.1　电路独立方程的数目

1. KCL 的独立方程数目

对于图 3-1 所示的电路，可以列写如下的 KCL 方程：

① $i_1+i_4=0$

② $-i_1+i_2+i_3=0$

③ $-i_2+i_5=0$

④ $-i_4-i_3-i_5=0$

注意：①+②+③=−④。

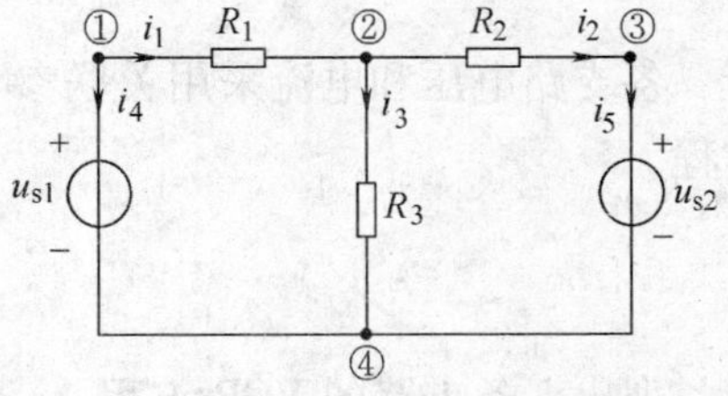

图 3-1　电路独立方程的数目

本例由于④和①、②、③线性相关，因此独立的线性无关的方程数目只有 3 个。由此推广得出如下结论：

***n* 个节点的电路，可列出的独立 KCL 方程为 *n*−1 个。**

2. KVL 的独立方程数目

对于图 3-1 所示的电路，可以列写如下的 KVL 方程：

① $i_1R_1+i_3R_3-u_{s1}=0$

② $i_2R_2-i_3R_3+u_{s2}=0$

③ $i_1R_1+i_2R_2+u_{s2}-u_{s1}=0$

注意：①+②=③。

类似地，得出如下结论：

n 个节点、b 条支路的电路，可列出的独立 KVL 方程数目 = $b-(n-1)$。

综合得出如下结论：

n 个节点、b 条支路的电路，独立的 **KCL** 和 **KVL** 方程数目为

$$(n-1)+b-(n-1)=b$$

再考虑到 b 条支路的电路还可以列写 b 个 VCR 方程。

结论：对于具有 b 条支路 n 个节点的连通电路，可以列出线性无关的方程数目如下：

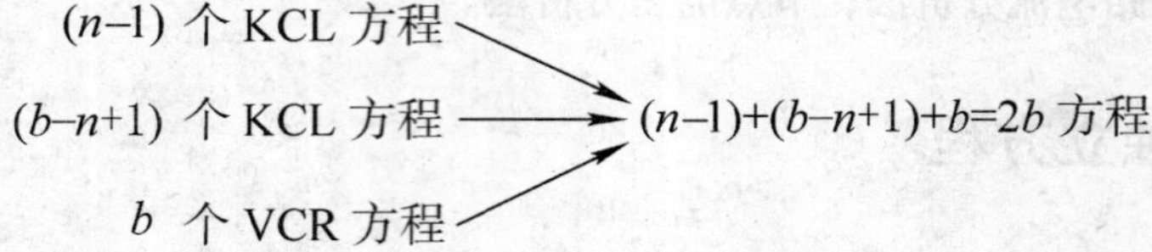

以上得到以 b 个支路电压和 b 个支路电流为未知变量的电路方程组（方程数目为 $2b$）。由于方程的个数与未知量的数目正好相等，因此这 $2b$ 方程正常情况下可以完成电路的全面系统分析。$2b$ 方程是分析电路的基本依据。求解 $2b$ 方程可以得到电路的全部支路电压和支路电流，这种**原始的方法简称 2b 法**。

3.1.2 电路举例

下面举例说明。

例 3-1 列写图 3-1 所示电路的 $2b$ 方程。若已知：$R_1=R_3=1\Omega$，$R_2=2\Omega$，$u_{s1}=5V$，$u_{s2}=10V$，求各支路的电压和电流。

解 对节点①、②、③列出 KCL 方程

$$\begin{cases} i_1+i_4=0 \\ -i_1+i_2+i_3=0 \\ -i_2+i_5=0 \end{cases}$$

各支路电压和电流采用关联参考方向，按顺时针方向绕行一周，列出两个网孔的 KVL 方程

$$\begin{cases} u_1+u_3-u_4=0 \\ u_2+u_5-u_3=0 \end{cases}$$

列出 b 条支路的 VCR 方程

$$\begin{cases} u_1=R_1i_1 \quad u_2=R_2i_2 \quad u_3=R_3i_3 \\ u_4=u_{s1} \quad u_5=u_{s2} \end{cases}$$

若已知：$R_1=R_3=1\Omega$，$R_2=2\Omega$，$u_{s1}=5V$，$u_{s2}=10V$。联立求解 10 个方程，得到各支路电压和电流为

$$\begin{cases} u_1 = 1\text{V} & i_1 = 1\text{A} \\ u_2 = -6\text{V} & i_2 = -3\text{A} \\ u_3 = 4\text{V} & i_3 = 4\text{A} \\ u_4 = 5\text{V} & i_4 = -1\text{A} \\ u_5 = 10\text{V} & i_5 = -3\text{A} \end{cases}$$

例 3-2 如图 3-2 所示电路，已知：$u_{s1}=2\text{V}$，$u_{s3}=10\text{V}$，$u_{s6}=4\text{V}$，$R_2=3\Omega$，$R_4=2\Omega$，$R_5=4\Omega$。试求各支路电压和支路电流。

解 根据电压源的 VCR 得到各电压源支路的电压如下：

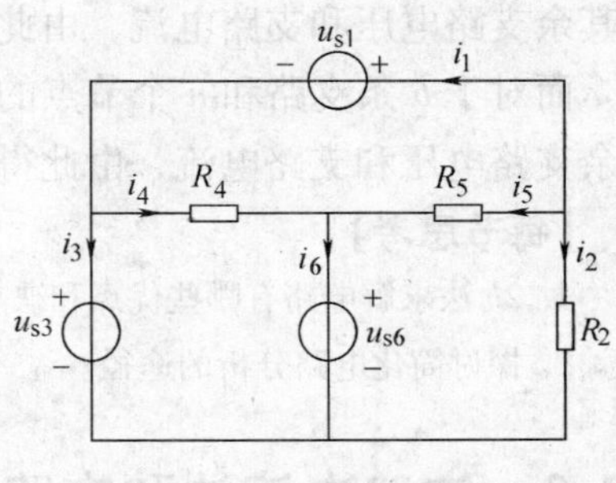

图 3-2 例 3-2 图

$$u_1 = u_{s1} = 2\text{V}$$
$$u_3 = u_{s3} = 10\text{V}$$
$$u_6 = u_{s6} = 4\text{V}$$

根据 KVL 可求得

$$u_2 = u_{s1} + u_{s3} = 2\text{V} + 10\text{V} = 12\text{V}$$
$$u_4 = u_{s3} - u_{s6} = 10\text{V} - 4\text{V} = 6\text{V}$$
$$u_5 = u_{s1} + u_{s3} - u_{s6} = 2\text{V} + 10\text{V} - 4\text{V} = 8\text{V}$$

根据 VCR 求出各电阻支路电流分别为

$$i_2 = \frac{u_2}{R_2} = \frac{12\text{V}}{3\Omega} = 4\text{A} \quad i_4 = \frac{u_4}{R_4} = \frac{6\text{V}}{2\Omega} = 3\text{A} \quad i_5 = \frac{u_5}{R_5} = \frac{8\text{V}}{4\Omega} = 2\text{A}$$

根据 KCL 求得电压源支路电流分别为

$$i_1 = -i_2 - i_5 = -4\text{A} - 2\text{A} = -6\text{A}$$
$$i_3 = i_1 - i_4 = -6\text{A} - 3\text{A} = -9\text{A}$$
$$i_6 = i_4 + i_5 = 3\text{A} + 2\text{A} = 5\text{A}$$

例 3-3 如图 3-3 所示电路，已知：$i_{s2}=8\text{A}$，$i_{s4}=1\text{A}$，$i_{s5}=3\text{A}$，$R_1=2\Omega$，$R_3=3\Omega$ 和 $R_6=6\Omega$。试求各支路电流和支路电压。

解 根据电流源的 VCR 得到

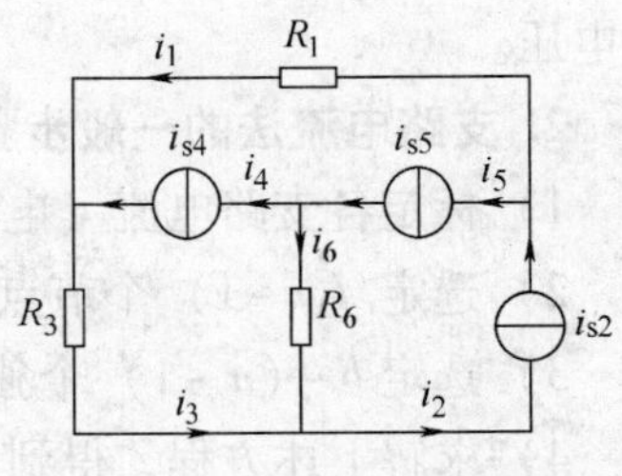

图 3-3 例 3-3 图

$$i_2 = i_{s2} = 8\text{A}$$
$$i_4 = i_{s4} = 1\text{A}$$
$$i_5 = i_{s5} = 3\text{A}$$

根据 KCL 求得各电阻支路电流分别为

$$i_1 = i_2 - i_5 = 8\text{A} - 3\text{A} = 5\text{A}$$
$$i_3 = i_1 + i_4 = 5\text{A} + 1\text{A} = 6\text{A}$$
$$i_6 = i_5 - i_4 = 3\text{A} - 1\text{A} = 2\text{A}$$

根据 VCR 求出各电阻支路电压分别为

$$u_1 = R_1 i_1 = 2\Omega \times 5\text{A} = 10\text{V}$$
$$u_3 = R_3 i_3 = 3\Omega \times 6\text{A} = 18\text{V}$$
$$u_6 = R_6 i_6 = 6\Omega \times 2\text{A} = 12\text{V}$$

根据 KVL 求得各电流源支路电压分别为

$$u_2 = -u_3 - u_1 = -18\text{V} - 10\text{V} = -28\text{V}$$
$$u_4 = u_6 - u_3 = 12\text{V} - 18\text{V} = -6\text{V}$$
$$u_5 = u_1 + u_3 - u_6 = 10\text{V} + 18\text{V} - 12\text{V} = 16\text{V}$$

通过以上几个例题可以看出，$2b$ 法列写方程简单直观，但方程组包含的方程数目巨大，给求解工作带来难度。其实当已知足够多的支路电压或支路电流时，就可以推算出其余支路电压和支路电流，而不必联立求解众多的 $2b$ 方程。

由后续内容可知：对于 n 个节点的连通电路，若已知 $n-1$ 个独立支路电压，则可推算出其余支路电压和支路电流，由此得到简化分析的节点电压分析法。

而对于 b 条支路和 n 个节点的连通电路，若已知 $b-n+1$ 个独立支路电流，则可推算出其余支路电压和支路电流，由此得到简化分析的回路电流分析法。

【每节思考】

1. $2b$ 法求解电路有哪些优点和缺点？
2. 探讨简化电路分析的途径。

*3.2 支路电流法和支路电压法

3.2.1 支路电流法

1. 支路电流

上节介绍的 $2b$ 方程的缺点是方程数目太多，给手工求解联立方程带来困难。如何减少方程和变量的数目呢？

如果电路仅由独立电压源和电阻构成，可将电阻元件的 VCR 方程 $u=Ri$ 代入到 KVL 方程中，消去全部电阻支路电压，变成以**支路电流为变量**的 KVL 方程。加上原来的 KCL 方程，得到以 b 个支路电流为变量的线性无关方程组。

这样，只需求解 b 个方程，就能得到全部支路电流，再利用 VCR 方程即可求得全部支路电压。

2. 支路电流法的一般步骤

1）标定各支路电流（电压）的参考方向。

2）选定（$n-1$）个节点，列写其 KCL 方程。

3）选定 $b-(n-1)$ 个独立回路，列写其 KVL 方程（元件特性 VCR 方程代入）。

4）求解上述方程，得到 b 个支路电流。

5）进一步计算支路电压和进行其他分析。

仍以图 3-1 所示电路为例说明如何建立支路电流法方程。

首先列写 $n-1$ 个 KCL 方程：

$$\begin{cases} i_1 + i_4 = 0 \\ -i_1 + i_2 + i_3 = 0 \\ -i_2 + i_5 = 0 \end{cases}$$

把支路的 VCR 方程代入 $b-$（$n-1$）个 KVL 方程

$$\begin{cases}u_1 = R_1 i_1 \\ u_2 = R_2 i_2 \\ u_3 = R_3 i_3 \\ u_4 = u_{s1} \\ u_5 = u_{s2}\end{cases} \Rightarrow \begin{cases}u_1 + u_3 - u_4 = 0 \\ u_2 + u_5 - u_3 = 0\end{cases}$$

得到

$$\begin{cases}R_1 i_1 + R_3 i_3 = u_{s1} \\ R_2 i_2 - R_3 i_3 = -u_{s2}\end{cases}$$

上式可以理解为：**回路中全部电阻电压降的代数和，等于该回路中全部电压源电压升的代数和**。据此可直接列出以支路电流为变量的 KVL 方程。

例 3-4　用支路电流法求图 3-4 所示电路中的各支路电流。

解　由于电压源与电阻串联时电流相同，本电路仅需假设三个支路电流：i_1、i_2 和 i_3。此时只需列出一个 KCL 方程

$$-i_1 + i_2 + i_3 = 0$$

列出两个回路的 KVL 方程

$$\begin{cases}(2\Omega) i_1 + (8\Omega) i_3 = 14\text{V} \\ (3\Omega) i_2 - (8\Omega) i_3 = -2\text{V}\end{cases}$$

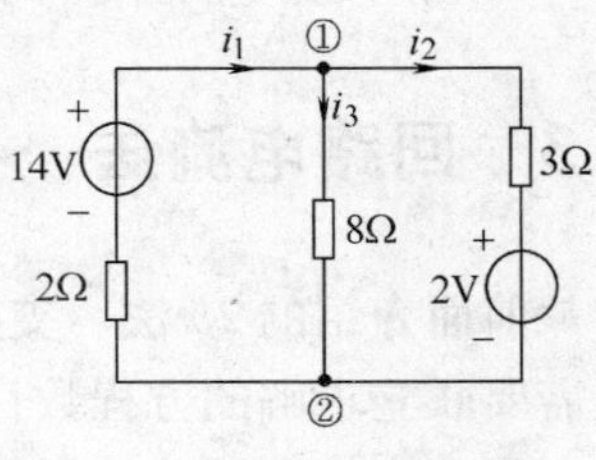

图 3-4　例 3-4 图

求解以上三个方程得到

$$i_1 = 3\text{A} \quad i_2 = 2\text{A} \quad i_3 = 1\text{A}$$

支路电流法列写的是 KCL 和 KVL 方程，所以方程列写方便、直观，但方程数仍然较多，宜于在支路数不多的情况下使用。

3.2.2　支路电压法

与支路电流法类似，对于由电阻和独立电流源构成的电路，也可以用支路电压作为变量来建立电路方程。在 $2b$ 方程的基础上，将电阻元件的 VCR 方程 $i = Gu$ 代入到 KCL 方程中，将支路电流转换为支路电压，得到 $n-1$ 个以支路电压作为变量的 KCL 方程，加上原来的 $b-n+1$ 个 KVL 方程，就构成 b 个以支路电压作为变量的电路方程，这组方程称为支路电压法方程。对于由线性二端电阻和独立电流源构成的电路，可以用观察电路的方法，直接列出这 b 个方程，求解方程得到各支路电压后，再用 $i = Gu$ 即可以求出各电阻的电流。

例 3-5　以图 3-5 所示电路说明支路电压法方程的建立过程。

解　列出两个 KCL 方程

$$i_1 + i_3 = 28\text{A}$$
$$i_2 - i_3 = -4\text{A}$$

代入以下三个电阻的 VCR 方程

$$i_1 = (2\text{S}) u_1 \quad i_2 = (3\text{S}) u_2 \quad i_3 = (8\text{S}) u_3$$

得到以 u_1、u_2、u_3 为变量的 KCL 方程

$$\begin{cases}(2\text{S}) u_1 + (8\text{S}) u_3 = 28\text{A} \\ (3\text{S}) u_2 - (8\text{S}) u_3 = -4\text{A}\end{cases}$$

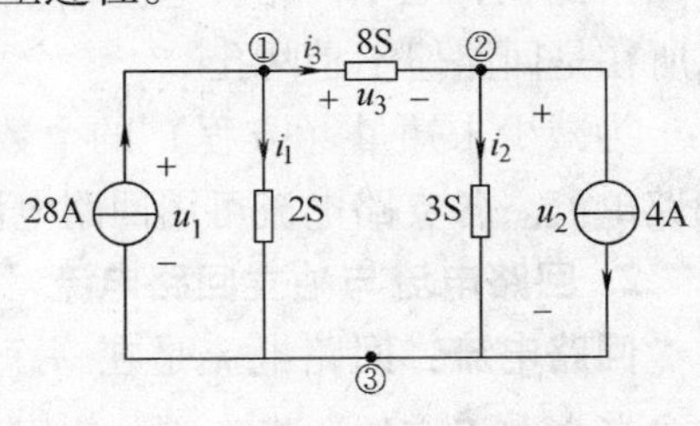

图 3-5　例 3-5 图

这两个方程表示：**流出某个节点的各电阻支路电流之和等于流入该节点电流源电流之和**。根据这种理解，可直接写出这些方程。

再加上一个 KVL 方程

$$u_1 - u_2 - u_3 = 0$$

就构成以三个支路电压作为变量的支路电压法的电路方程，求解以上三个方程得到

$$u_1 = 6\text{V} \quad u_2 = 4\text{V} \quad u_3 = 2\text{V}$$

以上分析表明，支路电流法和支路电压法只是 2*b* 法的变形，只是在解题方法上有所规范和改进，全面系统分析电阻电路所列写的方程数目实质上一点也没有减少。要减少方程数目，进而简化电路分析工作还需寻求新的方法。

【每节思考】

1. 阐述支路电流法与 2*b* 法的区别与联系。
2. 阐述支路电压法与 2*b* 法的区别与联系。

3.3 回路电流法

前面介绍的 2*b* 法、支路电流法和支路电压法虽然可以解决线性电阻电路的分析问题，但需要联立求解的方程数目较多，给求解带来困难。

本节介绍利用独立回路电流作为变量来建立电路方程的分析方法，可以减少联立求解方程的数目，简化电路分析过程，是求解线性电阻电路最常用的分析方法之一。

在支路电流法内容中已述：由**独立电压源和线性电阻**构成的电路，可用 *b* 个支路电流变量来建立电路方程。在 *b* 个支路电流中，只有一部分电流是独立的，另一部分电流则可由这些独立电流来组合确定，因而可进一步减少电路方程数。本节介绍的独立回路电流变量正好符合以上需求。

3.3.1 回路电流

1. 回路与网孔概念复习

回路是由支路组成的闭合路径。如果一条路径的起点和终点重合，且经过的其他节点不出现重复，这条闭合路径就构成一个回路。对平面电路，其内部不含任何支路的回路称网孔，网孔是回路的特例。

网孔是回路，但回路不一定是网孔。如图 3-6 所示电路，有两个网孔，三个回路。电流 i_{l1}、i_{l2} 所在既是网孔又是回路，i_{l3} 所在是回路但不是网孔。

为减少未知量（方程）的个数，假想每个回路中有一个回路电流。各支路电流可用回路电流的线性组合表示。

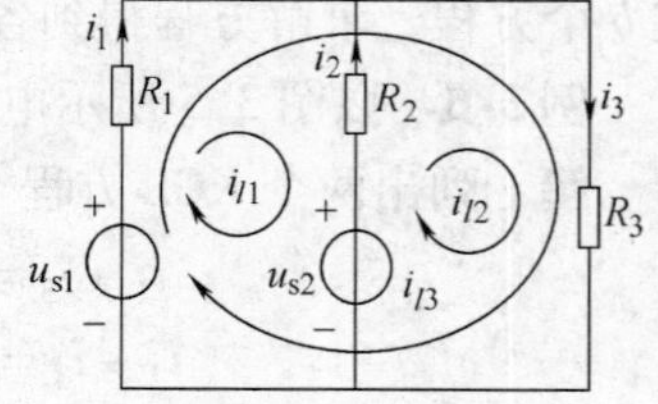

图 3-6 回路电流

2. 回路电流与独立回路电流

回路电流：回路电流是在一个回路中连续流动的、大小和参考方向不变的假想环流。该假想环流在流过回路独有的支路时等于支路电流。而当该环流流经的支路为多个回路共有时，可认为该环流自行其道，不受其他回路电流的影响。

例如，在图 3-6 所示电路中，回路电流可以有三种取法：

（1）若选取 i_{l1} 与 i_{l2} 作为回路电流，则 i_{l1}、i_{l2} 所在的回路作为独立回路；支路电流 $i_1=i_{l1}$，$i_3=i_{l2}$，$i_2=i_{l2}-i_{l1}$。

（2）若选取电流 i_{l2} 与 i_{l3} 作为回路电流，则 i_{l2}、i_{l3} 所在的回路作为独立回路；$i_1=i_{l3}$，$i_2=i_{l2}$，$i_3=i_{l2}+i_{l3}$。

（3）若选取电流 i_{l1} 与 i_{l3} 作为回路电流，则 i_{l1}、i_{l3} 所在的回路作为独立回路；$i_2=i_{l1}$，$i_3=i_{l3}$，$i_1=i_{l3}+i_{l2}$。

注意：**回路电流是假想的电流**。“假想”生动地体现在图3-6中。在图中，一个多回路共有支路中将存在多个**各行其道**、互不影响的电流。但常识说明，这是不可能的，在实际电路中一条支路只能有一个电流流过！好在根据KCL可以证明：在一个多回路共有支路中，假想回路电流的代数和正好等于实际的支路电流。因此假想的回路电流不仅具有合理性，而且会给电路分析带来方便。

结论：支路电流是相应回路电流的代数和。

该结论说明，要分析数目众多的支路电流，可由数目较少的回路电流间接得到。

独立回路电流与独立回路：建立假想回路电流的目的是减少未知量的数目，但遗憾的是回路电流的数目并不少，以图3-7为例：支路6个，回路7个，显然回路电流数多于支路电流数。建立回路电流的概念，进而简化电路分析岂不弄巧成拙？

通过分析可知，图3-7中的7个回路电流中只有3个是独立的（这些电流相互无法表达），其余4个可由3个独立回路电流线性组合计算出来。

可以证明：在一个支路数为 b、节点数为 n 的电路中，只有 $(b-n+1)$ 回路的回路电流是独立的，其余回路电流和全部支路电流都是这 $(b-n+1)$ 回路电流的线性组合。独立回路电流对应的回路叫独立回路。

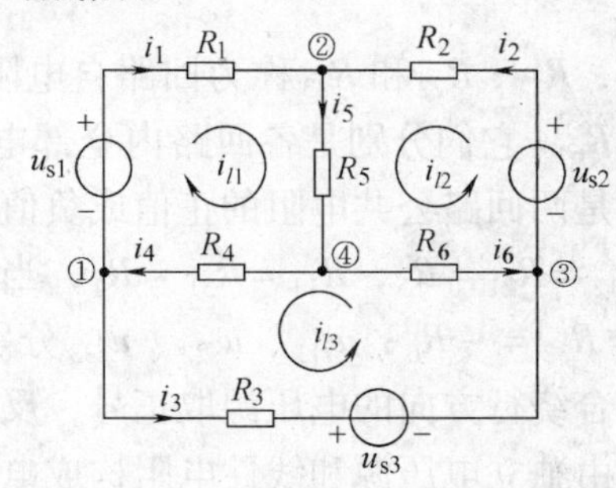

图3-7　独立回路电流与独立回路举例

根据以上结论，只需找到 $(b-n+1)$ 个独立回路和相应的独立回路电流，就可以计算出全部支路电流，进而计算出全部支路电压，全面解决电路分析问题。

但新的难题又出现了：如何找到这 $(b-n+1)$ 个独立回路？

这里有两个实用方法：

1）当电路为平面电路时，独立回路选取网孔，而且可以证明平面网孔的数目正好为 $(b-n+1)$ 个。这时回路电流法称为网孔法。

2）一般情况下，每次选取一个回路时，保证在回路的构成中有一个前次没有出现过的新支路。坚持这一原则，直到选够 $(b-n+1)$ 个回路。这 $(b-n+1)$ 个回路将是相互独立的。

对于复杂电路涉及的大规模电路系统，选取独立回路和独立回路电流时需要借助网络拓扑和网络图论的知识，相关内容可参考文献[1]。

3.3.2　回路方程的建立

以图3-7所示电路中的回路电流方向为绕行方向，写出三个回路的KVL方程

$$\begin{cases}R_1i_1+R_5i_5+R_4i_4=u_{s1}\\R_2i_2+R_5i_5+R_6i_6=u_{s2}\\R_3i_3-R_6i_6+R_4i_4=-u_{s3}\end{cases}$$

将式 $i_4=i_1+i_3$，$i_5=i_1+i_2$，$i_6=i_2-i_3$ 代入上式，消去 i_4、i_5 和 i_6 后可以得到回路方程

$$\begin{cases}R_1i_1+R_5(i_1+i_2)+R_4(i_1+i_3)=u_{s1}\\R_2i_2+R_5(i_1+i_2)+R_6(i_2-i_3)=u_{s2}\\R_3i_3-R_6(i_2-i_3)+R_4(i_1+i_3)=-u_{s3}\end{cases}$$

其中 $i_1=i_{l1}$，$i_2=-i_{l2}$，$i_{l3}=i_3$，代入关系式且合并同类项整理后得到

$$\begin{cases}(R_1+R_4+R_5)i_{l1}+R_5i_{l2}+R_4i_{l3}=u_{s1}\\R_5i_{l1}+(R_2+R_5+R_6)i_{l2}-R_6i_{l3}=u_{s2}\\R_4i_{l1}-R_6i_{l2}+(R_3+R_4+R_6)i_{l3}=-u_{s3}\end{cases}$$

将回路方程写成一般形式

$$\begin{cases}R_{11}i_{l1}+R_{12}i_{l2}+R_{13}i_{l3}=u_{s11}\\R_{21}i_{l1}+R_{22}i_{l2}+R_{23}i_{l3}=u_{s22}\\R_{31}i_{l1}+R_{32}i_{l2}+R_{33}i_{l3}=u_{s33}\end{cases}$$

式中，R_{11}，R_{22}和 R_{33} 称为回路自电阻，$R_{11}=R_1+R_4+R_5$，$R_{22}=R_2+R_5+R_3$，$R_{33}=R_3+R_4+R_6$，它们分别是各回路内全部电阻的总和；$R_{kj}(k\neq j)$ 称为回路 k 与回路 j 的互电阻，它们是两回路公共电阻的正值或负值，当两回路电流以相同方向流过公共电阻时取正号，例如 $R_{12}=R_{21}=R_5$，$R_{13}=R_{31}=R_4$，当两回路电流以相反方向流过公共电阻时取负号，例如 $R_{23}=R_{32}=-R_6$；u_{s11}、u_{s22}、u_{s33} 分别为各回路中全部电压源电压升的代数和，由 - 极到 + 极符合绕行方向的电压源取正号，反之则取负号，例如 $u_{s11}=u_{s1}$，$u_{s22}=u_{s2}$，$u_{s33}=-u_{s3}$。

由独立电压源和线性电阻构成电路的回路方程很有规律。可理解为，各回路电流在某回路全部电阻上产生电压降的代数和等于该回路全部电压源电压升的代数和。根据以上总结的规律和对电路图的观察，就能直接列出回路方程。

$$\begin{cases}R_{11}i_{l1}+R_{12}i_{l2}+R_{13}i_{l3}=u_{s11}\\R_{21}i_{l1}+R_{22}i_{l2}+R_{23}i_{l3}=u_{s22}\\R_{31}i_{l1}+R_{32}i_{l2}+R_{33}i_{l3}=u_{s33}\end{cases}\tag{3-1}$$

由独立电压源和线性电阻构成具有 m 个回路的电路，其回路方程的一般形式为

$$\begin{cases}R_{11}i_{l1}+R_{12}i_{l2}+\cdots+R_{1m}i_{lm}=u_{s11}\\R_{21}i_{l1}+R_{22}i_{l2}+\cdots+R_{2m}i_{lm}=u_{s22}\\\qquad\vdots\\R_{m1}i_{l1}+R_{m2}i_{l2}+\cdots+R_{mm}i_{lm}=u_{smm}\end{cases}\tag{3-2}$$

从数字运算上来看，回路电流法因联立求解的方程数少而优于支路电流法。

3.3.3 回路电流法的计算步骤

回路电流法的计算步骤如下：

1）选定各支路电流和支路电压的参考方向，并对节点和支路进行编号；选出电路的一

组独立回路并对它们进行编号；最后，规定各回路的绕行方向，同时把这个方向也作为回路电流的方向。

2）对独立回路直接列写回路方程。

3）求解回路方程，得到各回路电流。

4）假设支路电流的参考方向，根据支路电流与回路电流的线性组合关系，求得各支路电流。

5）用 VCR 方程，求得各支路电压。

例 3-6 用回路分析法求图 3-8 所示电路的各支路电流。

解 这是一个平面电路，可以选定其网孔作为电路的独立回路。选定两个回路电流 i_{l1} 和 i_{l2} 的参考方向，如图 3-8 所示。直接列出回路方程如下：

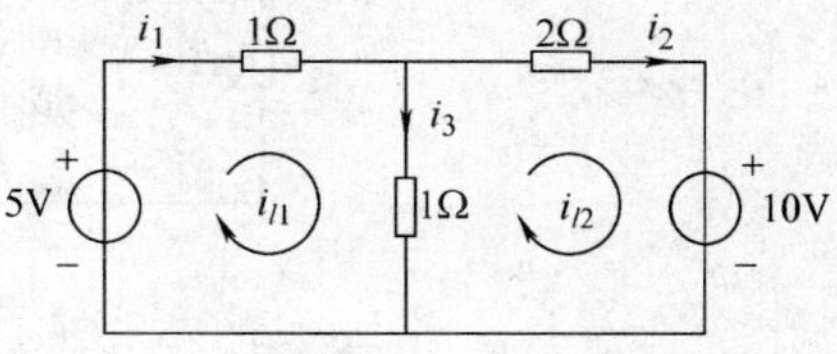

图 3-8 例 3-6 图

自电阻：$R_{11}=1\Omega+1\Omega$，$R_{22}=1\Omega+2\Omega$。

互电阻：$R_{12}=R_{21}=-1\Omega$。

$$\begin{cases}(1\Omega+1\Omega)i_{l1}-(1\Omega)i_{l2}=5\text{V}\\-(1\Omega)i_{l1}+(1\Omega+2\Omega)i_{l2}=-10\text{V}\end{cases}$$

整理为

$$\begin{cases}2i_{l1}-i_{l2}=5\text{V}\\-i_{l1}+3i_{l2}=-10\text{V}\end{cases}$$

解得

$$i_{l1}=\frac{\begin{vmatrix}5&-1\\-10&3\end{vmatrix}}{\begin{vmatrix}2&-1\\-1&3\end{vmatrix}}\text{A}=\frac{5}{5}\text{A}=1\text{A}$$

$$i_{l2}=\frac{\begin{vmatrix}2&5\\-1&-10\end{vmatrix}}{\begin{vmatrix}2&-1\\-1&3\end{vmatrix}}\text{A}=\frac{-15}{5}\text{A}=-3\text{A}$$

各支路电流分别为 $i_{l1}=1\text{A}$，$i_{l2}=-3\text{A}$，$i_3=i_{l1}-i_{l2}=4\text{A}$。

例 3-7 用回路分析法求图 3-9a 所示电路各支路电流。

解 方法一：平面电路，可以选定其网孔作为电路的独立回路。选定各回路电流的参考方向，如图 3-9b 所示。列出回路方程

$$(2\Omega+1\Omega+2\Omega)i_{l1}-(2\Omega)i_{l2}-(1\Omega)i_{l3}=6\text{V}-18\text{V}$$
$$-(2\Omega)i_{l1}+(2\Omega+6\Omega+3\Omega)i_{l2}-(6\Omega)i_{l3}=18\text{V}-12\text{V}$$
$$-(1\Omega)i_{l1}-(6\Omega)i_{l2}+(3\Omega+6\Omega+1\Omega)i_{l3}=25\text{V}-6\text{V}$$

整理为

$$5i_{l1}-2i_{l2}-i_{l3}=-12$$
$$-2i_{l1}+11i_{l2}-6i_{l3}=6$$
$$-i_{l1}-6i_{l2}+10i_{l3}=19$$

解得

因此各支路电流为

$$i_{l1}=i_1=-1\text{A},\ i_{l2}=i_2=2\text{A},\ i_{l3}=i_3=3\text{A}$$

$$i_4=i_{l3}-i_{l1}=4\text{A}\quad i_5=i_{l1}-i_{l2}=-3\text{A}\quad i_6=i_{l3}-i_{l2}=1\text{A}$$

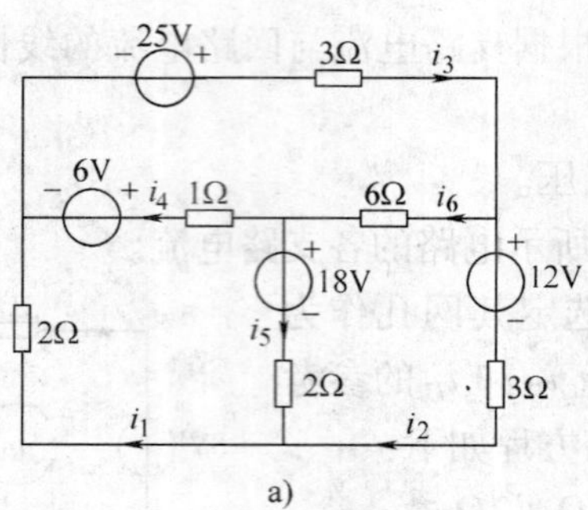

a)

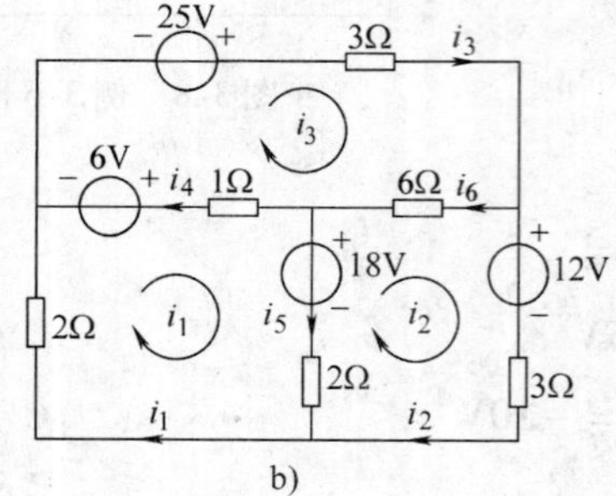

b)

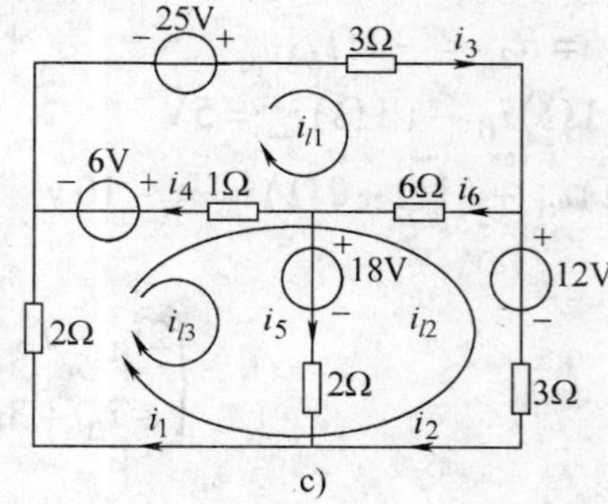

c)

图 3-9 例 3-7 图

方法二：此题也可以不采用网孔的概念，而选取适合立体回路的独立回路概念来求解，如图 3-9c 所示选取回路电流。列出回路方程

$$(3\Omega+1\Omega+6\Omega)i_{l1}-(1\Omega+6\Omega)i_{l2}-(1\Omega)i_{l3}=25\text{V}-6\text{V}$$

$$-(1\Omega+6\Omega)i_{l1}+(1\Omega+6\Omega+3\Omega+2\Omega)i_{l2}+(1\Omega+2\Omega)i_{l3}=6\text{V}-12\text{V}$$

$$-(1\Omega)i_{l1}+(3\Omega)i_{l2}+(2\Omega+2\Omega+1\Omega)i_{l3}=6\text{V}-18\text{V}$$

整理为

$$10i_{l1}-7i_{l2}-i_{l3}=19$$

$$-7i_{l1}+12i_{l2}+3i_{l3}=-6$$

$$-i_{l1}+3i_{l2}+5i_{l3}=-12$$

解得 $i_{l3}=-3\text{A}$，$i_{l2}=2\text{A}$，$i_{l1}=3\text{A}$；则支路电流 $i_1=i_{l3}+i_{l2}=-1\text{A}$，$i_2=i_{l2}=2\text{A}$，$i_3=i_{l1}=3\text{A}$，$i_4=i_6-i_{l3}=4\text{A}$，$i_5=i_{l3}=-3\text{A}$，$i_6=i_{l1}-i_{l2}=1\text{A}$。

根据这种思路，还可以有更多的求解方法。

3.3.4 含独立电流源电路的回路方程

当电路中含有独立电流源时，不能用式（3-2）直接建立含电流源回路的回路方程。

1）若有电阻与电流源并联组合，则可先等效变换为电压源和电阻串联组合，将电路变为仅由电压源和电阻构成的电路，再用式（3-2）建立回路方程。

2）若电路中的电流源没有电阻与之并联，当电路存在 *m* 个这种电流源时，让每个电流

源支路只流过一个回路电流，就可利用电流源电流来确定该回路电流，从而可以少列写 m 个回路方程。

例 3-8 用回路分析法求图 3-10a 所示电路的支路电流和 7A 电流源上的电压 u。

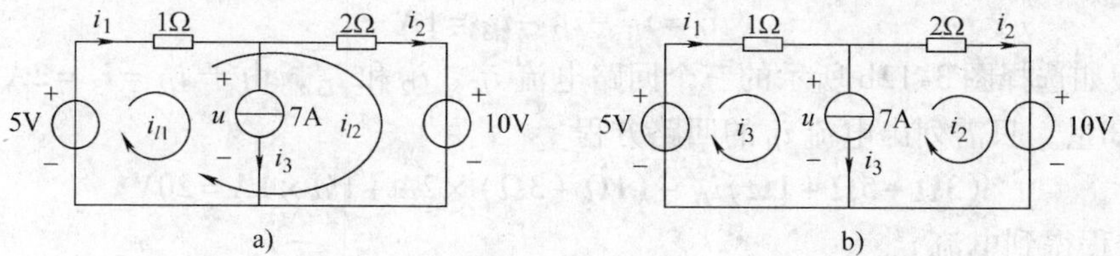

图 3-10 例 3-8 图

解 电路的独立回路数为 2，可以列写两个独立的回路电流法方程，取电流源上电流作为第 1 个回路电流，即 $i_{l1}=i_3=7\text{A}$，列写电流 i_{l2} 的回路方程（这时，为保证电流源电流为独立回路电流，电流 i_2 的回路不能选取如图 3-10b 所示包括电流源的回路）

$$(1\Omega+2\Omega)i_{l2}+(1\Omega)i_{l1}=-10\text{V}+5\text{V}$$

求解方程得到

$$i_{l2}=i_2=-4\text{A}$$

根据 KCL 得到

$$i_1=i_2+i_3=3\text{A}$$

根据 i_3 回路的 KVL 方程得到

$$u=5\text{V}-(1\Omega)i_1=2\text{V}$$

例 3-9 用回路分析法解图 3-11 所示电路，只列一个方程求电流 i_1 和 i_2。

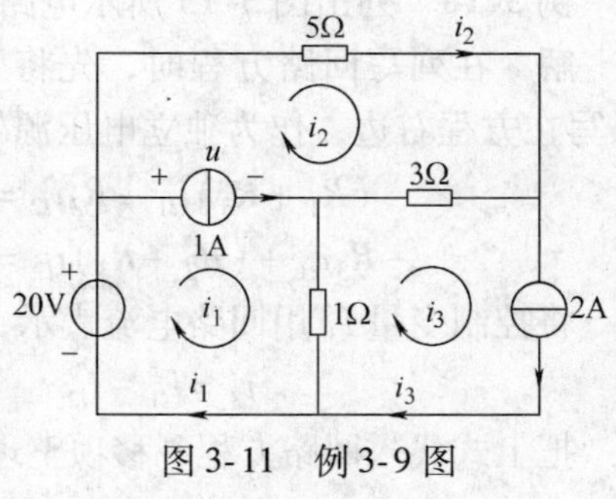

图 3-11 例 3-9 图

解 为了减少联立方程数目，让 1A 和 2A 电流源支路只流过一个回路电流。例如图 3-12a 和 b 所选择的回路电流都符合这个条件。

（1）假如选择图 3-12a 所示的三个回路电流 i_{l1}、i_{l2}和 i_{l3}，则 $i_{l2}=i_3=2\text{A}$，$i_{l3}=i_4=1\text{A}$ 成为已知量，只需列出电流 i_{l1} 的回路方程

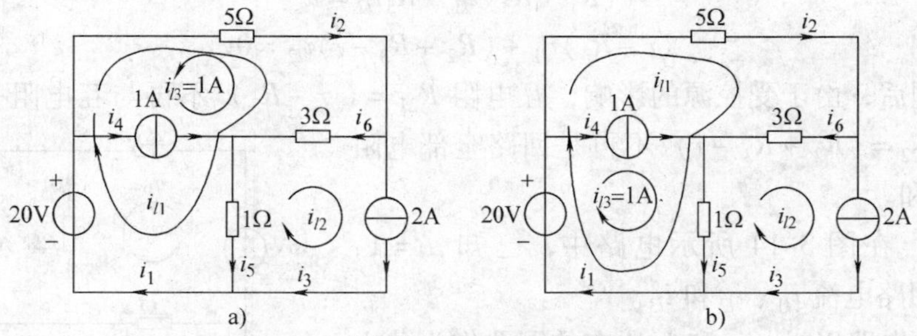

图 3-12 列写电流 i_1 和 i_2 的回路方程

$$(5\Omega+3\Omega+1\Omega)i_{l1}-(1\Omega+3\Omega)i_{l2}-(5\Omega+3\Omega)i_{l3}=20\text{V}$$

代入 $i_{l2}=2\text{A}$，$i_{l3}=1\text{A}$，求得电流 i_{l1}

$$i_{l1}=\frac{20\text{V}+8\text{V}+8\text{V}}{5\Omega+3\Omega+1\Omega}=4\text{A}$$

根据支路电流与回路电流的关系可以求得其他支路电流 $i_1=i_{l1}$

$$i_2=i_{l1}-i_{l3}=3\text{A}$$

$$i_5=i_{l1}-i_{l2}=2\text{A}$$

$$i_6=i_{l1}-i_{l2}-i_{l3}=1\text{A}$$

（2）假如选择图 3-12b 所示的三个回路电流 i_{l1}、i_{l2} 和 i_{l3}，由于 $i_{l2}=i_3=2\text{A}$，$i_{l3}=i_4=1\text{A}$ 成为已知量，只需列出电流 i_{l1} 的回路方程

$$(3\Omega+5\Omega+1\Omega)i_{l1}-(1\Omega+3\Omega)\times 2\text{A}+1\Omega\times 1\text{A}=20\text{V}$$

求解方程得到电流 i_{l1}

$$i_{l1}=\frac{20\text{V}+8\text{V}-1\text{V}}{3\Omega+5\Omega+1\Omega}=3\text{A}$$

3.3.5 含受控源电路的回路分析法

受控源是一种非常有用的电路元件，常用来模拟含晶体管、运算放大器等多端器件的电子电路。从事电子、通信类专业的工作人员，应掌握含受控源的电路分析。

在列写含受控源电路的回路方程时，可进行以下步骤：

1）先将受控源作为独立电源处理。

2）然后将受控源的控制变量用回路电流表示，再经过移项整理即可得到如式（3-2）形式的回路方程。

下面举例说明。

例 3-10 列出图 3-13 所示电路的回路方程。

解 在列写回路方程时，先将受控电压源的电压 ri_3 写在方程右边，作为独立电压源处理

$$(R_1+R_3)i_{l1}-R_3i_{l2}=u_s$$

$$-R_3i_{l1}+(R_2+R_3)i_{l2}=-ri_3$$

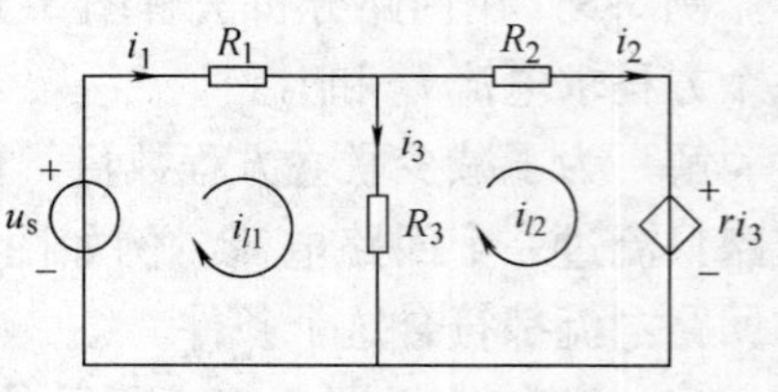

图 3-13 例 3-10 图

将控制变量 i_3 用回路电流表示，即补充方程

$$i_3=i_{l1}-i_{l2}$$

把上式代入回路方程，移项整理后得到以下回路方程：

$$(R_1+R_3)i_{l1}-R_3i_{l2}=u_s$$

$$(r-R_3)i_{l1}+(R_2+R_3-r)i_{l2}=0$$

显然整理后，由于受控源的影响，互电阻 $R_{21}=(r-R_3)$ 不再与互电阻 $R_{12}=-R_3$ 相等。自电阻 $R_{22}=(R_2+R_3-r)$ 不再是回路全部电阻 R_2、R_3 的总和。

例 3-11 在图 3-14 所示电路中，已知 $\mu=1$，$\alpha=1$。试求回路电流 i_{l1}、i_{l2} 和 i_{l3}。

解 平面电路以 i_{l1}、i_{l2} 和 i_{l3} 所在的网孔作为独立回路，用观察法列出回路 1 和回路 2 的回路方程分别为

$$(6\Omega)i_{l1}-(2\Omega)i_{l2}-(2\Omega)i_{l3}=16\text{V}$$

$$-(2\Omega)i_{l1}+(6\Omega)i_{l2}-(2\Omega)i_{l3}=-\mu u_1$$

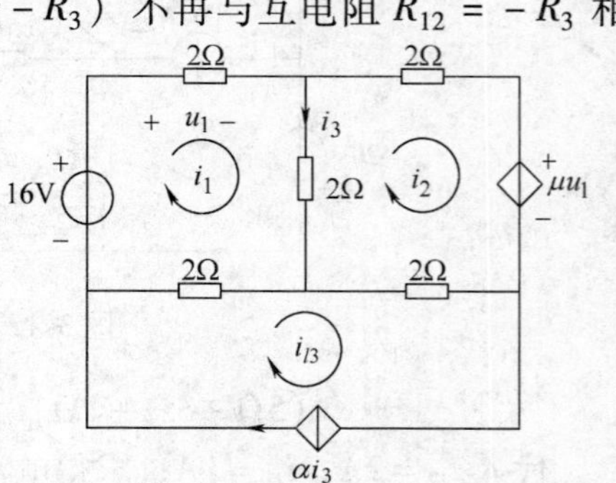

图 3-14 例 3-11 图

补充两个受控源控制变量与回路电流 i_{l1} 和 i_{l2} 关系的方程

$$u_1 = (2\Omega)i_{l1}$$

$$i_3 = i_{l1} - i_{l2}$$

代入 $\mu=1$，$\alpha=1$ 和两个补充方程到回路方程中，移项整理后得到以下回路方程：

$$4i_{l1} = 16\text{A}$$

$$-2i_{l1} + 8i_{l2} = 0$$

解得回路（网孔）电流

$$i_{l1} = 4\text{A},\ i_{l2} = 1\text{A} \text{ 和 } i_{l3} = \alpha i_3 = 3\text{A}$$

通过以上分析可知，回路电流法是以独立回路中的回路电流为未知量列写电路方程分析电路的方法。当取网孔电流为未知量时，称网孔法。

【每节思考】

1. 哪些电路适于用网孔电流分析法，哪些电路适于用一般回路电流分析法？
2. 电路中含有电流源或者受控源时，用回路法分析电路时如何处理？

3.4 节点电压法

相似于用独立电流变量建立回路电流方程，也可用独立电压变量来建立简化的电路方程组。在全部支路电压中，只有一部分电压是独立电压变量，另一部分支路电压可由这些独立电压根据 KVL 方程来确定。若用独立电压变量来建立电路方程，可使电路方程数目大为减少。理论分析表明：独立电压变量的个数为（$n-1$）；问题是如何找到合适的（$n-1$）个独立电压变量？

可以证明：对于具有 n 个节点的连通电路来说，它的（$n-1$）个节点相对某特定节点（参考节点）的电压（称为节点电压），就是一组独立电压变量。用这些电压作为变量建立的电路方程，称为节点电压方程。这样，只需求解（$n-1$）个节点电压方程，就可得到全部节点电压，再根据 KVL 方程可进一步求出其余支路电压，或根据 VCR 方程可求得各支路电流。

节点电压法是以节点电压为未知量列写电路方程分析电路的方法。适用于节点较少的电路。

3.4.1 节点电压

用电压表测量电子电路各元器件端子间电压时，常将底板或机壳作为测量基准，把电压表的公共端或“-”端接到底板或机壳上（称为接地），用电压表的另一端依次测量各元器件端子上的电压。测出各端子相对基准的电压后，任意两端子间的电压，可用相应两个端子相对基准电压之差的方法计算出来。由此定义：在具有 n 个节点的连通电路中，可以根据需要任选其中一个节点作为基准（称为参考节点，一般用“接地”符号表示），其余（$n-1$）个节点相对于基准节点的电压称为**节点电压**。

例如在如图 3-15 所示电路中，共有 4 个节点，选节点⓪作参考节点，用接地符号表示，其余三个节点电压分别为 u_{10}、u_{20} 和 u_{30}，如图所示。这些节点电压是一组独立的电压变量，独立性体现为：这些节点电压不能通过 KVL 相互表达，所在支路不能构成闭合路径。

任一支路电压是其所在支路两端节点电压之差。

例如，图 3-15 所示电路各支路电压可表示为

$$u_1 = u_{10} = v_1 \quad u_4 = u_{10} - u_{30} = v_1 - v_3$$
$$u_2 = u_{20} = v_2 \quad u_5 = u_{10} - u_{20} = v_1 - v_2$$
$$u_3 = u_{30} = v_3 \quad u_6 = u_{20} - u_{30} = v_2 - v_3$$

由此可见，通过求解数目较少的节点电压，进而可求得全部支路电压与支路电流，大大简化了电路分析。

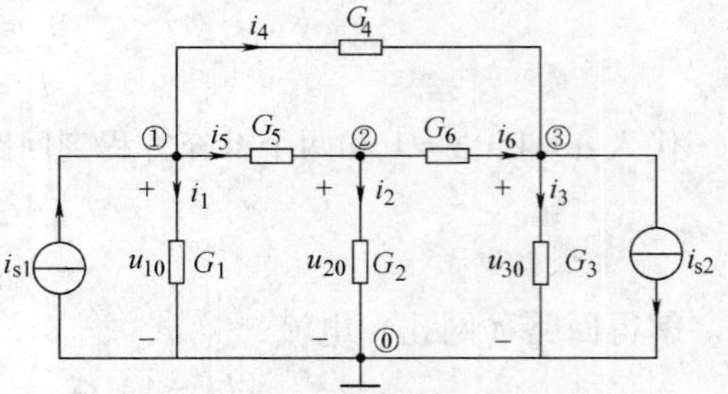

图 3-15 节点电压举例

3.4.2 节点电压方程

下面以图 3-15 所示电路为例说明如何建立节点电压方程。

对电路的三个独立节点列出 KCL 方程

$$\begin{cases} i_1 + i_4 + i_5 = i_{s1} \\ i_2 - i_5 + i_6 = 0 \\ i_3 - i_4 - i_6 = -i_{s2} \end{cases}$$

列出用节点电压表示的电阻的 VCR 方程

$$i_1 = G_1 v_1 \quad i_2 = G_2 v_2 \quad i_3 = G_3 v_3$$
$$i_4 = G_4(v_1 - v_3) \quad i_5 = G_5(v_1 - v_2) \quad i_6 = G_6(v_2 - v_3)$$

代入 KCL 方程中，经过整理后得到节点方程

$$\begin{cases} (G_1 + G_4 + G_5)v_1 - G_5 v_2 - G_4 v_3 = i_{s1} \\ -G_5 v_1 + (G_2 + G_5 + G_6)v_2 - G_6 v_3 = 0 \\ -G_4 v_1 - G_6 v_2 + (G_3 + G_4 + G_6)v_3 = -i_{s2} \end{cases}$$

写成一般形式

$$\begin{cases} G_{11}v_1 + G_{12}v_2 + G_{13}v_3 = i_{s11} \\ G_{21}v_1 + G_{22}v_2 + G_{23}v_3 = i_{s22} \\ G_{31}v_1 + G_{32}v_2 + G_{33}v_3 = i_{s33} \end{cases} \tag{3-3}$$

式中，G_{11}、G_{22}、G_{33} 称为节点**自电导**，它们分别是各节点全部电导的总和，此例中 $G_{11} = G_1 + G_4 + G_5$，$G_{22} = G_2 + G_5 + G_6$，$G_{33} = G_3 + G_4 + G_6$；$G_{ij}(i \neq j)$ 称为节点 i 和 j 的**互电导**，是节点 i 和 j 间电导总和的负值，此例中 $G_{12} = G_{21} = -G_5$，$G_{13} = G_{31} = -G_4$，$G_{23} = G_{32} = -G_6$；i_{s11}、i_{s22}、i_{s33} 是流入该节点全部电流源电流的代数和，此例中 $i_{s11} = i_{s1}$，$i_{s22} = 0$，$i_{s33} = -i_{s3}$。

从上可见，由独立电流源和线性电阻构成电路的节点方程，其系数很有规律，可以用观察电路图的方法直接写出节点方程，而不必从 KCL 方程原始推导。

推广结论：由独立电流源和线性电阻构成的具有 n 个节点的连通电路，其节点电压方程的一般形式为

$$\begin{cases} G_{11}v_1 + G_{12}v_2 + \cdots + G_{1(n-1)}v_{n-1} = i_{s11} \\ G_{21}v_1 + G_{22}v_2 + \cdots + G_{2(n-1)}v_{n-1} = i_{s22} \\ \vdots \\ G_{(n-1)}v_1 + G_{(n-1)2}v_2 + \cdots + G_{(n-1)(n-1)}v_{n-1} = i_{s(n-1)(n-1)} \end{cases}$$

3.4.3 节点电压分析法的计算步骤

节点电压分析法的计算步骤如下：

1）指定连通电路中任一节点为参考节点，用接地符号表示。标出各节点电压，其参考方向总是独立节点为“+”，参考节点为“-”。

2）用观察法列出（$n-1$）个节点方程。

3）求解节点方程，得到各节点电压。

4）选定支路电流和支路电压的参考方向，计算各支路电流和支路电压。

例 3-12 用节点分析法求图 3-16 所示电路中各电阻支路电流。

解 用接地符号标出参考节点，标出两个节点电压 u_1 和 u_2 的参考方向，如图 3-16 所示。列出节点方程

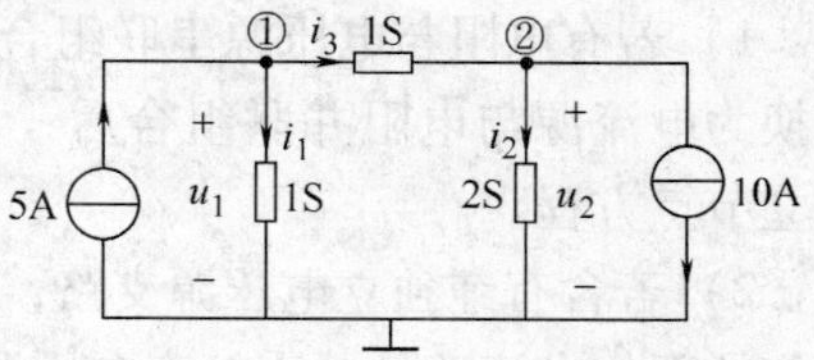

$$\begin{cases}(1S+1S)u_1-(1S)u_2=5A\\-(1S)u_1+(1S+2S)u_2=-10A\end{cases}$$

图 3-16 例 3-12 图

整理得到

$$\begin{cases}2u_1-u_2=5V\\-u_1+3u_2=-10V\end{cases}$$

解得各节点电压为

$$u_1=1V \quad u_2=-3V$$

选定各电阻支路电流参考方向如图 3-16 所示，可求得

$$i_1=(1S)u_1=1A \quad i_2=(2S)u_2=-6A \quad i_3=(1S)(u_1-u_2)=4A$$

例 3-13 用节点分析法求图 3-17 所示电路各支路电压。

解 参考节点和节点电压如图 3-17 所示。用观察法列出以下三个节点方程：

$$(2S+2S+1S)u_1-(2S)u_2-(1S)u_3=6A-18A$$
$$-(2S)u_1+(2S+3S+6S)u_2-(6S)u_3=18A-12A$$
$$-(1S)u_1-(6S)u_2+(1S+6S+3S)u_3=25A-6A$$

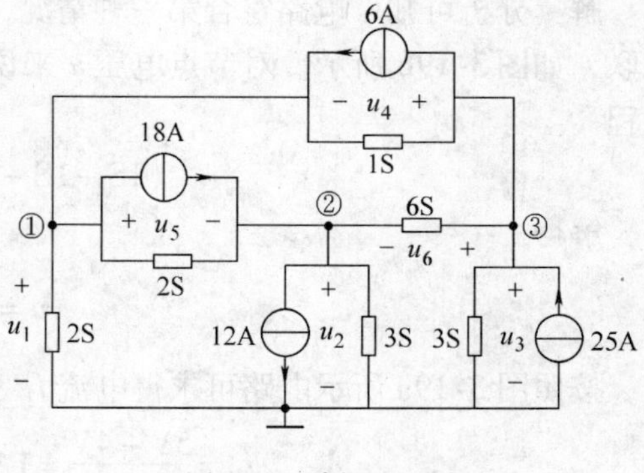

图 3-17 例 3-13 图

整理得到

$$5u_1-2u_2-u_3=-12V$$
$$-2u_1+11u_2-6u_3=6V$$
$$-u_1-6u_2+10u_3=19V$$

解得节点电压

$$u_1=-1V \quad u_2=2V \quad u_3=3V$$

求得另外三个支路电压为

$$u_4=u_3-u_1=4V \quad u_5=u_1-u_2=-3V \quad u_6=u_3-u_2=1V$$

例 3-14 列写图 3-18 所示电路的节点电压方程。

解 分析电路可知，图 3-18 与图 3-17 的不同点在于，18A 与 25A 电流源没有并联电阻，18A 电流源串联一个 3S 电导，由电源等效可知，电流源与电阻串联等效为一个电流源，**在节点电压方程中，与电流源串联的电阻不列入方程。**

列出三个节点电压方程如下：

$$(2S+1S)u_1-(1S)u_3=6A-18A$$
$$(3S+6S)u_2-(6S)u_3=18A-12A$$
$$-(1S)u_1-(6S)u_2+(1S+6S)u_3=25A-6A$$

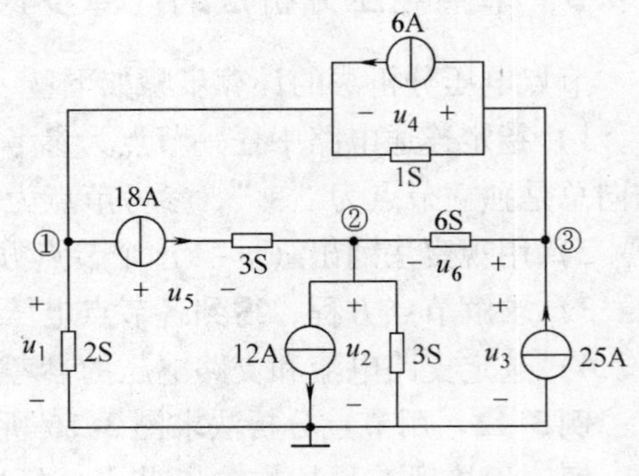

图3-18 例3-14图

3.4.4 含独立电压源电路的节点方程

当电路中存在独立电压源时，不能用式(3-3)直接建立含有电压源节点的方程，原因是公式中没有考虑电压源的电流。

1）若有电阻与电压源串联组合，可以先等效变换为电流源与电阻并联组合后，再用式（3-3）建立节点方程。

2）若含有纯独立电压源支路，则一般应增加电压源的电流变量来建立节点方程。由于增加了新的电流变量，需补充电压源电压与节点电压关系的方程。

例3-15 用节点分析法求图3-19a所示电路的电压 u 和支路电流 i_1、i_2。

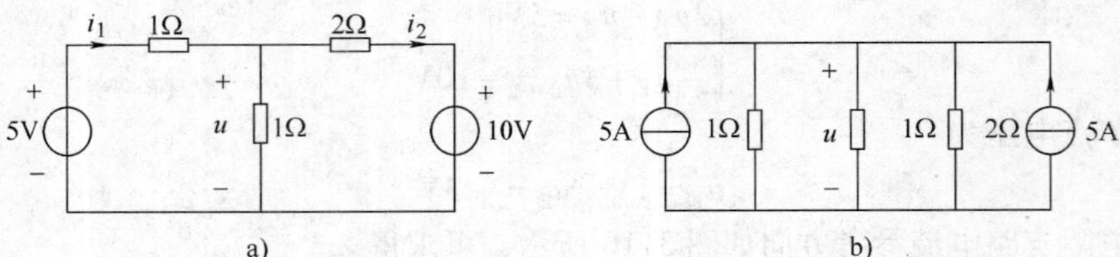

图3-19 例3-15图

解 分析可知，电路符合第一种情况，先将电压源与电阻串联等效变换为电流源与电阻并联，如图3-19b所示。对节点电压 u 来说，图3-19b与图3-19a等效。只需列出一个节点方程

$$(1S+1S+0.5S)u=5A+5A$$

解得

$$u=\frac{10A}{2.5S}=4V$$

按照图3-19a所示电路可求得电流 i_1 和 i_2，即

$$i_1=\frac{5V-4V}{1\Omega}=1A \quad i_2=\frac{4V-10V}{2\Omega}=-3A$$

例3-16 用节点分析法求图3-20所示电路的节点电压。

解 分析可知，电路中6V电压源没有串联电阻，为纯独立电压源支路。选定6V电压源电流 i 的参考方向。计入电流变量 i 列出以下两个节点方程：

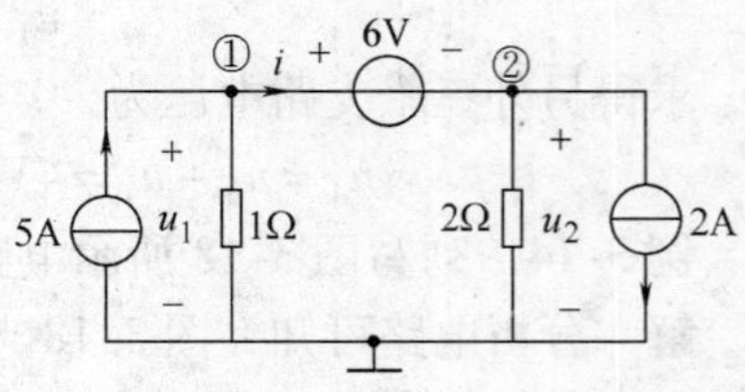

图3-20 例3-16图

$$(1S)u_1=5A-i$$
$$(0.5S)u_2=-2A+i$$

补充方程

$$u_1 - u_2 = 6\text{V}$$

解得

$$u_1 = 4\text{V} \quad u_2 = -2\text{V} \quad i = 1\text{A}$$

这种增加电压源电流变量建立的一组电路方程，称为改进的节点方程（Modified Node Equation），它扩大了节点方程适用的范围，为很多计算机电路分析程序采用。

当然，在此简单情况下，也可少列一个节点电压方程轻松化解困难。可把节点②设为参考节点，因为纯电压源支路的存在，节电电压 $U_{①} = 6\text{V}$，然后只需列写一个节点电压方程即可求解全部未知量。

例 3-17 用节点分析法求图 3-21 所示电路的节点电压。

解 此电路有两点特殊之处：(1) 由于 14V 电压源连接到节点①和参考节点之间，所以节点①的节点电压 $u_1 = 14\text{V}$ 成为已知量，可以不列出节点①的节点方程；(2) 8V 电压源无串联电阻，其上的电流设为 i，列出两个节点方程为

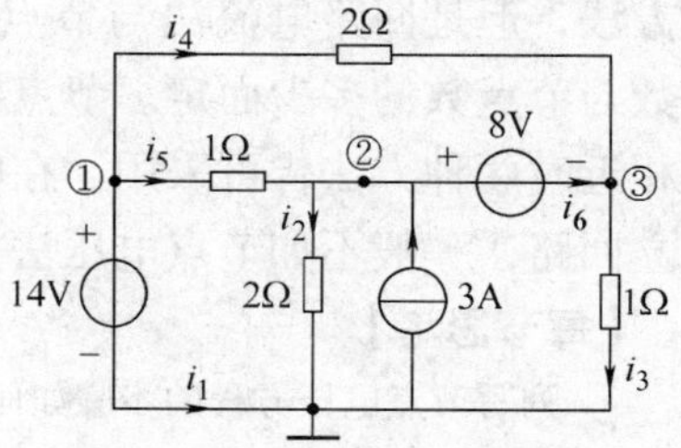

$$-(1\text{S})u_1 + (1\text{S} + 0.5\text{S})u_2 = 3\text{A} - i$$
$$-(0.5\text{S})u_1 + (1\text{S} + 0.5\text{S})u_3 = i$$

图 3-21 例 3-17 图

补充方程

$$u_2 - u_3 = 8\text{V}$$

代入 $u_1 = 14\text{V}$，整理得到

$$\begin{cases} 1.5u_2 + 1.5u_3 = 24\text{V} \\ u_2 - u_3 = 8\text{V} \end{cases}$$

解得

$$u_2 = 12\text{V} \quad u_3 = 4\text{V} \quad i = -1\text{A}$$

3.4.5 含受控源电路的节点方程

对含有受控电源支路的电路，可先把受控源看作独立电源按上述方法列方程，再将控制量用节点电压表示。现举例加以说明。

例 3-18 列出图 3-22 电路的节点方程。

解 列出节点方程时，将受控电流源 gu_3 写在方程右边

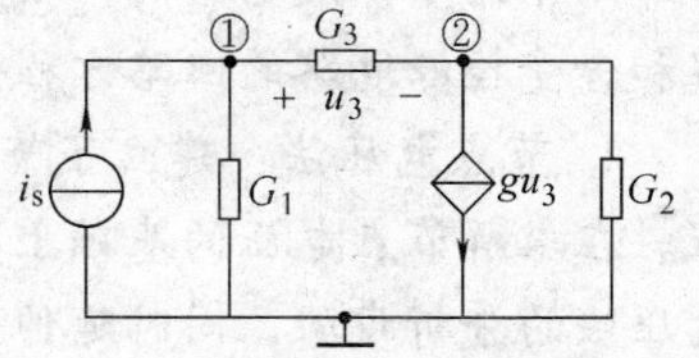

$$(G_1 + G_3)u_1 - G_3 u_2 = i_s$$
$$-G_3 u_1 + (G_2 + G_3)u_2 = -gu_3$$

图 3-22 例 3-18 图

补充控制变量 u_3 与节点电压关系的方程

$$u_3 = u_1 - u_2$$

代入上式，移项整理后得到以下节点方程：

$$(G_1 + G_3)u_1 - G_3 u_2 = i_s$$
$$(g - G_3)u_1 + (G_2 + G_3 - g)u_2 = 0$$

由于受控源的影响，互电导 $G_{21} = (g - G_3)$ 与互电导 $G_{12} = -G_3$ 不再相等。自电导 $G_{22} = (G_2 + G_3 - g)$ 不再是节点②全部电导之和。

例 3-19 电路如图 3-23 所示，列写节点电压方程。

解 列写节点方程如下：

$$u_{n1}=4\text{V}$$

$$-u_{n1}+\left(1+0.5+\frac{1}{3+2}\right)u_{n2}-0.5u_{n3}=-1+\frac{4U}{5}$$

$$-0.5u_{n2}+(0.5+0.2)u_{n3}=3\text{A}$$

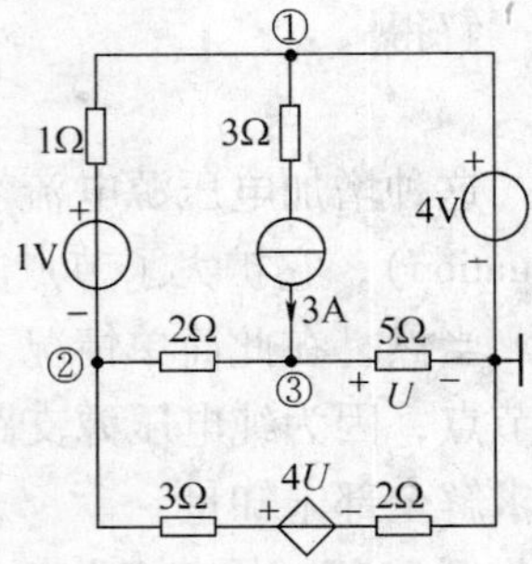

图 3-23 例 3-19 图

注：与电流源串联的电阻不参与列方程。

补充方程

$$U=u_{n3}$$

总结：节点电压法和回路电流法都是求解电路的比较简便的方法，但是回路电流法与节点电压法孰优孰劣则需视基本回路数与节点数的多少而定。节点数较多时回路电流法较好，回路数多时则相反，当两者的数目相近时两种方法皆可采用。在电路分析的计算机程序中，由于用回路电流法要先寻找一组独立回路，一般不如节点电压法方便。

【每节思考】

1. 列写节点电压方程的步骤如何？
2. 在电路中含有独立电压源时，节点电压方程如何处理？
3. 电路中含有受控源时，节点电压法和回路电流法的处理原则是什么？

本章小结

本章利用电阻电路作为研究对象，建立了全面系统的电路分析方法，以及求解电路各个支路电流电压的多种分析手段。主要方法如下：

1. $2b$ 法：利用 KCL、KVL、VCR 三大定律直接列写电路方程，简单直观，缺点是方程的数目较多，求解繁杂。

2. 支路电流法和支路电压法：是 $2b$ 法的改进，但实质上方程数目并没减少，求解各个支路电压和电流工作量基本不变。

3. 回路电流法：建立了假想回路电流的基本概念。针对数目较少的独立回路，建立独立回路电流方程。在求解假想回路电流的基础上即可轻易求解各个支路电流和支路电压；本章详细介绍了一般电路的回路电流法分析步骤，同时延伸介绍了含独立电流源电路的回路方程和含受控源电路的回路方程列写。

4. 节点电压法：建立了节点电压的基本概念。针对数目较少的节点，建立节点电压方程。在求解节点电压的基础上即可轻易求解各个支路电流和支路电压；本章详细介绍了节点电压法的分析步骤，同时延伸介绍了含独立电压源电路的节点电压方程和含受控源电路的节点电压方程列写。

习 题

3-1 填空题。

（1）如图 3-24 所示电路，其独立 KCL 方程数为________，独立 KVL 方程数为________。

（2）如图 3-25 所示电路，其独立 KCL 方程数为________，独立 KVL 方程数为________。

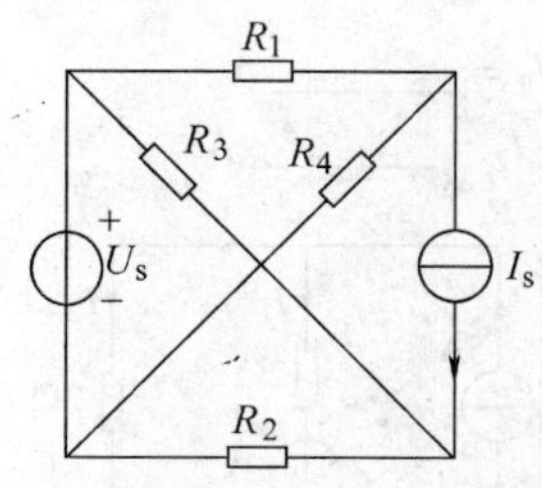

图3-24 题3-1（1）图

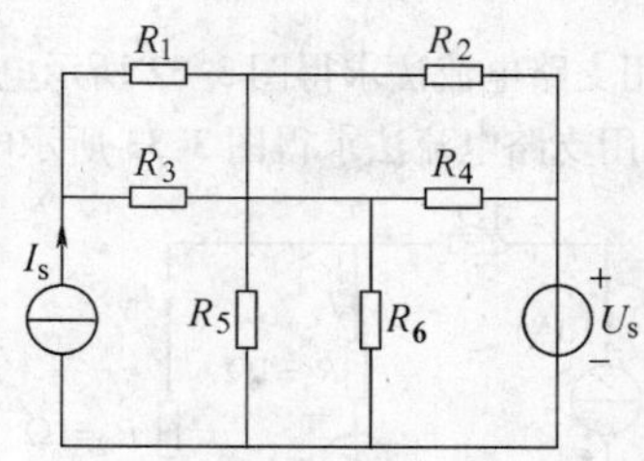

图3-25 题3-1（2）图

（3）如图3-26所示电路，其独立KCL方程数为________，独立KVL方程数为________。

（4）如图3-27所示电路，只需列出一个方程就可求解电压U，这个方程是________，其解答是________。

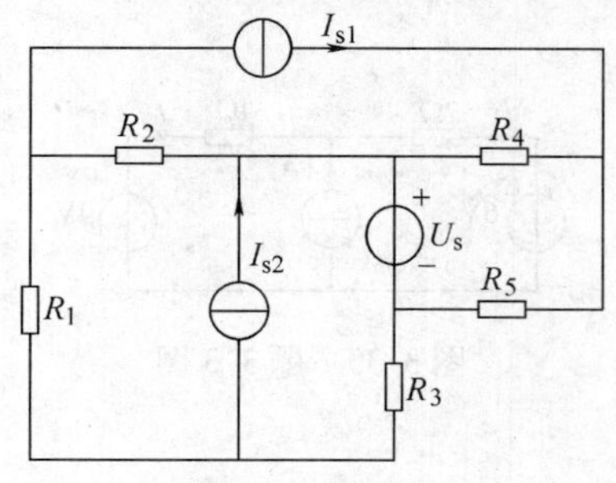

图3-26 题3-1（3）图

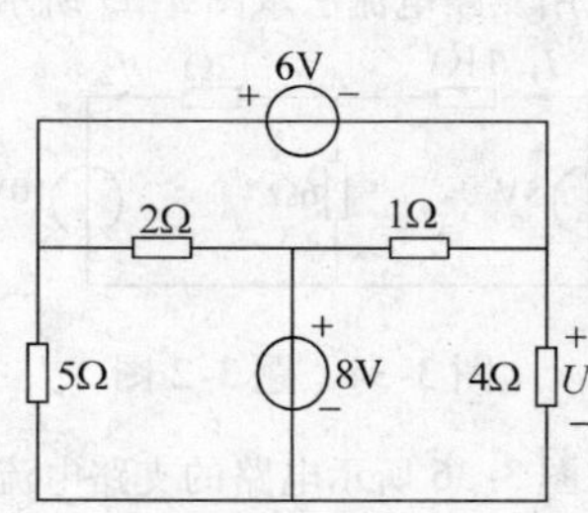

图3-27 题3-1（4）图

（5）如图3-28所示电路，只需列出一个方程就可求解I。这个方程是______________，其解答是______________。

（6）应用支路电流法求解图3-29所示电路时，待求的支路电流共有____个，根据KVL可列____个独立方程式，根据KVL可列____个方程式。

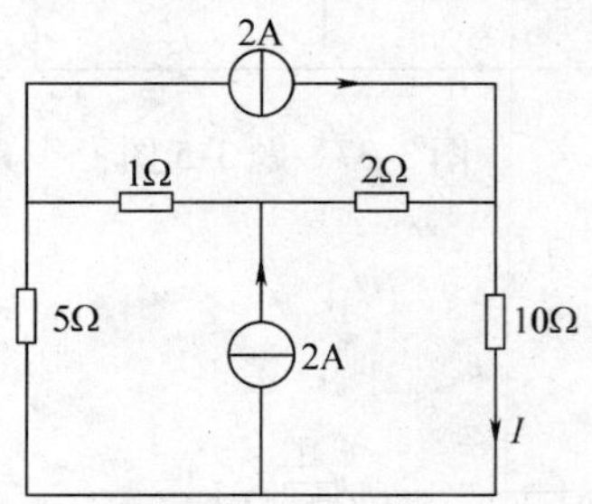

图3-28 题3-1（5）图

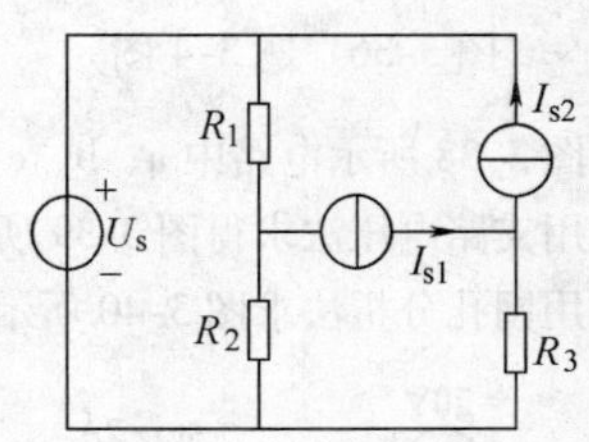

图3-29 题3-1（6）图

（7）应用支路电流法求解图3-30所示电路时，待求的支路电流共有________个，根据KVL可列________个独立方程式，根据KCL可列________个独立方程式。

（8）图3-31所示电路的支路电压法方程组为____________和____________和____________。

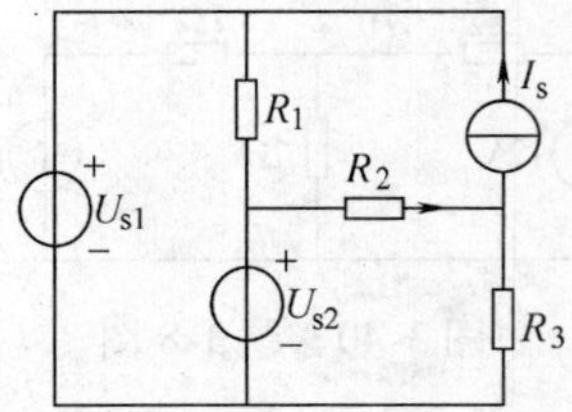

图3-30 题3-1（7）图

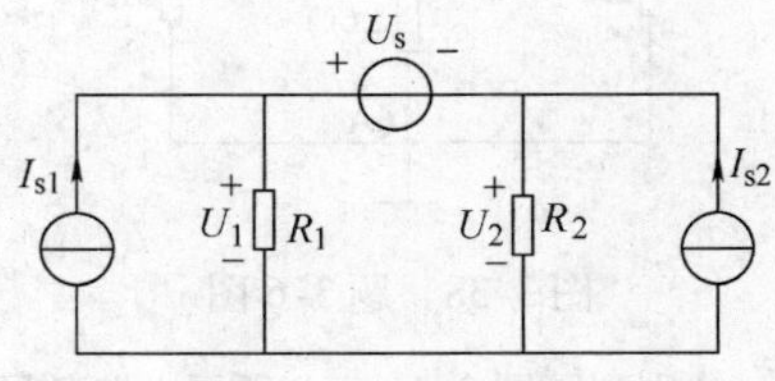

图3-31 题3-1（8）图

(9) 用支路电流法求得图 3-32 所示电路中的 I_1 = ________ A，I_2 = ________ A。

(10) 用支路电流法求得图 3-33 所示电路中的 I_1 = ________ A，I_2 = ________ A。

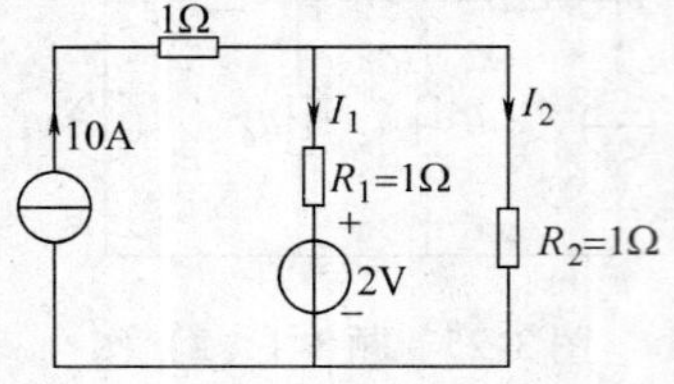

图 3-32　题 3-1 (9) 图

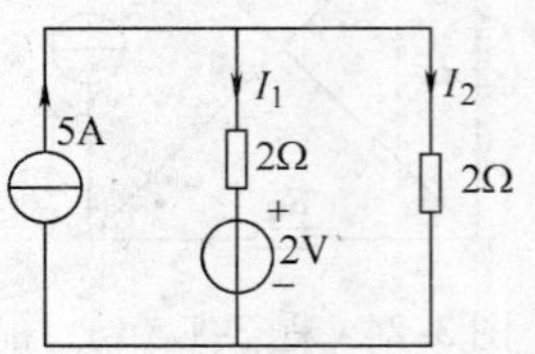

图 3-33　题 3-1 (10) 图

3-2　用支路电流法求解图 3-34 所示电路各支路的电流。

3-3　试用支路电流法求图 3-35 所示电路的各支路电流。

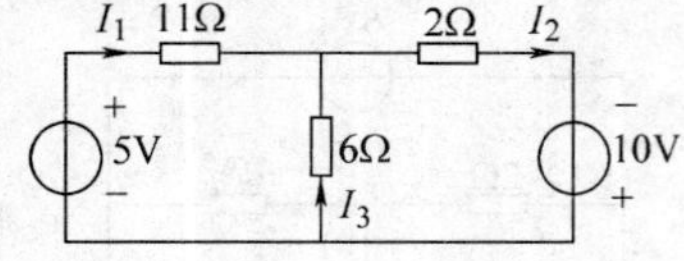

图 3-34　题 3-2 图

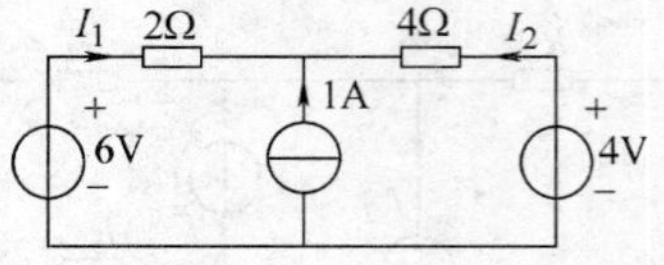

图 3-35　题 3-3 图

3-4　求图 3-36 所示电路的支路电流法方程组。

3-5　试用支路电流法求解图 3-37 所示电路的支路电流 I_1、I_2、I_3 和 I_4。

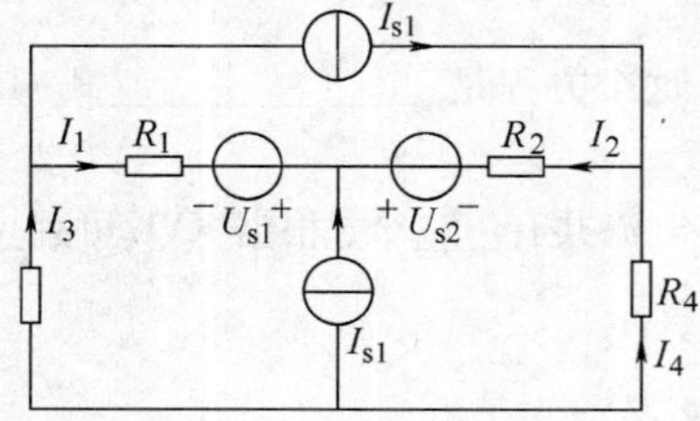

图 3-36　题 3-4 图

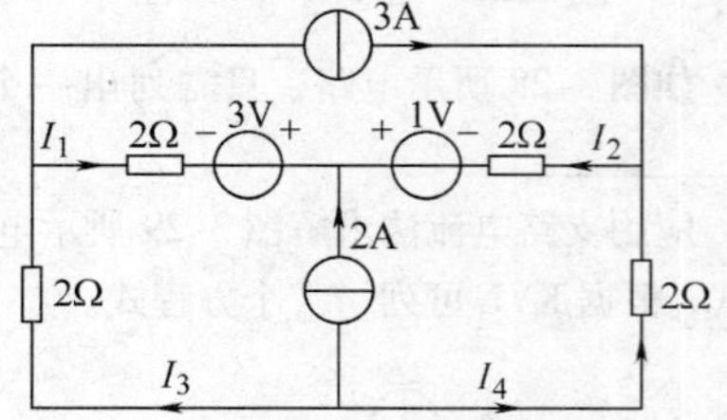

图 3-37　题 3-5 图

3-6　求图 3-38 所示电路中 a、b、c 三点对地的电压 U_a、U_b 与 U_c。

3-7　试用支路电压法求得图 3-39 所示电路中的 U_1、U_2 与 U_3。

3-8　应用网孔分析法求图 3-40 所示电路中的电流 I_1 和 I_2。

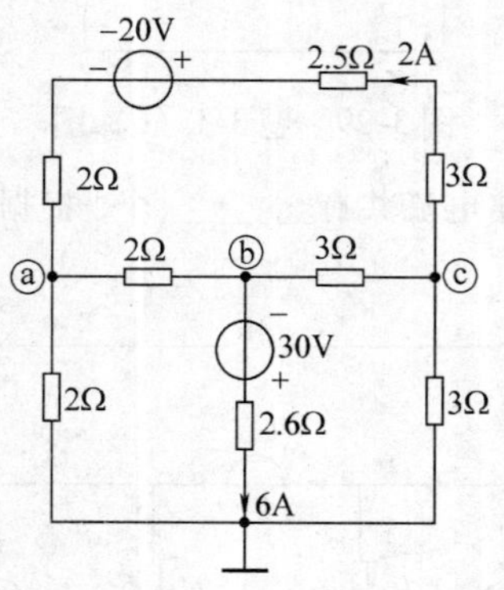

图 3-38　题 3-6 图

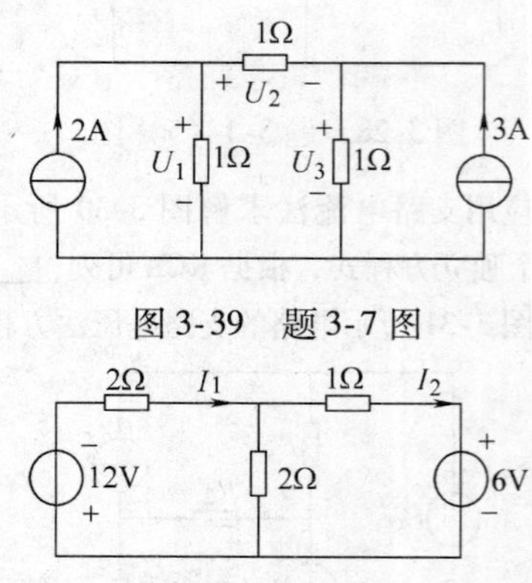

图 3-39　题 3-7 图

图 3-40　题 3-8 图

3-9　分别列写图 3-41a、b 所示电路的网孔分析法方程。

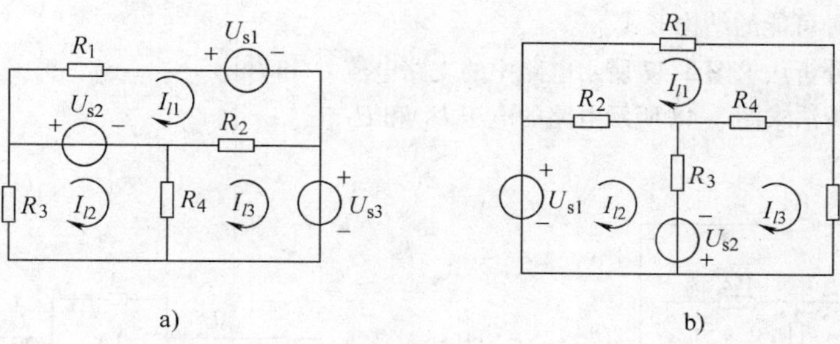

图3-41 题3-9图

3-10 试用网孔分析法求解图3-42所示电路的I_1、I_2和I_3。

3-11 试用网孔分析法求图3-43所示电路中5Ω电阻吸收的功率。

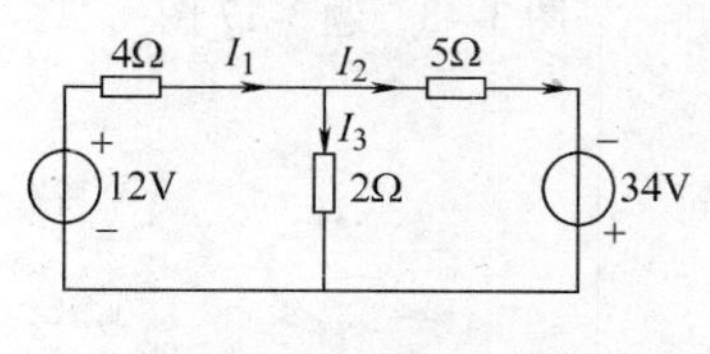

图3-42 题3-10图

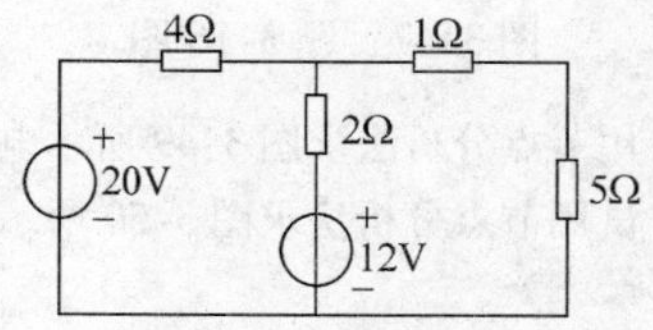

图3-43 题3-11图

3-12 试用网孔分析法分别求解图3-44a、b所示电路中的I。

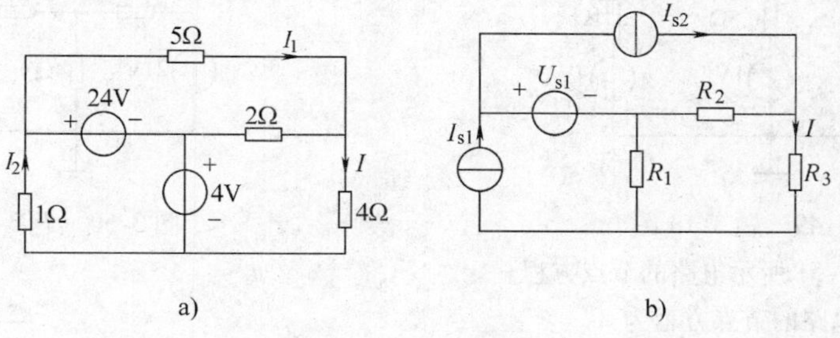

图3-44 题3-12图

3-13 用网孔分析法求解如图3-45所示电路中电流I时，可以只需列写一个方程，列出此方程。

3-14 试用网孔分析法求图3-46所示电路中的电压U_o。

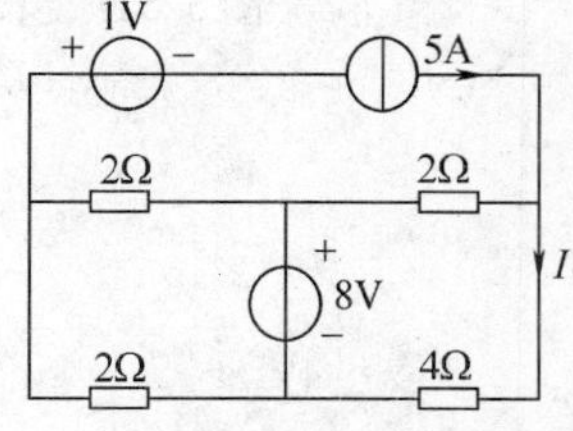

图3-45 题3-13图

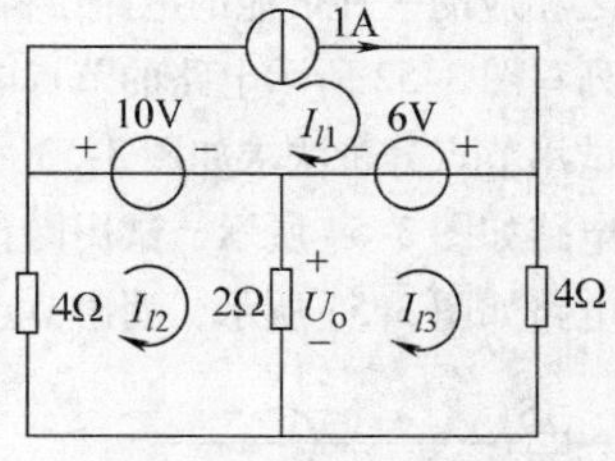

图3-46 题3-14图

3-15 已知电路的网孔方程为

$$\begin{cases}6I_{l1}-5I_{l2}+U=5\\ I_{l2}=2\\ -2I_{l2}+5I_{l3}-U=0\\ I_{l1}-I_{l3}=-3\end{cases}$$

画出该电路的一种可能的结构形式。

3-16 试用网孔分析法求图 3-47 所示电路中的支路电流 I_1 和 I_2。

3-17 用节点分析法求图 3-48 所示电路的电压 U_1 和 U_2。

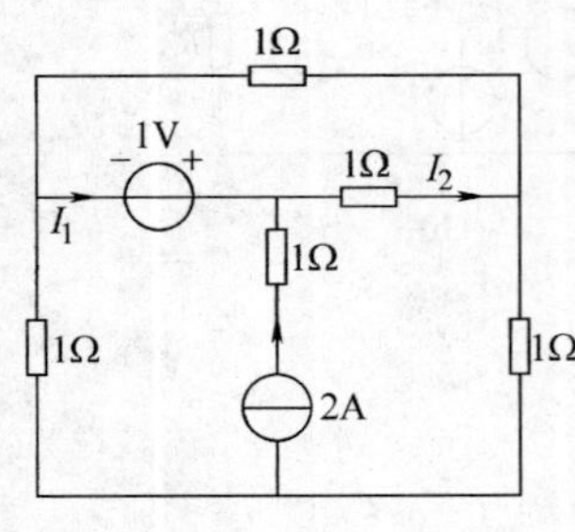

图 3-47 题 3-16 图

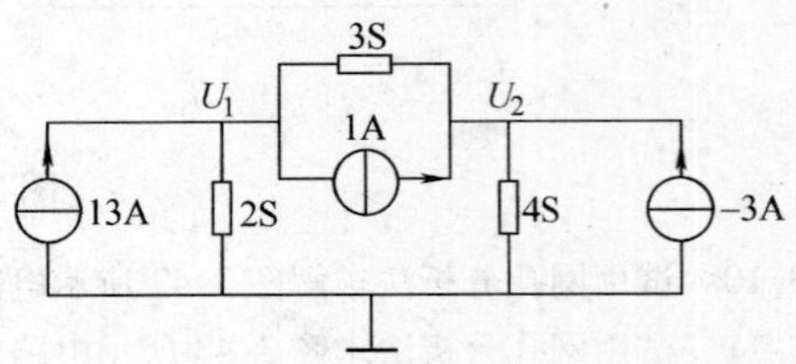

图 3-48 题 3-17 图

3-18 用节点分析法求图 3-49 所示电路的节点电压。

3-19 试用节点分析法求图 3-50 所示电路中的电流 I。

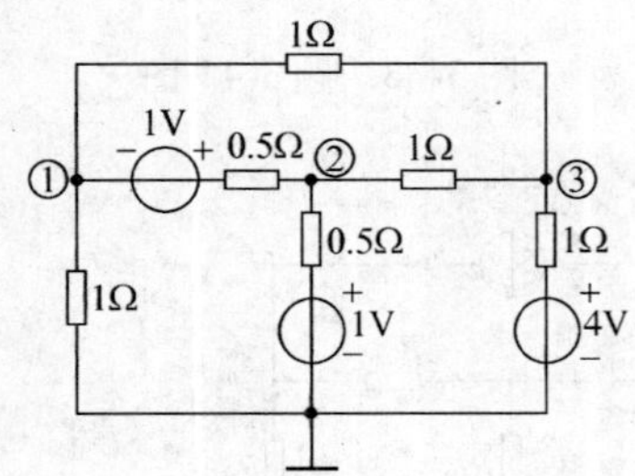

图 3-49 题 3-18 图

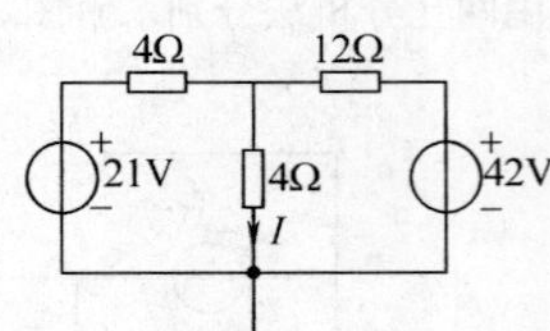

图 3-50 题 3-19 图

3-20 列出图 3-51 所示电路的节点方程。

3-21 已知某电路的节点方程为

$$\begin{cases}3U_{n1}-U_{n2}-U_{n3}=1\\-U_{n1}+3U_{n2}-U_{n3}=0\\-U_{n1}-U_{n2}+3U_{n3}=-1\end{cases}$$

画出与之相应的一种可能的电路结构形式。

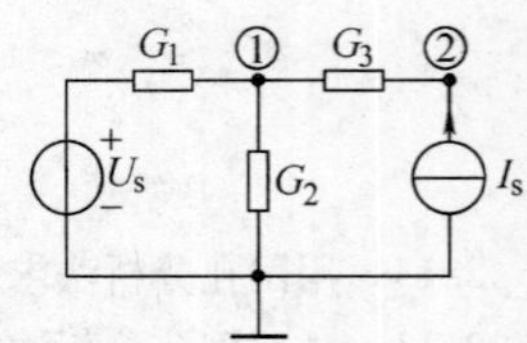

图 3-51 题 3-20 图

3-22 列写图 3-52 所示电路的节点电压方程，求 U_b。

3-23 试用节点分析法求如图 3-53 所示电路中的电压 U_1 及 U_2。

3-24 电路如图 3-54 所示，试用网孔法求解支路电流 I_1 和 I_4。

3-25 电路如图 3-55 所示，列出节点电压方程组。

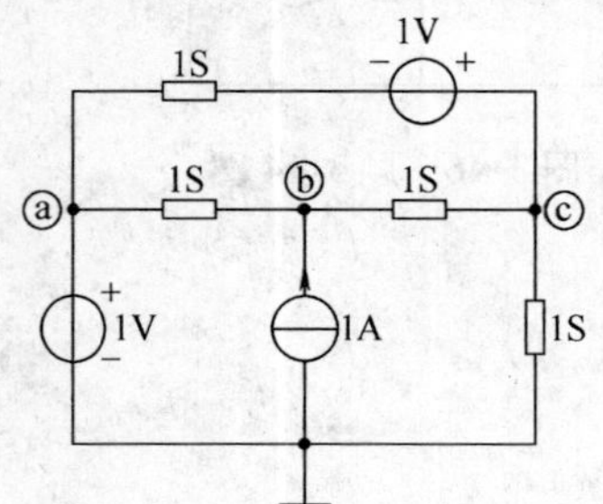

图 3-52 题 3-22 图

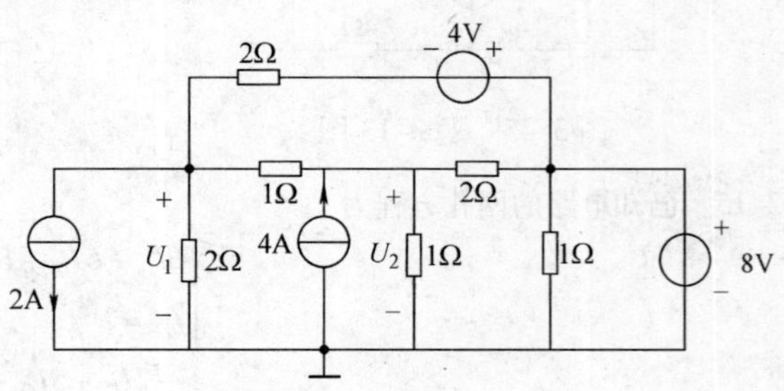

图 3-53 题 3-23 图

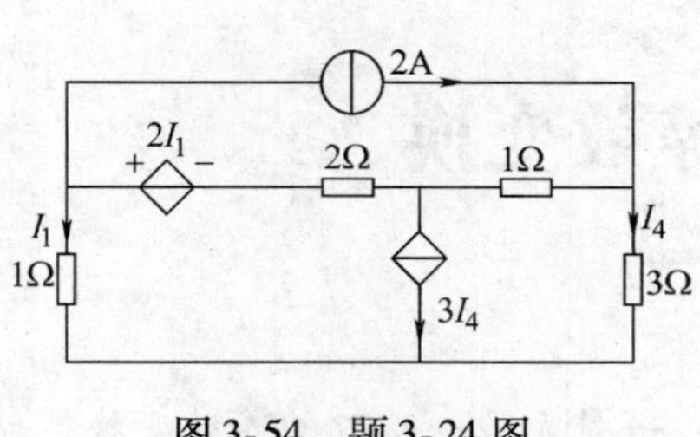

图3-54　题3-24图

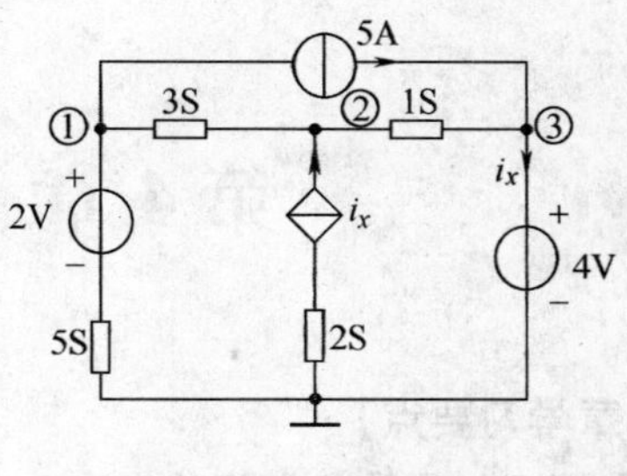

图3-55　题3-25图

第 4 章　电路的等效变换

【本章学习要点】

本章介绍电路等效变换的概念。内容分为两部分：一是无源一端口的等效变换，包括电阻、电容和电感的串并联，以及一端口输入电阻的计算；二是含源一端口的等效变换，包括电源的串并联，电源的等效变换，以及替代定理、戴维南定理和诺顿定理。本章的目的是让同学们在理解电路等效变换的基础上，学会应用电路的等效变换去求解相关电路，简化电路的分析。

学习难点：等效变换及其原则；戴维南定理；诺顿定理；电源的等效变换。

4.1　电路的等效变换及其原则

等效变换是分析电路的一种有效方法。电路分析中，如果研究的是整个电路的一部分，可以把这一部分作为一个整体，而把这部分以外的部分简化，即用一个较为简单的电路替代原电路，而分析的结果不变。

前面章节中已经介绍了端口的概念，这里进一步介绍无源一端口和含源一端口的概念。无源一端口指不含独立电源，由无源元件和/或受控源组成的电路，如图 4-1a 所示；含源一端口指由独立电源、无源元件和受控源共同组成的电路，如图 4-1b 所示。可以证明：在电阻网络中，无源一端口的等效电路是一个电阻，如图 4-1c 所示；含源一端口的等效电路是电压源与电阻的一个串联组合或电流源与电阻（电导）的一个并联组合，如图 4-1d 和图 4-1e 所示。

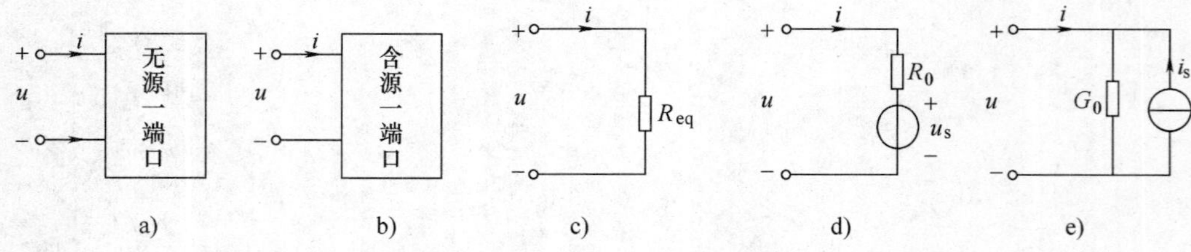

图 4-1　一端口网络及其等效电路

等效变换时，没有被置换部分的支路电压和支路电流都将不会发生改变；而替代部分电路在替代前后支路电压与支路电流却是不同的。可见，**等效变换是对外部特性等效**，内部特性不等效。

【每节思考】

1. 理解电路等效变换的基本原则。
2. 什么是无源一端口？等效电路是什么？
3. 什么是含源一端口？等效电路是什么？

4.2　无源一端口的等效变换

4.2.1　电阻的串联

在电路中，**把几个电阻元件依次一个一个首尾连接起来，中间没有分支，在电源的作用下流过各电阻的是同一电流，这种连接方式叫做电阻的串联**。图 4-2 所示电路为 n 个电阻的串联。

应用 KVL，有

$$\begin{aligned} u &= u_1 + u_2 + u_3 + \cdots + u_n \\ &= R_1 i_1 + R_2 i_2 + R_3 i_3 + \cdots + R_n i_n \end{aligned}$$

由于每个电阻的电流均为 i，有

$$\begin{aligned} u &= (R_1 + R_2 + R_3 + \cdots + R_n) i \\ &= R_{eq} i \end{aligned}$$

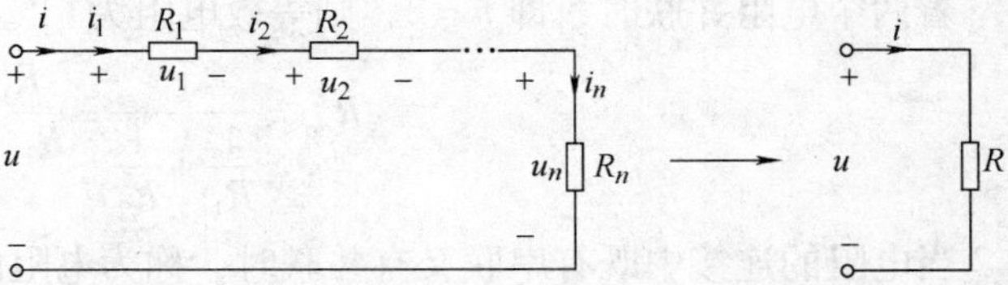

图 4-2　电阻的串联

式中

$$R_{eq} = \frac{u}{i} = R_1 + R_2 + \cdots + R_n = \sum_{k=1}^{n} R_k \tag{4-1}$$

电阻 R_{eq} 是 n 个串联电阻的等效电阻，即 ***n* 个电阻串联等效电阻等于各个串联电阻之和。显然，串联等效电阻必大于任一个串联的电阻**。

电阻串联时，各电阻上的电压按电阻成正比分配，即

$$u_k = R_k i = \frac{R_k}{R_{eq}} u \qquad k = 1, 2, \cdots, n \tag{4-2}$$

式（4-2）称为电阻串联时的电压分配公式，或称**分压公式**。

4.2.2　电阻并联等效变换

在电路中，**把几个二端电阻元件首尾相连，各电阻处于同一电压下的连接方式，称为电阻的并联**。图 4-3 所示为 n 个电阻并联。

电阻并联时，各电阻上的电压相同。由于电压相同，总电流 i 可根据 KCL 得

$$\begin{aligned} i &= i_1 + i_2 + i_3 + \cdots + i_n \\ &= G_1 u_1 + G_2 u_2 + G_3 u_3 + \cdots + G_n u_n \\ &= (G_1 + G_2 + G_3 + \cdots + G_n) u \\ &= G_{eq} u \end{aligned}$$

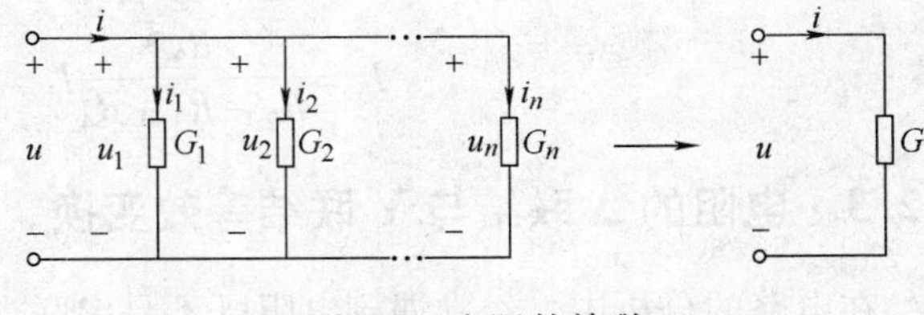

图 4-3　电阻的并联

式中，G_1，G_2，…，G_n 分别为电阻 R_1，R_2，…，R_n 的电导，而

$$G_{eq} = \frac{i}{u} = G_1 + G_2 + \cdots + G_n = \sum_{k=1}^{n} G_k \tag{4-3}$$

式中，G_{eq} 是 n 个电阻并联后的等效电导。

并联后的等效电阻 R_{eq} 为

$$R_{\mathrm{eq}}=\frac{1}{G_{\mathrm{eq}}}=\frac{1}{\sum\limits_{k=1}^{n}G_k}=\frac{1}{\sum\limits_{k=1}^{n}\frac{1}{R_k}}$$

电阻并联时，各电阻中的电流为

$$i_k=G_k u=\frac{G_k}{G_{\mathrm{eq}}}i \qquad k=1,2,\cdots,n \tag{4-4}$$

即各个并联电阻中的电流与它们各自的电导值成正比。式（4-4）称为电流分配公式，或称**分流公式**。

若两个电阻并联时，即 $n=2$，则等效电阻为

$$R_{\mathrm{eq}}=\frac{1}{\frac{1}{R_1}+\frac{1}{R_2}}=\frac{R_1R_2}{R_1+R_2}$$

当电阻的连接中既有串联又有并联时，称为电阻的串、并联，或简称为混联。直接应用前节和本节分析串联和并联电阻电路的结果，便可以分析任何由电阻串联和并联组成的电路。

例 4-1 求图 4-4 所示电路中各支路电流 I_1、I_2、I_3。给定各电阻的值如下：$R_1=2\Omega$，$R_2=3\Omega$，$R_3=4\Omega$，$R_4=2\Omega$，$U=12\mathrm{V}$。

解 在此电路中，R_3、R_4 是串联的，它们串联之后的等效电阻与 R_2 并联，这样并联之后所得的电阻又与 R_1 串联，所以这个电路的等效电阻是

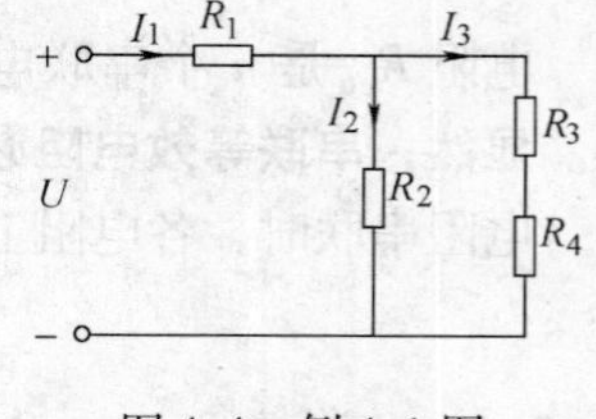

图 4-4 例 4-1 图

$$R=R_1+\frac{R_2(R_3+R_4)}{R_2+R_3+R_4}=2\Omega+\frac{3\times6}{3+6}\Omega=4\Omega$$

于是得电阻 R_1 中的电流 I_1 为

$$I_1=\frac{U}{R}=\frac{12}{4}\mathrm{A}=3\mathrm{A}$$

用分流公式可得电流 I_2、I_3 如下：

$$I_2=\frac{R_3+R_4}{R_2+R_3+R_4}I_1=\frac{6}{9}\times3\mathrm{A}=2\mathrm{A}$$

$$I_3=\frac{R_2}{R_2+R_3+R_4}I_1=\frac{3}{9}\times3\mathrm{A}=1\mathrm{A}$$

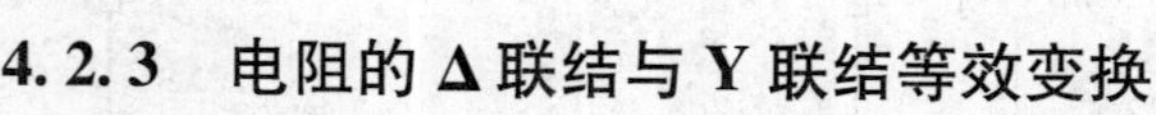

4.2.3 电阻的 Δ 联结与 Y 联结等效变换

在电路的分析中，经常遇到电阻既不是串联也不是并联的情况。大部分这样的电路是可以用三端等效网络来简化的。三端等效网络指的是 Y 网络或者是 Δ 网络。Y 网络有三个支路，这三个支路的每一支路有一个端点接到 Y 电路的一个节点，另一个端点接到一个共同的节点，如图 4-5a 所示；Δ 网络也有三个节点①、②、③，两节点间有一电阻支路，三个支路组成一个回路，如图 4-5b 所示。本节主要介绍在电路中如何进行等效的 Y－Δ 变换问题。

这两个电路都是三端电路，要求它们相互等效，便要求它们具有相同的外部特性。当两种连接的电阻之间满足一定关系时，它们在端子①、②、③以外的特性可以相同，它们就可

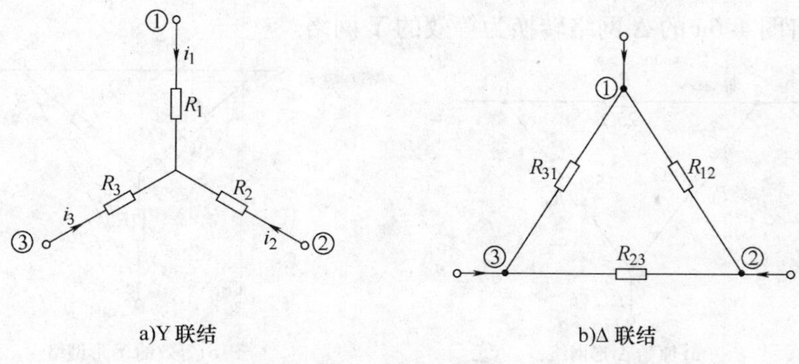

a)Y 联结　　b)Δ 联结

图 4-5　三角形（Δ）联结和星形（Y）联结

以互相等效变换。如果在它们的对应端子之间具有相同的电压 $u_{12Y}=u_{12\Delta}$，$u_{23Y}=u_{23\Delta}$ 和 $u_{31Y}=u_{31\Delta}$，而流入对应端子的电流分别相等，即 $i_{1Y}=i_{1\Delta}$，$i_{2Y}=i_{2\Delta}$，$i_{3Y}=i_{3\Delta}$，在这种条件下，它们彼此等效，这是 Y－Δ 等效变换的条件。在此条件下，根据 Y 联结与 Δ 联结的电阻电路相互等效的条件可以求得

$$\begin{cases} R_1=\dfrac{R_{12}R_{31}}{R_{12}+R_{23}+R_{31}} \\ R_2=\dfrac{R_{23}R_{12}}{R_{12}+R_{23}+R_{31}} \\ R_3=\dfrac{R_{31}R_{23}}{R_{12}+R_{23}+R_{31}} \end{cases} \tag{4-5}$$

式（4-5）即为由已知 Δ 联结的电阻电路求与之等效的 Y 联结的电阻的公式。

由（4-5）式可解得

$$\begin{cases} R_{12}=\dfrac{R_1R_2+R_2R_3+R_3R_1}{R_3} \\ R_{23}=\dfrac{R_1R_2+R_2R_3+R_3R_1}{R_1} \\ R_{31}=\dfrac{R_1R_2+R_2R_3+R_3R_1}{R_2} \end{cases} \tag{4-6}$$

式（4-6）即为由已知 Y 联结的电阻电路求与之等效的 Δ 联结电阻的公式。

为便于记忆，以上**互换公式可归纳为**

$$\text{Y 电阻}=\frac{\Delta\text{ 相邻电阻之乘积}}{\Delta\text{ 三电阻之和}}$$

$$\Delta\text{ 电阻}=\frac{\text{Y 电阻两两乘积之和}}{\text{Y 不相邻电阻}}$$

若 Y(Δ) 联结的电阻电路中三个电阻相等的称为对称 Y(Δ) 电阻电路。对称 Y 电路中的电阻为 $R_1=R_2=R_3=R_Y$；对称 Δ 电路中的电阻为 $R_\Delta=R_{12}=R_{23}=R_{31}$，则由上面结果可知，有如下关系：

$$R_\Delta=3R_Y \text{ 或 } R_Y=\frac{1}{3}R_\Delta$$

利用 Y—Δ 变换常可将电路化简，使之更便于计算。

例 4-2 将图 4-6a 的 Δ 网络转换为等效的 Y 网络。

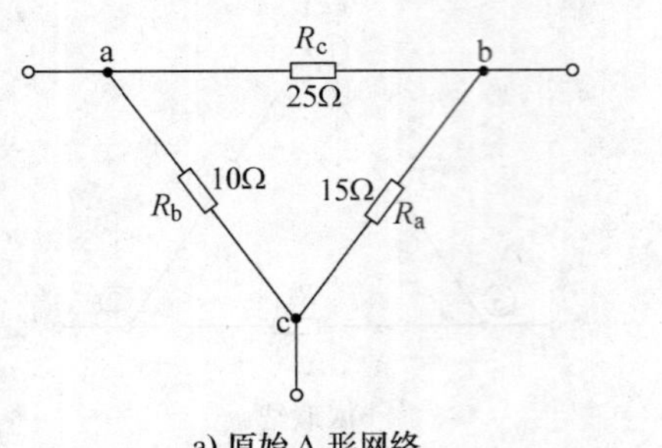

a) 原始 Δ 形网络

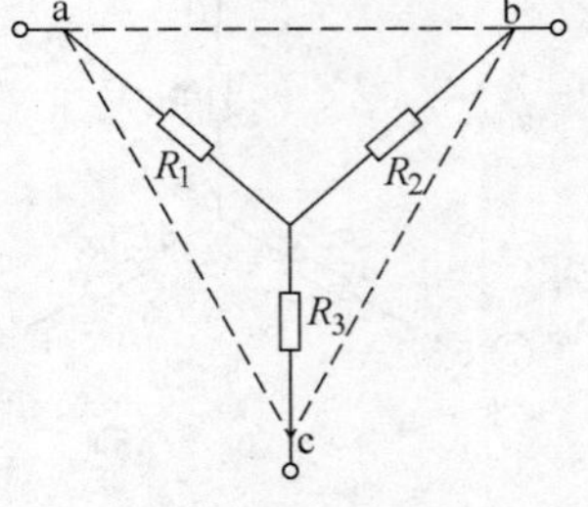

b) 等效的 Y 形网络

图 4-6 例 4-2 图

解 由式（4-5）可得

$$R_1=\frac{R_bR_c}{R_a+R_b+R_c}=\frac{25\times10}{25+10+15}\Omega=\frac{250}{50}\Omega=5\Omega$$

$$R_2=\frac{R_cR_a}{R_a+R_b+R_c}=\frac{25\times15}{25+10+15}\Omega=\frac{375}{50}\Omega=7.5\Omega$$

$$R_3=\frac{R_aR_b}{R_a+R_b+R_c}=\frac{15\times10}{25+10+15}\Omega=\frac{150}{50}\Omega=3\Omega$$

等效 Y 网络如图 4-6b 所示。

例 4-3 求图 4-7a 所示电路中各支路的电流。

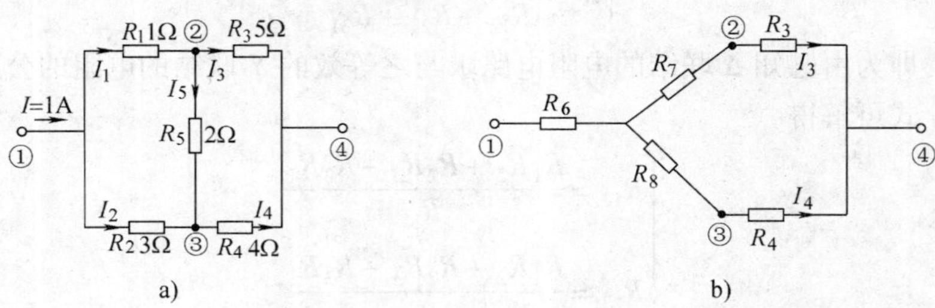

图 4-7 例 4-3 图

解 由图 4-7a 可知，R_1、R_2 和 R_5 组成一个 Δ 联结的电路；R_3、R_4 和 R_5 组成另一个 Δ 联结的电路。将其中之一转换为等效的 Y 电路，便可用串联、并联方法将本例中的电路化简。将前者化简得等效电路如图 4-7b 所示。其中

$$R_6=\frac{R_1R_2}{R_1+R_2+R_5}=\frac{1\times3}{1+2+3}\Omega=0.5\Omega$$

$$R_7=\frac{R_1R_5}{R_1+R_2+R_5}=\frac{1\times2}{1+2+3}\Omega\approx0.333\Omega$$

$$R_8=\frac{R_2R_5}{R_1+R_2+R_5}=\frac{2\times3}{1+2+3}\Omega=1\Omega$$

在此电路中，R_7 和 R_3 是串联的，R_8 和 R_4 是串联的，这两个串联支路是并联的，于是可求出

$$I_3=\frac{R_8+R_4}{R_7+R_3+R_8+R_4}I=\frac{15}{31}\text{A}\approx0.484\text{A}$$

$$I_4=\frac{R_7+R_3}{R_7+R_3+R_8+R_4}I=\frac{16}{31}\text{A}\approx 0.516\text{A}$$

为求原电路中电流 I_1、I_2、I_5，先求出②、③两点间的电压 U_{23}，有

$$U_{23}=R_3I_3-R_4I_4=5\times 0.484\text{V}-4\times 0.516\text{V}=0.356\text{V}$$

于是求得

$$I_5=\frac{U_{23}}{R_5}=\frac{0.355}{2}\text{A}\approx 0.178\text{A}$$

由 KCL 可求得

$$I_1=I_3+I_5=0.662\text{A}$$

$$I_2=I_4-I_5=0.338\text{A}$$

4.2.4　无源一端口的入端等效电阻

本节考虑更加一般情况。无源一端口网络 N_0 包括两种可能：其一是内部仅含电阻；其二是内部除含有电阻外，还含有受控源但不含任何独立电源。如果一个一端口内部仅含电阻，则应用电阻的串、并联和 Y－Δ 变换等方法可以求得它的等效电阻。如果一端口内部除电阻外还含有受控源，但不含任何独立电源，则不论内部如何复杂，由于端口电压与端口电流成正比，也可等效为一个电阻。一般情况下，**一个无源一端口网络的入端等效电阻 R_{in} 定义为该网络两端间的电压 u 与流入该网络的电流 i 之比**，即

$$R_{in}=\frac{u}{i}$$

要计算一个无源一端口线性电阻网络的入端电阻，可以在该网络的两端加一个电压激励 u，然后求电流 i；或者在端口加一电流激励 i，然后求出端口电压 u，由 u 与 i 的比值，即可求得此电阻网络的入端电阻，如图 4-8 所示。

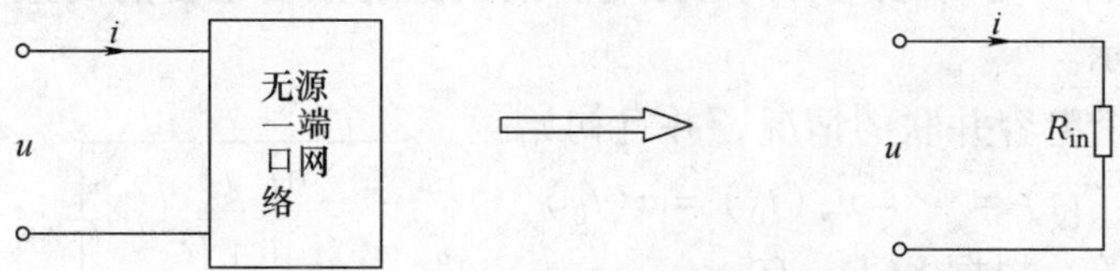

图 4-8　无源一端口电阻网络的入端等效电阻

例 4-4　求图 4-9 所示电路的入端等效电阻。已知 $R_1=1\text{k}\Omega$，$R_2=1\text{k}\Omega$，电流控制电流源的转移电流比 $\beta=50$。

解　假设有电流 i 流入此电路，受控电流源的电流为 βi，故 R_2 中的电流为 $(1+\beta)i$，于是得到此电路两端的电压为

$$u=R_1i+(1+\beta)iR_2=[R_1+(1+\beta)R_2]i$$

故电路的入端电阻为

$$R_{in}=\frac{u}{i}=R_1+(1+\beta)R_2=10^3\Omega+(1+50)\times 10^3\Omega=52\text{k}\Omega$$

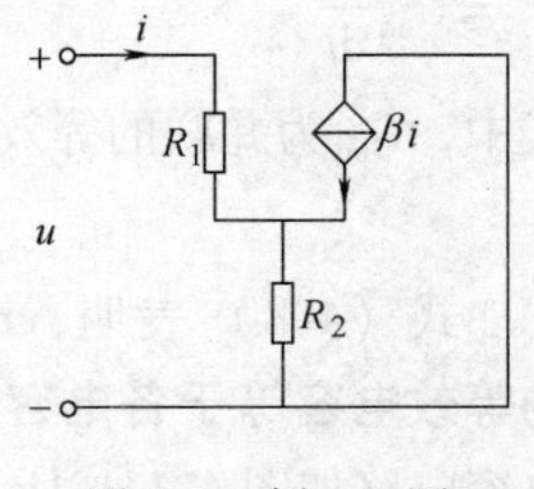

图 4-9　例 4-4 图

【每节思考】

1. 无源一端口线性电阻网络的等效电路是什么？
2. 包含受控源但不包含独立电源的一端口网络等效电路是什么？如何求解？
3. 设想一下：含源一端口网络的等效电路是什么形式？

4.2.5 电容、电感的串并联

当电容、电感元件为串联或并联组合时，它们也可用一个等效电容或等效电感来替代。先讨论电容串联的情况。图 4-10a 所示为 n 个电容的串联，对于每个电容，具有相同的电流，故 VCR 为

$$u_1 = u_1(t_0) + \frac{1}{C_1}\int_{t_0}^{t} i\mathrm{d}\xi$$

$$u_2 = u_2(t_0) + \frac{1}{C_2}\int_{t_0}^{t} i\mathrm{d}\xi$$

$$\vdots$$

$$u_n = u_n(t_0) + \frac{1}{C_n}\int_{t_0}^{t} i\mathrm{d}\xi$$

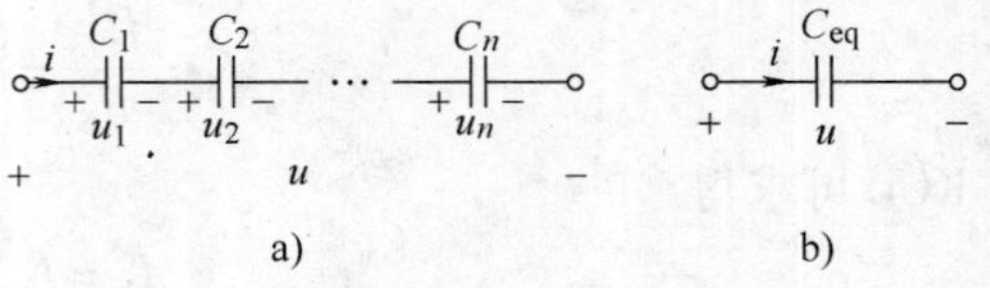

图 4-10 电容的串联

根据 KVL，总电压为

$$\begin{aligned} u &= u_1 + u_2 + \cdots + u_n \\ &= u_1(t_0) + u_2(t_0) + \cdots + u_n(t_0) + \left(\frac{1}{C_1} + \frac{1}{C_2} + \cdots + \frac{1}{C_n}\right)\int_{t_0}^{t} i\mathrm{d}\xi \\ &= u(t_0) + \frac{1}{C_{\mathrm{eq}}}\int_{t_0}^{t} i\mathrm{d}\xi \end{aligned}$$

式中，C_{eq}为等效电容，其值为

$$\frac{1}{C_{\mathrm{eq}}} = \frac{1}{C_1} + \frac{1}{C_2} + \cdots + \frac{1}{C_n} \tag{4-7}$$

$u(t_0)$ 为 n 个串联电容的等效初始条件。其值为

$$u(t_0) = u_1(t_0) + u_2(t_0) + \cdots + u_n(t_0)$$

式（4-7）表明，**n 个串联电容的等效电容的倒数等于各电容的倒数之和**。其等效电容电路如图 4-10b 所示。

图 4-11a 为 n 个电容并联的情况，并且初始电压为 $u_1(t_0) = u_2(t_0) = \cdots = u_n(t_0) = u(t_0)$，并联各电容电压相等，根据 KCL，有

$$\begin{aligned} i &= i_1 + i_2 + \cdots + i_n = C_1\frac{\mathrm{d}u}{\mathrm{d}t} + C_2\frac{\mathrm{d}u}{\mathrm{d}t} + \cdots + C_n\frac{\mathrm{d}u}{\mathrm{d}t} \\ &= C_{\mathrm{eq}}\frac{\mathrm{d}u}{\mathrm{d}t} \end{aligned}$$

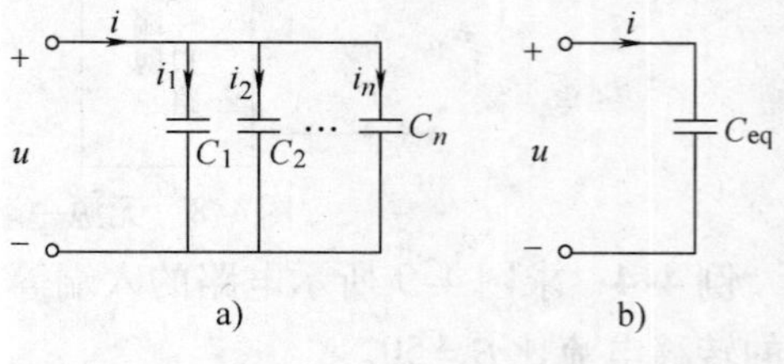

图 4-11 电容的并联

式中，C_{eq}为并联的等效电容，其值为

$$C_{\mathrm{eq}} = C_1 + C_2 + \cdots + C_n \tag{4-8}$$

式（4-8）表明，**n 个并联电容的等效电容等于各电容之和**。其等效电容电路如图 4-11b 所示。

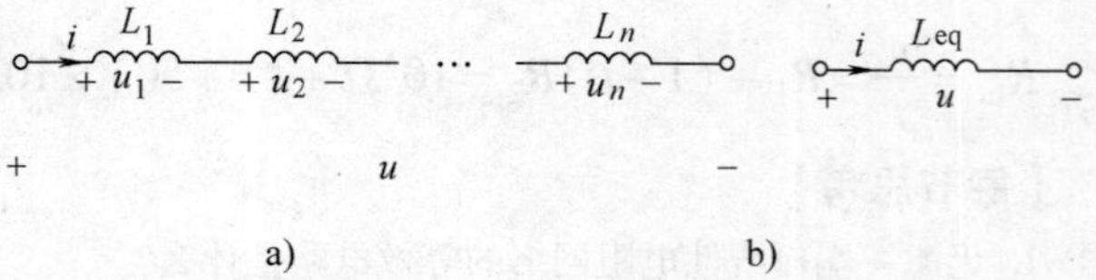

图 4-12 电感的串联

图 4-12a 为 n 个具有相同初始电流的电感串联的电路。根据 KVL 和电感电压、电流的关系，即有

$$
\begin{aligned}
u &= u_1 + u_2 + \cdots + u_n = L_1 \frac{\mathrm{d}i}{\mathrm{d}t} + L_2 \frac{\mathrm{d}i}{\mathrm{d}t} + \cdots + L_n \frac{\mathrm{d}i}{\mathrm{d}t} \\
&= L_{eq} \frac{\mathrm{d}i}{\mathrm{d}t}
\end{aligned}
$$

式中

$$L_{eq} = L_1 + L_2 + \cdots + L_n \tag{4-9}$$

式（4-9）表明，**n 个串联电感的等效电感等于各串联电感之和**。等效电路如图 4-12b 所示。

图 4-13a 所示的 n 个并联电感电路，对每一个电感具有相同的电压，根据 KCL 不难得出

$$\frac{1}{L_{eq}} = \frac{1}{L_1} + \frac{1}{L_2} + \cdots + \frac{1}{L_n} \tag{4-10}$$

式（4-10）表明，**n 个并联电感的等效电感的倒数等于各电感倒数之和**。等效电路如图 4-13b 所示。

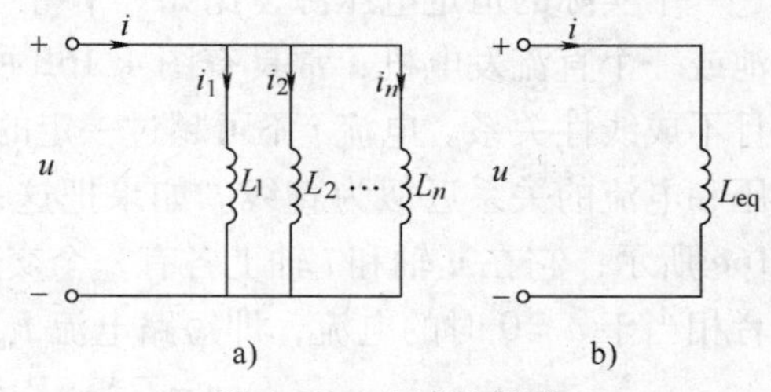

图 4-13　电感的并联

【每节思考】

1. n 个电容串联的等效电容是什么？n 个电容并联的等效电容是什么？
2. n 个电感串联的等效电感是什么？n 个电感并联的等效电感是什么？

4.3　独立电源的等效变换

电压源、电流源是抽象出来的理想电路元件，根据需要，它们可以和其他元件进行各种连接，从而组成含源一端口网络。这里只对简单的理想电源的串联和并联以及电压源组合与电流源组合之间的等效变换进行研究。比较复杂的含源一端口网络的等效变换由 4.5 节的戴维南定理和诺顿定理给出。

4.3.1　电压源、电流源的串联和并联

图 4-14a 所示为 n 个电压源串联，则根据 KVL 可得

$$u_s = u_{s1} + u_{s2} + \cdots + u_{sn} = \sum_{k=1}^{n} u_{sk}$$

即 n 个电压源串联，可以用一个电压源等效替代。如果 u_{sk} 的参考方向与 u_s 的参考方向一致时，式中的 u_{sk} 前面取“+”号，不一致时取“−”号。对应的等效电路如图 4-14b 所示。

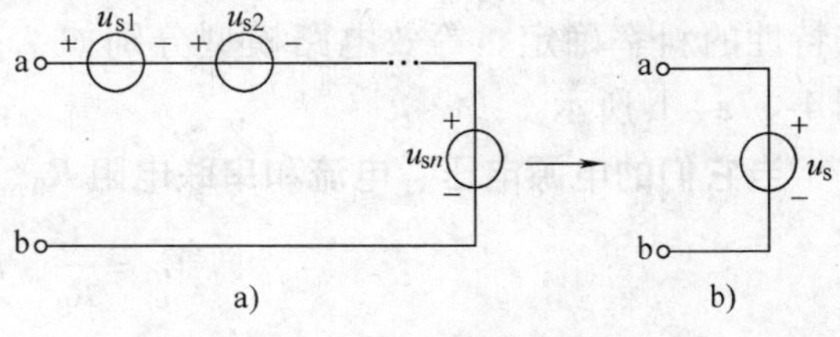

图 4-14　电压源的串联

只有电压相等且极性一致的电压源才允许并联，否则违背了 KVL。

图 4-15a 为 n 个电流源的并联，根据 KCL，得

$$i_s = i_{s1} + i_{s2} + \cdots + i_{sn} = \sum_{k=1}^{n} i_{sk}$$

即 n 个电流源并联，可以用一个电流源等效替代。如果 i_{sk} 的参考方向与 i_s 的参考方向一致时，式中的 i_{sk} 前面取“+”号，不一致时取“-”号。对应的等效电路如图 4-15b 所示。

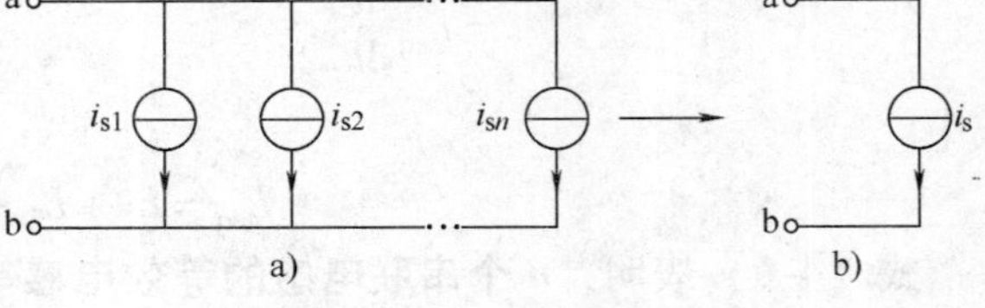

图 4-15 电流源的并联

只有激励电流相等且方向一致的电流源才能串联，否则违背了 KCL。

4.3.2 电压源组合与电流源组合的等效变换

一个实际的恒定电压源，比如一个蓄电池或一个直流发电机，常具有图 4-16b 所示的外部特性：电压 u 随电流 i 的增大而减少，而且不成线性关系。电流 i 不可超过一定的限值，否则会导致电源损坏。不过在一段范围内电压和电流的关系近似为直线。如果把这一段直线加以延长而作为该电源的外特性，如图 4-16c 所示，它在 u 轴和 i 轴上各有一个交点，前者相当于 $i=0$ 时的电压，即开路电压 U_{oc}；后者相当于 $u=0$ 时的电流，即短路电流 I_{sc}。此伏安特性曲线可用以下方程表示：

$$u = U_{oc} - R_o i \quad 或 \quad i = I_{sc} - G_o u$$

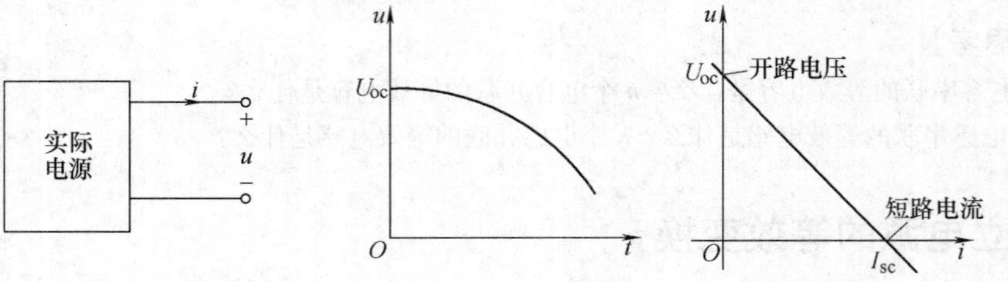

图 4-16

上式说明，实际电源的电路模型可以由一电压为 U_{oc} 的理想电压源与一电阻 R_0 串联组成，称之为**电压源组合**。或由一电流为 I_{sc} 的理想电流源与一电导 G_0 并联组成，称之为**电流源组合**。R_0 和 G_0 则由伏安特性的斜率确定。等效电路模型分别如图 4-17a、b 所示。

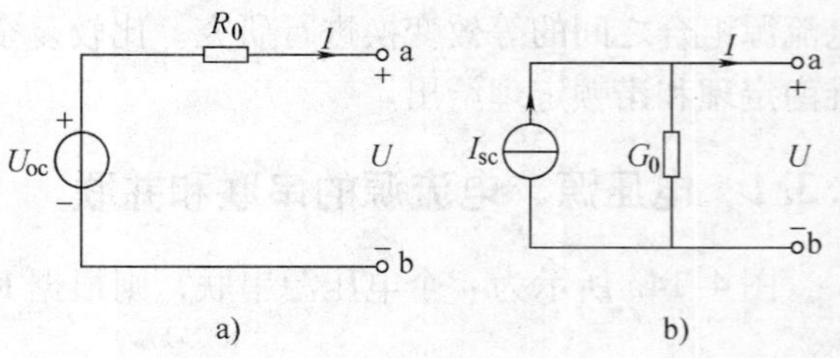

图 4-17 实际的电压源和电流源的等效电路

当它们的电源电压、电流和串联电阻 R_0、并联电导 G_0 保持以下关系时，即

$$G_0 = \frac{1}{R_0}, \quad I_{sc} = G_0 U_{oc}$$

两种组合彼此对外等效，表明此时一个电压为 U_{oc} 的电压源与电阻 R_0 的串联组合电路和一个电流为 I_{sc} 的电流源与电导 G_0 的并联组合电路外特性相互等效（**注意：电阻在前后两种组合中不变**）。

而对其内部特性无等效可言。例如，端子 a—b 开路时，两电路对外均不发出功率，但此时电压源与电阻串联的电路由于没有电流，电压源发出的功率为零；而电流源发出功率为 I_{sc}^2/G_0。反之，短路时，电压源发出功率为 U_{oc}^2/R_0，电流源发出功率为零。

本节导出了理想电压源和电阻的串联组合电路与理想电流源和电导的并联组合电路相互

等效转换的条件。运用这一转换条件及电源的串、并联关系就可以求解由电压源、电流源和电阻组成的串、并联电路。

例 4-5 求图 4-18a 所示电路中的电流 i。

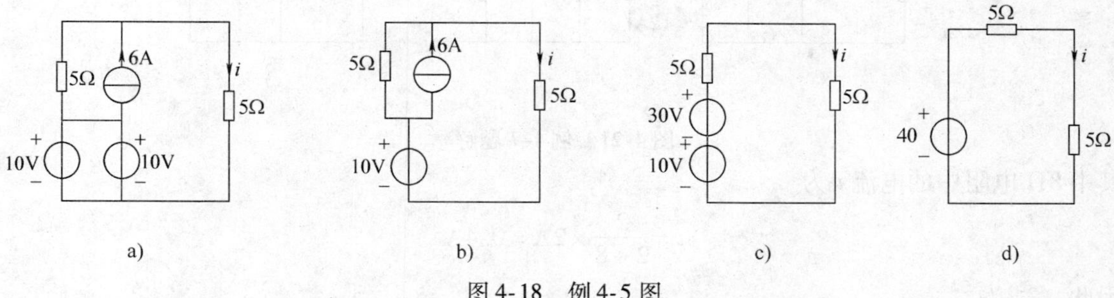

图 4-18 例 4-5 图

解 图 4-18a 所示电路可简化为图 4-18d 所示单回路电路，简化过程如图 4-18b、c、d 所示。由化简后的电路可求得电流为

$$i=\frac{40}{5+5}\mathrm{A}=4\mathrm{A}$$

受控电压源与电阻的串联组合和受控电流源与电导的并联组合也可以用上述方法进行变换，此时可把受控源当作独立电源处理，但应注意在变换过程中保证控制量所在的支路不变。

例 4-6 求图 4-19a 所示电路中的电流 i。已知转移电阻 $r=3\Omega$，$U_s=16\mathrm{V}$。

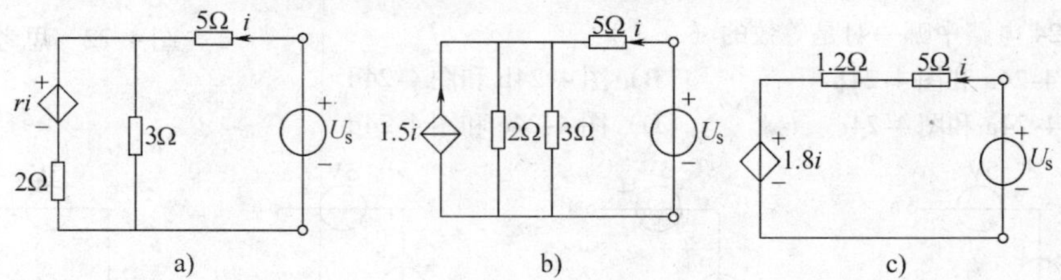

图 4-19 例 4-6 图

解 利用等效变换，把电流控制电流源和电导的并联组合变换为电流控制电压源和电阻的串联组合，如图 4-19c 所示，则据 KCL，有

$$1.8i+(5+1.2)i=U_s$$

$$8i=16\mathrm{A}$$

$$i=2\mathrm{A}$$

例 4-7 用电源变换方法求图 4-20 电路中的 u_o。

解 首先将图 4-20 中的电压源组合转换为电流源组合，电流源组合转换为电压源组合，得到如图 4-21a 所示的电路。然后将 4Ω 和 2Ω 的串联电阻合起来，并将 12V 电压源转换为电流源，得到如图 4-21b 所示的电路，将并联的 3Ω 和 6Ω 电阻合为一个 2Ω 电阻，将 2A 和 4A 两个电流源合为一个 2A 的电流源，这样，几次转换后，得到图 4-21c 所示的电路，对该电路按分流进行计算得

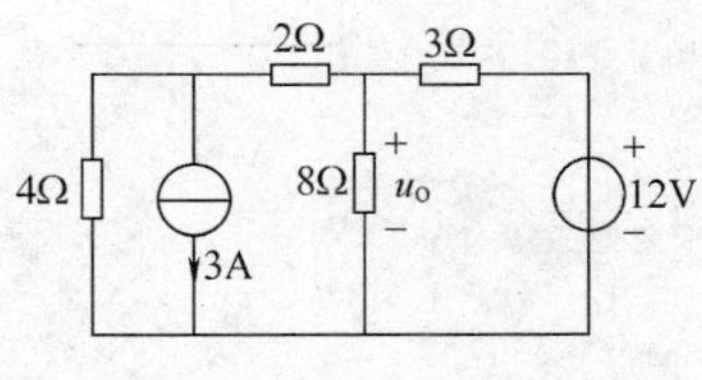

图 4-20 例 4-7 图

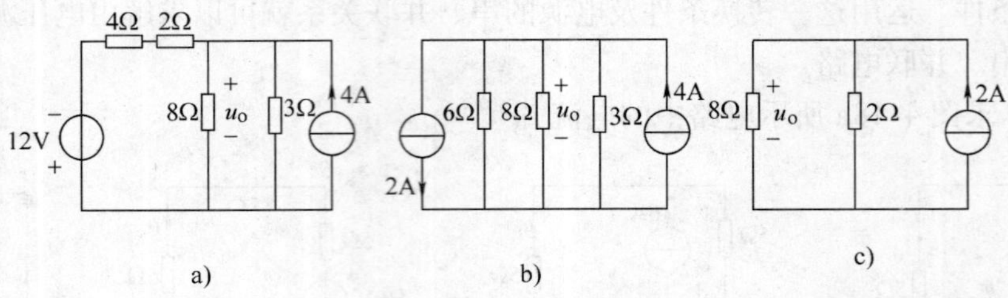

图 4-21 例 4-7 题解

其中 8Ω 电阻中的电流 i 为

$$i=\frac{2}{2+8}\times 2\mathrm{A}=0.4\mathrm{A}$$

因此

$$u_o=8i=8\times 0.4\mathrm{V}=3.2\mathrm{V}$$

另一种方法求并联总电阻电压

$$u_o=\frac{2\times 8}{2+8}\times 2\mathrm{V}=3.2\mathrm{V}$$

【每节思考】

1. 图 4-22 所示电路中，电压 u 为（ ）。

（A）29V （B）15V （C）9V （D）5V

2. 图 4-23 所示电路中哪一个电路的 $U_{ab}=6\mathrm{V}$（ ）？

（A）图 4-23a （B）图 4-23b （C）图 4-23c （D）图 4-23d

3. 图 4-24 电路中哪一对是等效的（ ）？

（A）图 4-24a 和图 4-24b （B）图 4-24b 和图 4-24d

（C）图 4-24a 和图 4-24c （D）图 4-24c 和图 4-24d

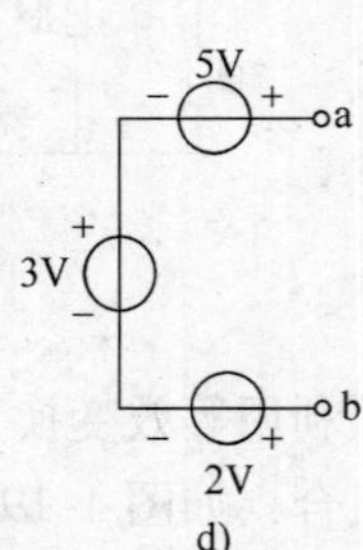

图 4-22 思考题 1 图

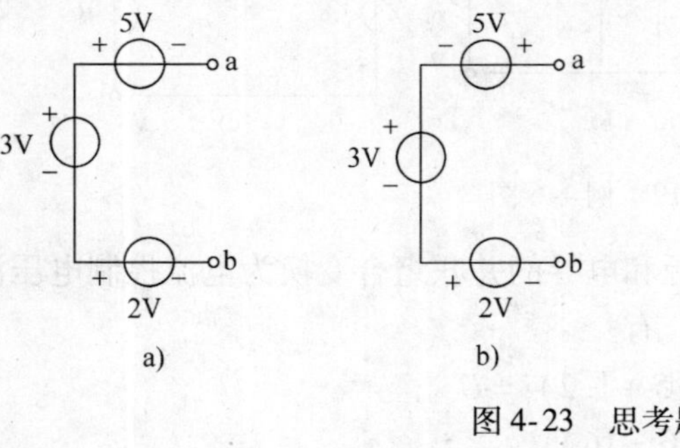
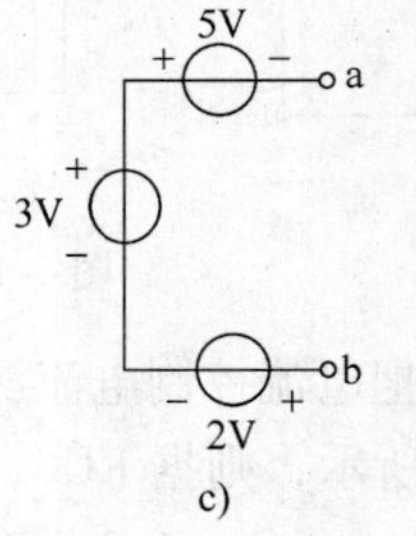

图 4-23 思考题 2 图

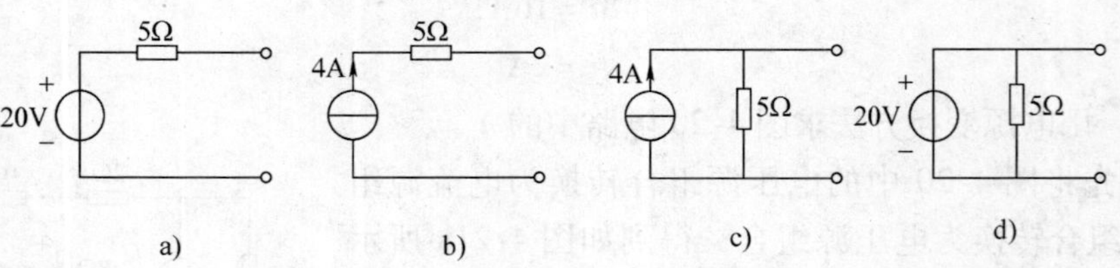

图 4-24 思考题 3 图

4.4 替代定理

当电路比较复杂时，电路的分析自然就会变得复杂。如果能将局部电路化简，则电路的分析也就变得简单了。利用替代定理可以将复杂电路进行局部简化。替代定理是一个应用范围颇为广泛的定理，它不仅适用于线性电路，也适用于非线性电路。

替代定理如图4-25所示。设图4-25a是一个分解成N_R和N_L（均为一端口电路）的复杂电路，令连接端口处的电压为u_k，流过端口的电流为i_k。如果u_k和i_k为已知，则替代定理描述如下：

对于N_R而言，可以用一个电压等于u_k的电压源u_s，或者用一个电流等于i_k的电流源i_s替代N_L，替代后N_R中的电压和电流均保持不变，替代后的电路如图4-25b和图4-25c所示。同样对于N_L而言，可以用$u_s=u_k$的电压源或$i_s=i_k$的电流源替代N_R，替代后N_L中的电压和电流均保持不变。

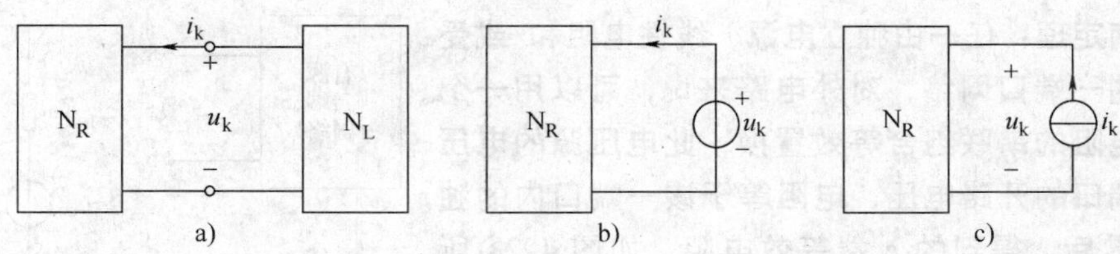

图4-25　替代定理

图4-26示出了替代定理的证明过程（仅给出图4-25b所示的电压源替代N_L的证明）。先在N_R的端子与N_L的端子a、c间串接两个电压方向相反，但激励电压均为u_s的电压源，这不会影响N_R及N_L内的各电压、电流。令$u_s=u_k$，则由KVL可知$u_{bd}=0$，用一条短路线将b、d两点短接就可得到与图4-25b相同的电路，即把N_L替代为一个$u_s=u_k$的电压源。相似如果在两个一端口之间反方向并联两个电流源i_s，并令$i_s=i_k$，再根据KCL就可以证明图4-25c。

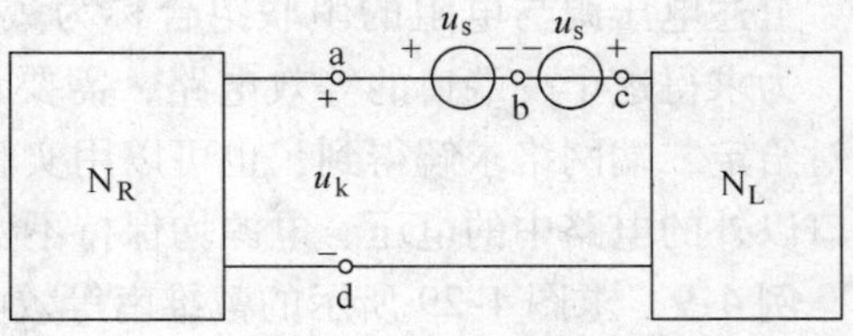

图4-26　替代定理的证明

注意，如果在N_R和N_L中含有受控源，且控制量和被控制量分别处在N_R和N_L中，由于替代后无法表达这种控制关系，此时将不能用替代定理。

例4-8　如图4-27a所示电路，已知$U=1\text{V}$，用替代定理求I。

解　因为已知$U=1\text{V}$，则应用替代定理，用一个$u_s=U$的电压源替代a、b端口的电路，如图4-27b所示。可求出$I=1/3\text{A}$。

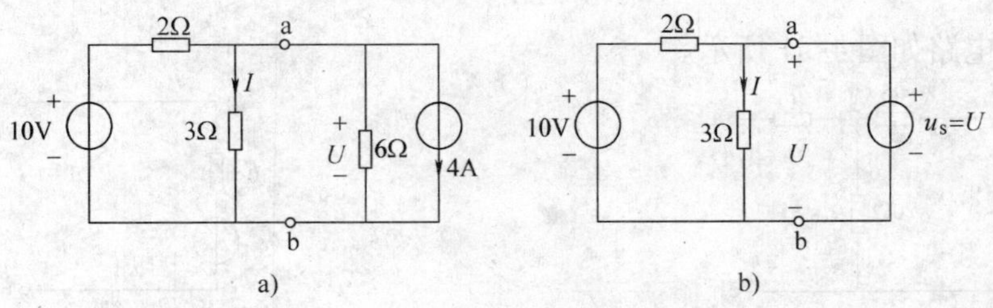

图4-27　例4-8图

4.5 戴维南定理和诺顿定理

戴维南（Thevenin）定理和诺顿（Norton）定理是关于含有独立电源的线性一端口网络的等效变换。

前面已经说明，由线性电阻和线性受控源组成的一端口网络，即网络内部不含独立电源的一端口电阻网络，可以用一个电阻元件来等效。其等效电阻可用端口处电压与电流的比值来确定。若一端口网络内部含有独立电源时，其等效电路一般会包含独立电源，由戴维南定理或诺顿定理给出含有独立电源的一端口网络两种不同类型的等效电路。

戴维南定理：任一由独立电源、线性电阻和/或受控源组成的一端口网络，对外电路来说，可以用一个电压源和电阻的串联组合等效置换，此电压源的电压等于该一端口的开路电压，电阻等于该一端口内的独立电源置零后，得到的入端等效电阻。如图 4-28 所示。

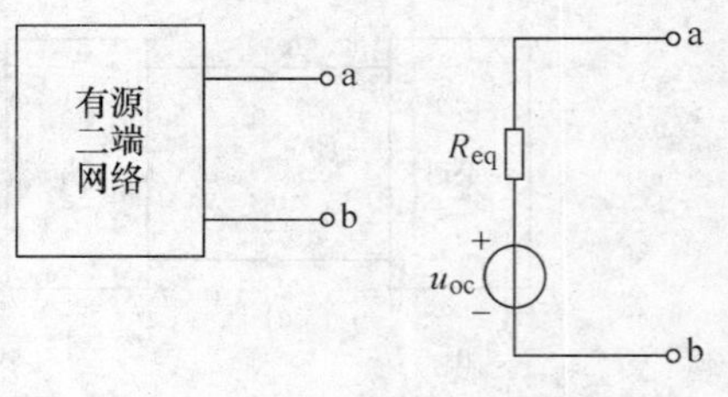

图 4-28　戴维南定理

上述电压源与电阻的串联组合称为戴维南等效电路，为求得这个一端口的等效电路，需要计算开路电压 u_{oc} 和入端等效电阻 R_{eq}，这可以通过对给定二端网络求解得到，也可以用实验方法测出。当一端口用戴维南等效电路置换后，端口以外的电路中的电压、电源均保持不变。

例 4-9　求图 4-29 所示的戴维南等效电路。

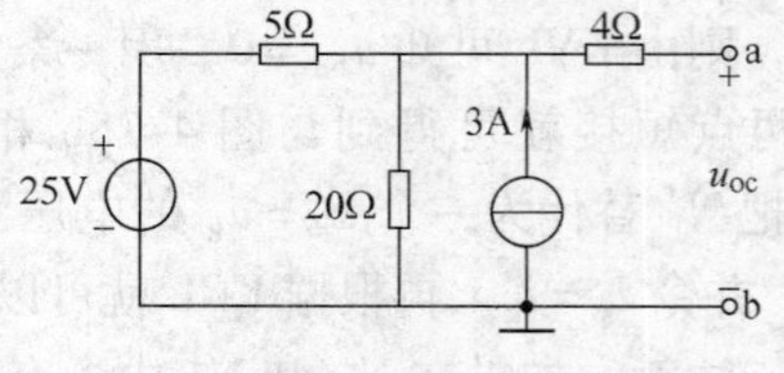

图 4-29　例 4-9 图

解　(1) 求开路电压 u_{oc}

用节点电压法列节点电压方程如下：

$$\left(\frac{1}{5}+\frac{1}{20}\right)u_{n1}=3\text{V}+\frac{25}{5}\text{V}$$

解得

$$u_{n1}=32\text{V}$$

因为 a、b 开路时 4Ω 电阻无电流流过，所以开路电压 $u_{oc}=u_{n1}=32\text{V}$。

(2) 求等效电阻 R_{eq}

将独立电源置零，即电压源短路、电流源开路，如图 4-30 所示

$$R_{eq}=4\Omega+\frac{5\times20}{5+20}\Omega=4\Omega+4\Omega=8\Omega$$

则戴维南等效电路如图 4-31 所示。

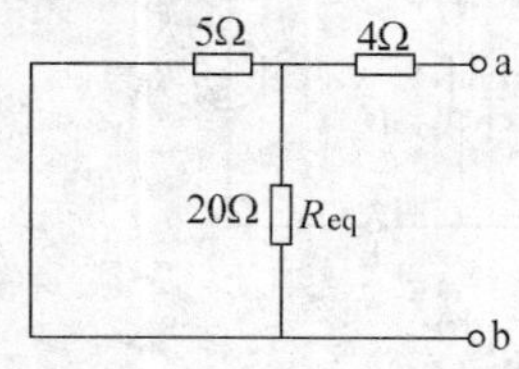

图 4-30　求等效电阻

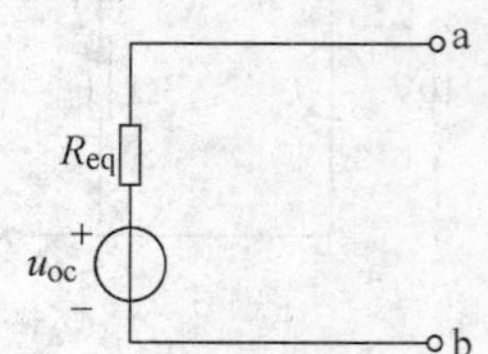

图 4-31　戴维南等效电路

诺顿定理：一个含独立电源、线性电阻和受控源的一端口网络，对外电路来说，可以用一个电流源和电阻的并联组合等效置换，电流源的激励电流等于一端口的短路电流，电阻等于一端口中全部独立源置零后的入端等效电阻。如图 4-32 所示。

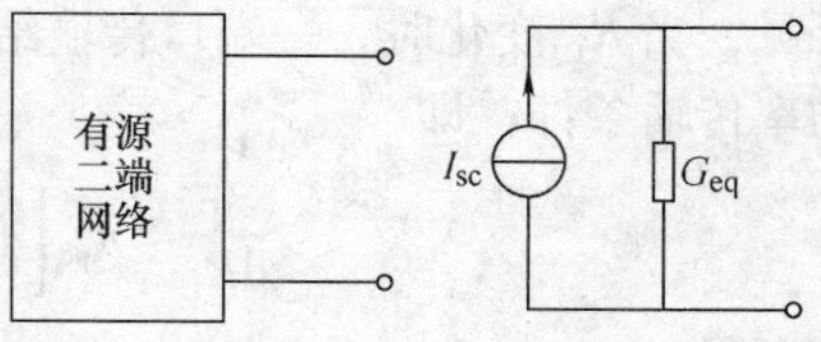

图 4-32 诺顿定理

应用电压源和电阻的串联组合与电流源和电导的并联组合之间的等效变换，可推得戴维南等效电路和诺顿等效电路的相互转化关系。诺顿等效电路和戴维南等效电路这两种等效电路共有 u_{oc}、R_{eq}、i_{sc} 三个参数，其关系为 $u_{oc}=R_{eq}i_{sc}$，电阻相等。故求出其中任意两个就可求得另一量。但这两种等效电路形式并非总可以相互转化，因为某些网络可能仅存在一种形式的等效电路。

例 4-10 求图 4-33a 所示一端口电路的诺顿等效电路。

解 由图 4-33a 可知，求 i_{sc} 和 R_{eq} 比较容易。当 1－1′短路时，有

$$i_{sc}=\left(5-\frac{60}{20}+\frac{40}{40}-\frac{40}{20}\right)\text{A}=1\text{A}$$

把一端口内部独立电源置零后，可以求得 R_{eq}，它等于三个电阻的并联，即有

$$R_{eq}=\frac{1}{\frac{1}{20}+\frac{1}{40}+\frac{1}{20}}\Omega=8\Omega$$

诺顿等效电路如图 4-33b 所示。

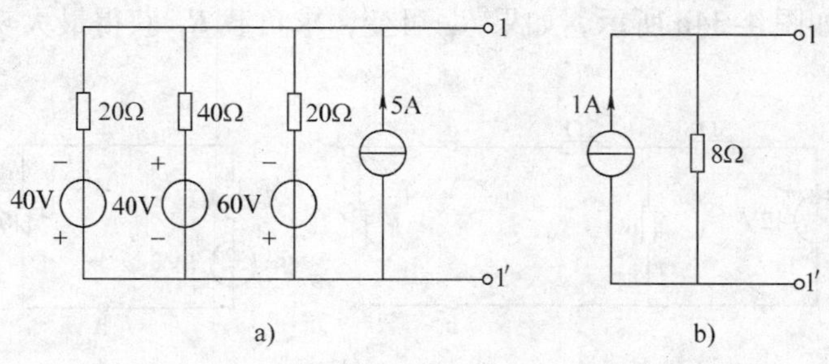

图 4-33 例 4-10 图

注：当含源一端口内部存在受控源时，在它的内部独立电源置零后，入端等效电阻有可能为零或为无限大。当 $R_{eq}=0$ 时，等效电路成为一个电压源，这种情况下，对应的诺顿等效电路就不存在，因为 $G_{eq}=\infty$。同理，如果 $R_{eq}=\infty$ 即 $G_{eq}=0$，诺顿等效电路成为一个电流源，这种情况下，对应的戴维南等效电路就不存在。但通常情况下，两种等效电路是同时存在的。

戴维南定理和诺顿定理在电路分析中应用广泛。有时对线性电阻电路中某部分电路的求解没有要求，而这部分电路又构成一个含源一端口，在这种情况下就可以应用这两个定理把这部分电路仅用两个电路元件的简单组合置换，不影响电路其余部分的求解。特别是当仅对电路的某一元件感兴趣，例如分析电路中某一负载电阻 R_L 获得的最大功率时，这两个定理尤为适用，这时电阻以外电路可以作为一端口网络加以简化。

由戴维南定理知，含源一端口可以等效为一个电压源和电阻的串联，设外接负载 R_L 是可变的，则 R_L 所获得的功率为

$$p = i^2 R_L = \left(\frac{u_{oc}}{R_{eq} + R_L}\right)^2 R_L \tag{4-11}$$

对于一个给定的含源一端口电路，其戴维南等效参数 u_{oc} 和 R_{eq} 是不变的，由式（4-11）可见，当 R_L 变化时，一端口传输给负载的功率 p 将随之变化。令 $dp/dR_L = 0$ 可以得到最大功率传输条件，即

$$\frac{dp}{dR_L} = u_{oc}^2\left[\frac{(R_{eq} + R_L)^2 - 2R_L(R_{eq} + R_L)}{(R_{eq} + R_L)^2}\right] = 0$$

整理得

$$R_L = R_{eq} \tag{4-12}$$

即当 $\boldsymbol{R_L = R_{eq}}$ 时，负载可获得最大功率。将式（4-12）代入式（4-11）得负载 R_L 获得的最大功率为

$$p_{max} = \frac{u_{oc}^2}{4R_{eq}} \tag{4-13}$$

此时，**称负载 $\boldsymbol{R_L}$ 与含源一端口的等效电阻匹配**。**这常称为最大功率匹配条件，也称为最大功率传输定理**。求解最大功率传输问题的关键是求一个一端口电路的戴维南等效电路。

如果用诺顿定理等效含源一端口网络，用类似的方法可以得出，当负载电导 $G_L = G_{eq}$ 时，**负载上可以获得的最大功率为**

$$p_{max} = \frac{i_{sc}^2}{4G_{eq}} \tag{4-14}$$

例 4-11 电路如图 4-34a 所示，如果 R_L 可变，求负载 R_L 获得最大功率时的 R_L 值和最大功率。

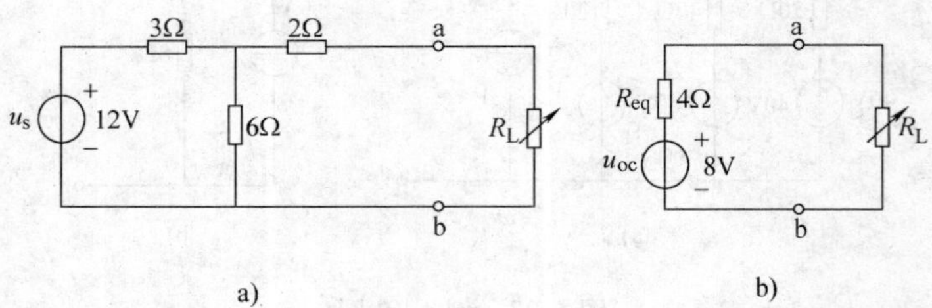

图 4-34 例 4-11 图

解 将图 4-34a 中 a、b 两端以左看作是一端口电路，可求得其戴维南等效电路如图 4-34b 所示。

根据匹配条件可知，当 $R_L = R_{eq} = 4\Omega$ 时，其获得最大功率为

$$P_{L(max)} = \frac{u_{oc}^2}{4R_{eq}} = 4W$$

【每节思考】

1. 如图 4-35 所示，a、b 两端的戴维南等效电阻为（　　）。

（A）6Ω　（B）3Ω　（C）2Ω　（D）9Ω

2. 如图 4-35 所示，a、b 两端的戴维南等效电压为（　　）。

（A）30V　（B）20V　（C）40V　（D）15V

3. 如图 4-35 所示，a、b 两端的诺顿电流为（　　）。

（A）10A　（B）5A　（C）15A　（D）20A

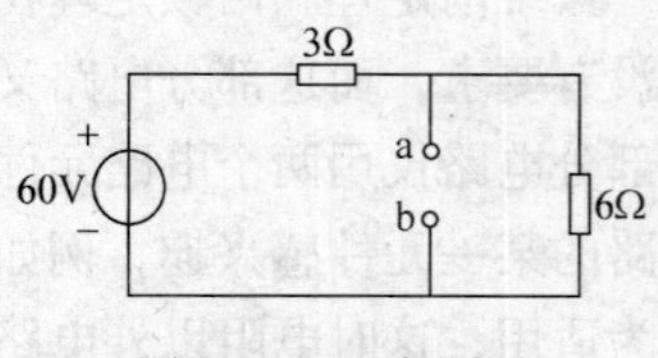

图 4-35 思考题图

4.6　实验

线性含源一端口网络实验

1. 实验目的

1）验证戴维南定理和诺顿定理的正确性，加深对这两个定理的理解。

2）掌握测量线性含源一端口网络等效参数的一般方法。

3）熟悉直流仪表的使用方法。

2. 实验原理

对于任何一个线性含源网络，如果仅研究其中一条支路的电压和电流，则可将电路的其余部分看作是一个含源一端口网络。

戴维南定理指出：任何一个线性含源一端口网络，对端口外部电路而言，总可以用一个含电压源和电阻的串联支路来代替，该电压源的电压等于这个含源一端口网络端口处的开路电压 U_{oc}，该电阻等于一端口网络中所有独立源均置零（将理想电压源视为短路、理想电流源视为开路）时的等效电阻 R_{eq}。

诺顿定理指出：任何一个线性含源一端口网络 N_s，对端口外部的电路而言，总可以用一个电流源与电阻的并联组合来代替。该电流源的电流等于含源一端口网络端口处的短路电流 I_{sc}，该电阻等于一端口网络中所有独立源均置零时的等效电阻 R_{eq}。

R_{eq}、U_{oc}和 I_{sc} 称为含源一端口网络的等效参数。

线性含源一端口网络 N_s 的戴维南等效电路和诺顿等效电路如图 4-36 所示。两个等效电路的等效变换条件为 $U_{oc}=I_{sc}R_{eq}$。

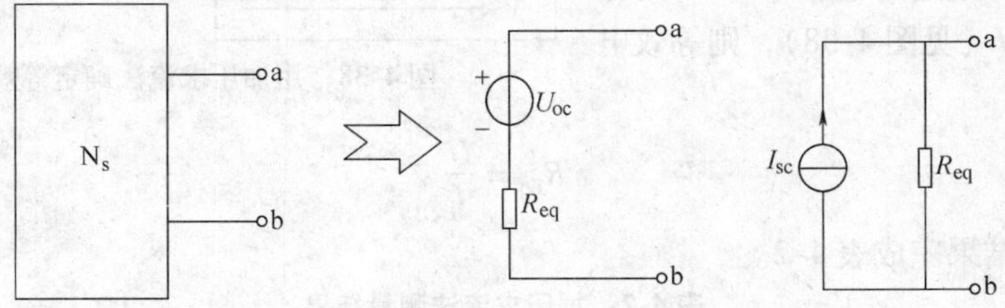

图 4-36　线性含源一端口网络的戴维南等效电路和诺顿等效电路

3. 实验设备

1）直流电压表、直流电流表和万用表各一只。

2）直流稳压电源和直流恒流源各一台。

3）电阻箱。

4）戴维南定理实验板。

4. 实验内容

（1）含源一端口网络等效电阻的测量方法

1）开路电压、短路电流法。按图 4-37 所示接线，组成一个含源一端口网络，用电压表测量端口 a、b 之间的电压，该电压即为该含源一端口网络的开路电压 U_{oc}。将其输出端短路，用电流表测其短路电流 I_{sc}，则含源一端口网络等效电阻 $R_{eq}=U_{oc}/I_{sc}$。根据测量结果完成表 4-1。

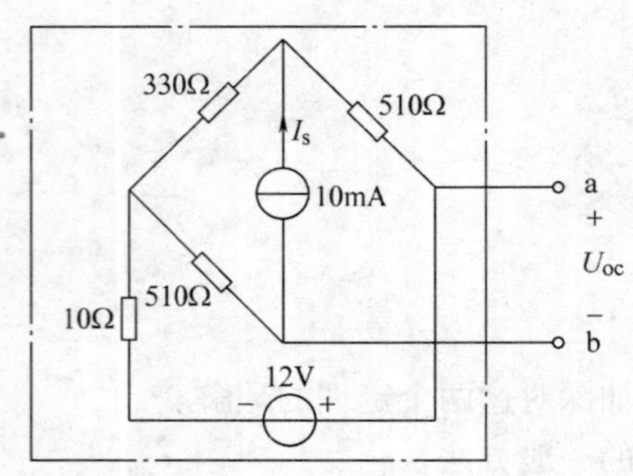

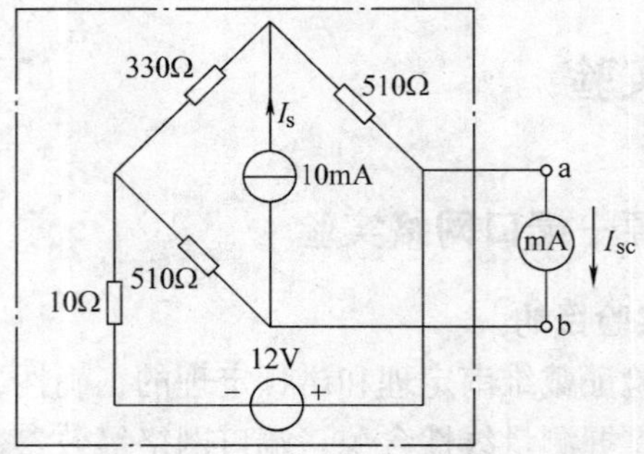

图 4-37　用开路电压、短路电流法确定等效电阻

表 4-1　开路电压、短路电流法测量结果

开路电压 U_{oc}/V	短路电流 I_{sc}/mA	等效电阻 $R_{eq}=\frac{U_{oc}}{I_{sc}}$/Ω

2）电阻表法。把被测含源网络化为无源网络，独立电压源用短路替代，独立电流源用开路替代，然后用电阻表测量网络端口 a、b 之间的等效电阻 R_{eq}。

实验时注意不可将电压源直接短路，而应当先将电压源断开并拆下后，再在实验板上的该处用导线短接。

3）加压求流法。把含源一端口网络化为无源网络（处理方法同上），然后在端口处加一给定的电压 $U=10V$，测得端口的电流 I（见图 4-38），则等效电阻为

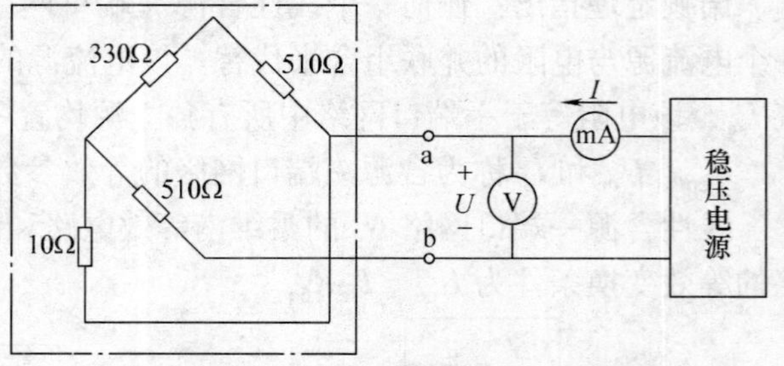

图 4-38　用加压求流法确定等效电阻

$$R_{eq}=\frac{U}{I}$$

根据测量结果完成表 4-2。

表 4-2　加压求流法测量结果

开路电压 U/V	短路电流 I/mA	等效电阻 $R_{eq}=\frac{U}{I}$/Ω

4）半电压法。在含源一端口网络端口接一可调电阻 R_L，调节 R_L 的值，并用电压表测其两端的电压。当其电压为被测网络开路电压的一半时，R_L 的阻值与含源一端口网络的等效电阻大小相等，此即为被测合源一端口网络的等效电阻 R_{eq}。

以上方法任选两种，取两种方法测量的平均值作为戴维南等效电路中 R_{eq} 的取值。

（2）测量含源一端口网络的外特性 $U=f(I)$

在含源一端口网络两端接一可调电阻 R_L，如图 4-39 所示。按表 4-3 给定电流，调节外电路电阻 R_L 阻值的大小，测出电压 U 并记录在表 4-3 中，同时记录对应 R_L 的取值。

（3）测量戴维南等效电路的外特性 $U=f(I)$

按图4-40所示接线，用一个电压源和电阻的串联组合代替原网络，组成戴维南等效电路。电压源的取值为原网络的开路电压 U_{oc}，电阻的取值为 R_{eq}。按表4-4给定电流，调节外电路电阻 R_L 阻值的大小，测出电压 $U=f(I)$，记录在表4-4中，并记录对应 R_L 的取值。

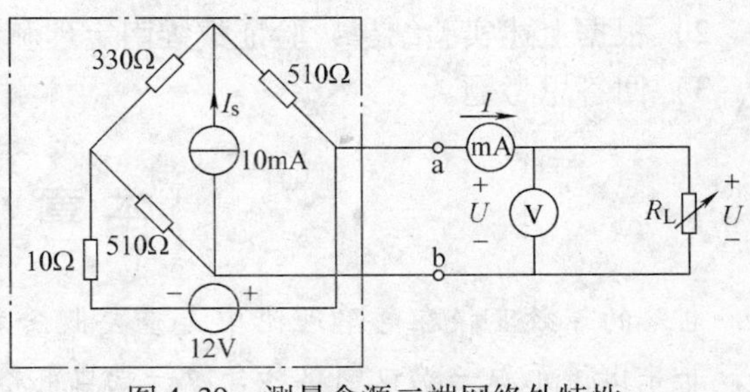

图4-39 测量含源二端网络外特性

表4-3 含源二端网络外特性实验数据

电流 I/mA	0	5	10	15	20	25	30	I_{sc}
电压 U/V								
电阻 R_L/Ω	∞							0

（4）测量诺顿等效电路的外特性 $U=f(I)$

根据实验内容中测试的等效电阻 R_{eq} 和短路电流 I_{sc} 组成诺顿等效电路，测其外特性 $U=f(I)$，表格自拟。

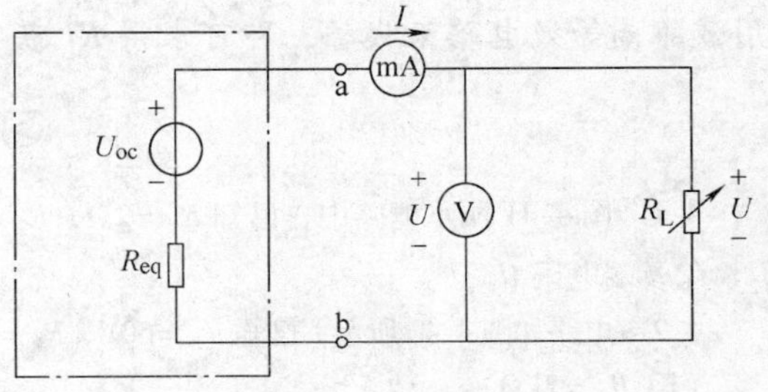

图4-40 测量戴维南等效电路外特性

5. 预习要求

1）复习戴维南定理和诺顿定理。

2）应用Multisim进行仿真实验。

3）预习实验内容，写出预习报告。

表4-4 戴维南等效电路外特性实验数据

电流 I/mA	0	5	10	15	20	25	30	I_{sc}
电压 U/V								
电阻 R_L/Ω	∞							0

6. 注意事项

1）严禁电压源短路。电压源、电流源接入电路前，必须将输出调节旋钮逆时针调至最小，使电源输出为零，接入电路后再逐渐从小到大调至规定值。

2）严禁带电拆、接线路。

3）测电阻前必须先调零，换挡后重新调零（指针式表、数字式表没有调零过程），严禁线路带电时用万用表测电阻。

4）必须在线性含源一端口网络允许的情况下，才可将其直接短路测其短路电流，否则会造成电路损坏。

7. 思考题

1）实验中确定含源一端口网络等效电阻 R_{eq} 时，如何将含源网络化为无源网络？

2）对于线性含源一端口网络，在不直接测量 I_{sc} 和 U_{oc} 的情况下，如何用实验方法求得其等效参数？

8. 实验报告要求

1）根据实验数据，在同一坐标系平面上分别绘出线性含源一端口网络、戴维南等效电路和诺顿等效电路的外特性曲线 $U=f(I)$。

2）根据上述实验结果，验证戴维南定理和诺顿定理。

3）回答思考题。

本章小结

电路的等效变换在电路理论中是重要概念之一。本章介绍了电路等效变换的原则与技巧，并导出了无源一端口电路和含源一端口电路的等效变换形式。对于无源一端口电路分别导出了电阻、电容、电感的串并联等效结果，是分析电路的一个基础技能。而戴维南定理和诺顿定理是含源一端口电路的等效变换，在电路分析中应用广泛。在一个复杂的电路中，如果对某些一端口内部的电压、电流无求解需要，就可应用这两个定理将这些端口简化，特别是仅对电路的某一元件感兴趣时，这两个定理尤为适用。

最大功率问题可推广至可变化的负载 R_L 从含源一端口获得功率的情况。将含源一端口用戴维南等效电路来代替，即可求得 R_L 获得的最大功率。

习　题

4-1　图 4-41 所示电路中，已知 $R_1=2\Omega$，$R_2=3\Omega$，$R_3=6\Omega$，总电流 $I=6\text{A}$。试求各电阻中的电流 I_1、I_2、I_3 及端电压 U。

4-2　电路如图 4-42 所示，已知 $u_{s1}=50\text{V}$，$R_1=1\text{k}\Omega$，$R_2=2\text{k}\Omega$，试求以下三种情况下的电压 u_2、i_2 和 i_3：

（1）$R_3=2\text{k}\Omega$；

（2）$R_3=\infty$（R_3 处开路）；

（3）$R_3=0$（R_3 处短路）。

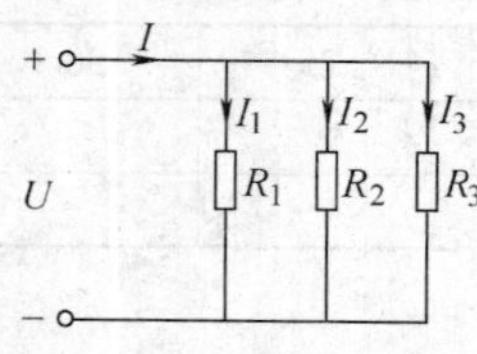

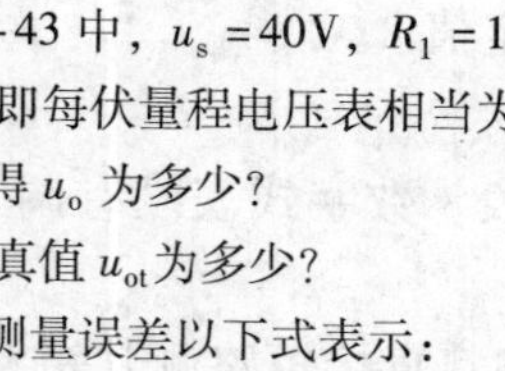

图 4-41　题 4-1 图

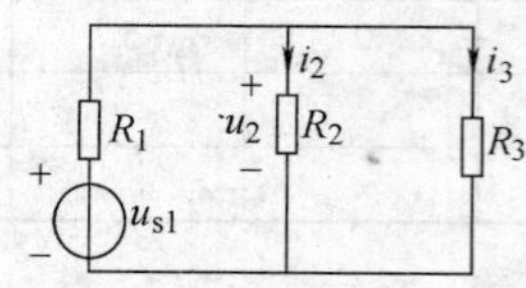

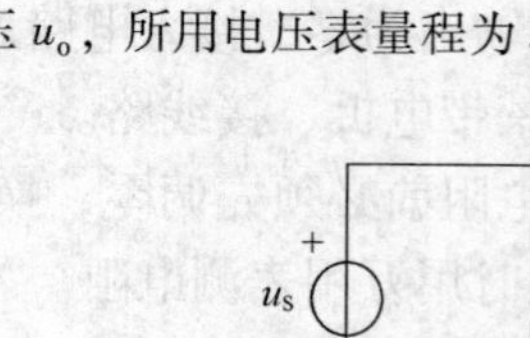

图 4-42　题 4-2 图

4-3　图 4-43 中，$u_s=40\text{V}$，$R_1=1\text{k}\Omega$，$R_2=5\text{k}\Omega$。现欲测量电压 u_o，所用电压表量程为 50V，灵敏度为 1000Ω/V（即每伏量程电压表相当为 1000Ω 的电阻），问：

（1）测量得 u_o 为多少？

（2）u_o 的真值 u_{ot} 为多少？

（3）如果测量误差以下式表示：

$$\delta(\%)=\frac{u_o-u_{ot}}{u_{ot}}\times100\%$$

问此时测量误差是多少？

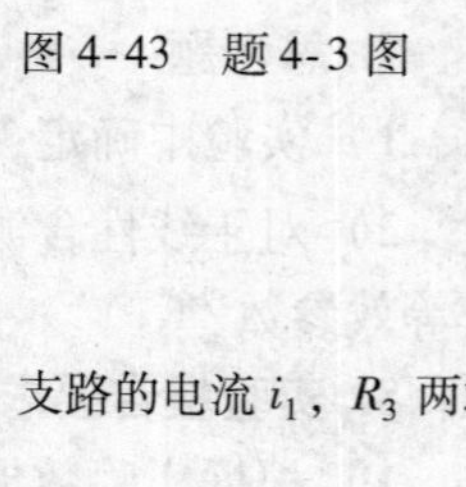

图 4-43　题 4-3 图

4-4　试求图 4-44a、b 端口的输入电阻 R_{ab}。

4-5　试求图 4-45a、b 端口的输入电阻 R_i。

4-6　图 4-46 所示电路中全部电阻均为 2Ω，求输入电阻 R_i。

4-7　电路如图 4-47 所示，已知 $u_{s1}=12\text{V}$，$R_1=5\Omega$，$R_2=R_3=3\Omega$，求电阻 R_1 支路的电流 i_1，R_3 两端的电压 u_3。

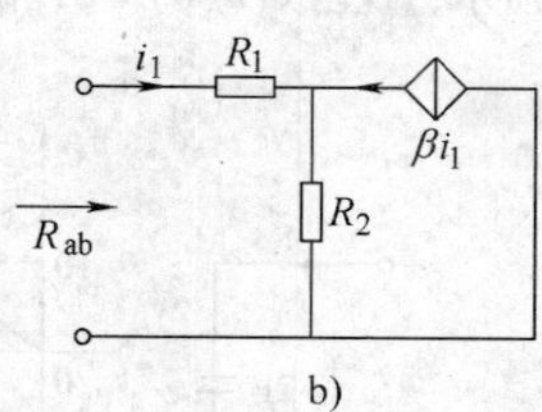

图4-44　题4-4图

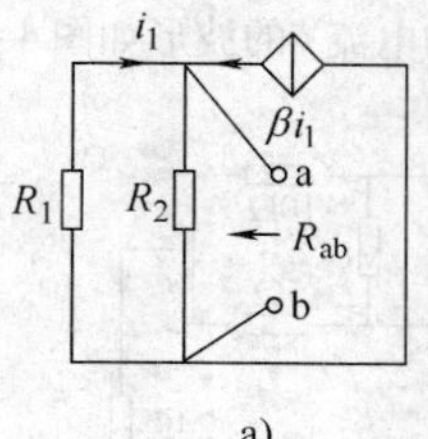

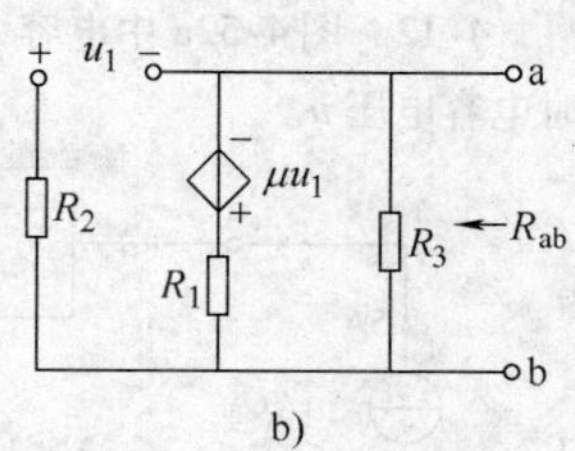

图4-45　题4-5图

图4-46　题4-6图

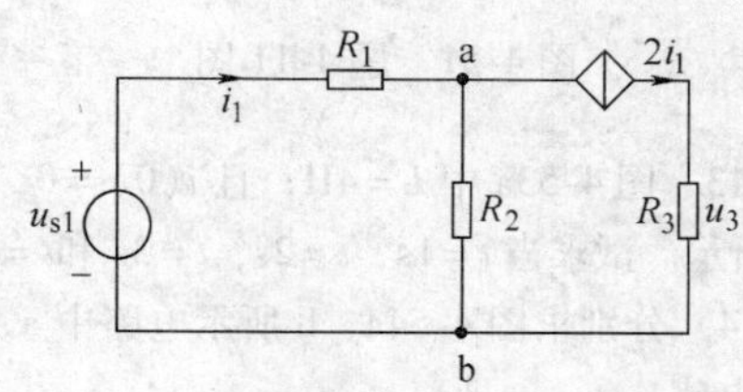

图4-47　题4-7图

4-8　用电源等效变换方法计算图4-48所示电路中各元件吸收的功率。

4-9　利用电源的等效变换求图4-49所示电路中的电流 i。

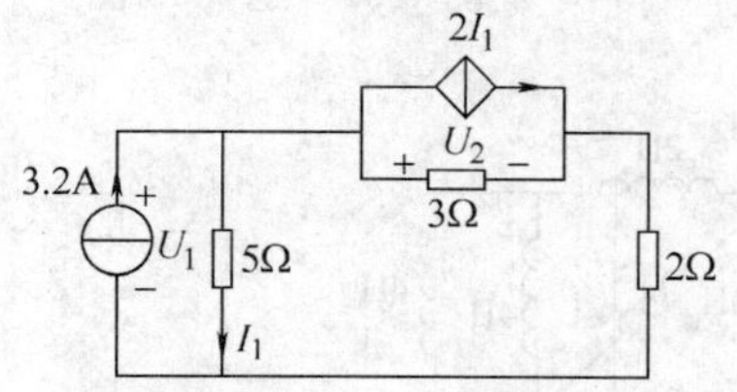

图4-48　题4-8图

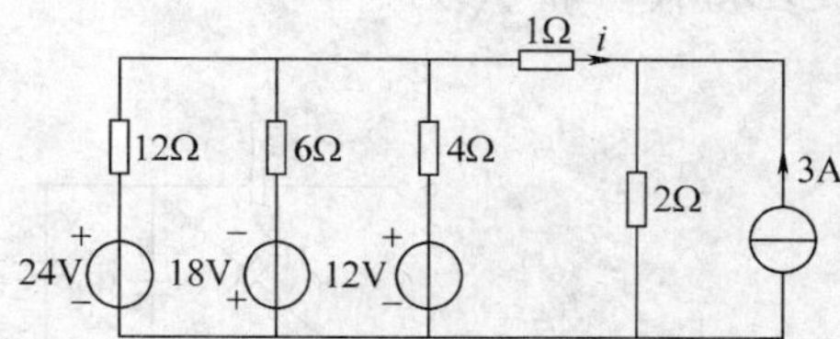

图4-49　题4-9图

4-10　求图4-50所示电路中，各电路a、b端的等效电阻。

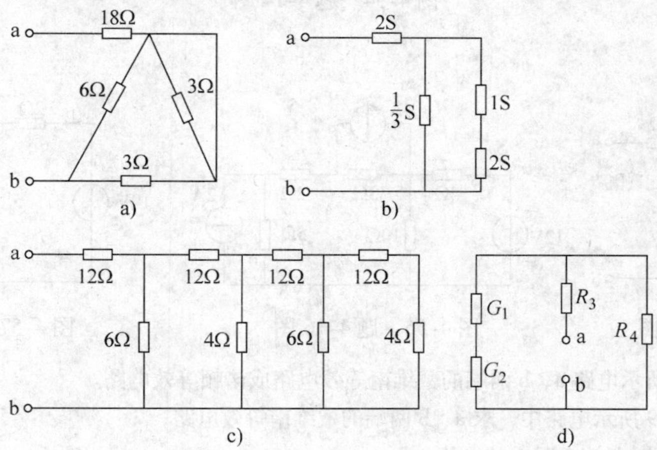

图4-50　题4-10图

4-11　对图4-51所示电桥电路，应用Y－Δ等效变换求：

（1）对角线电压 U；

（2）电压 U_{ab}。

4-12 图4-52a中电容中的电流 i 的波形如图4-52b所示，现已知 $u(0)=0$，试求 $t=1\mathrm{s}$，$t=2\mathrm{s}$ 和 $t=4\mathrm{s}$ 时电容电压 u。

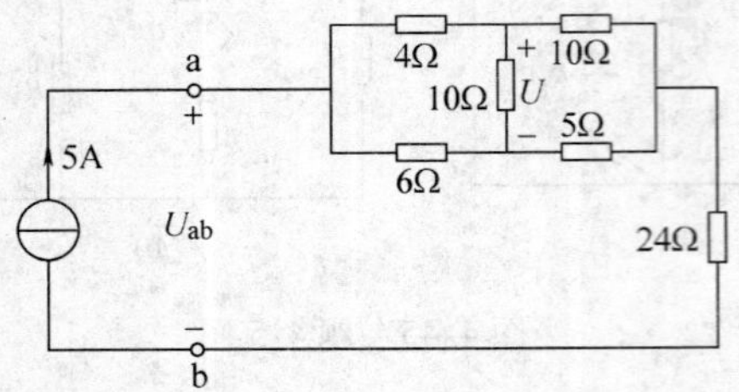

图4-51 题4-11图

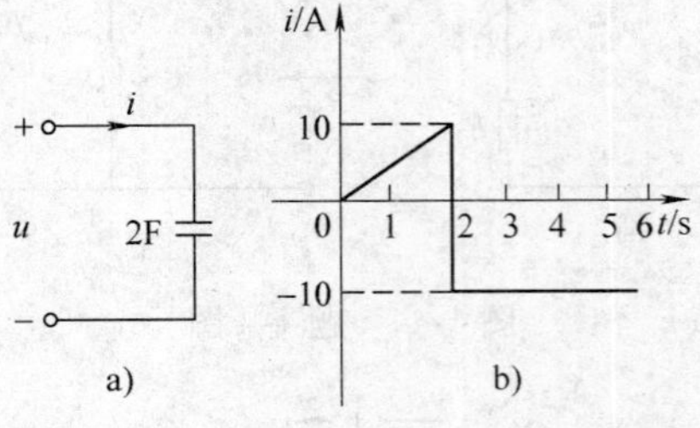

图4-52 题4-12图

4-13 图4-53a中 $L=4\mathrm{H}$，且 $i(0)=0$，电压的波形如图4-53b所示。试求当 $t=1\mathrm{s}$，$t=2\mathrm{s}$，$t=3\mathrm{s}$ 和 $t=4\mathrm{s}$ 时电感电流 i。

4-14 分别求图4-54a、b所示电路中a、b端的等效电容与等效电感。

4-15 求图4-55电路的戴维南等效电路。

4-16 用电源变换定理求图4-56电路中的电流 i。

4-17 图4-57电路中，已知电容电流 $i_C(t)=2.5\mathrm{e}^{-t}\mathrm{A}$，用替代定理求 $i_1(t)$ 和 $i_2(t)$。

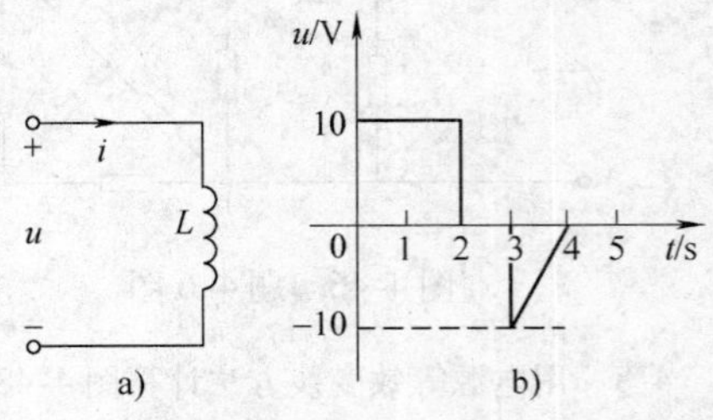

图4-53 题4-13图

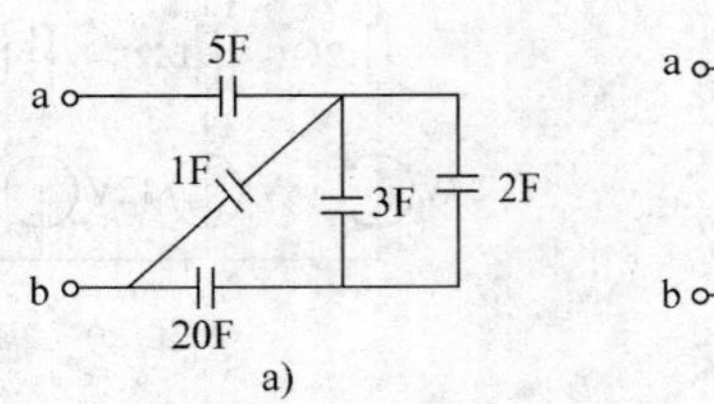

图4-54 题4-14图

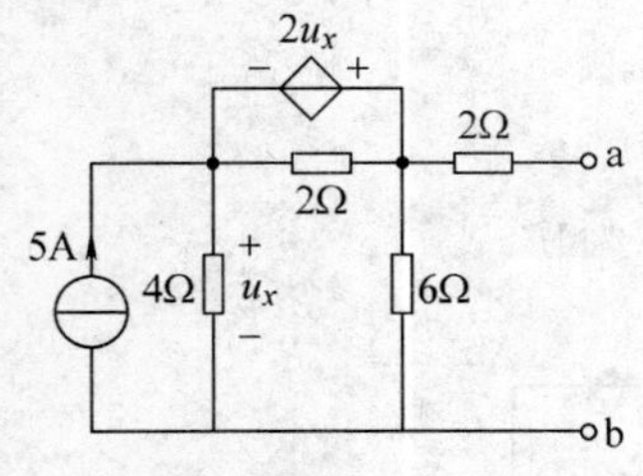

图4-55 题4-15图

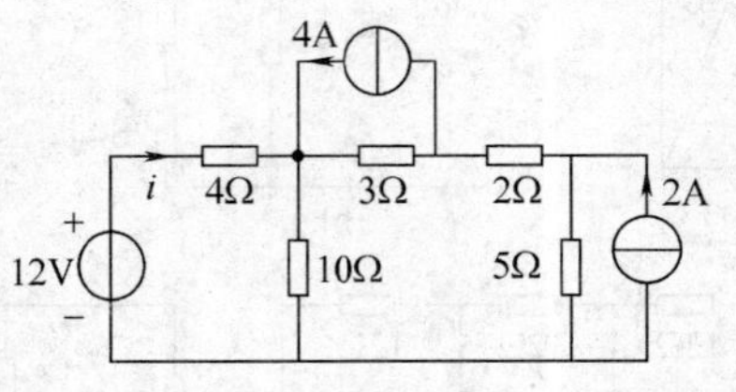

图4-56 题4-16图

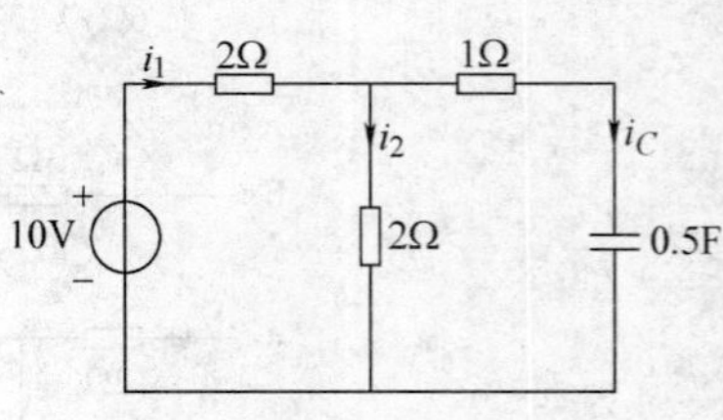

图4-57 题4-17图

4-18 求图4-58所示电路a、b两端的戴维南等效电路或诺顿等效电路。

4-19 （1）图4-59所示电路中，求a、b两端的戴维南等效电路；

（2）计算 $R_L=8\Omega$ 时，该电阻中的电流；

（3）求满足最大功率传送要求的 R_L；

（4）计算该最大功率。

4-20 求图4-60电路中，负载得到最大功率的 R_L 值，并计算最大功率。

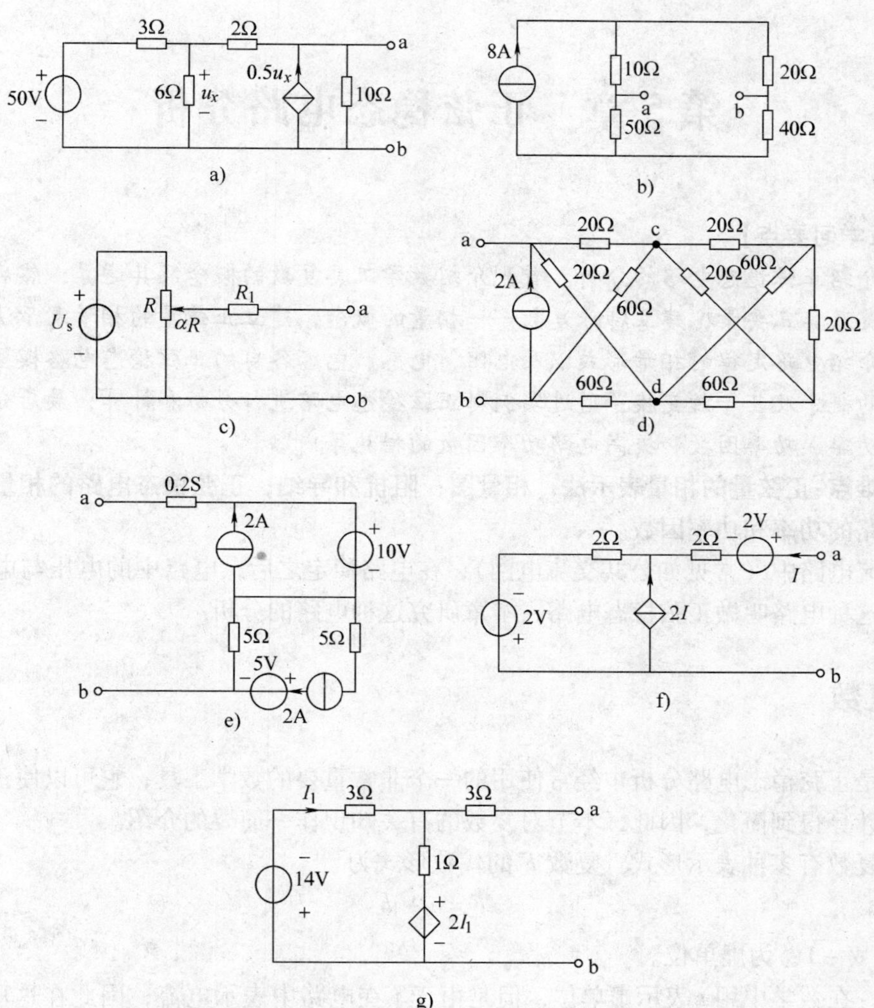

图 4-58　题 4-18 图

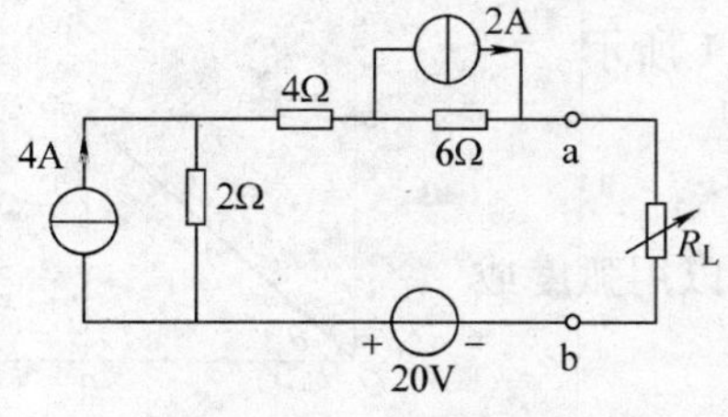

图 4-59　题 4-19 图

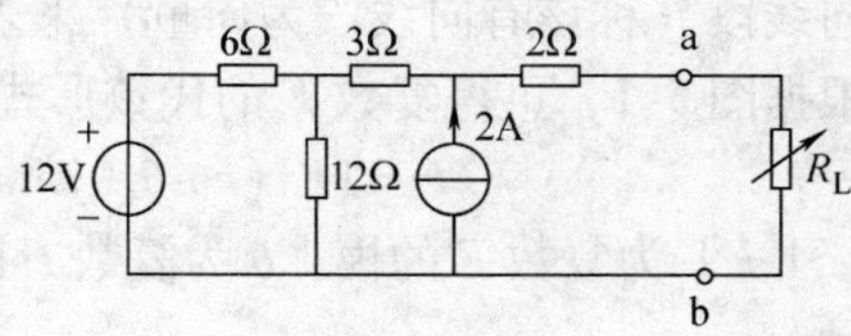

图 4-60　题 4-20 图

第 5 章　正弦稳态电路分析

【本章学习要点】

本章介绍正弦稳态电路的分析。首先介绍数学工具复数的概念及其运算；然后介绍正弦电压和电流及其三要素，建立特殊复数——相量的概念，建立正弦量的相量表示法，如何画相量图；介绍电路定律的相量形式以及电阻、电感、电容各自的正弦稳态电路模型；建立阻抗和导纳的概念及其等效变换；通过实例对正弦稳态电路进行分析和计算；最后介绍正弦稳态电路的功率、功率因数和提高电路功率因数的措施等内容。

学习难点：正弦量的相量表示法；相量图；阻抗和导纳；正弦稳态电路的相量分析；正弦稳态电路的功率和功率因数。

在交流电路中（常见如公共交流电网），在电路稳定之后，电路中的电压与电流都是正弦函数。这种电路叫做正弦稳态电路，本章研究这种电路的分析。

5.1　复数

复数是正弦稳态电路分析中经常使用的一个非常重要的数学工具，它可以使正弦稳态电路的分析计算得到简化，因此，本节对复数的有关知识作一简要的介绍。

一个复数有多种表示形式。复数 F 的代数形式为

$$F = a + \mathrm{j}b$$

式中，$\mathrm{j} = \sqrt{-1}$，为虚单位。

注意，在数学中用 i 表示虚单位，但是由于 i 在电路中表示电流，因此在这里改用 j 来表示虚单位。在上式中，a 表示复数 F 的实部，b 表示复数 F 的虚部。

复数 F 在复平面上可以用一条从原点 O 指向 F 对应坐标点的有向线段（称该有向线段为向量）来表示，如图 5-1 所示。

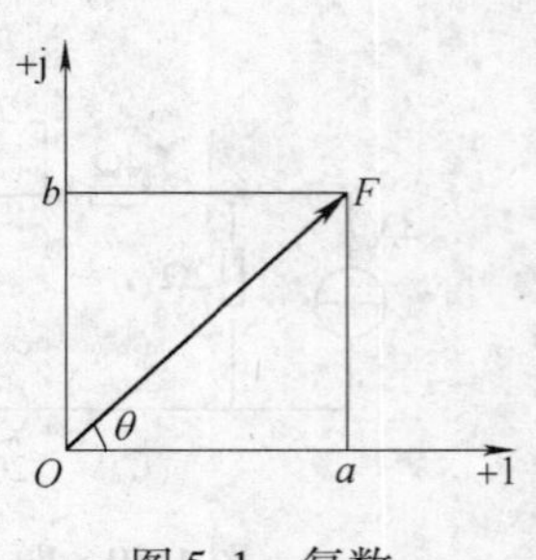

图 5-1　复数

根据图 5-1，可得复数 F 的代数形式为

$$F = |F|(\cos\theta + \mathrm{j}\sin\theta)$$

式中，$|F|$ 为复数 F 的模，θ 为复数 F 的辐角，θ 可以用弧度或度表示。

$|F|$ 和 θ 与 a、b 之间的关系为

$$a = |F|\cos\theta \quad b = |F|\sin\theta$$

或

$$|F| = \sqrt{a^2 + b^2} \quad \theta = \arctan\left(\frac{b}{a}\right)$$

根据欧拉公式，复数 F 的代数形式可以转变为指数形式，即

$$F = |F|\mathrm{e}^{\mathrm{j}\theta}$$

上述指数形式还可以改写为极坐标形式

$$F=|F|\underline{/\theta}$$

若复数 $F_1=a_1+\mathrm{j}b_1=|F_1|\mathrm{e}^{\mathrm{j}\theta_1}$，$F_2=a_2+\mathrm{j}b_2=|F_2|\mathrm{e}^{\mathrm{j}\theta_2}$，则复数的加减运算如下：

$$F_1\pm F_2=(a_1+\mathrm{j}b_1)\pm(a_2+\mathrm{j}b_2)=(a_1\pm a_2)+\mathrm{j}(b_1\pm b_2)$$

复数的加减运算也可在复平面上根据平行四边形法则用向量的加减求得，如图5-2所示。

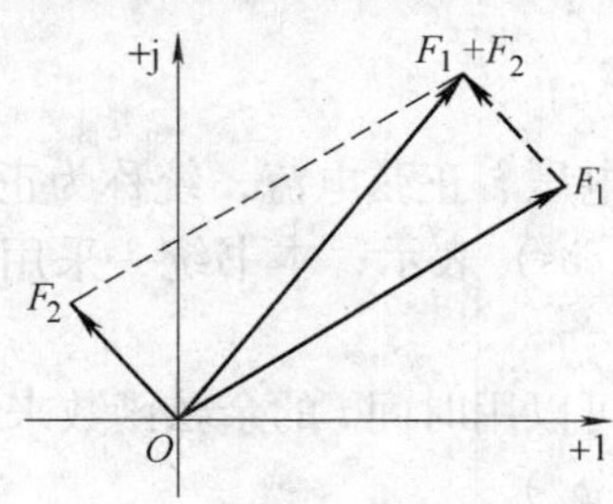

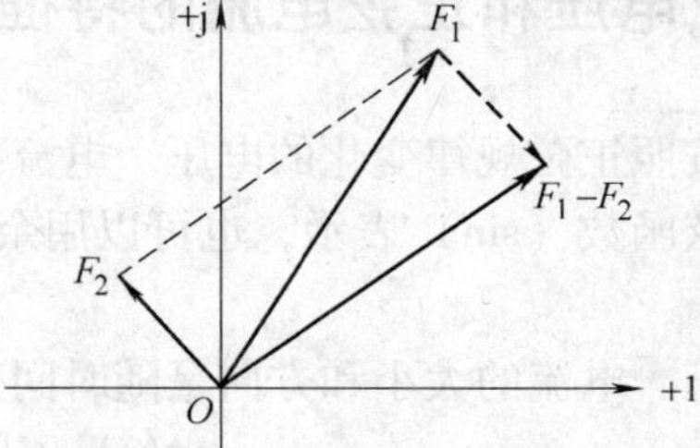

图5-2 复数的加减运算

复数的乘法用指数形式或极坐标形式比较方便，即

$$F_1F_2=|F_1|\mathrm{e}^{\mathrm{j}\theta_1}|F_2|\mathrm{e}^{\mathrm{j}\theta_2}=|F_1||F_2|\mathrm{e}^{\mathrm{j}(\theta_1+\theta_2)}$$

或

$$F_1F_2=|F_1|\underline{/\theta_1}|F_2|\underline{/\theta_2}=|F_1||F_2|\underline{/\theta_1+\theta_2}$$

所以，两个复数相乘，乘积的模和辐角分别为

$$|F_1F_2|=|F_1||F_2|$$

$$\arg(F_1F_2)=\arg(F_1)+\arg(F_2)$$

可见，复数乘积的模等于各复数模的乘积，辐角等于各复数辐角的和。

复数的除法用指数形式或极坐标形式也比较方便，即

$$\frac{F_1}{F_2}=\frac{|F_1|\mathrm{e}^{\mathrm{j}\theta_1}}{|F_2|\mathrm{e}^{\mathrm{j}\theta_2}}=\frac{|F_1|}{|F_2|}\mathrm{e}^{\mathrm{j}(\theta_1-\theta_2)}$$

或

$$\frac{F_1}{F_2}=\frac{|F_1|\underline{/\theta_1}}{|F_2|\underline{/\theta_2}}=\frac{|F_1|}{|F_2|}\underline{/\theta_1-\theta_2}$$

所以，两个复数相除，模等于两个复数的模相除后的结果，辐角等于两个复数的辐角相减后的结果，即

$$\left|\frac{F_1}{F_2}\right|=\frac{|F_1|}{|F_2|}$$

$$\arg\left(\frac{F_1}{F_2}\right)=\arg(F_1)-\arg(F_2)$$

在复数的运算中两个复数相等必须满足两个条件，即实部和实部相等，虚部和虚部相等。如 $F_1=F_2$，则必须有

$$a_1=a_2\quad b_1=b_2$$

或

$$|F_1|=|F_2|\quad \arg(F_1)=\arg(F_2)$$

【每节思考】

1. 如何进行复数的运算？如何将复数的代数形式转换为极坐标式或指数式？如何将复数的极坐标式

或指数式转换为代数形式?

2. 复数 $F_1=8+\mathrm{j}6$，$F_2=3+\mathrm{j}4$，试计算 F_1F_2 和$\dfrac{F_1}{F_2}$。

5.2 正弦电压和正弦电流的特征

随时间按照正弦规律变化的电压、电流称为正弦电压、正弦电流，统称为正弦量。正弦量可以用正弦函数（sin）表示，也可以用余弦函数（cos）表示，本书统一采用余弦函数表示正弦量。

正弦电压、电流的大小和方向是随时间变化的，可以用时间 t 的余弦函数来表示

$$\begin{cases}u(t)=U_{\mathrm{m}}\cos(\omega t+\varphi_u)\\ i(t)=I_{\mathrm{m}}\cos(\omega t+\varphi_i)\end{cases} \tag{5-1}$$

式中，u、i 表示在某一瞬时正弦电压、电流的值，称为瞬时值；U_{m} 和 I_{m} 表示变化过程中出现的最大瞬时值，称为最大值，或称幅值；ω 为正弦量的角频率；φ_u、φ_i 为正弦量的初相位。

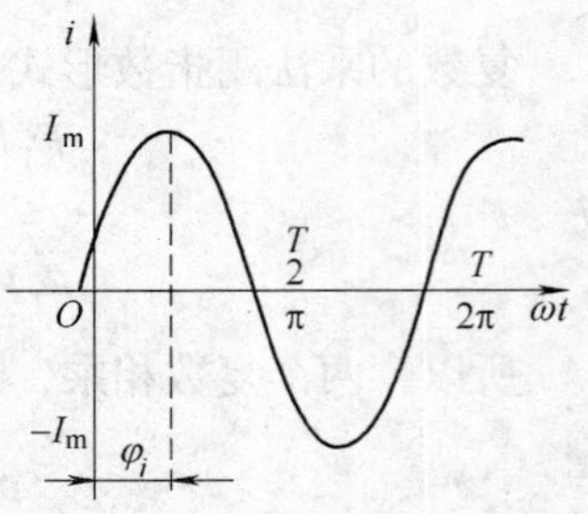

图 5-3 正弦量的波形图

式（5-1）称为瞬时表达式，知道了最大值、角频率和初相位，则可写出正弦量的瞬时表达式，因此，**最大值、角频率和初相位称为正弦量的三个特征量，称之为正弦量的三要素**。

正弦量还可以用波形图表示，如图 5-3 所示。

5.2.1 频率与周期

正弦量变化一次所需的时间（s）称为周期 T。正弦量每秒内变化的次数称为频率 f，它的单位是赫兹（Hz）。频率是周期的倒数，即

$$f=\frac{1}{T}$$

正弦量变化的快慢除用周期和频率表示外，还可以用角频率表示，就是每秒钟内正弦交流电变化的电角度，用 ω 表示，单位是弧度每秒（rad/s）。因为正弦量一个周期内变化的电角度相当于 2π 电弧度（见图 5-3），所以 ω 与 T 和 f 的关系为

$$\omega=\frac{2\pi}{T}=2\pi f$$

5.2.2 幅值与有效值

正弦量在任一瞬间的值称为瞬时值，用小写字母来表示，如 i、u 和 e 等。瞬时值中最大的值称为幅值或最大值，用带下标 m 的大写字母表示，如 I_{m}、U_{m} 和 E_{m} 等。

工程中常将周期电流或电压在一个周期内产生的平均效应换算为在效应上与之相等的直流量，这一直流量就称为周期量的有效值。用相对应的大写字母表示。可通过比较电阻的热效应获得周期量与其有效值之间的关系。有效值是用电流的热效应来规定的，即**如果一个周期电流 i 通过某一电阻 R 在一个周期内产生的热量，与一个恒定的直流电流 I 通过同一电阻在相同的时间内产生的热量相等，就将这个直流电流的量值 I 称为周期电流的有效值**。以周期电流 i 为例，其有效值 I 定义为

$$I = \sqrt{\frac{1}{T}\int_0^T i^2 \mathrm{d}t}$$

式中，T 表示正弦电流的周期。

上式的定义是周期量有效值普遍适用的公式，可推广到电压有效值定义。

正弦量的幅值和瞬时值在实际计算时不方便，常用有效值来衡量正弦量的大小。当正弦电流 $i = I_{\mathrm{m}}\cos(\omega t + \varphi_i)$ 时，正弦电流的有效值为

$$\begin{aligned} I &= \sqrt{\frac{1}{T}\int_0^T I_{\mathrm{m}}^2 \cos^2(\omega t + \varphi_i)\mathrm{d}t} \\ &= \sqrt{\frac{1}{T}\int_0^T I_{\mathrm{m}}^2 \frac{1}{2}[1 + \cos^2(\omega t + \varphi_i)]\mathrm{d}t} \\ &= \sqrt{\frac{I_{\mathrm{m}}^2}{2}} \end{aligned}$$

因此得正弦电流的有效值为

$$I = \frac{I_{\mathrm{m}}}{\sqrt{2}} = 0.707 I_{\mathrm{m}} \tag{5-2}$$

同理，正弦电压的有效值为

$$U = \frac{1}{\sqrt{2}} U_{\mathrm{m}} = 0.707 U_{\mathrm{m}} \tag{5-3}$$

式（5-2）和式（5-3）说明，**正弦量的有效值等于其最大值的0.707倍。通常所说的正弦电压或电流的大小，都是指有效值**。例如，交流电压220V或380V，交流电流5A、10A等都是指有效值。

5.2.3 相位与初相位

若正弦电压、电流的瞬时值表达式为

$$\begin{cases} u(t) = U_{\mathrm{m}}\cos(\omega t + \varphi_u) \\ i(t) = I_{\mathrm{m}}\cos(\omega t + \varphi_i) \end{cases}$$

定义 $(\omega t + \varphi_u)$、$(\omega t + \varphi_i)$ 为正弦电压、电流的相位角或相位，它反映出正弦量随时间变化的进程。当相位角随时间连续变化时，正弦电压、电流的瞬时值随之作连续变化。

$t = 0$ 时的相位角称为正弦量的初相位角或初相位，简称初相。φ_u、φ_i 为正弦电压、电流的初相位角或初相位，它们是 $t = 0$ 时的相位，即

$$\begin{cases} \varphi_u = (\omega t + \varphi_u)_{t=0} \\ \varphi_i = (\omega t + \varphi_i)_{t=0} \end{cases}$$

初相位的单位是弧度（rad）或度（°），通常规定 φ_u、φ_i 在 $-\pi \sim +\pi$ 范围内取值。初相位的取值与计时起点（$t = 0$）有关，如果正弦量的正最大值发生在计时起点之前，则 $\varphi_u(\varphi_i) > 0$；如果正弦量的正最大值发生在计时起点之后，则 $\varphi_u(\varphi_i) < 0$；如果正最大值正好发生在计时起点处，则 $\varphi_u(\varphi_i) = 0$。图5-4给出了正弦电压与电流的初相位三种情况的比较。

在正弦稳态电路中，常常要对正弦量之间的相位角进行比较。任意两个同频率的正弦量之间的相位角之差称为相位差。考虑频率相同的正弦电压与电流

$$\begin{cases} u(t) = U_{\mathrm{m}}\cos(\omega t + \varphi_u) \\ i(t) = I_{\mathrm{m}}\cos(\omega t + \varphi_i) \end{cases}$$

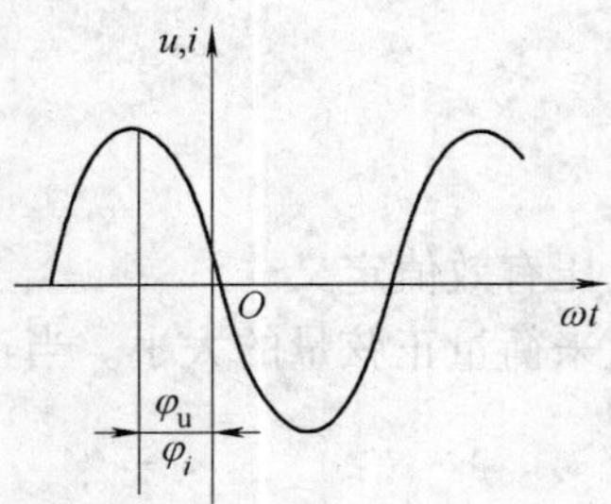

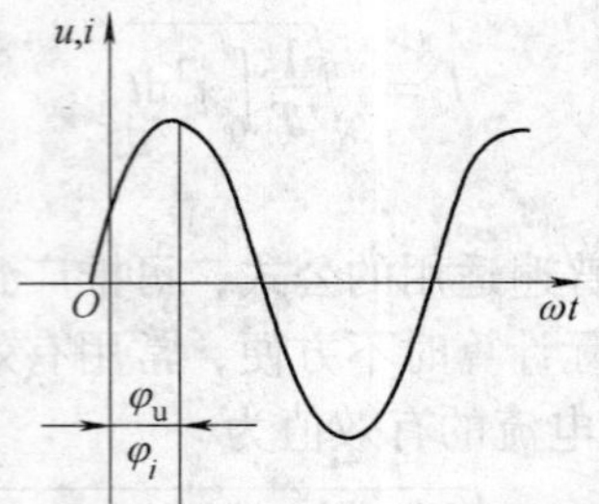

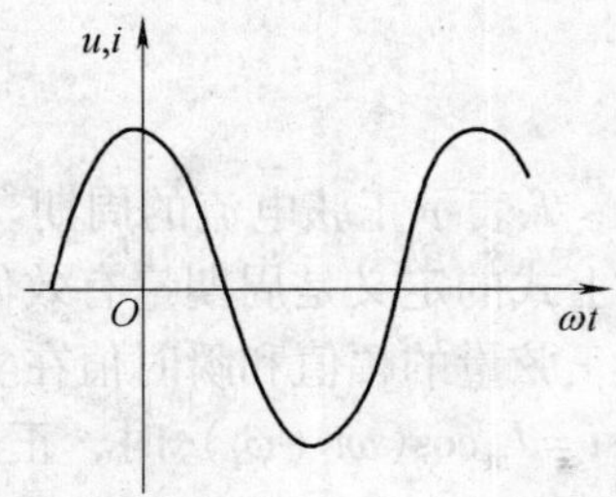

图 5-4 正弦电压与电流的初相位

它们之间的相位差为

$$\phi=(\omega t+\varphi_u)-(\omega t+\varphi_i)=\varphi_u-\varphi_i$$

可见，同频率正弦量的相位差是不随时间变化的常量，它等于两个正弦量的初相位之差。如图 5-5 所示，若 $\phi>0$，则电压 $u(t)$ 的相位超前于电流 $i(t)$ 的相位，称为电压 $u(t)$ 超前于电流 $i(t)$ ϕ 角，或者称为电流 $i(t)$ 滞后于电压 $u(t)$ ϕ 角。在波形图上，电压 $u(t)$ 比电流 $i(t)$ 先到达正的最大值。

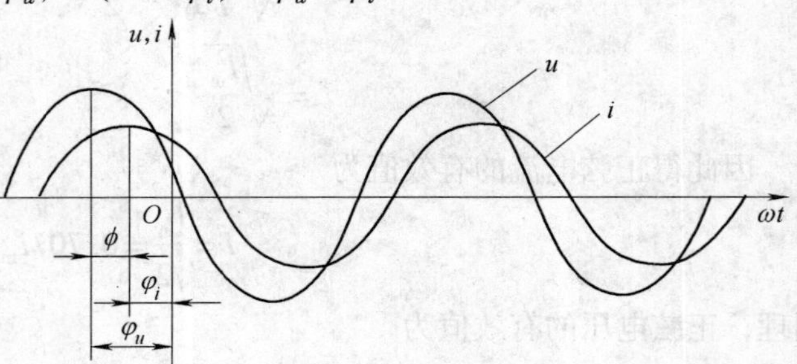

图 5-5 同频率正弦量的相位差

在图 5-6a 所示的情况下，电压 $u(t)$ 和电流 $i(t)$ 具有相同的初相位，即相位差 $\phi=\varphi_u-\varphi_i=0$，则称电压 $u(t)$ 和电流 $i(t)$ 同相（相位相同）；在图 5-6b 所示的情况下，电压 $u(t)$ 和电流 $i(t)$ 之间的相位差 $\phi=\varphi_u-\varphi_i=\pm\pi/2$，则称电压 $u(t)$ 和电流 $i(t)$ 正交；在图 5-6c 所示的情况下，电压 $u(t)$ 和电流 $i(t)$ 相位相反，相位差 $\phi=\varphi_u-\varphi_i=\pm\pi$，则称电压 $u(t)$ 和电流 $i(t)$ 反相。

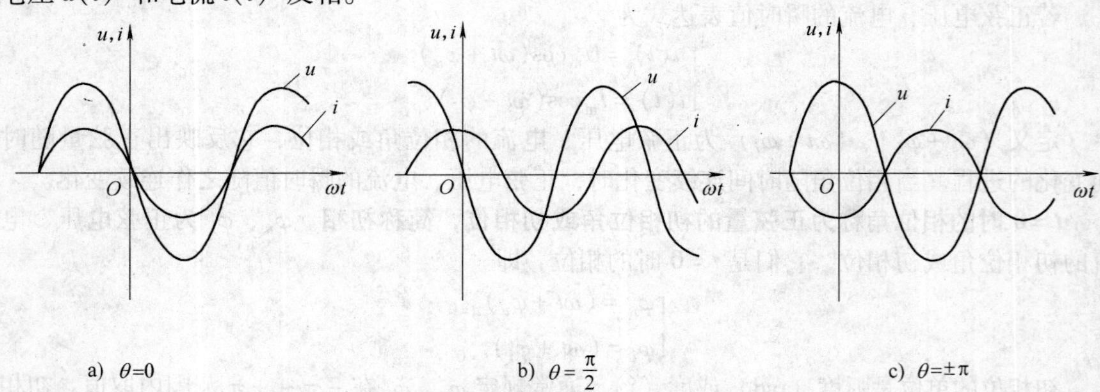

图 5-6 同频率正弦量的几种特殊的相位关系

例 5-1 设有两个同频率的正弦电流

$$i_1(t)=10\sqrt{2}\cos(\omega t+135°)\,\text{A}$$

$$i_2(t)=5\sqrt{2}\cos(\omega t+60°)\,\text{A}$$

问：哪个电流滞后，滞后的角度是多少？

解 $i_1(t)$ 与 $i_2(t)$ 之间的相位差为

$$\phi=(\omega t+135°)-(\omega t+60°)=135°-60°=75°$$

电流 $i_2(t)$ 滞后，滞后的电角度是75°。

【每节思考】

1. 已知 $i_1=15\cos(314t+45°)$ A，$i_2=10\cos(314t-30°)$ A，试问：（1）i_1 与 i_2 的相位差等于多少？（2）在相位上比较 i_1 与 i_2，哪个超前，哪个滞后？

2. 已知某正弦电压在 $t=0$ 时为220V，其初相位为45°，试问它的有效值等于多少？

3. 如果两个同频率的正弦电流在某一瞬时都是10A，两者是否一定同相？其幅值是否也一定相等？

5.3　正弦量的相量表示法

频率、幅值、初相位是正弦量的三要素，能唯一地确定一个正弦量。在正弦稳态电路中，各部分电压、电流都是与电源激励频率相同的正弦量，而电源的频率往往是已知的，因此，求解正弦稳态电路，实质上是求解电路中各个电压、电流的有效值（或幅值）和初相位。

正弦量的各种表示方法是分析和计算正弦稳态电路的工具。前面已经讲过两种表示法。一种是用三角函数式来表示，如 $i=I_m\cos(\omega t+\varphi_i)$，这是正弦量的基本表示法；一种是用图形，即正弦波形来表示。

此外，正弦量还可以用特定的复数——相量来表示。下面首先说明如何用一个复数来表示正弦量的两个要素（有效值和初相位）。

根据欧拉公式，有复数：

$$I_m e^{j(\omega t+\varphi_i)}=I_m\cos(\omega t+\varphi_i)+jI_m\sin(\omega t+\varphi_i)$$

正弦电流 $i=I_m\cos(\omega t+\varphi_i)$ 等于复数 $I_m e^{j(\omega t+\varphi_i)}$ 的实部（实部可以用Re表示），可以表示为

$$i(t)=I_m\cos(\omega t+\varphi_i)=\mathrm{Re}[I_m e^{j(\omega t+\varphi_i)}]$$

$$=\mathrm{Re}[I_m e^{j\varphi_i}\cdot e^{j\omega t}]=\mathrm{Re}[\dot{I}_m e^{j\omega t}]$$

式中定义

$$\dot{I}_m=I_m e^{j\varphi_i}=I_m\underline{/\varphi_i}$$

可见，$\dot{I}_m$ 是一个复数常数，包含了正弦电流的两个要素，即有效值（或幅值）和初相位，把这个复数 $\dot{I}_m$ 称为**相量**。**用相量表示正弦电流或电压，称为正弦量的相量表示法**。$\dot{I}_m$ 的模为正弦电流的幅值，因此，将 $\dot{I}_m$ 称为正弦量的幅值相量。如果用有效值作为相量的模，则称该相量为有效值相量。正弦电压、电流的幅值相量用 $\dot{U}_m$ 和 $\dot{I}_m$ 表示，并且

$$\dot{U}_m=U_m\underline{/\varphi_u}$$

$$\dot{I}_m=I_m\underline{/\varphi_u}$$

正弦电压、电流的有效值相量用 $\dot{U}$ 和 $\dot{I}$ 表示，并且

$$\dot{U}=U\underline{/\varphi_u}$$

$$\dot{I}=I\underline{/\varphi_u}$$

显然，幅值相量与有效值相量的关系为

$$\dot{U}_m=\sqrt{2}\dot{U}$$

$$\dot{I}_m=\sqrt{2}\dot{I}$$

有效值相量的模等于正弦量的有效值，有效值相量的辐角等于正弦量的初相位。今后，**本书所指的相量均指有效值相量。**

相量仅仅是正弦量的一种表达方法，两者存在一一对应关系。利用相量可以大大简化正弦稳态电路的分析，这才是使用“相量”的最终用意。

下面介绍相量图的概念。由于任意复数与复平面上的向量图一一对应，一个正弦量既然可以用一个特定的复数——相量来表示，必然也可以用与此复数相对应的向量图表示。这种在复平面上用以表示相量的向量图，称为相量图。有时为了简便起见，常省去坐标轴。在正弦稳态电路中，将同频率的电压和电流按照其大小和相位关系画在一张复平面上，就构成了所谓相量图。例如，在一个正弦交流电路中，电压与电流分别为

$$u=U_m\sin(\omega t+\varphi_1)$$
$$i=I_m\sin(\omega t+\varphi_2)$$

则其相量为$\dot{U}=U\angle\varphi_1$，$\dot{I}=I\angle\varphi_2$，相量图如图 5-7 所示。

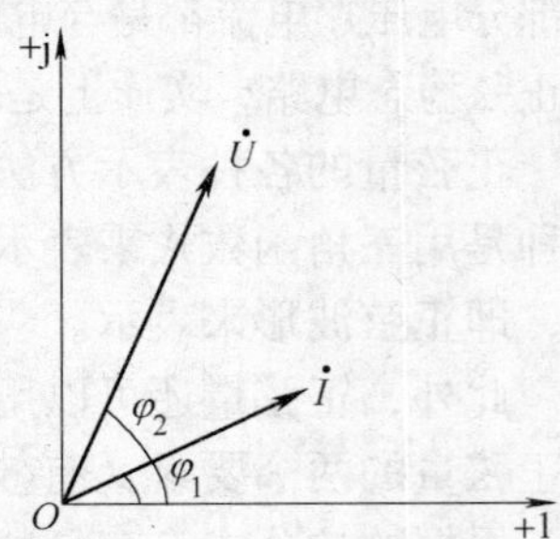

图 5-7 电压与电流的相量图

例 5-2 已知两个正弦电流

$$i_1=5\sqrt{2}\cos(\omega t+30°)\text{A}$$
$$i_2=10\sqrt{2}\cos(\omega t-45°)\text{A}$$

求合成电流 $i=i_1+i_2$，并画出相量图 。

解 先将两个正弦量表示成相量

$$\dot{I}_1=5\angle 30°\text{A}=(5\cos30°+5\text{j}\sin30°)\text{A}=(4.33+\text{j}2.5)\text{A}$$

$$\dot{I}_2=10\angle -45°\text{A}=[10\cos(-45°)+10\text{j}\sin(-45°)]\text{A}=(7.07-\text{j}7.07)\text{A}$$

合成电流的相量为

$$\dot{I}=\dot{I}_1+\dot{I}_2=(5\angle 30°+10\angle -45°)\text{A}=[(4.33+7.07)+\text{j}(2.5-7.07)]\text{A}$$
$$=12.27\angle -21.65°\text{A}$$

即合成电流的有效值为 12.27A，初相位为 -21.65°，而合成电流的角频率不会变，故可写出其瞬时值表示式

$$i=12.27\sqrt{2}\cos(\omega t-21.65°)\text{A}$$

电流的相量图如图 5-8 所示。

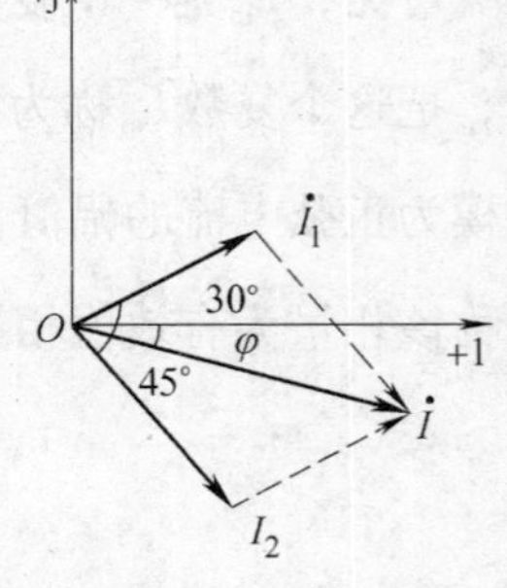

图 5-8 例 5-2 图

【每节思考】

1. 已知相量$\dot{I}_1=(2\sqrt{3}+\text{j}2)\text{A}$，$\dot{I}_2=(-2\sqrt{3}+\text{j}2)\text{A}$，$\dot{I}_3=(-2\sqrt{3}-\text{j}2)\text{A}$，$\dot{I}_4=(2\sqrt{3}-\text{j}2)\text{A}$，试把它们化为极坐标式形式，并写成正弦量 i_1、i_2、i_3、i_4。

2. 写出下列正弦电压的相量：

（1）$u=100\sqrt{2}\cos\omega t\text{V}$

（2）$u=100\sqrt{2}\cos\left(\omega t+\dfrac{\pi}{2}\right)\text{V}$

（3）$u=100\sqrt{2}\cos\left(\omega t-\dfrac{\pi}{2}\right)\text{V}$

（4）$u=100\sqrt{2}\cos\left(\omega t-\dfrac{3\pi}{4}\right)\text{V}$

5.4　电路定律的相量形式

基尔霍夫定律（KVL 和 KCL）和各种元件上电压与电流的伏安关系是分析电路的基础。为了使用相量这一数学工具分析正弦稳态电路，必须建立电路定律的相量形式。

5.4.1　基尔霍夫定律的相量形式

KCL 指出：在任一瞬时，一个节点上电流的代数和恒等于零。在正弦稳态电路中，电流的瞬时值表达式为

$$i = I_{\mathrm{m}}\cos(\omega t + \varphi_i) = \mathrm{Re}[I_{\mathrm{m}}\mathrm{e}^{\mathrm{j}(\omega t + \varphi_u)}] = \mathrm{Re}[\dot{I}_{\mathrm{m}}\mathrm{e}^{\mathrm{j}\omega t}] = \mathrm{Re}[\sqrt{2}\dot{I}\,\mathrm{e}^{\mathrm{j}\omega t}]$$

在任一瞬时，对任一节点，KCL 可表示为

$$\sum_{k=1}^{n} i_k = \sum_{k=1}^{n}\mathrm{Re}[\sqrt{2}\dot{I}_k\mathrm{e}^{\mathrm{j}\omega t}] = \mathrm{Re}\{\sum_{k=1}^{n}[\sqrt{2}\dot{I}_k\mathrm{e}^{\mathrm{j}\omega t}]\} = 0$$

因此，可得

$$\sum_{k=1}^{n}\dot{I}_k = 0$$

上式是 KCL 的相量形式。

KVL 指出：在任一瞬时，沿任一回路的绕行方向（顺时针方向或逆时针方向），回路中各段电压的代数和恒等于零。在正弦稳态电路中，电压的瞬时值表达式

$$u = U_{\mathrm{m}}\cos(\omega t + \varphi_u) = \mathrm{Re}[\dot{U}_{\mathrm{m}}\mathrm{e}^{\mathrm{j}(\omega t + \varphi_u)}] = \mathrm{Re}[\dot{U}_{\mathrm{m}}\mathrm{e}^{\mathrm{j}\omega t}] = \mathrm{Re}[\sqrt{2}\dot{U}\mathrm{e}^{\mathrm{j}\omega t}]$$

在任一瞬时，对任一回路，KVL 可表示为

$$\sum_{k=1}^{n} u_k = \sum_{k=1}^{n}\mathrm{Re}[\sqrt{2}\dot{U}_k\mathrm{e}^{\mathrm{j}\omega t}] = \mathrm{Re}\{\sum_{k=1}^{n}[\sqrt{2}\dot{U}_k\mathrm{e}^{\mathrm{j}\omega t}]\} = 0$$

因此，可得

$$\sum_{k=1}^{n}\dot{U}_k = 0$$

上式是 KVL 的相量形式。

5.4.2　单一元件电压与电流的伏安关系的相量形式

线性电阻元件的正弦稳态电路及其电压与电流的参考方向如图 5-9 所示。

假设流过电阻元件的电流为 $i = \sqrt{2}I\cos\omega t$，由欧姆定律可得

$$u = Ri = \sqrt{2}IR\cos\omega t = \sqrt{2}U\cos\omega t \quad（令\ IR = U）$$

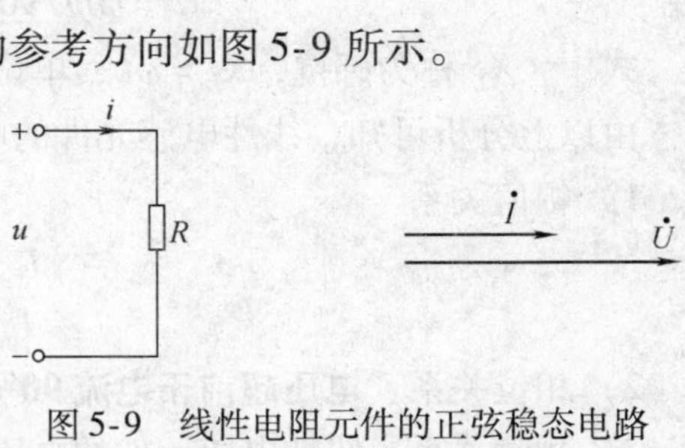

可以看出，在线性电阻元件的正弦稳态电路中，电压与电流是同频率、同相位的正弦量，并且

$$\frac{U}{I} = \frac{U_{\mathrm{m}}}{I_{\mathrm{m}}} = R$$

图 5-9　线性电阻元件的正弦稳态电路

由此可知，在线性电阻元件的正弦稳态电路中，电压的有效值（或幅值）与电流的有

效值（或幅值）之比值，就是电阻 R。

如果用相量表示电压与电流的关系，则为

$$\frac{\dot{U}}{\dot{I}}=R$$

或

$$\dot{U}=R\dot{I}$$

上式就是线性电阻元件的电压与电流的相量关系，**显然电压与电流同相位**。电压与电流的相量图如图 5-9 所示。

例 5-3 正弦稳态电路中，电阻两端的电压为 $u=8\sqrt{2}\cos(314t-80°)\,\text{V}$，$R=10\Omega$，试求通过电阻的电流 i。

解 写出已知电压的相量

$$\dot{U}=8\angle{-80°}\,\text{V}$$

利用电压与电流的相量关系计算

$$\dot{I}=\frac{\dot{U}}{R}=\frac{8\angle{-80°}}{10}\text{A}=0.8\angle{-80°}\,\text{A}$$

写出对应的正弦电流的瞬时值表达式

$$i=0.8\sqrt{2}\cos(314t-80°)\,\text{A}$$

线性电感元件的正弦稳态电路及其电压与电流的参考方向如图 5-10 所示。

假设流过电感元件的电流为 $i=\sqrt{2}I\cos\omega t$，则电感两端的电压为

$$u=L\frac{\mathrm{d}i}{\mathrm{d}t}=L\frac{\mathrm{d}(\sqrt{2}I\cos\omega t)}{\mathrm{d}t}=-\sqrt{2}\omega LI\sin\omega t=\sqrt{2}\omega LI\cos(\omega t+90°)$$

$$=\sqrt{2}U\cos(\omega t+90°)$$

式中，$\omega LI=U$。

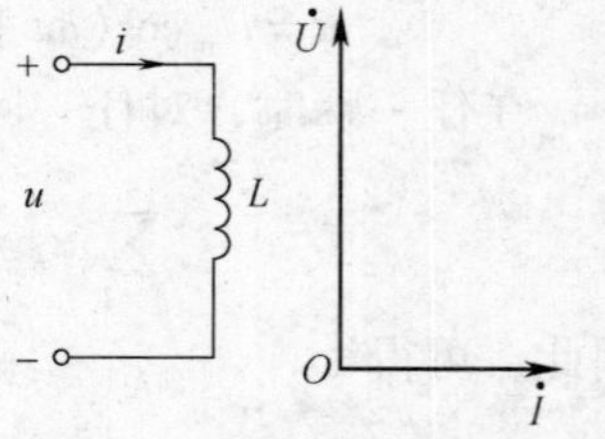

图 5-10 线性电感元件的正弦稳态电路

若用相量表示电压与电流，则

$$\dot{U}=U\angle{90°}\quad \dot{I}=I\angle{0°}$$

$$\dot{U}=\omega LI\angle{90°}=\omega L\dot{I}\angle{90°}=X_L\dot{I}\angle{90°}$$

式中，X_L 称为感抗，$X_L=\omega L$，单位为 Ω（欧姆）。

由以上分析可知，线性电感元件的电压与电流有如下关系。

1）幅值关系

$$\frac{U_{\mathrm{m}}}{I_{\mathrm{m}}}=\frac{U}{I}=X_L=\omega L$$

2）相位关系：**电压超前于电流 90°**，相位差为 90°。

3）相量关系：线性电感元件的电压与电流的相量表达式为

$$\dot{U}=\mathrm{j}\omega L\dot{I}=\mathrm{j}X_L\dot{I}$$

线性电感元件的电压与电流的相量图如图 5-10 所示。

例 5-4 正弦稳态电路中，$L=1\text{H}$ 的电感元件两端的电压有效值为 220V，初相位为 45°，频率为 50Hz，试求通过电感元件的电流 i。

解 写出已知正弦电压的相量

$$\dot{U}=220\underline{/45^\circ}\text{V}$$

利用电压与电流的相量关系计算

$$\dot{I}=\frac{\dot{U}}{\text{j}\omega L}=\frac{220\underline{/45^\circ}}{\text{j}2\times3.14\times50\times1}=0.7\underline{/-45^\circ}\text{A}$$

写出对应的正弦电流的瞬时值表达式

$$i=0.7\sqrt{2}\cos(314t-45^\circ)\text{A}$$

线性电容元件的正弦稳态电路及其电压与电流的参考方向如图 5-11 所示。

假设电容两端的电压为

$$u=\sqrt{2}U\cos\omega t$$

则流过电容元件的电流为

$$i=C\frac{\text{d}u}{\text{d}t}=C\frac{\text{d}(\sqrt{2}U\cos\omega t)}{\text{d}t}=-\sqrt{2}\omega CU\sin\omega t=\sqrt{2}I\cos(\omega t+90^\circ)$$

式中，$\omega CU=I$。

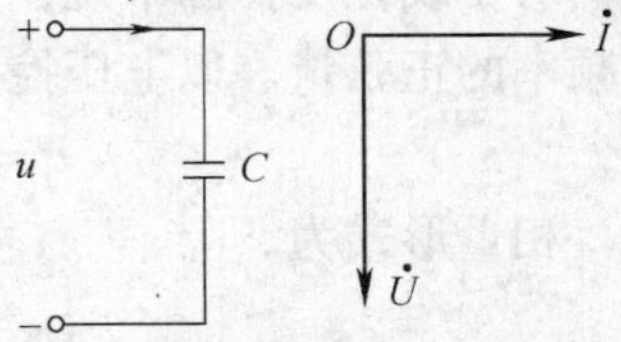

图 5-11 线性电容元件的正弦稳态电路

由上式可以看出，线性电容元件的电压与电流有如下关系。

1）幅值关系

$$\frac{U_\text{m}}{I_\text{m}}=\frac{U}{I}=X_C=\frac{1}{\omega C}$$

式中，X_C 称为容抗，$X_C=\dfrac{1}{\omega C}$，单位为 Ω（欧姆）。

2）相位关系：**电流超前于电压 90°**，相位差为 90°。

3）相量关系：线性电容元件的电压与电流的相量表达式为

$$\dot{U}=-\text{j}\frac{1}{\omega C}\dot{I}=-\text{j}X_C\dot{I}$$

线性电容元件的电压与电流的相量图如图 5-11 所示。

例 5-5 正弦稳态电路中，5μF 电容元件两端的电压为 $u=220\sqrt{2}\cos(10^3t+30^\circ)\text{V}$，试求通过电容元件的电流 i。

解 写出已知正弦电压的相量

$$\dot{U}=220\underline{/30^\circ}\text{V}$$

利用电压与电流的相量关系计算

$$\dot{I}=\text{j}\omega C\dot{U}=\text{j}10^3\times5\times10^{-6}\times220\underline{/30^\circ}\text{A}=1.1\underline{/120^\circ}\text{A}$$

写出对应的正弦电流的瞬时值表达式

$$i=1.1\sqrt{2}\cos(10^3t+120^\circ)\text{A}$$

三种基本电路元件（电阻、电感、电容）各自的电压与电流之间的相量关系是分析正弦稳态电路的基础，现将各种重要关系归纳于表 5-1 中。

表 5-1 R、L、C 元件的伏安关系

参数	阻抗	基本关系	相量式	相量图
R	R	$u=iR$	$\dot{U}=\dot{I}R$	$\dot{I}$ → $\dot{U}$
L	$jX_L=j\omega L$	$u=L\dfrac{di}{dt}$	$\dot{U}=jX_L\dot{I}$	$\dot{U}$ ↑ → $\dot{I}$
C	$-jX_C=-j\dfrac{1}{\omega C}$	$i=C\dfrac{du}{dt}$	$\dot{U}=-jX_C\dot{I}$	→ $\dot{I}$ ↓ $\dot{U}$

注意，表 5-1 中三个元件的正弦稳态电路分别如图 5-9 ~ 图 5-11 所示。

对于线性受控源来说，如果受控源的控制电压是正弦量，则受控源的电压或电流将是同一频率的正弦量。以电压控制电流源为例（见图 5-12），有

$$i_j=gu_k$$

相量形式为

$$\dot{I}_j=g\dot{U}_k$$

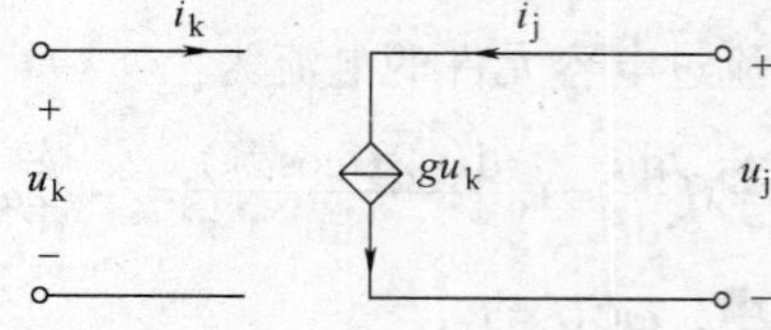

图 5-12 例 5-5 图

【每节思考】

1. 指出下列各式哪些是对的，哪些是错的。

$$\frac{u}{i}=X_L \quad \frac{U}{I}=j\omega L \quad \frac{\dot{U}}{\dot{I}}=X_L$$

$$u=L\frac{di}{dt} \quad \dot{I}=-j\frac{\dot{U}}{\omega L} \quad \dot{I}=\frac{\dot{U}}{j\omega L}$$

2. 一个电感元件和一个电容元件分别接到工频 50Hz 的正弦电源，电流都是 1A，已知 $L=2H$，求电容 $C=?$

5.5 阻抗与导纳

阻抗和导纳的概念以及对它们的运算和等效变换是线性电路正弦稳态分析中的重要内容。本节将介绍阻抗和导纳的定义、阻抗的串联、导纳的并联以及阻抗和导纳的等效变换。

5.5.1 阻抗

对于图 5-13a 所示的一个无源一端口网络，在正弦稳态情况下，若电压与电流取关联参考方向，将端口电压相量与电流相量的比值定义为阻抗，用大写字母 Z 表示，即

$$Z=\frac{\dot{U}}{\dot{I}}=\frac{U}{I}\underline{/\varphi_u-\varphi_i}=|Z|\underline{/\varphi_Z}$$

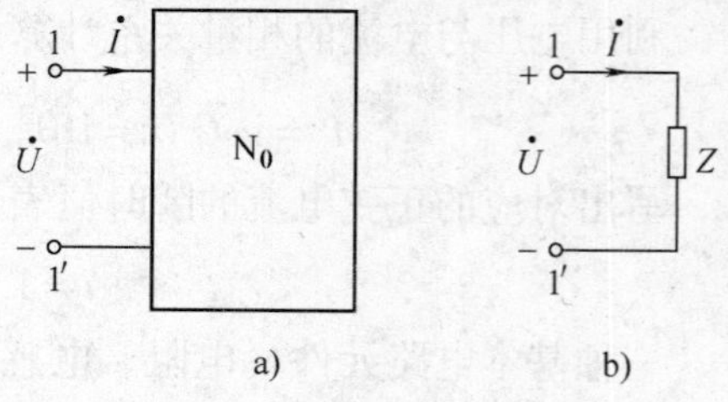

图 5-13 一端口的阻抗

式中，$\dot{U}=U\underline{/\varphi_u}$，$\dot{I}=I\underline{/\varphi_i}$。显然，阻抗 Z 是一个复数，因此 Z 又称为复阻抗。Z 的模值 $|Z|$ 称为阻抗

模，Z 的辐角 φ_Z 称为阻抗角。

图 5-13b 是图 5-13a 的等效电路。阻抗的单位为 Ω（欧姆）。

由上式可见

$$\begin{cases} |Z| = \dfrac{U}{I} \\ \varphi_Z = \varphi_u - \varphi_i \end{cases}$$

阻抗是复数，它可以表示为代数式和极坐标式，并可以相互转换，即

$$Z = R + \mathrm{j}X = |Z| \angle \varphi_Z$$

式中，R 是阻抗的实部，称为电阻；X 是阻抗的虚部，称为电抗。

当阻抗由代数式向极坐标式转换时，有

$$\begin{cases} |Z| = \sqrt{R^2 + X^2} \\ \varphi_Z = \arctan \dfrac{X}{R} \end{cases}$$

当阻抗由极坐标式向代数式转换时，有

$$\begin{cases} R = |Z| \cos\varphi_Z \\ X = |Z| \sin\varphi_Z \end{cases}$$

它们的关系可用阻抗三角形来表示，如图 5-14 所示。

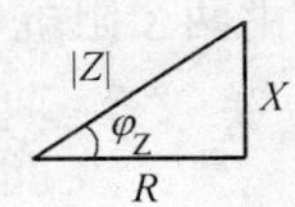

图 5-14 阻抗三角形

对于三种基本元件电阻、电感和电容，其阻抗分别为

$$\begin{cases} Z_R = R \\ Z_L = \mathrm{j}\omega L \\ Z_C = -\mathrm{j}\dfrac{1}{\omega C} \end{cases}$$

式中，ωL 称为感抗；$\dfrac{1}{\omega C}$称为容抗。

对于仅仅由电阻、电感和电容构成的一端口网络，阻抗角 $-90° \leqslant \varphi_Z \leqslant 90°$，由一端口阻抗中电抗的正负可以判断电路的如下性质：

1）当 $0° < \varphi_Z < 90°$时，$R>0$，$X>0$，此时电压超前于电流，电路呈电感性。

2）当 $-90° < \varphi_Z < 0°$时，$R>0$，$X<0$，此时电压滞后于电流，电路呈电容性。

3）当 $\varphi_Z = 0$ 时，$R \neq 0$，$X=0$，此时电压与电流同相位，电路呈电阻性。

4）当 $\varphi_Z = +90°$时，$R=0$，$X=\omega L$，此时电压超前于电流 90°，电路呈纯电感性。

5）当 $\varphi_Z = -90°$时，$R=0$，$X=-\dfrac{1}{\omega C}$，此时电压滞后于电流 90°，电路呈纯电容性。

5.5.2 阻抗的串联

图 5-15a 所示为两个阻抗串联的正弦稳态电路。根据 KVL 可写出它的相量表达式

$$\dot{U} = \dot{U}_1 + \dot{U}_2 = Z_1\dot{I} + Z_2\dot{I} = (Z_1 + Z_2)\dot{I}$$

令 $Z = Z_1 + Z_2$，则

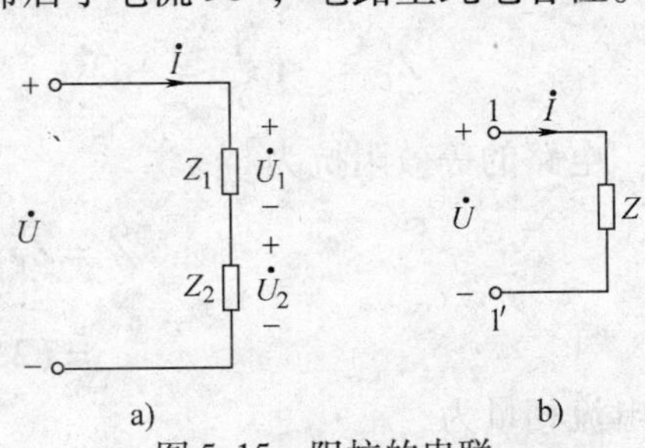

图 5-15 阻抗的串联

$$\dot{U}=Z\dot{I}$$

可见，两个串联的阻抗可以用一个等效阻抗 Z 来代替，如图 5-15b 所示。

注意：由于一般

$$U\neq U_1+U_2$$

即

$$|Z|I\neq|Z_1|I+|Z_2|I$$

所以

$$|Z|\neq|Z_1|+|Z_2|$$

可见，只有等效阻抗才等于各个串联阻抗之和。一般地，对于 n 个阻抗串联的正弦稳态电路，等效阻抗为 n 个串联阻抗之和，即

$$Z=\sum_{k=1}^{n}Z_k$$

和电阻电路类似，各阻抗电压相量为

$$\dot{U}_k=\frac{Z_k}{Z}\dot{U}$$

上式称为 n 个阻抗串联的分压公式。

对于由两个阻抗串联的正弦稳态电路，各阻抗电压相量为

$$\begin{cases}\dot{U}_1=\dfrac{Z_1}{Z}\dot{U}\\[2mm]\dot{U}_2=\dfrac{Z_2}{Z}\dot{U}\end{cases}$$

上式称为两个阻抗串联的分压公式。

例 5-6 图 5-16 示为一个 RLC 串联电路。$u=10\sqrt{2}\cos 2t\text{V}$，$R=2\Omega$，$L=2\text{H}$，$C=0.25\text{F}$。求电流 i 及各元件上的电压，判断电路的性质，并画相量图。

解 首先作出图 5-16a 的相量模型，如图 5-16b所示。

由已知条件可知

$$\dot{U}=10\underline{/0^\circ}\text{V}$$
$$Z_R=R=2\Omega$$
$$Z_L=\text{j}\omega L=\text{j}4\Omega$$
$$Z_C=-\text{j}\frac{1}{\omega C}=-\text{j}2\Omega$$

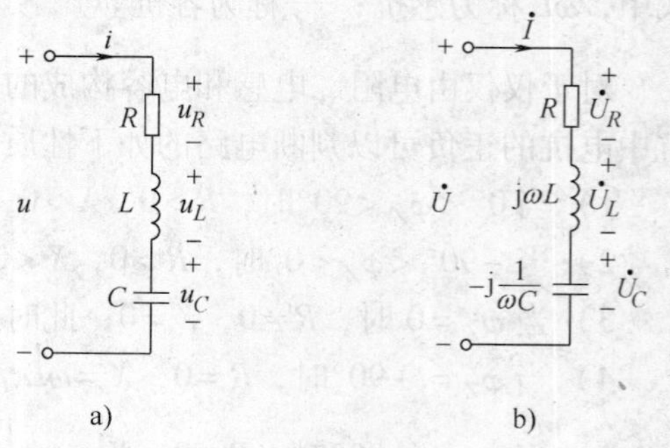

图 5-16 例 5-6 图

电路的等效阻抗为

$$Z=Z_R+Z_L+Z_C=R+\text{j}\omega L-\text{j}\frac{1}{\omega C}$$
$$=(2+\text{j}4-\text{j}2)\Omega=(2+\text{j}2)\Omega=2\sqrt{2}\underline{/45^\circ}\Omega$$

则电流相量为

$$\dot{I}=\frac{\dot{U}}{Z}=\frac{10\underline{/0^\circ}}{2\sqrt{2}\underline{/45^\circ}}\text{A}=2.5\sqrt{2}\underline{/-45^\circ}\text{A}$$

图5-16b中各元件两端的电压相量为

$$\dot{U}_R=R\dot{I}=2\times2.5\sqrt{2}\underline{/-45^\circ}\text{V}=5\sqrt{2}\underline{/-45^\circ}\text{V}$$

$$\dot{U}_L=Z_L\dot{I}=\text{j}4\times2.5\sqrt{2}\underline{/-45^\circ}\text{V}=\text{j}10\sqrt{2}\underline{/-45^\circ}\text{V}=10\sqrt{2}\underline{/45^\circ}\text{V}$$

$$\dot{U}_C=Z_C\dot{I}=-\text{j}2\times2.5\sqrt{2}\underline{/-45^\circ}\text{V}=5\sqrt{2}\underline{/-135^\circ}\text{V}$$

所以

$$i=5\cos(2t-45^\circ)\text{A}$$
$$u_R=10\cos(2t-45^\circ)\text{V}$$
$$u_L=20\cos(2t+45^\circ)\text{V}$$
$$u_C=10\cos(2t-135^\circ)\text{V}$$

由于电压与电流之间的相位差为45°，即电压超前于电流45°，所以电路的性质为电感性。电路中各量的相量图如图5-17所示。

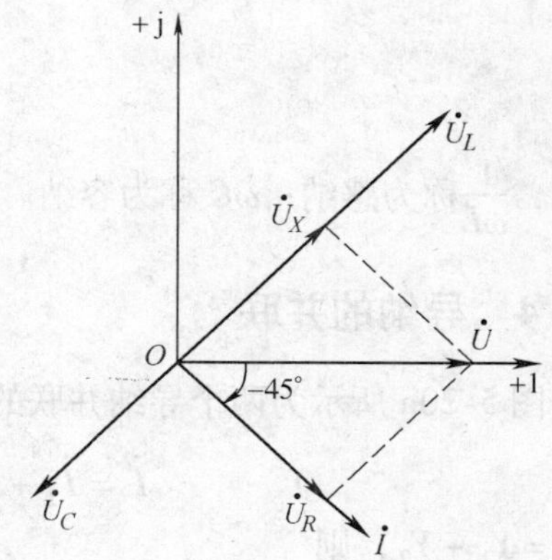

图5-17 相量图

5.5.3 导纳

对于图5-18a所示的一个无源一端口网络，在正弦稳态情况下，若电压与电流取关联参考方向，将端口电流相量与电压相量的比值定义为导纳，用大写字母 Y 表示，即

$$Y=\frac{\dot{I}}{\dot{U}}=\frac{I}{U}\underline{/\varphi_i-\varphi_u}=|Y|\underline{/\varphi_Y}$$

式中，$\dot{U}=U\underline{/\varphi_u}$，$\dot{I}=I\underline{/\varphi_i}$。

显然，导纳 Y 是一个复数，因此 Y 又称为复导纳。Y 的模值 $|Y|$ 称为导纳模，Y 的辐角 φ_Y 称为导纳角。

图5-18b是图5-18a的等效电路。导纳的单位为S（西门子）。

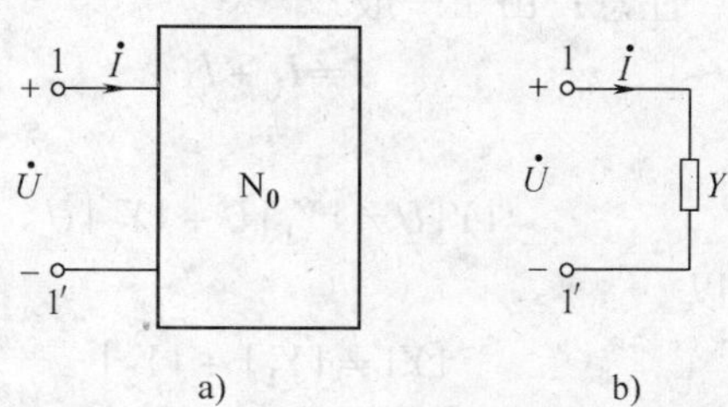

图5-18 一端口的导纳

由上式可见

$$\begin{cases}|Y|=\dfrac{I}{U}\\ \varphi_Y=\varphi_i-\varphi_u\end{cases}$$

导纳是复数，它可以表示为代数式和极坐标式，并可以相互转换，即

$$Y=G+\text{j}B=|Y|\underline{/\varphi_Y}$$

式中，G 是导纳的实部，称为电导；B 是导纳的虚部，称为电纳。

当导纳由代数式向极坐标式转换时，有

$$\begin{cases}|Y| = \sqrt{G^2 + B^2} \\ \varphi_Y = \arctan \dfrac{B}{G}\end{cases}$$

当导纳由极坐标式向代数式转换时，有

$$\begin{cases}G = |Y|\cos\varphi_Y \\ B = |Y|\sin\varphi_Y\end{cases}$$

它们的关系可用导纳三角形来表示，如图 5-19 所示。

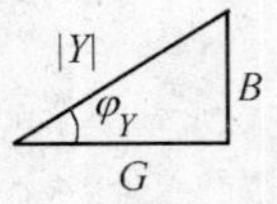

对于同一个无源一端口网络，其等效阻抗和等效导纳的关系为

$$Z = \frac{1}{Y} \quad 或 \quad Y = \frac{1}{Z}$$

图 5-19　导纳三角形

对于三种基本元件电阻、电感和电容，其导纳分别为

$$\begin{cases}Y_R = G = \dfrac{1}{R} \\ Y_L = \dfrac{1}{\mathrm{j}\omega L} = -\mathrm{j}\dfrac{1}{\omega L} \\ Y_C = \mathrm{j}\omega C\end{cases}$$

式中，$\frac{1}{\omega L}$称为感纳；ωC 称为容纳。

5.5.4　导纳的并联

图 5-20a 所示为两个导纳并联的正弦稳态电路。根据 KCL 可写出它的相量表达式

$$\dot{I} = \dot{I}_1 + \dot{I}_2 = Y_1\dot{U} + Y_2\dot{U} = (Y_1 + Y_2)\dot{U}$$

令 $Y = Y_1 + Y_2$，则

$$\dot{I} = Y\dot{U}$$

可见，两个并联的导纳可以用一个等效导纳 Y 来代替，如图 5-20b 所示。

注意：由于一般

$$I \neq I_1 + I_2$$

即

$$|Y|U \neq |Y_1|U + |Y_2|U$$

所以

$$|Y| \neq |Y_1| + |Y_2|$$

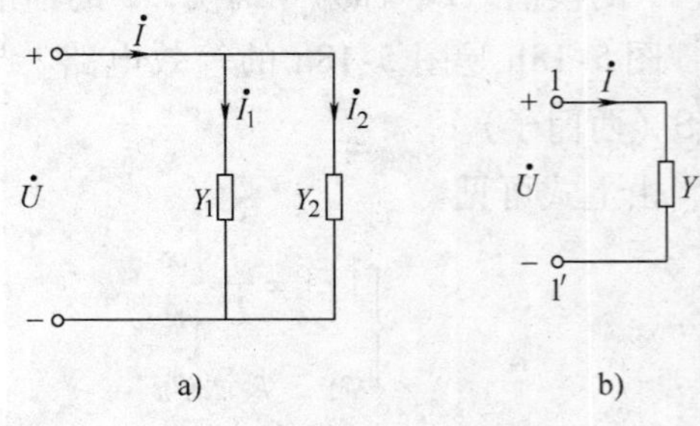

图 5-20　导纳的并联

可见，只有等效导纳才等于各个并联导纳之和。一般地，对于 n 个导纳并联的正弦稳态电路，等效导纳为 n 个并联导纳之和，即

$$Y = \sum_{k=1}^{n} Y_k$$

和电阻电路类似，各导纳电流相量为

$$\dot{I}_k = \frac{Y_k}{Y}\dot{I}$$

上式称为 n 个导纳并联的分流公式。

对于由两个导纳并联的正弦稳态电路，各导纳电流相量为

$$\begin{cases} \dot{I}_1 = \dfrac{Y_1}{Y}\dot{I} \\ \dot{I}_2 = \dfrac{Y_2}{Y}\dot{I} \end{cases}$$

上式称为两个导纳并联的分流公式。

例 5-7　图 5-21 所示为一个 RLC 并联电路。$u = 120\sqrt{2}\cos(1000t + 90°)$ V，$R = 15\Omega$，$L = 30$mH，$C = 83.3\mu$F。求等效导纳及电流 i、i_R、i_L、i_C，判断电路的性质，并画相量图。

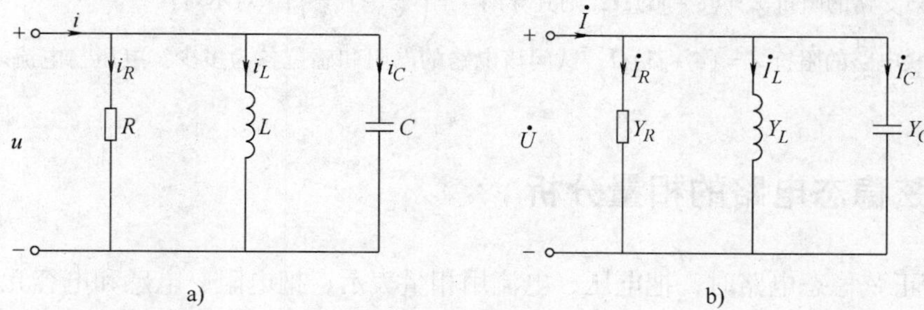

图 5-21　例 5-7 图

解　首先作出图 5-21a 的相量模型电路，如图 5-21b 所示。

由已知条件可知

$$\dot{U} = 120\underline{/90°}\text{V}$$

$$Y_R = \frac{1}{R} = \frac{1}{15}\text{S} = 0.067\text{S}$$

$$Y_L = \frac{1}{\text{j}\omega L} = \frac{1}{\text{j}10^3 \times 30 \times 10^{-3}}\text{S} = \frac{1}{\text{j}30}\text{S} = -\text{j}0.033\text{S}$$

$$Y_C = \text{j}\omega C = \text{j}10^3 \times 83.3 \times 10^{-6}\text{S} = \text{j}83.3 \times 10^{-3}\text{S} = \text{j}0.0833\text{S}$$

等效导纳为

$$Y = Y_R + Y_L + Y_C = 0.067\text{S} - \text{j}0.033\text{S} + \text{j}0.083\text{S} = 0.067\text{S} + \text{j}0.05\text{S} = 0.084\underline{/36.7°}\text{S}$$

各电流相量为

$$\dot{I}_R = Y_R\dot{U} = 0.067 \times 120\underline{/90°}\text{A} = 8\underline{/90°}\text{A} = \text{j}8\text{A}$$

$$\dot{I}_L = Y_L\dot{U} = -\text{j}0.033 \times 120\underline{/90°}\text{A} = -\text{j}4\underline{/90°}\text{A} = 4\underline{/0°}\text{A}$$

$$\dot{I}_C = Y_C\dot{U} = \text{j}0.0833 \times 120\underline{/90°}\text{A} = 10\underline{/180°}\text{A} = -10\text{A}$$

$$\dot{I} = \dot{I}_R + \dot{I}_L + \dot{I}_C = (\text{j}8 + 4 - 10)\text{A} = (-6 + \text{j}8)\text{A} = 10\underline{/126.9°}\text{A}$$

各电流的瞬时值表达式为

$$i_R = 8\sqrt{2}\cos(1000t + 90°)\text{A}$$

$$i_L = 4\sqrt{2}\cos 1000t\text{A}$$

$$i_C = 10\sqrt{2}\cos(1000t + 180°)\,\text{A}$$
$$i = 10\sqrt{2}\cos(1000t + 126.9°)\,\text{A}$$

由于等效导纳的导纳角为电流与电压之间的相位差，即

$$\varphi_Y = \varphi_i - \varphi_u = 36.9°$$

所以，电压滞后于电流 36.9°，电路的性质为电容性。

电路中各电压、电流的相量图如图 5-22 所示。

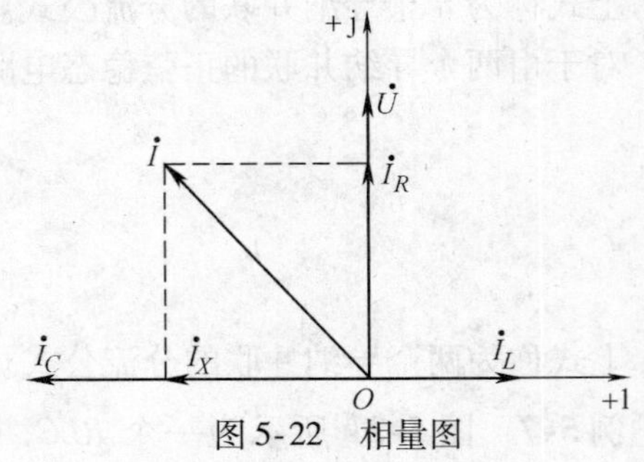

图 5-22 相量图

【每节思考】

1. 如果某支路的阻抗 $Z=(8-\text{j}6)\Omega$，则其导纳 $Y=\left(\frac{1}{8}-\text{j}\frac{1}{6}\right)\text{S}$，对不对？

2. RL 串联电路的阻抗 $Z=(4+\text{j}3)\Omega$，试问该电路的电阻和感抗各为多少？电压与电流之间的相位差是多少？

5.6 正弦稳态电路的相量分析

在分析正弦稳态电路时，把电压、电流用相量表示，把电阻、电感和电容元件用阻抗或导纳表示，得到的电路模型称为相量模型。由前述可知，在正弦稳态电路中，基尔霍夫定律的相量形式以及电阻、电感和电容元件的电压与电流之间的相量关系与电阻电路的相应关系非常类似。因此，在用相量法进行正弦稳态电路的分析时，线性电阻电路的各种分析方法和电路定理对于正弦稳态电路的相量分析都是同样适用的，差别仅在于正弦稳态电路所列的电路方程是以相量形式表示的代数方程，而计算则为复数的运算。

正弦稳态电路的解题步骤如下：

1）根据原电路图画出相量模型图（电路结构不变）。将电压、电流用相量表示，将电阻、电感和电容元件用阻抗或导纳表示。

2）根据相量模型列出相量方程式或画相量图。

3）用相量分析法或相量图求解。

4）将分析结果变换成要求的时间函数形式。

例 5-8 如图 5-23a 所示电路，已知：$C=1\mu\text{F}$，$R_1=100\Omega$，$L=40\text{mH}$，$R_2=200\Omega$，$I=10\text{mA}$，$f=1000\text{Hz}$。

试求：支路电流 I_1、I_2、I_3。

解 电路的相量模型如图 5-23b 所示。设 $\dot{I}=10\underline{/0°}\text{A}$，各支路导纳为

$$Y_1 = \text{j}\omega C = \text{j}2\pi\times1000\times10^{-6}\text{S} = \text{j}6.28\times10^{-3}\text{S}$$

$$Y_2 = \frac{1}{R_1+\text{j}\omega L} = \frac{1}{100+\text{j}2\pi\times1000\times40\times10^{-3}}\text{S} = \frac{1}{100+\text{j}251}\text{S} = 3.7\times10^{-3}\underline{/-68.3°}\text{S}$$
$$= (1.37\times10^{-3} - \text{j}3.44\times10^{-3})\text{S}$$

$$Y_3 = \frac{1}{R_2} = 0.005\text{S}$$

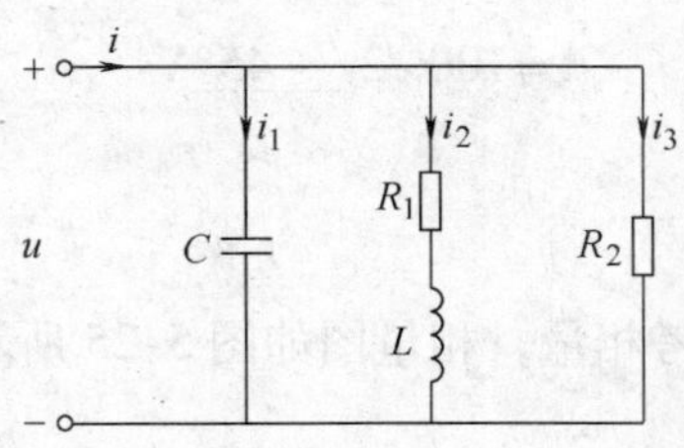

a) 电路

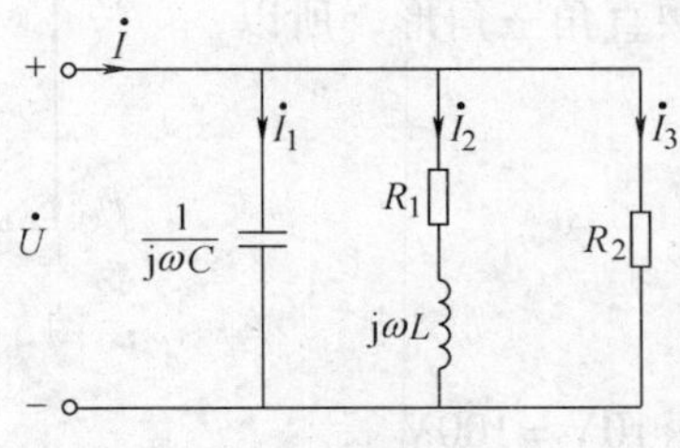

b) 电路的相量模型

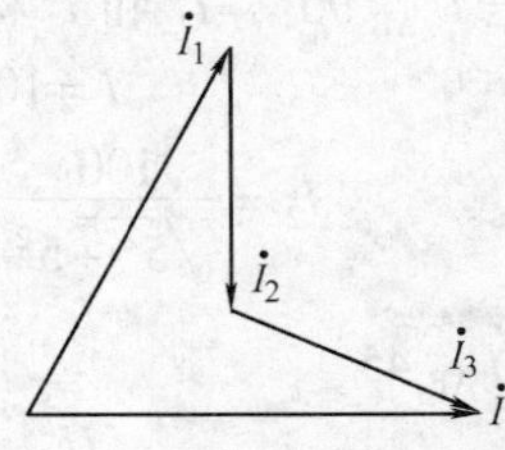
c) 电路的相量图

图5-23 例5-8图

$$Y = Y_1 + Y_2 + Y_3 = (\text{j}6.28\times10^{-3} + 1.37\times10^{-3} - \text{j}3.44\times10^{-3} + 0.005)\text{S}$$
$$= 6.97\times10^{-3}\angle 24^\circ \text{S}$$

则

$$\dot{I}_1 = \frac{Y_1}{Y}\dot{I} = \frac{\text{j}6.28\times10^{-3}}{6.97\times10^{-3}\angle 24^\circ}\times 10\angle 0^\circ \text{mA} = 9.01\angle 66^\circ \text{mA}$$

$$\dot{I}_2 = \frac{Y_2}{Y}\dot{I} = \frac{3.7\times10^{-3}\angle -68.3^\circ}{6.97\times10^{-3}\angle 24^\circ}\times 10\angle 0^\circ \text{mA} = 5.31\angle -92.3^\circ \text{mA}$$

$$\dot{I}_3 = \frac{Y_3}{Y}\dot{I} = \frac{0.005}{6.97\times10^{-3}\angle 24^\circ}\times 10\angle 0^\circ \text{mA} = 7.17\angle -24^\circ \text{mA}$$

所以

$$I_1 = 9.01\text{mA},\ I_2 = 5.31\text{mA},\ I_3 = 7.17\text{mA}$$

例 5-9 由图5-24已知，$I_1 = 10\text{A}$，$U_{AB} = 100\text{V}$，求：电流表和电压表的读数。

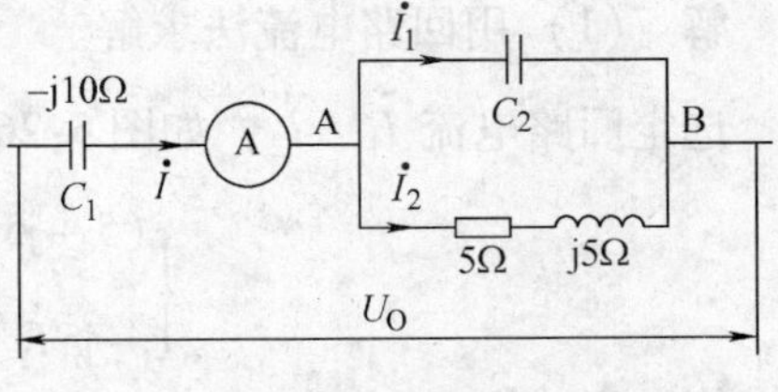

图5-24 例5-9图

解 解题方法有两种。

(1) 用相量法进行运算。设 $\dot{U}_{AB}$ 为参考相量，即 $\dot{U}_{AB} = 100\angle 0^\circ \text{V}$，$\dot{I}_2 = \frac{100}{5+\text{j}5}\text{A} = 10\sqrt{2}\angle -45^\circ \text{A}$

$$\dot{I}_1 = 10\angle 90^\circ \text{A} = \text{j}10\text{A}$$
$$\dot{I} = \dot{I}_1 + \dot{I}_2 = 10\angle 0^\circ \text{A}$$

电流表的读数是有效值，因此读数为10A。

$$\dot{U}_{C1} = \dot{I}(-\text{j}10) = -\text{j}100\text{V}$$
$$\dot{U}_O = \dot{U}_{C1} + \dot{U}_{AB} = (100 - \text{j}100)\text{V}$$

$$=100\sqrt{2}\angle -45°\text{V}$$

因此电压表的读数为 141V。

（2）利用相量图求结果。

设 $\dot{U}_{AB}=100\angle 0°\text{V}$ 为参考相量，相量图如图 5-25 所示。

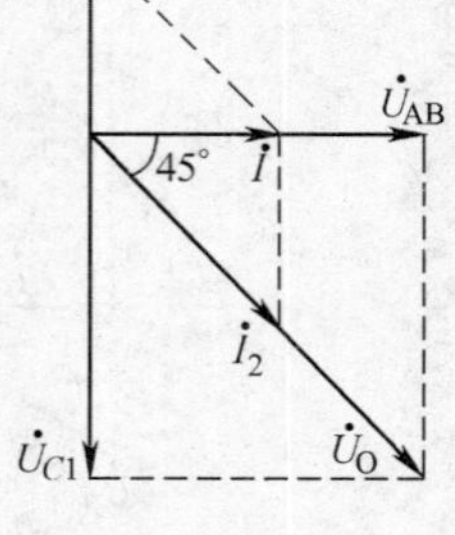

图 5-25　相量图

由已知条件得

$$I_1=10\text{A}$$

$\dot{I}_1$ 超前电压 $\dot{U}_{AB}$ 90°，$\dot{I}_1$ 和 $\dot{I}$ 构成一个等腰直角三角形，所以

$$I=10\text{A}$$

$$I_2=\frac{100}{\sqrt{5^2+5^2}}\text{A}=10\sqrt{2}\text{A}$$

$\dot{I}_2$ 滞后于 $\dot{U}_{AB}$ 45°

$$U_{C1}=IX_{C1}=10\times 10\text{V}=100\text{V}$$

$\dot{U}_{C1}$落后于 $\dot{I}$ 90°

由图 5-25 可见：$U_{C1}=U_{AB}$，因此 $U_O=141\text{V}$。

所以电流表和电压表的读数分别为 10A 和 141V。

例 5-10　电路如图 5-26 所示。已知：$\dot{U}_1=100\angle 0°\text{V}$，$\dot{U}_2=100\angle 53°\text{V}$，电源的工作频率为工频。试求：$\dot{I}_0$ 与 $i_0(t)$。

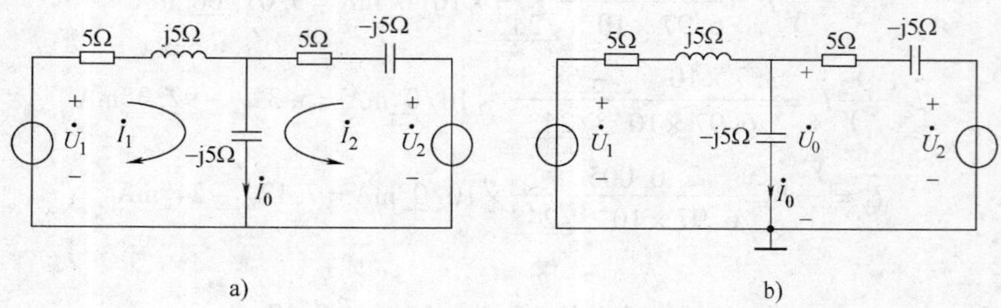

图 5-26　例 5-10 图

解　（1）用回路电流法求解。

选定回路电流 $\dot{I}_1$、$\dot{I}_2$，如图 5-26a 所示。列回路电流方程

$$\begin{cases}(5+\text{j}5-\text{j}5)\dot{I}_1-\text{j}5\dot{I}_2=100\angle 0° \\ -\text{j}5\dot{I}_1+(5-\text{j}5-\text{j}5)\dot{I}_2=100\angle 53°\end{cases}$$

解方程，得

$$\begin{cases}\dot{I}_1=(8-\text{j}6)\text{A} \\ \dot{I}_2=(-6+\text{j}12)\text{A}\end{cases}$$

所以

$$\dot{I}_0=\dot{I}_1+\dot{I}_2=(2+\text{j}6)\text{A}=6.32\angle 71.6°\text{A}$$

（2）用节点电压法求解。

设节点电压为 $\dot{U}_0$，如图 5-26b 所示。列节点电压方程

$$\left(\frac{1}{5+\mathrm{j}5}+\frac{1}{-\mathrm{j}5}+\frac{1}{5-\mathrm{j}5}\right)\dot{U}_0=\frac{100\angle 0^\circ}{5+\mathrm{j}5}+\frac{100\angle 53^\circ}{5-\mathrm{j}5}$$

解得

$$\dot{U}_0=31.6\angle -18.4^\circ\mathrm{V}$$

所以

$$\dot{I}_0=\frac{\dot{U}_0}{-\mathrm{j}5}=\frac{31.6\angle -18.4^\circ}{-\mathrm{j}5}\mathrm{A}=6.32\angle 71.6^\circ\mathrm{A}$$

(3) $i_0(t)=6.32\sqrt{2}\cos(314t+71.6^\circ)$

由以上两种分析方法可以看出，对于该电路的分析，使用节点电压法更为简便。

例 5-11 电路如图 5-27 所示。已知：$Z=(10+\mathrm{j}50)\Omega$，$Z_1=(400+\mathrm{j}1000)\Omega$，电流控制电流源的电流受流过 Z_1 的电流 $\dot{I}_1$ 控制。如果要求 $\dot{I}_1$ 和 $\dot{U}_s$ 的相位差为 90°，试求 β。

解 根据 KCL 和 KVL，有

$$\dot{I}=\dot{I}_1+\beta\dot{I}_1$$

$$\dot{U}_s=Z\dot{I}+Z_1\dot{I}_1$$

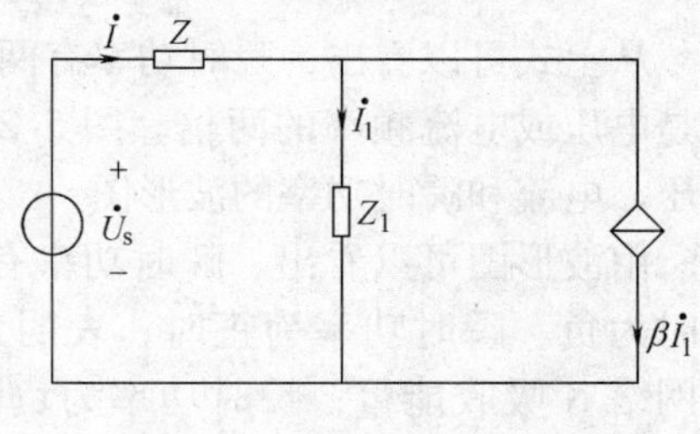

图 5-27 例 5-11 图

可得

$$\frac{\dot{U}_s}{\dot{I}_1}=Z+\beta Z+Z_1$$

要使 $\dot{I}_1$ 和 $\dot{U}_s$ 的相位差为 90°，必须使上式的复数的实部为零，即

$$\mathrm{Re}[Z+\beta Z+Z_1]=0$$

于是

$$10+10\beta+400=0$$

所以

$$\beta=-41$$

最后有

$$\frac{\dot{U}_s}{\dot{I}_1}=Z+\beta Z+Z_1=(10+\mathrm{j}50-410-\mathrm{j}2050+400+\mathrm{j}1000)\Omega=-\mathrm{j}1000\Omega$$

电压 $\dot{U}_s$ 滞后于电流 $\dot{I}_1$ 的角度为 90°。

【每节思考】

1. 思考为什么正弦稳态电路的分析要通过相量变换进行？

2. 某题利用相量法分析正弦稳态电路的电流，得到结果：$\dot{I}_1=10\angle 90^\circ\mathrm{A}=\mathrm{j}10\mathrm{A}$，你认为这是最终结果吗？

5.7 正弦稳态电路的功率

在正弦稳态电路的分析中，功率和能量是很重要的概念。在正弦稳态电路中，由于负载中含有电感、电容这样的储能元件，因此，除了有能量的消耗外，还存在着电源和负载之间的能量交换，使得正弦稳态电路的功率问题要比电阻电路复杂得多。本节将介绍瞬时功率、

平均功率（有功功率）、无功功率、视在功率、功率因数、复功率以及最大功率传输等。

5.7.1 瞬时功率

如图 5-28 所示，设无源一端口网络 N 的端电压和端电流分别为

$$u(t)=\sqrt{2}U\cos(\omega t+\psi_u)$$

$$i(t)=\sqrt{2}I\cos(\omega t+\psi_i)$$

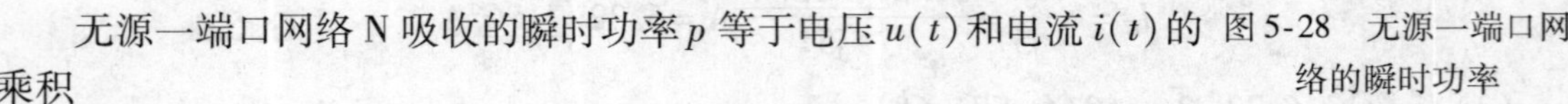

图 5-28　无源一端口网络的瞬时功率

无源一端口网络 N 吸收的瞬时功率 p 等于电压 $u(t)$ 和电流 $i(t)$ 的乘积

$$\begin{aligned}p&=ui=\sqrt{2}U\cos(\omega t+\psi_u)\times\sqrt{2}I\cos(\omega t+\psi_i)\\&=UI\cos(\psi_u-\psi_i)+UI\cos(2\omega t+\psi_u+\psi_i)\end{aligned}$$

令 $\varphi=\psi_u-\psi_i$，φ 为电压和电流之间的相位差，则

$$p=UI\cos\varphi+UI\cos(2\omega t+\psi_u+\psi_i)$$

从上式可以看出，瞬时功率有两个分量，第一个为恒定分量，第二个为正弦分量，其频率是电压或电流频率的两倍。图 5-29 画出了电压、电流和瞬时功率的波形图。

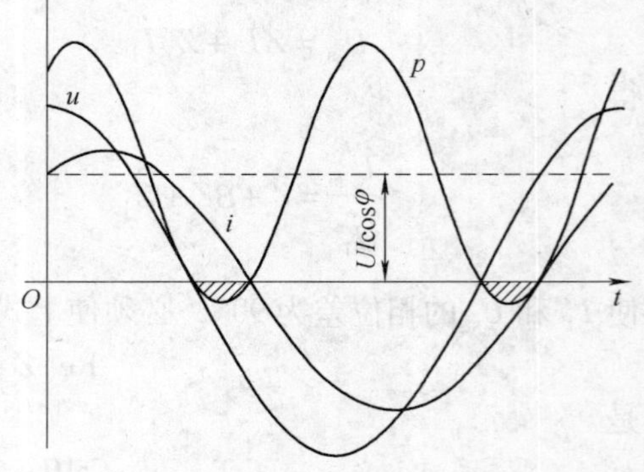

图 5-29　电压、电流和瞬时功率的波形图

由波形图可以看出，瞬时功率有时为正，有时为负。瞬时功率为正时，表明无源一端口网络 N 吸收能量；瞬时功率为负时，表明无源一端口网络 N 将能量返还给电源。

瞬时功率还可以写为

$$\begin{aligned}p&=UI\cos\varphi+UI\cos(2\omega t+2\psi_u-\varphi)\\&=UI\cos\varphi+UI\cos\varphi\cos(2\omega t+2\psi_u)\\&\quad+UI\sin\varphi\sin(2\omega t+2\psi_u)\\&=UI\cos\varphi\{1+\cos[2(\omega t+\psi_u)]\}\\&\quad+UI\sin\varphi\sin[2(\omega t+\psi_u)]\end{aligned}$$

如果 $\varphi\leqslant\pi/2$，上式中第一项始终大于或等于零，它是瞬时功率中的不可逆部分；第二项是瞬时功率中的可逆部分，其值正负交替，说明能量在外施电源与一端口之间来回交换。图 5-29 中，在一个周期内，瞬时功率为正的时间比瞬时功率为负的时间长，表明无源一端口网络 N 总的看来是消耗功率的。

5.7.2 平均功率（有功功率）

瞬时功率的实用价值不大，通常电路的功率是指平均功率，平均功率又称有功功率。平均功率定义为瞬时功率在一个周期内的平均值，用大写字母 P 表示

$$\begin{aligned}P&=\frac{1}{T}\int_0^T p\mathrm{d}t=\frac{1}{T}\int_0^T UI[\cos\varphi+\cos(2\omega t+\psi_u+\psi_i)]\mathrm{d}t\\&=UI\cos\varphi\end{aligned}$$

式中，$\cos\varphi$ 称为功率因数，φ 称为功率因数角，是电压和电流之间的相位差。

有功功率代表一端口网络 N 实际消耗的功率，它不仅与电压和电流的有效值的乘积有关，而且与电压与电流之间的相位差有关。有功功率的单位是瓦（W）。

如果无源一端口网络 N 是电阻性的，则功率因数角 $\varphi=0$，功率因数 $\cos\varphi=1$，表明无源

一端口网络 N 相当于一个纯电阻元件，有功功率大于零，是消耗功率的；如果无源一端口网络 N 是纯电感性的或纯电容性的，则功率因数角 $\varphi = \pm 90°$，功率因数 $\cos\varphi = 0$，有功功率等于零，表明无源一端口网络 N 相当于一个纯电感元件或纯电容元件，它们不消耗能量。

正弦稳态电路的有功功率是守恒的，即外施电源提供的有功功率等于电路中各部分所吸收并消耗的有功功率之和。由于电感元件和电容元件是储能元件，不消耗任何功率，因此对于无源一端口网络 N，它所吸收并消耗的有功功率就是其内部电阻所消耗的有功功率之和。

例 5-12　一无源一端口网络如图 5-30 所示，其中 $R = 3\Omega$，$j\omega L = j4\Omega$，$-j\dfrac{1}{\omega C} = -j5\Omega$。已知：$\dot{I} = 12.65\angle 18.5°\text{A}$，$\dot{I}_1 = 20\angle -53°\text{A}$，$\dot{I}_2 = 20\angle 90°\text{A}$，$\dot{U} = 100\angle 0°\text{V}$。求：该无源一端口网络的有功功率和功率因数，并判断其性质。

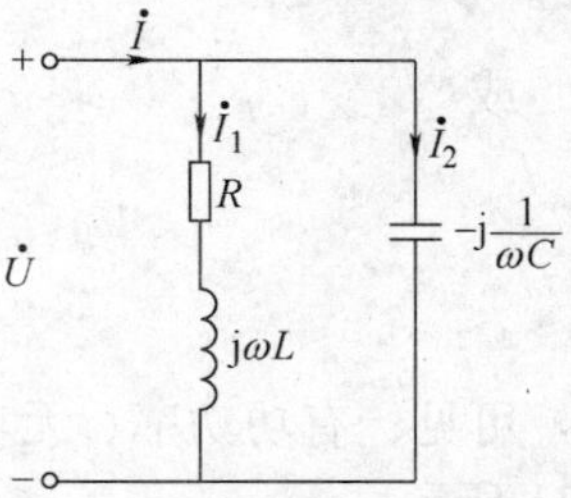

解　有功功率可以用两种方法来求。

方法一：由于 $\dot{I} = 12.65\angle 18.5°\text{A}$，$\dot{U} = 100\angle 0°\text{V}$，故功率因数角 φ（即电压与电流之间的相位差）为

$$\varphi = 0° - 18.5° = -18.5°$$

功率因数

$$\cos\varphi = \cos(-18.5°) = 0.948$$

有功功率

$$P = UI\cos\varphi = 100 \times 12.65 \times 0.948\text{W} = 1200\text{W}$$

图 5-30　例 5-12 图

方法二：由于无源一端口网络的有功功率其实就是其中电阻所消耗的有功功率，因此

$$P = I_1^2 R = 20^2 \times 3\text{W} = 1200\text{W}$$

由于电压与电流之间的相位差 $\varphi = 0° - 18.5° = -18.5°$，电压滞后于电流，所以该无源一端口网络为电容性的。

5.7.3　无功功率

虽然电感元件、电容元件所吸收的平均功率为零，但作为储能元件，它们与电源之间存在能量的相互交换。为了衡量储能元件与电源之间能量相互交换的规模，定义了无功功率。无功功率用大写字母 Q 表示，定义为

$$Q = UI\sin\varphi$$

式中，φ 为电压和电流之间的相位差。

无功功率反映了无源一端口网络内部与外部电路进行能量交换的最大速率。无功功率的单位是乏（var）。

如果无源一端口网络 N 是电阻性的，功率因数角 $\varphi = 0$，无功功率 $Q = 0$，该无源一端口网络 N 相当于一个电阻元件，无功功率为零；如果无源一端口网络 N 是纯电感性的，则功率因数角 $\varphi = 90°$，表明无源一端口网络 N 相当于一个纯电感元件，无功功率为 $Q = UI = I^2 X_L = U^2/X_L$；如果无源一端口网络 N 是纯电容性的，则功率因数角 $\varphi = -90°$，表明无源一端口网络 N 相当于一个纯电容元件，无功功率为 $Q = -UI = -I^2 X_C = -U^2/X_C$；如果无源一端口网络 N 是电感性的，则功率因数角 $0° < \varphi < 90°$，无功功率大于零；如果无源一端口网络 N 是电容性的，则功率因数角 $-90° < \varphi < 0°$，无功功率小于零。

正弦稳态电路的无功功率是守恒的，即外施电源提供的无功功率等于电路中各部分无功功率之和。由于电阻元件是耗能元件，不是储能元件，没有无功功率，因此对于无源一端口

网络 N，它的无功功率就是其内部电感元件和电容元件的无功功率之和。

5.7.4 视在功率

视在功率定义为电压与电流的有效值的乘积，用大写字母 S 表示

$$S = UI$$

视在功率的单位是伏安（VA）。

对平均功率（有功功率）、无功功率、视在功率的定义进行比较，不难发现，它们三者之间存在以下关系：

$$\begin{cases} P = S\cos\varphi \\ Q = S\sin\varphi \end{cases}$$

或

$$\begin{cases} S = \sqrt{P^2 + Q^2} \\ \cos\varphi = \dfrac{P}{S} \end{cases}$$

可见，有功功率、无功功率、视在功率构成一个直角三角形，称之为功率三角形，如图 5-31 所示。

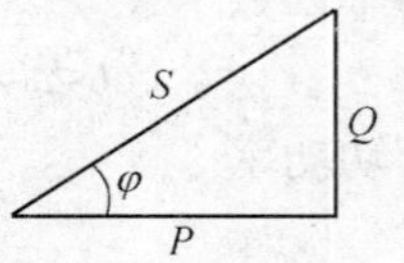

图 5-31 功率三角形

一般电气设备工作时，电压、电流都不能超过其额定值，因此视在功率反映了电气设备的容量。容量一定的发电机或变压器等电气设备，其功率因数取决于负载情况，因此它所能传输的有功功率也随负载功率因数的不同而不同，由于负载功率因数 $\cos\varphi \leqslant 1$，它所能传输的有功功率总是小于或等于其容量。例如，一台变压器的容量为 1000kVA，如果负载是纯电阻性的，则功率因数 $\cos\varphi = 1$，其传输的有功功率为 1000kW；如果负载是电感性的，若功率因数 $\cos\varphi = 0.6$，则其传输的有功功率为 600kW。由此可见，为了充分利用一台发电机或变压器的容量，应适当提高电路的功率因数。

对于线性电阻、线性电感和线性电容元件的正弦稳态电路，各自的电压与电流的幅值关系、相位关系、相量关系、相量图以及功率特点总结见表 5-2。

表 5-2 线性电阻、线性电感和线性电容元件的电路特征

电路参数		R	L	C
电压电流关系	有效值	$U_R = IR$	$U_L = I\omega L = IX_L$	$U_C = I\dfrac{1}{\omega C} = IX_C$
	相量式	$\dot{U}_R = \dot{I}R$	$\dot{U}_L = \mathrm{j}\dot{I}X_L$	$\dot{U}_C = -\mathrm{j}\dot{I}X_C$
	相量图	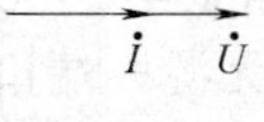 $\dot{I}$ $\dot{U}$	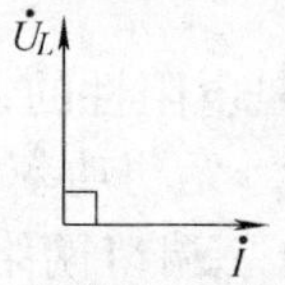 $\dot{U}_L$ $\dot{I}$	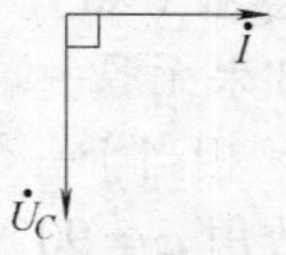 $\dot{I}$ $\dot{U}_C$
	相位差	u_R 和 i 同相	u_L 超前 i 90°角	u_C 滞后 i 90°角
有功功率		$P_R = UI = I^2R = \dfrac{U^2}{R}$	0	0
无功功率		0	$Q_L = U_LI = I^2X_L = \dfrac{U_L^2}{X_L}$	$Q_C = -U_CI = -I^2X_C = -\dfrac{U_C^2}{X_C}$

注：表中线性电阻、线性电感和线性电容元件的电压与电流均取关联参考方向。

5.7.5　功率因数的提高

在正弦稳态电路中，有功功率与视在功率的比值用 λ 表示，称为电路的功率因数，即

$$\lambda = \frac{P}{S} = \cos\varphi$$

电压与电流的相位差 φ 称为功率因数角，它是由电路的参数决定的。在纯电容和纯电感电路中，$P=0$，$Q=S$，$\lambda=0$，功率因数最低；在纯电阻电路中，$Q=0$，$P=S$，$\lambda=1$，功率因数最高。

功率因数是一项重要的电能经济指标。当电网的电压一定时，功率因数太低，会引起下述三方面的问题。

1）降低了供电设备的利用率。容量 S 一定的供电设备能够输出的有功功率为

$$P = S\cos\varphi$$

$\cos\varphi$ 越低，P 越小，设备越得不到充分利用。

2）增加了供电设备和输电线路的功率损耗。负载从电源取用的电流为

$$I = \frac{P}{U\cos\varphi}$$

在 P 和 U 一定的情况下，$\cos\varphi$ 越低，I 就越大，供电设备和输电线路的功率损耗也就越多。

3）输电线上的线路压降大，因此负载端的电压低，从而使线路上的用电设备不能正常工作，甚至损坏。

提高电感性电路的功率因数会带来显著的经济效益。目前，在各种用电设备中，属电感性的居多。例如，工农业生产中广泛应用的异步电动机和日常生活中大量使用的荧光灯等都属于电感性负载，而它们的功率因数往往比较低。异步电动机在额定负载时的功率因数约为 0.7～0.9 左右，如果在轻载时其功率因数就更低。供电部门对工业企业单位的功率因数要求是在 0.9 以上，如果用户的负载功率因数低，则需采取措施提高功率因数。提高功率因数的原则是必须保证负载的工作状态不变，即加至负载上的电压和负载的有功功率不变。

电路的功率因数低，是因为无功功率多，使得有功功率与视在功率的比值小。由于电感性无功功率可以由电容性无功功率来补偿，所以提高电感性电路的功率因数除尽量提高负载本身的功率因数外，还可以采取与电感性负载并联适当电容的办法。这时电路的工作情况可以通过图 5-32 所示电路和相量图来说明。并联电容前，电路的总电流就是负载的电流 $\dot{I}_L$，电路的功率因数就是负载的功率因数 $\cos\varphi_L$。并联电容后，电路总电流为 $\dot{I}$，电路的功率因数变为 $\cos\varphi$。φ 为总电压与总电流之间的相位差，由相量图可见，$\cos\varphi > \cos\varphi_L$。因此，只要 C 值选得恰当，便可将电路的功率因数提高到希望的数值。并联电容后，负载的工作未受影

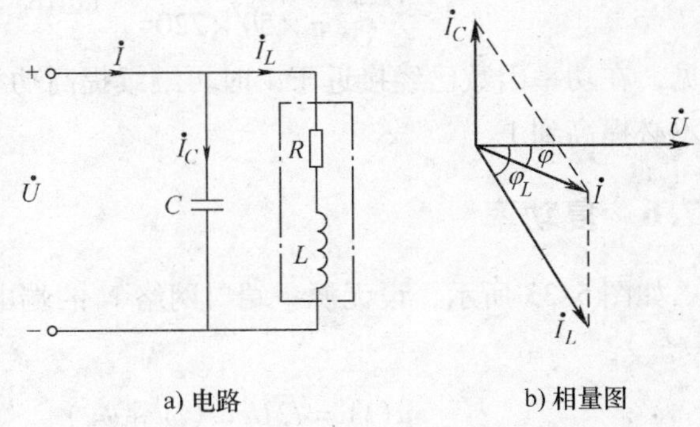

a) 电路　　b) 相量图

图 5-32　功率因数的提高

响，它本身的功率因数并没有提高，提高的是电源的功率因数。

由图5-32b的相量图，可得到电流的有效值关系为

$$I_C = I_L\sin\varphi_L - I\sin\varphi$$

因为

$$P = UI_L\cos\varphi_L = UI\cos\varphi$$

$$I_C = \frac{U}{X_C} = U\omega C$$

所以

$$U\omega C = \frac{P}{U\cos\varphi_L}\sin\varphi_L - \frac{P}{U\cos\varphi}\sin\varphi$$

故所需补偿的电容为

$$C = \frac{P}{\omega U^2}(\tan\varphi_L - \tan\varphi) \tag{5-4}$$

例5-13 有一电感性负载，其功率 $P = 10\text{kW}$，功率因数 $\cos\varphi_1 = 0.6$，接在电压 $U = 220\text{V}$ 的正弦电源上，电源频率 $f = 50\text{Hz}$。（1）如要将功率因数提高到 $\cos\varphi = 0.95$，试求与负载并联的电容的电容值和电容并联前后的线路电流；（2）如要将功率因数从0.95再提高到1，试问并联电容的电容值还需增加多少？

解 （1）$\cos\varphi_1 = \cos\varphi_L = 0.6$

所以 $\varphi_L = 53°$

$\cos\varphi = 0.95$ 故 $\varphi = 18°$

由式（5-4），可得所需补偿的电容为

$$C = \frac{P}{\omega U^2}(\tan\varphi_L - \tan\varphi) = \frac{10\times10^3}{2\pi\times50\times220^2}(\tan53° - \tan18°)\text{F} = 656\mu\text{F}$$

电容并联前的线路电流（即负载电流）为

$$I_1 = I_L = \frac{P}{U\cos\varphi_1} = \frac{10\times10^3}{220\times0.6}\text{A} = 75.6\text{A}$$

电容并联后的线路电流（即总电流）为

$$I_1 = \frac{P}{U\cos\varphi} = \frac{10\times10^3}{220\times0.95}\text{A} = 47.8\text{A}$$

（2）如果将功率因数从0.95再提高到1，则需要增加的电容值为

$$C = \frac{10\times10^3}{2\pi\times50\times220^2}(\tan18° - \tan0°)\ \text{F} = 213.6\mu\text{F}$$

可见，在功率因数已经接近于1时再继续提高功率因数，则所需的电容值是很大的，因此一般不必提高到1。

5.7.6 复功率

如图5-33所示，设无源一端口网络N的端电压和端电流分别为

$$u(t) = \sqrt{2}U\cos(\omega t + \psi_u)$$

$$i(t) = \sqrt{2}I\cos(\omega t + \psi_i)$$

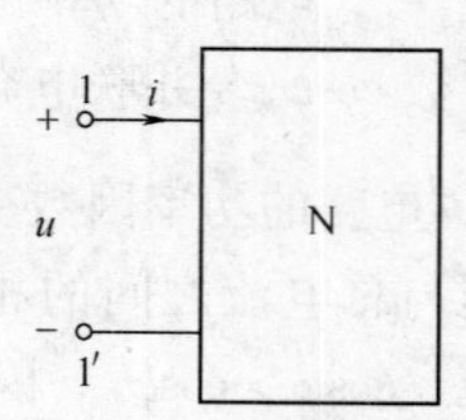

图5-33 无源一端口网络的瞬时功率

则电压相量和电流相量分别为

$$\begin{cases} \dot{U} = U\underline{/\psi_u} = U\mathrm{e}^{\mathrm{j}\psi_u} \\ \dot{I} = I\underline{/\psi_i} = I\mathrm{e}^{\mathrm{j}\psi_i} \end{cases}$$

无源一端口网络 N 吸收的有功功率可以用电压相量和电流相量表示如下：

$$P = UI\cos\varphi = UI \cdot \mathrm{Re}[\mathrm{e}^{\mathrm{j}\varphi}] = UI \cdot \mathrm{Re}[\mathrm{e}^{\mathrm{j}(\psi_u - \psi_i)}] = \mathrm{Re}[U\mathrm{e}^{\mathrm{j}\psi_u} I\mathrm{e}^{-\mathrm{j}\psi_i}] = \mathrm{Re}[\dot{U}\dot{I}^*]$$

式中，$\varphi = \psi_u - \psi_i$ 为电压和电流之间的相位差；$\dot{I}^* = I\mathrm{e}^{-\mathrm{j}\psi_i}$是电流相量 $\dot{I}$ 的共轭复数。

为了便于分析与计算正弦稳态电路中的功率，定义电压相量与电流相量的共轭复数的乘积为复功率，用符号 $\overline{S}$ 表示，即

$$\overline{S} = \dot{U}\dot{I}^*$$

将上式写为代数式

$$\overline{S} = \dot{U}\dot{I}^* = UI\mathrm{e}^{\mathrm{j}\varphi} = UI\cos\varphi + \mathrm{j}UI\sin\varphi = P + \mathrm{j}Q$$

可见，复功率将有功功率、无功功率和视在功率联系起来，它将正弦稳态电路的三个功率和功率因数统一为一个公式表示。只要计算出电路中的电压和电流相量，各种功率就可以很方便地计算出来。复功率的单位为伏安（VA）。

复功率还可以写为

$$\overline{S} = \dot{U}\dot{I}^* = Z\dot{I}\dot{I}^* = I^2 Z$$

式中

$$Z = R + \mathrm{j}X$$

或

$$\overline{S} = \dot{U}\dot{I}^* = \dot{U}(\dot{U}Y)^* = U^2 Y^*$$

式中

$$Y = G + \mathrm{j}B$$

可以证明，在正弦稳态电路中复功率是守恒的，总的复功率是电路中各部分复功率之和。

例 5-14 正弦稳态电路如图 5-34 所示。$\dot{U} = 2\underline{/0^\circ}\mathrm{V}$，$Z_1 = \mathrm{j}2\Omega$，$Z_2 = -\mathrm{j}\Omega$，$Z_3 = \mathrm{j}\Omega$，$Z_4 = 1\Omega$。求电源所发出的复功率和各元件吸收的复功率。

解 一端口的等效阻抗为

$$Z = Z_1 + \frac{Z_2(Z_3 + Z_4)}{Z_2 + Z_3 + Z_4} = \sqrt{2}\underline{/45^\circ}\Omega$$

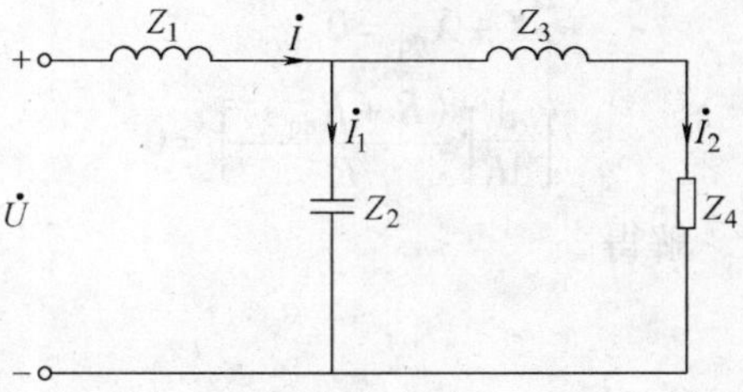

总电流相量为

$$\dot{I} = \frac{\dot{U}}{Z} = \frac{2\underline{/0^\circ}}{\sqrt{2}\underline{/45^\circ}}\mathrm{A} = \sqrt{2}\underline{/-45^\circ}\mathrm{A}$$

图 5-34 例 5-14 图

两条支路的电流相量分别为

$$\dot{I}_1 = \frac{Z_3 + Z_4}{Z_2 + Z_3 + Z_4}\dot{I} = \frac{\mathrm{j} + 1}{-\mathrm{j} + \mathrm{j} + 1} \times \sqrt{2}\underline{/-45^\circ}\mathrm{A} = 2\underline{/0^\circ}\mathrm{A}$$

$$\dot{I}_2=\frac{Z_2}{Z_2+Z_3+Z_4}\dot{I}=\frac{-\mathrm{j}}{-\mathrm{j}+\mathrm{j}+1}\times\sqrt{2}\underline{/-45^\circ}\mathrm{A}=\sqrt{2}\underline{/-135^\circ}\mathrm{A}$$

电源所发出的复功率

$$\overline{S}=\dot{U}\dot{I}^*=2\underline{/0^\circ}\times\sqrt{2}\underline{/45^\circ}\mathrm{VA}=2\sqrt{2}\underline{/45^\circ}\mathrm{VA}=(2+\mathrm{j}2)\mathrm{VA}$$

各元件吸收的复功率分别为

$$\overline{S}_1=Z_1I^2=\mathrm{j}2\times(\sqrt{2})^2\mathrm{VA}=\mathrm{j}4\mathrm{VA}$$
$$\overline{S}_2=Z_2I_1^2=(-\mathrm{j})\times2^2\mathrm{VA}=-\mathrm{j}4\mathrm{VA}$$
$$\overline{S}_3=Z_3I_2^2=\mathrm{j}\times(\sqrt{2})^2\mathrm{VA}=\mathrm{j}2\mathrm{VA}$$
$$\overline{S}_4=Z_4I_2^2=1\times(\sqrt{2})^2\mathrm{VA}=2\mathrm{VA}$$

将各元件吸收的复功率相加，得

$$\overline{S}_1+\overline{S}_2+\overline{S}_3+\overline{S}_4=(\mathrm{j}4-\mathrm{j}4+\mathrm{j}2+2)\mathrm{VA}=(2+\mathrm{j}2)\mathrm{VA}$$

可以看出

$$\overline{S}=\overline{S}_1+\overline{S}_2+\overline{S}_3+\overline{S}_4$$

即电源所发出的复功率等于各元件吸收的复功率之和。这正是在正弦稳态电路中复功率守恒的反映。

正弦稳态电路中复功率的守恒性，包含了有功功率的守恒性和无功功率的守恒性。可以根据特勒根定理予以证明。

5.7.7 最大功率传输

在一些实际问题中，通常要考虑负载在什么条件下可以从电源获得最大功率，即常常要研究负载获得最大功率（指有功功率）的条件。图 5-35a 所示电路为含源一端口向负载传输功率。根据戴维南定理，该问题可以简化为图 5-35b 所示的戴维南等效电路进行研究。

设

$$\begin{cases}Z_{\mathrm{eq}}=R_{\mathrm{eq}}+\mathrm{j}X_{\mathrm{eq}}\\Z=R+\mathrm{j}X\end{cases}$$

则负载吸收的有功功率为

$$P=\frac{U_{\mathrm{oc}}^2R}{(R+R_{\mathrm{eq}})^2+(X+X_{\mathrm{eq}})^2}$$

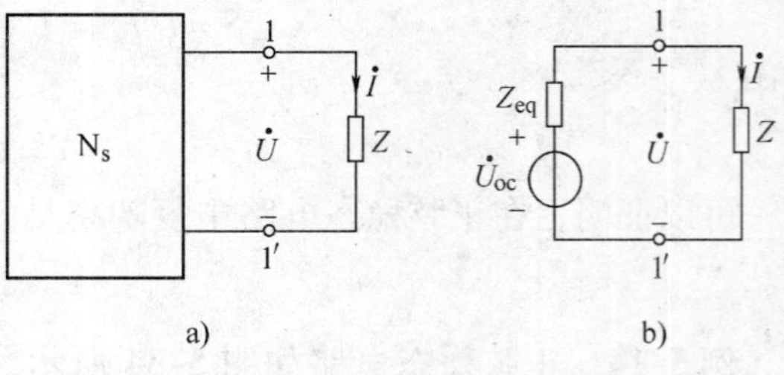

图 5-35 最大功率传输

如果 R 和 X 可以任意变动，而其他参数不变时，则负载获得最大功率的条件为

$$\begin{cases}X+X_{\mathrm{eq}}=0\\\dfrac{\mathrm{d}}{\mathrm{d}R}\left[\dfrac{(R+R_{\mathrm{eq}})^2}{R}\right]=0\end{cases}$$

解得

$$\begin{cases}X=-X_{\mathrm{eq}}\\R=R_{\mathrm{eq}}\end{cases}$$

所以，当负载满足关系

$$Z=R_{\mathrm{eq}}-\mathrm{j}X_{\mathrm{eq}}=Z_{\mathrm{eq}}^*$$

时，负载从电源获得的功率最大，最大功率为

$$P_{\max}=\frac{U_{\mathrm{oc}}^2}{4R_{\mathrm{eq}}}$$

同理，在诺顿等效电路中，负载获得最大功率的条件为

$$Y=Y_{\mathrm{eq}}^*$$

上述负载获得最大功率的条件称为最佳匹配。

例 5-15　电路如图 5-36a 所示。

已知：$\dot{U}_{\mathrm{s}}=100\angle 0°\mathrm{V}$，$\dot{I}_{\mathrm{s}}=2\angle 90°\mathrm{A}$，$Z_1=\mathrm{j}150\Omega$，$Z_2=-\mathrm{j}50\Omega$，$Z_3=Z_4=50\Omega$。求：当负载阻抗为何值时可获得最大功率，并求此功率值。

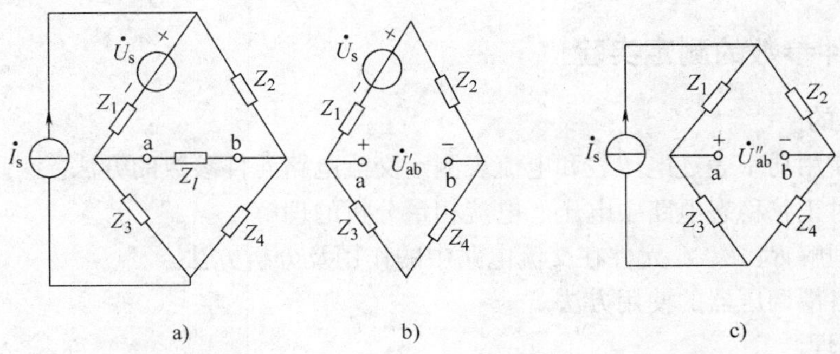

图 5-36　例 5-15 图

解　先求戴维南等效电路：一端口 a、b 端的输入阻抗为

$$Z_{\mathrm{ab}}=R_{\mathrm{ab}}+\mathrm{j}X_{\mathrm{ab}}=\frac{(Z_1+Z_2)(Z_3+Z_4)}{Z_1+Z_2+Z_3+Z_4}=\frac{(\mathrm{j}150-\mathrm{j}50)(50+50)}{100+\mathrm{j}100}\Omega=(50+\mathrm{j}50)\Omega$$

采用叠加定理计算开路电压：当电压源单独作用时，电路如图 5-36b 所示。

$$\dot{U}'_{\mathrm{ab}}=\frac{-\dot{U}_{\mathrm{s}}}{Z_1+Z_2+Z_3+Z_4}(Z_3+Z_4)=\frac{-100}{100+\mathrm{j}100}\times 100\mathrm{V}=-50\sqrt{2}\angle -45°\mathrm{V}$$

当电流源单独作用时，电路如图 5-36c 所示。

$$\begin{aligned}\dot{U}''_{\mathrm{ab}}&=\dot{I}_{\mathrm{s}}\frac{Z_2+Z_4}{Z_1+Z_2+Z_3+Z_4}Z_3-\dot{I}_{\mathrm{s}}\frac{Z_1+Z_3}{Z_1+Z_2+Z_3+Z_4}Z_4\\&=\left(\mathrm{j}2\times\frac{50-\mathrm{j}50}{100+\mathrm{j}100}\times 50-\mathrm{j}2\times\frac{50+\mathrm{j}50}{100+\mathrm{j}100}\times 50\right)\mathrm{V}\\&=100\sqrt{2}\angle -45°\mathrm{V}\end{aligned}$$

一端口开路电压为

$$\dot{U}_{\mathrm{ab}}=\dot{U}'_{\mathrm{ab}}+\dot{U}''_{\mathrm{ab}}=50\sqrt{2}\angle -45°\mathrm{V}$$

所以，在戴维南等效电路中

$$\begin{cases}\dot{U}_{\mathrm{oc}}=\dot{U}_{\mathrm{ab}}=50\sqrt{2}\angle -45°\mathrm{V}\\Z_{\mathrm{eq}}=Z_{\mathrm{ab}}=(50+\mathrm{j}50)\Omega\end{cases}$$

在戴维南等效电路中，当负载阻抗满足

$$Z_l=Z_{\mathrm{ab}}^*=(50-\mathrm{j}50)\Omega$$

时，负载可获得最大功率，最大功率为

$$P_{max}=\frac{U_{ab}^2}{4R_{ab}}=\frac{(50\sqrt{2})^2}{4\times 50}\text{W}=25\text{W}$$

【每节思考】

1. 已知一用电设备的 $|Z|=70.7\Omega$，$R=50\Omega$，求该设备的功率因数。

2. 已知一电感性负载的功率因数为 0.5，如果用同样的电感性负载与它并联时，其总功率因数是多少？如果用电阻与它并联时，其总功率因数是增大还是减小？

5.8　实验 1

交流电路元件参数的测定实验

1. 实验目的

1）学习使用功率表、电压表和电流表测定交流电路元件参数的方法。

2）加强对正弦稳态电路中电压、电流相量分析的理解。

3）深入理解 R、L、C 元件在交流电路中的作用及分析方法。

4）学习自耦调压器的使用方法。

2. 实验原理

（1）低频电路元件的参数

交流电路中常用的实际无源元件有电阻器、电感器和电容器。严格讲，这些实际元件都不能用单一的电阻参数、电感参数和电容参数来表示各自的特征。

在低频（如工频）情况下，电阻器周围的磁场和电场可以忽略不计，可以不考虑其电感和分布电容，将其看成纯电阻，可用电阻参数来表征电阻器的特征。

电感的物理原型是导线绕制的线圈，导线电阻不可以忽略。在低频情况下，线匝间的分布电容可以忽略，因此电感线圈用电阻和电感两个参数来表征。

在低频时，电容器可以略去引导电感，忽略其介质损耗和漏电，可用电容参数来表示其特征。

综上所述，在低频情况下，交流电路元件参数主要有电阻器的电阻参数 R、电容器的电容参数 C、电感线圈的电感参数 L 和电阻参数 R。

（2）元件参数的测量方法

测定元件参数的方法很多，如三表法、三压法、电桥法、谐振法以及 Q 表法等，以下实验采用三表法和三压法测量电阻器、电感器和电容器的参数。

1）三表法。在图 5-37 所示的电路中，Z 为被测元件。由电路理论可知，元件（或一端口网络）的电压 U、电流 I 及有功功率 P 有以下关系：

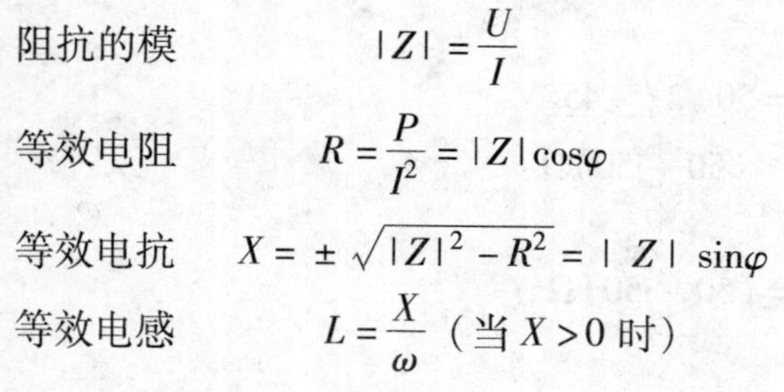

阻抗的模　$|Z|=\frac{U}{I}$

等效电阻　$R=\frac{P}{I^2}=|Z|\cos\varphi$

等效电抗　$X=\pm\sqrt{|Z|^2-R^2}=|Z|\sin\varphi$

等效电感　$L=\frac{X}{\omega}$（当 $X>0$ 时）

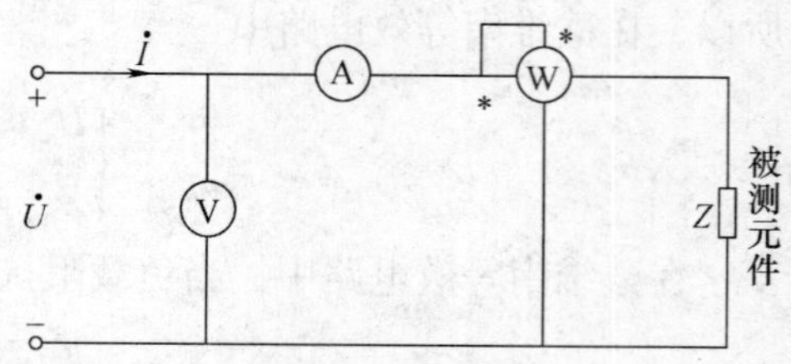

图 5-37　用三表法测量交流元件参数

等效电容　　$C=\dfrac{1}{X\omega}$（当$X<0$时）

这是测量交流参数的一种基本方法，由于采用三块仪表，故简称三表法。

2）三压法。在图5-38a所示的电路中，已知电阻r与被测阻抗Z串联，设Z为电感线圈，则总电压$\dot{U}$、电阻电压$\dot{U}_r$和电感电压$\dot{U}_{RL}$间的相量关系如图5-38b所示，显然以下式子成立：

阻抗的模　　$|Z|=r\dfrac{U_{RL}}{U_r}$

阻抗角　　$\varphi=\arccos\left(\dfrac{U^2-U_{RL}^2-U_r^2}{2U_{RL}U_r}\right)$

等效电阻　　$R=|Z|\cos\varphi$

等效电抗　　$X=|Z|\sin\varphi$

等效电感　　$L=\dfrac{X}{\omega}$

因此用电压表分别测出电压U、U_{RL}、U_r后，就能计算出元件交流参数值。

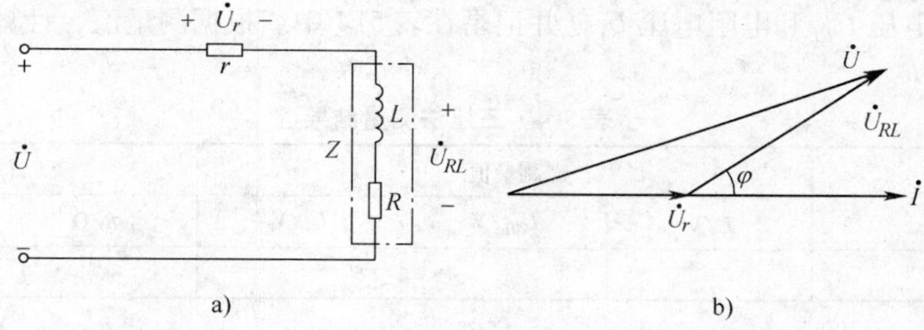

图5-38　三压法电路及相量图

3. 实验设备

1）交流电压表、交流电流表及功率表及功率因数表各一只。

2）电阻元件（或25W白炽灯代替）、电感线圈（或40W荧光灯镇流器代替）、电容器。

3）自耦调压器、电流测量插座。

4. 实验内容

（1）用三表法测电阻、电感线圈及电容元件的参数

按图5-39所示接线，被测元件为电阻，通过自耦调压器（或变压器）对电阻加一电压，电压的大小根据被测元件的额定值确定，将数据记录在表5-3中。

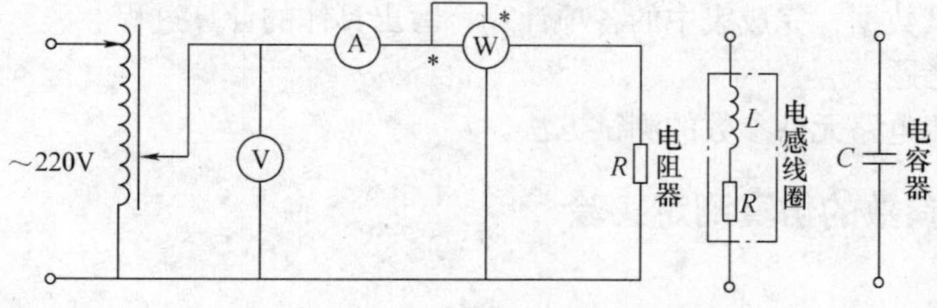

图5-39　三表法实验电路

接线时应注意先串联后并联，电流表、功率表的电流线圈和被测元件应串联起来，电压表及功率表的电压线圈与被测元件应并联，功率表的电压线圈与电流线圈的同极性端“*”连接在同一点。

将负载改为电感线圈，重复以上测量过程并将数据记录在表5-3中。

将负载改为电容器，重复以上测量过程并将数据记录在表5-3中。

根据测量值，计算各元件的有关参数。

表5-3 三表法测量结果

被测负载	测量值			计算所得参数		
	U/V	I/A	P/W	R/Ω	L/H	$C/\mu F$
电阻器					—	—
电感线圈						—
电容器				—	—	

（2）用三压法测量电感线圈的参数

按图5-38所示接线，被测元件为电感。通过自耦调压器（或变压器）对由被测元件和已知电阻 r 组成的串联电路加一低压交流电，电压的大小视元件情况而定。然后分别测量总电压 U、电感电压 U_{RL} 和电阻电压 U_r，并记录在表5-4中。根据测量值，计算电感器的电感量 L 和其内阻 R。

表5-4 三压法测量结果

被测负载	测量值			计算值	
	U/V	U_{RL}/V	U_r/V	R/Ω	L/H
电感线圈					

5. 预习要求

1）了解功率表的使用方法。

2）了解三表法和三压法测定电感和电容元件参数的实验原理。

3）应用Multisim进行仿真实验。

4）写出预习报告。

6. 注意事项

1）注意人身安全，不允许带电拆、接线路，改接线路时要首先断电。

2）被测元件所加电压、电流不得超过额定值。

7. 思考题

除以上方法外，试另外举出确定一未知电阻阻值的方法。

8. 实验报告要求

1）依据测试数据，完成表中的各项计算，写出具体的计算过程。

2）回答思考题。

3）总结交流电路元件参数的测试方法。

交流电路元件参数的仿真测定实验

1. 仿真设备

1）硬件：计算机。

2）软件：Multisim。

2. 仿真电路

如图5-40所示。

3. 仿真步骤

1）在Multisim工作区内建立仿真电路。为建立仿真电路。将鼠标指向快捷工具栏，单击鼠标右键，弹出工具栏菜单，从中选择电源元件、基本元件、测量元件等快捷工具栏。

单击电源快捷工具栏中的“交流电压源”按钮，使鼠标置于电路窗口的适当位置，单击鼠标左键，电源即出现在电路窗口；单击“接地”按钮，将接地元件放置到电路窗口中合适位置（建立的仿真电路中必须有一个接地点）。双击电源，可将电压标签值由120V改为220V，将频率60Hz改为50Hz。然后单击“OK”按钮。

从基本元件快捷工具栏中选取电阻、电感、电容元件，用鼠标拖曳到电路窗口合适位置，单击鼠标左键放置。单击鼠标右键，对元件位置调整。双击鼠标左键，可根据需要重置元件数值。

从测量元件快捷工具栏和仪器快捷工具栏中选取电流表、万用表和功率表。双击鼠标右键，将电表设置成交流。

2）连接元件和测量电表，构成图5-40所示电路。

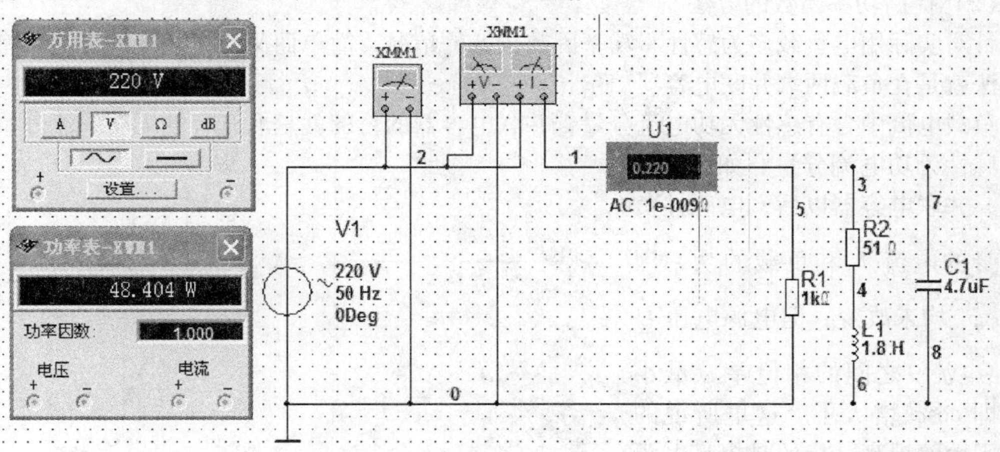

图5-40 仿真电路

3）仿真实验。按照前面实物实验的要求进行仿真，将数据记录在表5-3和表5-4中。比较实物实验和仿真实验结果。

5.9 实验2

感性电路功率因数的提高实验

1. 实验目的

1）学习感性负载电路提高功率因数的方法，理解提高功率因数的实际意义。

2）了解荧光灯的组成和工作原理。

3）进一步掌握功率表的使用方法。

4）熟悉正弦交流电路的主要特点：①掌握交流串联电路中总电压与各部分电压的关系；②掌握交流并联电路中总电流与支路电流的关系。

2. 实验原理

（1）提高功率因数的意义

在正弦交流电路中，电源发出的功率为 $P=UI\cos\varphi$。其中，$\cos\varphi$ 称为功率因数，φ 为总电压与总电流之间的相位差，即负载的阻抗角。发电设备将电能输送给用户，用户负载大多数为感性负载（如电动机、荧光灯等）。感性负载的功率因数较低，会引起以下两个问题：

1）发电设备的容量不能充分利用。发电设备的容量 $S=U_NI_N$，在额定工作状态时，发电设备发出的功率 $P=U_NI_N\cos\varphi=S\cos\varphi$，只有在电阻性负载（如白炽灯、电阻炉等）电路中 $\cos\varphi=1$，而对于感性负载，$\cos\varphi<1$，电路中会出现负载与电源之间无功能量的交换，电源就要发出一个无功功率 $Q=U_NI_N\sin\varphi$。电源在输出同样的额定电压 U_N 与额定电流 I_N 的情况下，功率因数越小，发出的有功功率 P 就越小。这就造成了发电设备的容量不能充分利用。

2）增加线路和发电设备的损耗。当发电机的电压 U 和输出功率 P 一定时，$\cos\varphi$ 越低，电流 I 越大，将引起线路和发电设备损耗的增加。

综上所述，提高电网的功率因数，对于降低电能损耗、提高发电设备的利用率和供电质量具有重要的经济意义。

（2）提高功率团数的方法

针对实际用电负载多为感性、功率因数较低的情况，简单而又易于实现的提高功率因数的方法就是在负载两端并联电容器。

负载电流中含有感性无功电流分量，并联电容器的目的就是取其容性无功电流分量补偿负载感性无功电流分量。如图5-41所示，并联电容器以后，电感性负载本身的电流 $\dot{I}_L$和负载的功率因数 $\cos\varphi_1$ 均未改变，但电源电压 $\dot{U}$ 与线路电流 $\dot{I}$之间的相位差 φ 减小了，即 $\cos\varphi$ 增大了。这里所说的功率因数的提高，指的是提高电源或电网的功率因数，而负载本身的功率因数不变。改变电容器的电容值可以实现不同程度的补偿，合理地选取电容值，便可达到所要求的功率因数。

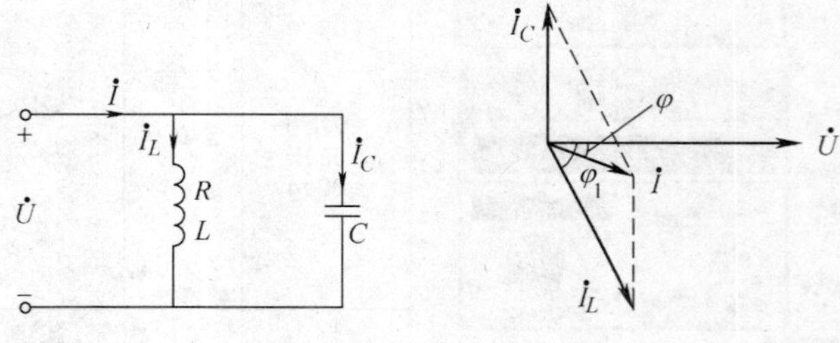

图 5-41　功率因数的提高

实验中以荧光灯（连同镇流器）作为研究对象，荧光灯电路属于感性负载，但镇流器有铁心，它与线性电感线圈有一定差别，严格地说，荧光灯电路为非线性负载。

（3）荧光灯电路结构和工作原理

荧光灯电路由灯管、启动器和镇流器组成，如图 5-42 所示。

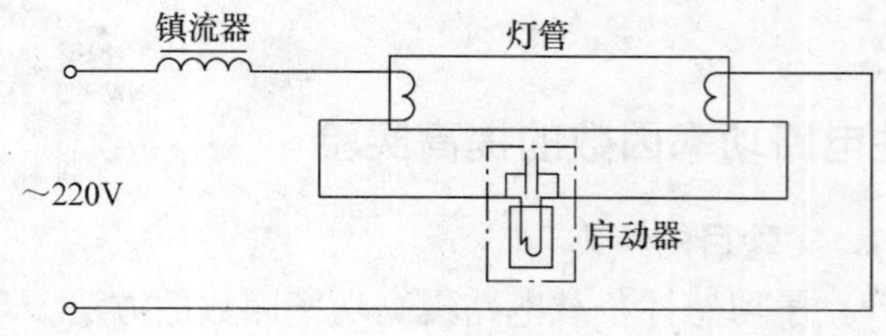

图 5-42　荧光灯电路

1）灯管。荧光灯灯管两端装

有发射电子用的灯丝，管内充有惰性气体及少量的水银蒸气，管内壁上涂有一层荧光粉。当灯管两端灯丝加热并在两端加上较高电压时，管内水银蒸气在电子的撞击下游离放电，产生弧光。弧光中的射线射在管壁的荧光粉上就会激励发光。灯管在放电后只需较低的电压就能维持其继续放电。因而要使荧光灯管正常工作，则必须在启动时产生一个瞬时较高电压，而在灯亮后又能限制其工作电流，维持灯管两端有较低电压。

2）启动器（俗称跳泡）。它是一个小型辉光放电管，管内充有氖气。它有两个电极：一个是由膨胀系数不同的U形双金属片组成，称可动电极；另一个是固定电极。为了避免在断开时产生火花烧毁电极，通常并联一只小电容。启动器实际上起一个自动开关的作用。

3）镇流器。它是一个带铁心的电感线圈。它的作用是在荧光灯启动时产生一个较高的自感电动势去点燃灯管，灯管点燃后它又限制通过灯管的电流，使灯管两端维持较小的电压。

如图5-42所示，在接通电源瞬间，由于启动器是断开的，荧光灯电路中并没有电流。电压全部加在启动器两极间，使两极间气体游离，产生辉光放电。此时两极发热，U形双金属片受热膨胀，与固定电极接触。这时电路构成闭合回路，于是电流通过灯丝使灯丝加热，为灯丝发射电子准备了条件。

启动器两极接触时，两极间电压就下降为零，辉光放电立即停止。金属片冷却收缩，与固定电极断开。在断开的瞬间电路中电流突然下降为零，于是在镇流器两端产生一个较高的自感电动势。它与电源电压一起加在灯管两端，使灯管内水银蒸气游离放电。放电发出的射线使管内壁的荧光粉发出可见光，此时启动器已不再起作用了，电流直接通过灯管与镇流器构成闭合回路。镇流器起限流作用，使灯管两端电压能维持自身放电即可。

3. 实验设备

1）调压器一台。

2）交流电压表、交流电流表和功率表及功率因数表各一只。

3）荧光灯管、镇流器和启动器各一只。

4. 实验内容

1）按图5-43所示接线，检查无误后接通电源，调节调压器使其输出电压为220V，观察荧光灯启动过程。

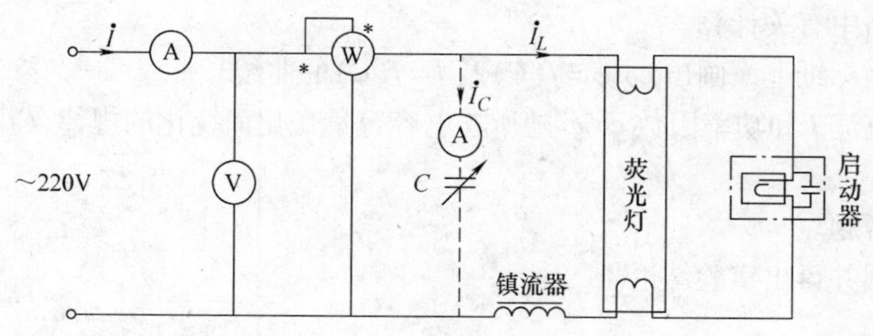

图5-43　感性电路功率因数的提高实验电路

2）荧光灯正常工作后，开始测量数据。首先测出在不并联电容（$C=0$）的情况下感性负载的电压 U、电流 I 和功率 P 及 $\cos\varphi$，并记录在表5-5中。

3）改变并联电容的值，测量功率 P、电压 U、电流 I、I_C 和 $\cos\varphi$ 的值，并记录在表5-5中。同时测量电源两端电压 $U=$_________V；荧光灯管两端电压 $U_R=$_________V；镇流器两端电压 $U_L=$_________V。

表5-5　实验数据记录

电容值	测量数据					计算值		
$C/\mu F$	P/W	I/A	I_C/A	I_L/A	$\cos\varphi$	S/VA	Q/var	$\cos\varphi$
0								

5. 预习要求

1）复习有关正弦交流电路功率的内容。

2）复习功率表的使用方法。

3）写出预习报告。

6. 注意事项

1）使用荧光灯作负载时，应注意电路的正确接线，镇流器必须与灯管相串联，否则会烧坏灯管。

2）在拆接线过程中，务必在关掉电源的情况下进行操作，以确保安全。

3）注意合理选择仪表的量程，尤其要防止因荧光灯启动时电流较大而损坏仪表。

7. 思考题

1）为什么要用并联电容的方法提高功率因数？串联电容行不行？

2）是否并联电容越大功率因数就越高？为什么？

3）当电容 C 改变时，功率表的读数 P 及荧光灯支路电流 I_L 是否改变？为什么？

8. 实验报告要求

1）完成表格中有关计算。

2）在同一坐标纸上，画出 $\cos\varphi=f(C)$ 及 $I=f(C)$ 的曲线。

3）解释总电流 I 和功率因数 $\cos\varphi$ 随所并电容容量变化而变化的规律（用相量图定性解释）。

4）回答思考题。

5）分析数据并得出实验结论。

本章小结

特定复数——相量是正弦稳态电路分析中非常重要的数学工具，它可以使正弦稳态电路的分析计算得到简化。在分析正弦稳态电路时，通常采用相量分析法，即用相量来表示正弦电压和正弦电流。将电路基本定律和关系也用相量形式表示，电路结构不变，这时的正弦稳态电路就如同电阻电路一样进行分析。

阻抗和导纳的概念以及对它们的运算和等效变换是线性电路正弦稳态分析中的重要内容。阻抗和导纳互为倒数，阻抗的串联、导纳的并联是分析正弦稳态电路时经常用到的。用相量法进行正弦稳态电路的分析时，线性电阻电路的各种分析方法和电路定理对于正弦稳态电路的相量分析都是同样适用的，差别仅在于正弦稳态电路所列的电路方程是以相量形式表示的代数方程以及用相量形式描述的电路定理，而计算则为复数的运算。

在正弦稳态电路的分析中，功率和能量是很重要的概念。要清楚有功功率、无功功率、视在功率的含义以及三者之间的关系。要清楚复功率的概念以及复功率和有功功率、无功功率之间的关系。要了解功率因数的概念及其意义。当电网的电压一定时，功率因数太低会降低供电设备的利用率、增加供电设备和输电线路的功率损耗，并影响线路上用电设备的正常工作，因此，应设法提高电路的功率因数。

习　题

5-1　将下列复数化为极坐标形式：

（1）$F_1=-5-j5$；（2）$F_2=-4+j3$；（3）$F_3=20+j40$；（4）$F_4=j10$；（5）$F_5=-3$；（6）$F_6=2.78+j9.20$。

5-2　将下列复数化为代数形式：

（1）$F_1=10\angle -73^\circ$；（2）$F_2=15\angle 112.6^\circ$；（3）$F_3=1.2\angle 152^\circ$；（4）$F_4=10\angle -90^\circ$；（5）$F_5=5\angle -180^\circ$；（6）$F_6=10\angle -135^\circ$。

5-3　求题5-1中F_2F_6和$\dfrac{F_2}{F_6}$。

5-4　求题5-2中F_1+F_5和$\dfrac{F_1}{F_5}$。

5-5　图5-44所示为时间$t=0$时电压和电流的相量图，并已知$U=220\text{V}$，$I_1=10\text{A}$，$I_2=5\sqrt{2}\text{A}$，试分别用三角函数式及复数式表示各正弦量。

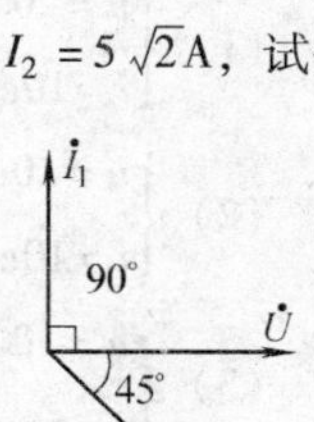

5-6　若已知两个同频正弦电压的相量分别为$\dot{U}_1=50\angle 30^\circ\text{V}$，$\dot{U}_2=100\angle -150^\circ\text{V}$，其频率$f=100\text{Hz}$。求：（1）写出$u_1$、$u_2$的时域形式；（2）$u_1$、$u_2$之间的相位差。

$\dot{I}_1$
90°
$\dot{U}$
45°
$\dot{I}_2$

图5-44　题5-5图

5-7　某一元件的电压、电流（取关联参考方向）分别为下述四种情况时，它可能是什么元件？

（1）$\begin{cases}u=10\cos(10t+45^\circ)\text{V}\\ i=2\sin(10t+135^\circ)\text{A}\end{cases}$

（2）$\begin{cases}u=10\sin(100t)\text{V}\\ i=2\cos(100t)\text{A}\end{cases}$

（3）$\begin{cases}u=-10\cos t\text{V}\\ i=-\sin t\text{A}\end{cases}$

（4）$\begin{cases}u=10\cos(314t+45^\circ)\text{V}\\ i=2\cos(314t)\text{A}\end{cases}$

5-8　在图5-45所示的各电路图中，除电流表A_0和电压表V_0外，其余电流表和电压表的读数在图上都已标出（都是正弦量的有效值），试求各图电流表 A_0 或电压表 V_0 的读数。

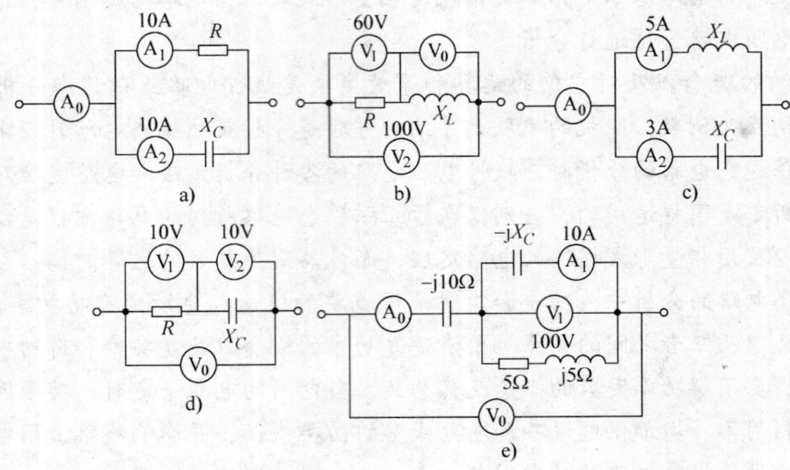

图 5-45　题 5-8 图

5-9　试求图 5-46 所示各电路的输入阻抗 Z 和输入导纳 Y。

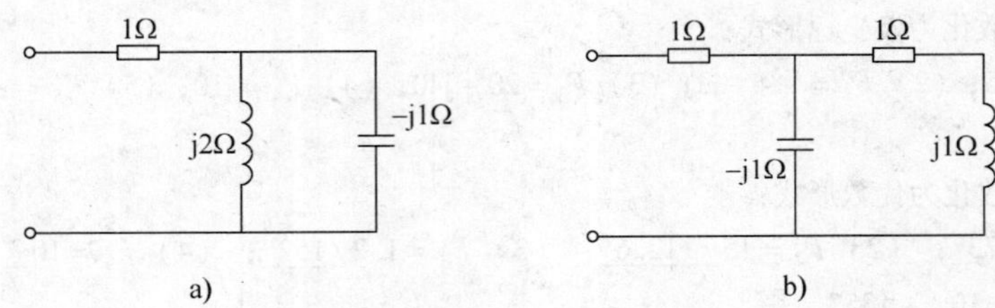

图 5-46　题 5-9 图

5-10　图 5-47 中 N 为无源一端口网络，端口电压、电流分别如下列各式所示。试求每一种情况下的输入阻抗 Z 和输入导纳 Y。

（1）$\begin{cases} u = 200\cos(314t)\text{ V} \\ i = 10\cos(314t)\text{ A} \end{cases}$

（2）$\begin{cases} u = 10\cos(10t + 45^\circ)\text{ V} \\ i = 10\cos(10t - 90^\circ)\text{ A} \end{cases}$

（3）$\begin{cases} u = 100\cos(2t + 60^\circ)\text{ V} \\ i = 5\cos(2t - 30^\circ)\text{ A} \end{cases}$

（4）$\begin{cases} u = 40\cos(100t + 17^\circ)\text{ V} \\ i = 8\sin(100t + 90^\circ)\text{ A} \end{cases}$

5-11　已知图 5-48 所示电路中，$\dot{I} = 2\angle 0^\circ\text{A}$，$R = 4\Omega$，$\omega L = 3\Omega$，$\dfrac{1}{\omega C} = 5\Omega$，求电压 $\dot{U}$，并作电路的相量图。

5-12　图 5-49 中，$I_1 = 10\text{A}$，$I_2 = 10\sqrt{2}\text{A}$，$U = 220\text{V}$，$R = 5\Omega$，$R_2 = X_L$，试求 I、X_C、X_L 及 R_2。

5-13　在图 5-50 中，$I_1 = I_2 = 10\text{A}$，$U = 100\text{V}$，u 与 i 同相，试求 I、R、X_C 及 X_L。

5-14　已知图 5-51 电路中，$I_s = 10\text{A}$，$\omega = 5000\text{rad/s}$，$R_1 = R_2 = 10\Omega$，$C = 10\mu\text{F}$，$\mu = 0.5$。求各支路电流，并作出电路的相量图。

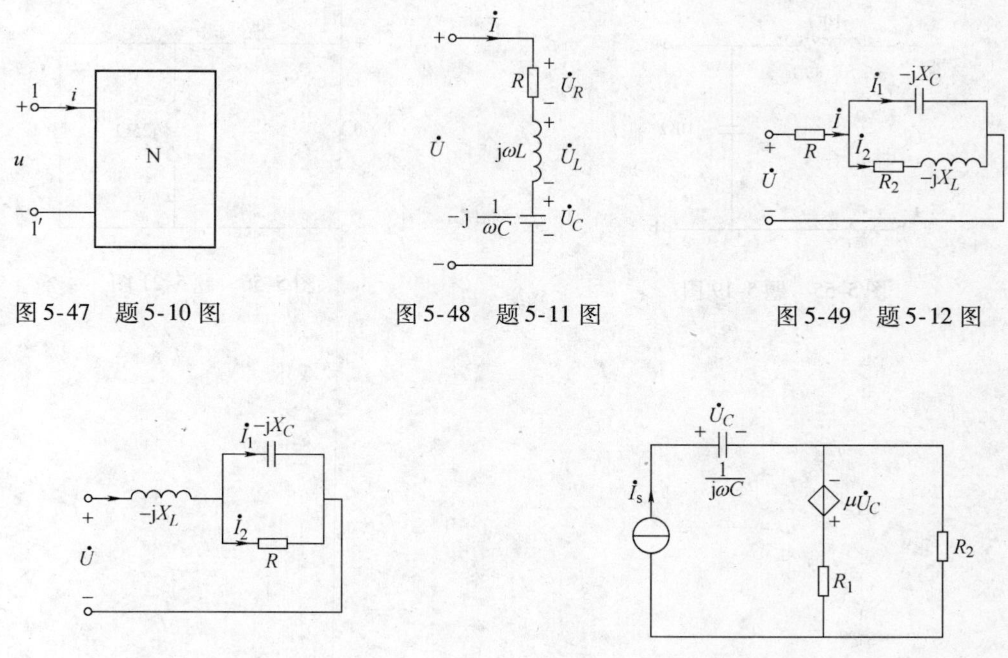

图5-47　题5-10图　　图5-48　题5-11图　　图5-49　题5-12图

图5-50　题5-13图　　图5-51　题5-14图

5-15　荧光灯管与镇流器串联接到交流电压上，可看作 RL 串联电路。如已知某灯管的等效电阻 $R_1=280\Omega$，镇流器的电阻和电感分别为 $R_2=20\Omega$，$L=1.65\mathrm{H}$，电源电压 $U=220\mathrm{V}$，试求电路中的电流和灯管两端与镇流器上的电压。这两个电压加起来是否等于220V？电源频率为50Hz。

5-16　在图5-52中，已知 $u=220\sqrt{2}\cos(314t)\mathrm{V}$，$i_1=22\cos(314t-45°)\mathrm{A}$，$i_2=11\sqrt{2}\cos(314t+90°)\mathrm{A}$，试求各仪表读数及电路参数 R、L 和 C。

5-17　在图5-53中，已知 $R_1=3\Omega$，$X_1=4\Omega$，$R_2=8\Omega$，$X_2=6\Omega$，$u=220\sqrt{2}\cos(314t)\mathrm{V}$ 试求 i_1、i_2 和 i。

5-18　在图5-54中，已知 $U=220\mathrm{V}$，$R=22\Omega$，$X_L=22\Omega$，$X_C=11\Omega$，试求电流 I_R、I_L、I_C 及 I。

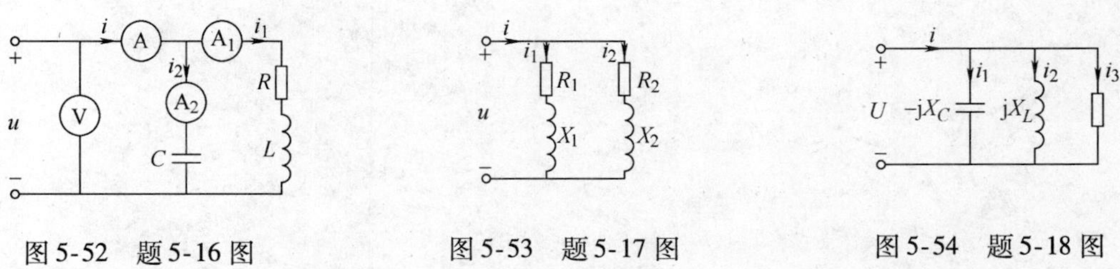

图5-52　题5-16图　　图5-53　题5-17图　　图5-54　题5-18图

5-19　已知 $\dot{U}=20\angle 0°\mathrm{V}$。求图5-55所示一端口网络的戴维南或诺顿等效电路。

5-20　今有40W的荧光灯一个，使用时灯管与镇流器（可近似地把镇流器看做纯电感）串联后接在电压为220V、频率为50Hz的电源上。已知灯管工作时属于纯电阻负载，灯管两端的电压等于110V，试求镇流器的感抗与电感。这时电路的功率因数等于多少？若将功率因数提高到0.8，问应并联多大电容？

5-21　图5-56所示电路中，求：(1) 负载 Z_L 获得最大功率时，Z_L 为何值？(2) Z_L 能获得的最大功率是多少？

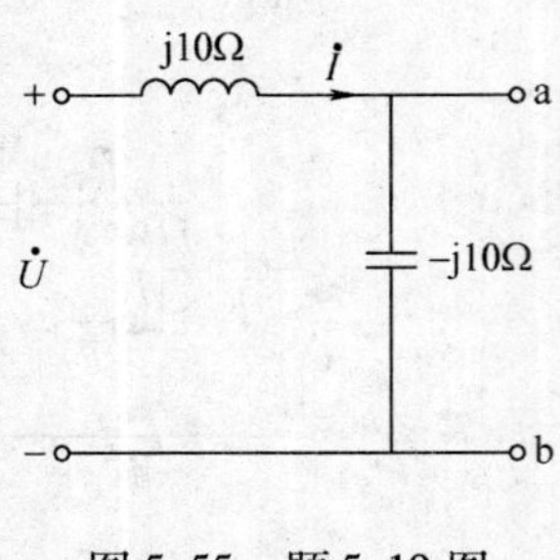

图 5-55　题 5-19 图

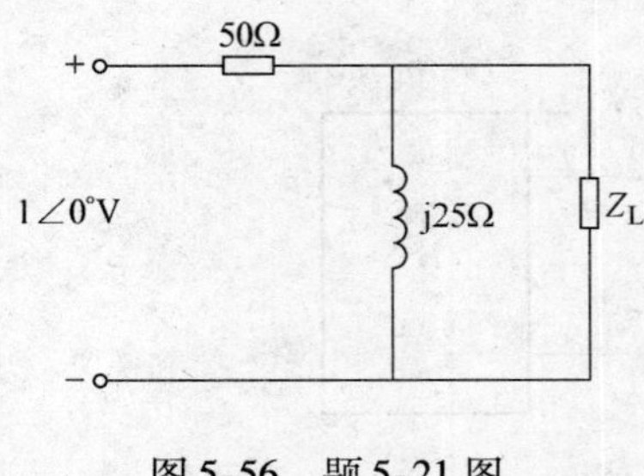

图 5-56　题 5-21 图

第6章　正弦稳态电路分析的工程应用

【本章学习要点】

本章前两节从工程应用角度讨论交流电路中的谐振现象，研究电路发生串联谐振和并联谐振的条件及特征；接着研究互感现象，定义互感、耦合系数和同名端，推导出在有互感的线圈中的互感电压表达式，论述含互感元件电路的 KVL 方程的列写及去耦等效电路，并介绍理想变压器的变压、变流及变阻作用；最后两节介绍非正弦周期信号电路的分析方法：将非正弦周期信号利用傅里叶级数分解为一系列不同频率的谐波，将激励视为多个不同频率的谐波源之和，根据叠加原理计算出每一谐波源单独作用时电路的稳态响应。本章的目的是使同学们对谐振、互感和非周期信号电路等工程现象有初步认识，并为后续课程学习打下基础。

学习难点:谐振的条件及特征；同名端；互感电路的 KVL 方程列写。

6.1　*RLC* 串联交流电路的谐振

谐振电路是一种特殊的正弦交流电路，当正弦电源的频率与谐振电路的固有频率相等时，对外电路呈现纯电阻性。由于谐振时频率选择的特点，电路谐振对于通信电子系统的工作尤为重要。例如，收音机和电视机的接收器的选台能力，即接收某个电台发送的特定频率信号，同时消除其他台发送信号的能力，就是建立在电路谐振的基础上的。

6.1.1　串联谐振电路定义

在串联 *RLC* 中，电流和电压的相位一般不相同，当 $X_C=X_L$ 时电流恰好与电压同相位，电路发生谐振，电路呈现出纯电阻性，谐振发生时的频率称为谐振频率，用 f_0 表示，如图 6-1 所示。

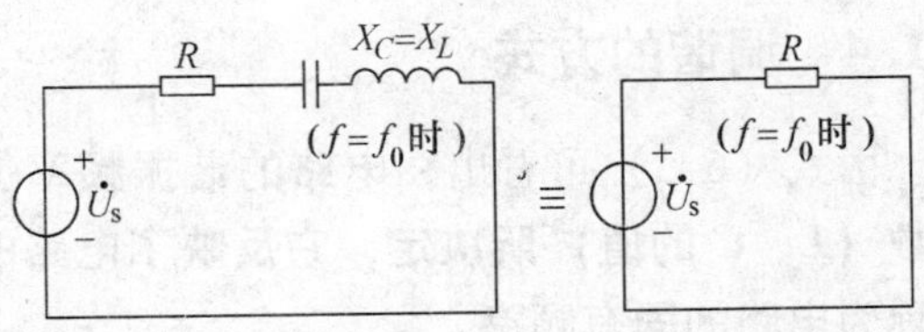

图 6-1　串联谐振：当 $X_C=X_L$ 时其作用相互抵消，电路呈现纯阻性

6.1.2　谐振条件

由图 6-2 可知，串联谐振电路的复阻抗为

$$Z=R+\mathrm{j}X_L-\mathrm{j}X_C=R+\mathrm{j}\left(\omega L-\frac{1}{\omega C}\right)=Z\underline{/\varphi} \quad (6\text{-}1)$$

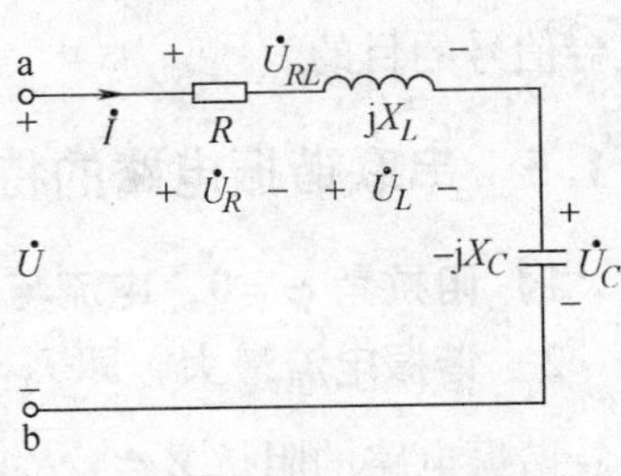

图 6-2　串联谐振电路

谐振时 $X_C=X_L$，式（6-1）中虚部为零，所以复阻抗 Z 呈纯电阻性。串联谐振条件用下面两式表示：

$$X_C=X_L \quad (6\text{-}2)$$

$$Z=R \quad (6\text{-}3)$$

例 6-1　对于图 6-3 所示的串联谐振电路，试求谐

振时的容抗 X_C 和阻抗 Z。当电源频率低于谐振频率时，电路是容性的还是感性的？

解 谐振时 $X_C = X_L$，因而 $X_C = X_L = 500\Omega$。谐振时的阻抗为

$$Z_0 = R + jX_L - jX_C = (100 + j500 - j500)\Omega = 100\underline{/0°}\Omega$$

这表明因为两个电抗相等而相互抵消，谐振时阻抗等于电阻值。

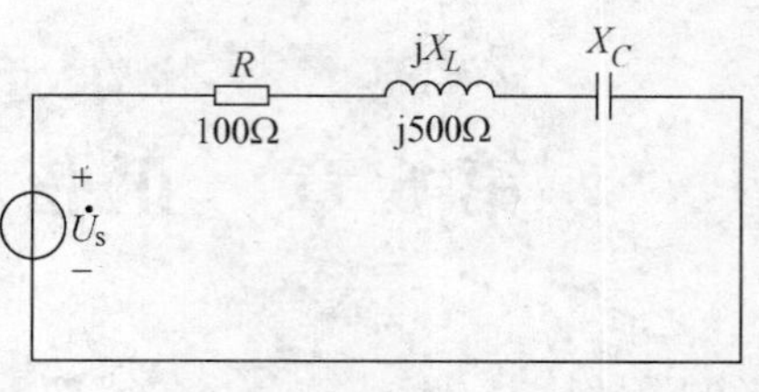

图 6-3 例 6-1 图

当 $\omega < \omega_0$ 时，$X_L = \omega L < \omega_0 L$，$X_C = \dfrac{1}{\omega C} > \dfrac{1}{\omega_0 C}$，即 $X_C > X_L$，电路呈现容性。

6.1.3 串联谐振频率定义

对于给定的 RLC 电路，谐振只能在特定的频率点发生。根据谐振的定义，当正弦电源角频率 ω 变化到 ω_0 时，电路中的感抗和容抗相等。即

$$\omega_0 L = \frac{1}{\omega_0 C} \tag{6-4}$$

由式（6-4）可得

$$\omega_0 = 2\pi f_0 = \frac{1}{\sqrt{LC}} \quad 或 \quad f_0 = \frac{1}{2\pi\sqrt{LC}} \tag{6-5}$$

对应于 $X_C = X_L$ 的频率 f_0 和角频率 ω_0，分别称为谐振频率和谐振角频率。

例 6-2 求图 6-4 所示电路的串联谐振频率。

解 谐振频率如下：

$$f_0 = \frac{1}{2\pi\sqrt{LC}} = \frac{1}{2\pi\sqrt{5\times10^{-3}\times0.01\times10^{-6}}}\text{Hz} = 22.5\text{kHz}$$

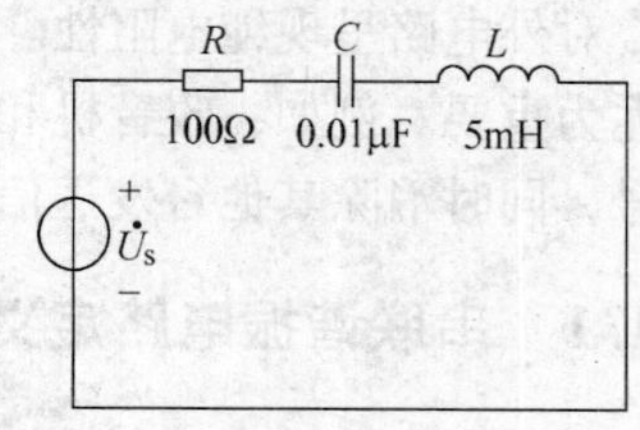

图 6-4 例 6-2 图

6.1.4 调谐的方式

由式（6-5）可看出，**电路的谐振频率仅由电路自身的参数（L、C 的值）所决定，它反映了电路的固有性质，所以称为电路的固有频率。**

如果电路参数不发生变化，只有当正弦电源的频率 f 与电路的固有频率 f_0 相等时，电路才会发生谐振。而当正弦电源的频率一定时，可通过改变电路参数 L、C 的值，使得 $f = f_0$。

例如，无线电收音机和电视机的接收电路，就是利用改变电容 C 值（即改变电容的有效相对面积），使接收回路对所要选择的广播或电视频道的频率发生谐振，从而达到接收该电台信号的目的。

6.1.5 串联谐振电路的特征

1）**阻抗角 $\varphi = 0$，电流与电压同相位，电路呈电阻性。**

2）**谐振电流最大，即 $I_0 = U/R$。**

谐振电路的阻抗 $Z = \sqrt{R^2 + (X_L - X_C)^2} = R$。

谐振时 $X_C = X_L$，即 LC 串联部分相当于短路，电路的阻抗最小（$Z = R$），因此在总电压

有效值一定的情况下，谐振电流最大，即 $I_0 = U/R$。

3）**谐振时电感 X_L 与电容 X_C 的作用相互抵消，此时电阻上获得电压最大 $U_R = U$。**

谐振时电感电压 $U_L = \omega_0 L I_0$ 与电容电压 $U_C = \dfrac{1}{\omega_0 C} I_0$ 大小相等，相位相反，相互抵消，这时电阻电压 $U_R = RI_0 = R\dfrac{U}{R} = U$，电源全部电压都加在电阻上。所以，称串联谐振为电压谐振。

4）**电路谐振时，电感和电容的阻抗相等称为谐振电路的特性阻抗，用 ρ 表示。**

$$\rho = \omega_0 L = \frac{1}{\omega_0 C} = \sqrt{\frac{L}{C}} \tag{6-6}$$

特性阻抗 ρ 只与电路参数有关，与谐振频率无关。

5）串联谐振时，**电感电压或电容电压与电源电压的比值称为谐振电路的品质因数，用 Q 表示**

$$Q = \frac{U_L}{U} = \frac{U_C}{U} = \frac{\omega_0 L}{R} = \frac{1}{R\omega_0 C} = \frac{\rho}{R} \tag{6-7}$$

当特性阻抗远大于电阻时

$$\rho = \omega_0 L >> R \quad U_L >> U$$

$$\rho = \frac{1}{\omega_0 C} >> R \quad U_C >> U$$

可能出现电感电压的有效值 U_L 与电容电压的有效值 U_C 远大于电源电压的有效值 U 的现象，这一现象在工程上很有应用价值。

品质因数 Q 大小对电路的影响：①在电子技术和无线电工程等弱电系统中利用品质因数 $Q >> 1$，因为此时外加信号微弱，利用电压谐振使电感或电容上获得比激励电压高若干倍的相应电压；②在电力工程等强电系统中避免谐振或接近谐振的情况出现，因为串联谐振产生的高压会使电容器和电感线圈的绝缘层击穿而造成损坏。

例 6-3 电路如图 6-5 所示，试求谐振频率 f_0，谐振时的 $\dot{I}_0$、$\dot{U}_R$、$\dot{U}_L$、$\dot{U}_C$，以及特性阻抗 ρ 和品质因数 Q。

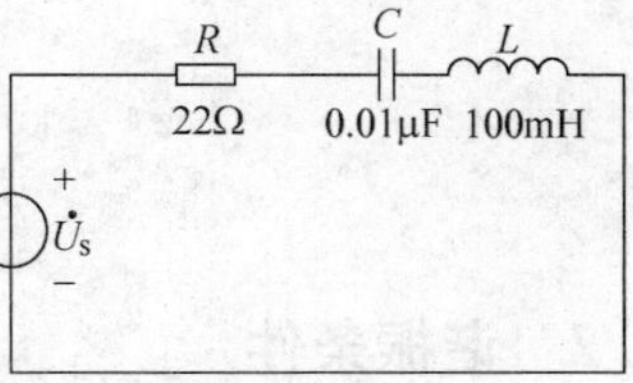

图 6-5 例 6-3 图

解 谐振时频率

$$f_0 = \frac{1}{2\pi\sqrt{LC}} = \frac{1}{2\pi\sqrt{(100\text{mH})(0.01\mu\text{F})}} = 5.03\text{kHz}$$

谐振时电流最大

$$\dot{I}_0 = \frac{\dot{U}_s}{R} = \frac{50\underline{/0°}\text{mV}}{22\Omega} = 2.27\underline{/0°}\text{mA}$$

谐振时各元件上的电压

$$\dot{U}_R = \dot{I}_0 R = (2.27\underline{/0°}\text{mA})(22\Omega) = 50\underline{/0°}\text{mV}$$

$$\dot{U}_L = \text{j}X_L\dot{I}_0 = \text{j}2\pi f_0 L\dot{I}_0 = \text{j}(2.27\underline{/0°}\text{mA}) \times 2\pi(5.03\text{kHz})(10\text{mH}) = \text{j}7.17\text{V}$$

$$\dot{U}_C = -\mathrm{j}X_C\dot{I}_0 = \frac{\dot{I}_0}{\mathrm{j}2\pi f_0 C} = \frac{2.27\angle 0°\mathrm{mA}}{\mathrm{j}2\pi \times (5.03\mathrm{kHz})(0.01\mu\mathrm{F})} = -\mathrm{j}7.17\mathrm{V}$$

$$\rho = \omega_0 L = \frac{1}{\omega_0 C} = \sqrt{\frac{L}{C}} = \sqrt{\frac{100\mathrm{mH}}{0.01\mu\mathrm{F}}} = 3.16\mathrm{k}\Omega$$

$$Q = \frac{U_L}{U_s} = \frac{U_C}{U_s} = \frac{\omega_0 L}{R} = \frac{1}{R\omega_0 C} = \frac{\rho}{R} = \frac{3.16\times 10^3}{22} = 143.64$$

注意：所有的电源电压均降在电阻端，而且 $\dot{U}_C$与 $\dot{U}_L$大小相等且方向相反，导致两者电压相互抵消，使得总的电抗电压为零。但注意 $\dot{U}_C$与 $\dot{U}_L$的有效值远大于电源电压。

【每节思考】

1. 串联 *RLC* 电路中，谐振时总电抗等于多少？
2. 串联 *RLC* 电路谐振时，电源电压与电流的相位差关系是什么？

6.2 *RLC* 并联交流电路的谐振

6.2.1 理想并联谐振电路

图 6-6 所示为理想 *RLC* 并联谐振电路，是另一种典型的谐振电路，由于该电路与 *RLC* 串联是对偶电路，所以分析方法与 *RLC* 串联谐振电路相同。

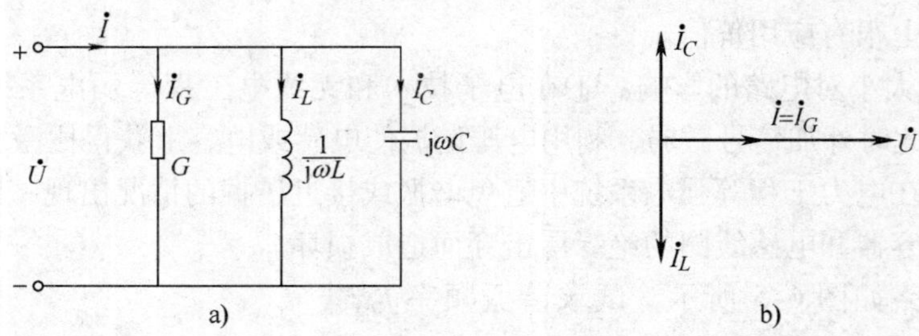

图 6-6 理想并联谐振电路

6.2.2 谐振条件

由图 6-6a 可知，并联电路的复导纳为

$$Y = G + \mathrm{j}\left(\omega C - \frac{1}{\omega L}\right) \tag{6-8}$$

谐振时 $B(\omega_0) = \omega_0 C - \dfrac{1}{\omega_0 L} = 0$，式（6-8）中虚部为零，所以复导纳 $Y = G$ 呈纯电阻性。电压与电流同相位，如图 6-6b 所示，电路发生谐振。并联谐振条件用下面两式表示：

$$\omega_0 C = \frac{1}{\omega_0 L} \tag{6-9}$$

$$Y = G \tag{6-10}$$

6.2.3　并联谐振频率

对于理想并联谐振电路，谐振发生时的频率是由与串联谐振电路相同的公式确定的。即

$$\omega_0 = 2\pi f_0 = \frac{1}{\sqrt{LC}} \quad 或 \quad f_0 = \frac{1}{2\pi\sqrt{LC}} \tag{6-11}$$

例 6-4　求图 6-7 所示电路的并联谐振频率。

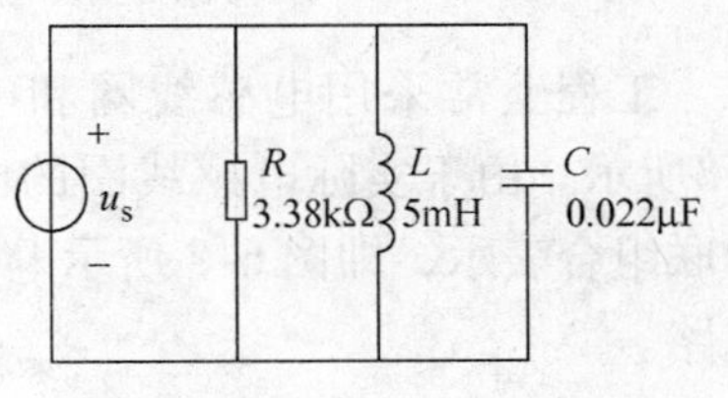

图 6-7　例 6-4 图

解　谐振频率如下：

$$f_0 = \frac{1}{2\pi\sqrt{LC}} = \frac{1}{2\pi\sqrt{5\times10^{-3}\times0.022\times10^{-6}}}\text{Hz}$$

$$= 15.18\text{kHz}$$

6.2.4　并联谐振电路的特征

1）**阻抗角 $\varphi = 0$，电流与电压同相位，电路呈电阻性。**

2）**谐振时电路的输入导纳最小，$Y = \sqrt{G^2 + (B_C - B_L)^2} = G = 1/R$，相应的并联谐振阻抗 $Z = 1/G = R$ 为最大。**

LC 并联组合相当于开路。当电源电压 U 和电路的电导 G 固定时，谐振电路的电流最小，并等于电导 G 中的电流，即 $I_0 = I_G = GU$。

3）**并联谐振电路的品质因数 Q**

$$Q = \frac{I_L(\omega_0)}{I} = \frac{I_C(\omega_0)}{I} = \frac{1}{G\omega_0 L} = \frac{\omega_0 C}{G} = \frac{1}{G}\sqrt{\frac{C}{L}} = R\sqrt{\frac{C}{L}} \tag{6-12}$$

4）**并联谐振电路中的电流**。谐振时电感支路电流 $\dot{I}_L$ 与电容支路电流 $\dot{I}_C$ 大小相等，相位相反，两者相互抵消，即

$$\dot{I}_L + \dot{I}_C = 0$$

$$\dot{I}_L(\omega_0) = -\text{j}\frac{1}{\omega_0 L}\dot{U} = -\text{j}\frac{1}{\omega_0 LG}\dot{I} = -\text{j}Q\dot{I} \tag{6-13}$$

$$\dot{I}_C(\omega_0) = \text{j}\omega_0 C\dot{U} = \text{j}\frac{\omega_0 C}{G}\dot{I} = -\text{j}Q\dot{I} \tag{6-14}$$

这时外施激励电流 $\dot{I}$ 全部流经电导 G，所以并联谐振又称为电流谐振。

当 $B_L = B_C > G$ 时，I_L 和 I_C 将大于总电流 I。

低于谐振频率：当频率非常低时，X_C 值非常大，且 X_L 非常小，所以绝大部分的电流流经 L 支路。随着频率增加时，X_L 值随 ω 线性增大，经 L 的电流 $\dot{I}_L$ 的值随 ω 反比例函数减小；此时，X_C 值随 ω 反比例函数减小，流经 C 的电流 $\dot{I}_C$ 值随 ω 线性增大，I_L 比 I_C 减小得快。由于 $\dot{I}_L$ 与 $\dot{I}_C$ 总存在 180°的相位差，因此总电流为两条支路电流的差值，所以引起总电流减小。总电流减小，意味着阻抗增加了。高于谐振频率时的过程正好与此相反。

5）并联谐振电路的能量。由于谐振时电路呈电阻性，阻抗角 $\varphi = 0$，则电路中总的无功功率为“0”。在谐振状态下电容与电感的无功功率相互抵消，表明谐振时电路中仅电场能

与磁场能相互转换，而与激励电源无能量互换，电源提供出的能量全部被电阻所消耗。

谐振时，电路中电磁场储能的总和为常数，即

$$W(\omega_0) = W_L + W_C = \frac{1}{2}LI_{Lm}^2 = \frac{1}{2}CU_m^2 = CU^2 \tag{6-15}$$

6.2.5 非理想并联谐振电路

工程上常采用电感线圈和电容并联组成谐振电路，如图6-8所示。由于实际电感线圈的电阻不能忽略，故用 R 与 L 的串联组合表示，即图 6-8 所示电路为非理想 RLC 并联谐振等效电路。

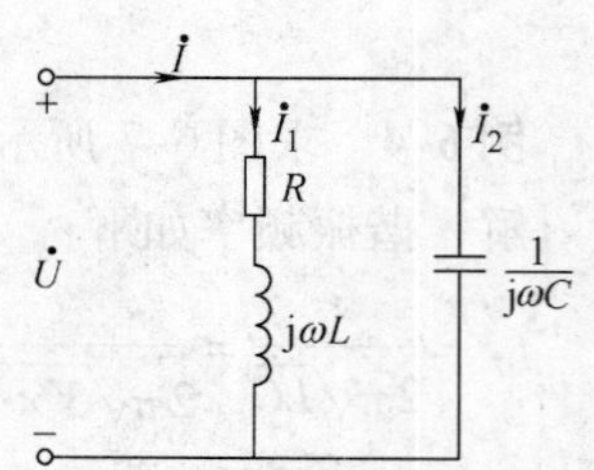

图 6-8 电感线圈与电容并联谐振电路

1. 非理想电路中的并联谐振条件

非理想 RLC 并联谐振电路中的导纳

$$Y = \frac{1}{R + j\omega L} + j\omega C = \frac{R}{R^2 + \omega^2 L^2} + j\left(\omega C - \frac{\omega L}{R^2 + \omega^2 L^2}\right) \tag{6-16}$$

谐振时，电纳为零，即 $\omega_0 C - \dfrac{\omega_0 L}{R^2 + \omega_0^2 L^2} = 0$，**因此只有 $R < \sqrt{\dfrac{L}{C}}$ 时，ω_0 才为实数，电路才发生并联谐振，这就是非理想电路中的并联谐振条件。**

此时

$$Y_0 = \frac{R}{R^2 + \omega_0^2 L^2} \tag{6-17}$$

2. 非理想电路中的并联谐振

由式（6-16）得

$$\omega_0 = \sqrt{\frac{1}{LC} - \frac{R^2}{L^2}} = \frac{1}{\sqrt{LC}}\sqrt{1 - \frac{CR^2}{L^2}} \tag{6-18}$$

$$f_0 = \frac{1}{2\pi\sqrt{LC}}\sqrt{1 - \frac{CR^2}{L^2}} \tag{6-19}$$

在 $\omega_0 L \gg R$ 的条件下，非理想电路的并联谐振频率与 RLC 并联电路的谐振频率一样，即

$$f_0 = \frac{1}{2\pi\sqrt{LC}} \tag{6-20}$$

3. 非理想电路并联谐振的阻抗

通常电感线圈的电阻 R 是很小的，谐振时满足 $\omega_0 L \gg R$ 的条件，根据式（6-17），此时电路阻抗的计算公式可简化如下：

$$Z_0 = \frac{1}{Y_0} = \frac{R^2 + \omega_0^2 L^2}{R} \approx \frac{\omega_0^2 L^2}{R} = \frac{\omega_0 L}{R\omega_0 C} = \frac{L}{RC} \tag{6-21}$$

谐振时阻抗与品质因数的关系为

$$Z_0 = R\,\frac{R^2 + \omega_0^2 L^2}{R^2} = R\left(1 + \frac{\omega_0^2 L^2}{R^2}\right) = R(1 + Q^2) \tag{6-22}$$

$$Q = \sqrt{\frac{L}{R^2 C} - 1} \tag{6-23}$$

例 6-5 如图 6-9 所示，一电感线圈的电阻 $R=2\Omega$，电感 $L=5\mu H$，将此线圈与电容器 $C=50pF$ 并联，求此并联电路的谐振频率、品质因数及谐振时电路的阻抗。

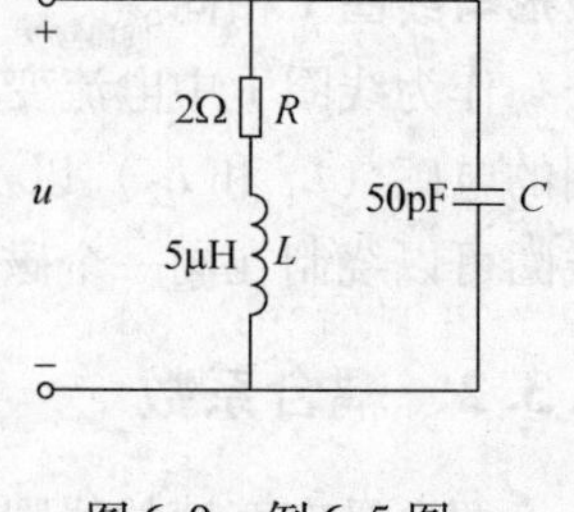

图 6-9 例 6-5 图

解 电路的谐振角频率为

$$\omega_0=\sqrt{\frac{1}{LC}-\frac{R^2}{L^2}}=\sqrt{\frac{1}{5\times10^{-6}\times50\times10^{-12}}-\frac{2^2}{(5\times10^{-6})^2}}\text{rad/s}$$

$$\approx\sqrt{\frac{1}{250\times10^{-18}}}\text{rad/s}=63.2\times16^6\text{rad/s}$$

谐振频率为

$$f_0=\frac{\omega_0}{2\pi}=\frac{63.2\times10^6}{2\pi}\text{Hz}=10.07\times10^6\text{Hz}$$

品质因数

$$X_{L0}=2\pi f_0L=2\pi\times10.07\times10^6\times5\times10^{-6}\Omega=316\Omega$$

$$Q=\frac{X_{L0}}{R}=\frac{316}{2}=158$$

谐振时电路的阻抗

$$Z_0=R(1+Q^2)=2\times(1+158^2)\Omega=24.97\text{k}\Omega$$

【每节思考】

1. 并联谐振时的阻抗是最大还是最小？
2. 并联谐振时的电流是最大还是最小？

6.3 互感现象

6.3.1 互感现象

如图 6-10 所示，当线圈 2 远离线圈 1 时，示波器上没有显示，而当线圈 2 逐步与线圈 1 靠近并放置得相当靠近时，这时变化的磁力线切割线圈 2，产生磁耦合，并产生感应电压，称为互感电压。**这种在一个线圈中由于电流的变化而在其他线圈中产生感应电压的现象称为互感现象。**

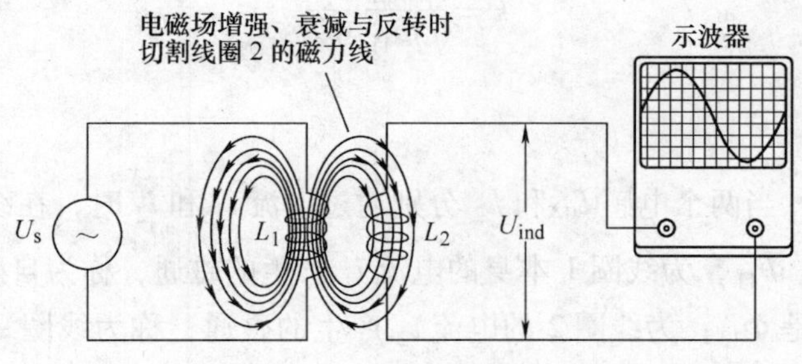

图 6-10 互感现象

若线圈 1 中的电流为正弦波，那么线圈 2 中的感应电压也将是正弦波，线圈 2 中电流的波形与线圈 1 相同。

作为线圈 1 中电流变化的结果，线圈 2 中感应电压的大小取决于互感 M。互感由每个线圈的电感（L_1 和 L_2）以及两个线圈间耦合系数 k 的大小所确定。为了得到最大耦合，两个线圈可以绕制在同一个磁心上。

6.3.2 耦合系数

两个具有互感的线圈如图 6-11 所示。

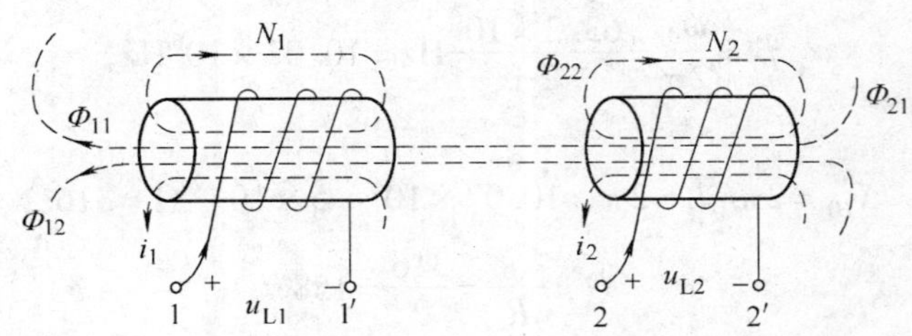

图 6-11 两个具有互感的线圈

耦合系数：假设线圈 2 中没有电流时，线圈 1 与线圈 2 间的耦合系数是线圈 1 与线圈 2 相耦合的磁通 Φ_{21}与线圈 1 所产生的总磁通 Φ_1 的比值，即

$$k=\frac{\Phi_{21}}{\Phi_1} \tag{6-24}$$

对于线圈 1 某个固定的电流的变化率而言，k 值越大，意味着线圈 2 产生的感应电压越大。

耦合系数 k 取决于线圈间的物理位置、线圈缠绕的磁心材料的类型、磁心的结构以及形状等因素。

耦合系数的定义：当两个线圈都流过电流时，耦合系数定义为互感磁通的乘积与两个自感磁通的乘积之比的几何平均值，即

$$k=\sqrt{\frac{\Phi_{21}}{\Phi_{11}}\frac{\Phi_{12}}{\Phi_{22}}} \tag{6-25}$$

6.3.3 互感公式

如图 6-11 所示，当两个电感 L_1 和 L_2 分别通过电流 i_1 和 i_2 时，在线圈 1 中穿过的磁通由两部分构成：一是 Φ_{11}，为线圈 1 本身的电流 i_1 产生的磁通，称为自感磁通，其自感磁链为 $\Psi_{11}=N_1\Phi_{11}$；二是 Φ_{12}，为线圈 2 的电流 i_2 产生的磁通，称为线圈 2 对线圈 1 的互感磁通，其互感磁链为 $\Psi_{12}=N_1\Phi_{12}$。N_1、N_2 分别为线圈 1 和线圈 2 的匝数。

在线圈 2 中穿过的磁通与线圈 1 的情况类似，也是由两部分构成：一是 Φ_{22}，线圈 2 本身的电流 i_2 产生的磁通，称为自感磁通，其自感磁链为 $\Psi_{22}=N_2\Phi_{22}$；二是 Φ_{21}，线圈 1 的

电流 i_1 产生的磁通，称为线圈 1 对线圈 2 的互感磁通，其互感磁链为 $\Psi_{21}=N_2\Phi_{21}$。

根据电感的定义，有

$$\begin{cases} L_1=N_1\dfrac{\Phi_{11}}{i_1}=\dfrac{\Psi_{11}}{i_1} & (6\text{-}26)\\ L_2=N_2\dfrac{\Phi_{22}}{i_2}=\dfrac{\Psi_{22}}{i_2} & (6\text{-}27)\end{cases}$$

$$\begin{cases} M_{12}=N_1\dfrac{\Phi_{12}}{i_2}=\dfrac{\Psi_{12}}{i_2} & (6\text{-}28)\\ M_{21}=N_2\dfrac{\Phi_{21}}{i_1}=\dfrac{\Psi_{21}}{i_1} & (6\text{-}29)\end{cases}$$

根据物理学已知，一对互感线圈只有一个互感系数，即 $M=M_{12}=M_{21}$，而且两个互感系数一定小于或等于两个线圈自感系数的几何平均值，即 $M\leqslant\sqrt{L_1L_2}$。

根据式（6-25）～式（6-29）可推导出互感系数与耦合系数之间的关系，即

$$k=\sqrt{\frac{\Phi_{21}}{\Phi_{11}}\frac{\Phi_{12}}{\Phi_{22}}}=\sqrt{\frac{N_1\Phi_{21}/i_1}{N_1\Phi_{11}/i_1}\frac{N_2\Phi_{12}/i_2}{N_2\Phi_{22}/i_2}}=\sqrt{\frac{N_2\Phi_{21}/i_1}{N_1\Phi_{11}/i_1}\frac{N_1\Phi_{12}/i_2}{N_2\Phi_{22}/i_2}}=\frac{M}{\sqrt{L_1L_2}} \tag{6-30}$$

$$M=k\sqrt{L_1L_2} \tag{6-31}$$

注意：互感系数又称为互感量，简称为互感。当线圈附近没有铁磁性材料时，互感大小只与线圈的相对位置形状和尺寸线圈的匝数以及线圈附近媒质的磁导率有关，**而与线圈中流过的电流的大小无关。理想互感是一个常数，是线性元件，其单位是亨利（H）。**

6.3.4　互感电压与互感线圈的同名端

1. 互感电压

当线圈处在变化的磁场中时会产生感应电动势，感应电动势的方向与磁通的方向及线圈的绕行方向遵循安培右手定则。

根据法拉第电磁感应定律及楞次定律可知，感应电压的大小与线圈中的磁链变化率成正比。而感应电压的大小与感应电动势的大小相等，方向相反。由此可得图 6-11 中线圈 1 和线圈 2 的自感电压和互感电压。即

线圈 1：

自感电压
$$u_{11}=\frac{\mathrm{d}\Psi_{11}}{\mathrm{d}t}=L_1\frac{\mathrm{d}i_1}{\mathrm{d}t} \tag{6-32}$$

互感电压
$$u_{12}=\frac{\mathrm{d}\Psi_{12}}{\mathrm{d}t}=M\frac{\mathrm{d}i_2}{\mathrm{d}t} \tag{6-33}$$

线圈 2：

自感电压
$$u_{22}=\frac{\mathrm{d}\Psi_{22}}{\mathrm{d}t}=L_2\frac{\mathrm{d}i_2}{\mathrm{d}t} \tag{6-34}$$

互感电压
$$u_{21}=\frac{\mathrm{d}\Psi_{21}}{\mathrm{d}t}=M\frac{\mathrm{d}i_1}{\mathrm{d}t} \tag{6-35}$$

如果改变线圈 2 的绕行方向，如图 6-11b 所示，根据前面所述定理得知在两线圈中的互感电压分别为

$$u_{12} = -M\frac{\mathrm{d}i_2}{\mathrm{d}t} \tag{6-36}$$

$$u_{21} = -M\frac{\mathrm{d}i_1}{\mathrm{d}t} \tag{6-37}$$

由此可见，改变线圈的绕行方向可以改变互感电压的方向。在图 6-11a 中，线圈 1 和线圈 2 的自感电压和互感电压是起相互增助作用的，而在图 6-11b 中，线圈 1 和线圈 2 的自感电压和互感电压是起相互削弱作用的。

同样的方法，当改变图 6-11a 中线圈 2 的电流方向时，也会出现上述现象，线圈 1 和线圈 2 的自感电压和互感电压相互削弱。

互感电压的极性是否与自感电压的极性相一致不仅与流过线圈电流的方向有关，而且与线圈的绕行方向有关。

2. 互感线圈同名端

在一般的电路图中没有办法看出线圈的绕行方向，因此无法判断互感电压的极性，为了表明线圈中自感电压与互感电压极性是否一致，在两个线圈的其中一端常用一组相同符号（如“·”或“*”）来表示自感电压与互感电压极性的一致性。

互感同名端的定义：当电流同时流入或流出一对线圈的同名端时，其互感电压的极性与自感电压的极性相同，起到相互增强的作用；当电流从一个线圈的同名端流进，而从另一个线圈的同名端流出时，其互感电压的极性与自感电压的极性相反，起到相互削弱的作用。

例如，当图 6-12 中电流 i_1 和 i_2 分别从线圈 1 和线圈 2 的端子“1”和“2”流入时，根据定理判断它们的自感电压与互感电压的方向一致，就可称端子“1”和端子“2”为同名端，用符号“·”表示；同理，端子“1′”和端子“2′”也可成为一对同名端，而把端子“1”和“2′”以及“1′”和“2”称为异名端。**一般在一对线圈中只标出一对同名端。**

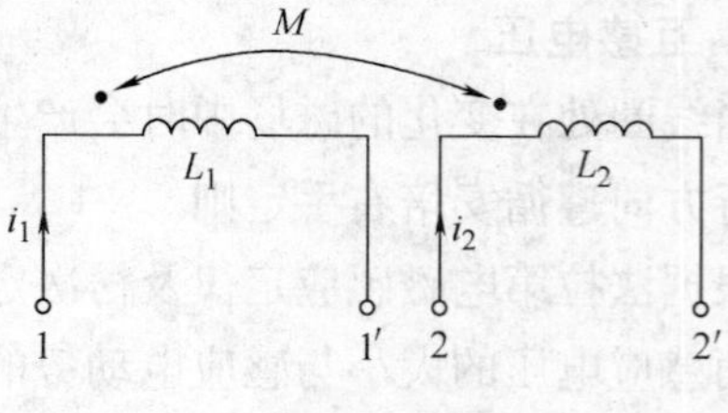

图 6-12　同名端的标记

3. 互感线圈同名端的判断

判断互感线圈的同名端在实际工作中有着非常重要的意义。在电信技术中，将互感线圈接入电路时经常需要考虑同名端的关系，不能接错。例如振荡电路，如果把互感线圈的端子接错，就不能起振。

实际的互感线圈往往是密封的，只有几个引出端子露在外面，无法看到线圈的绕向。通常直流法来判断同名端。

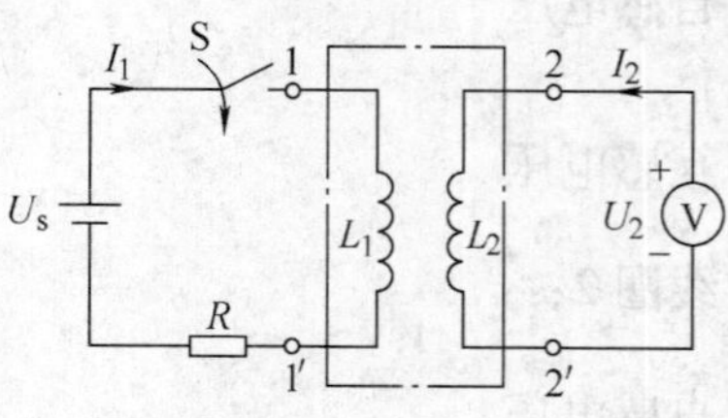

图 6-13　测定同名端电路

直流法：将互感线圈接成图 6-13 所示的电路，其

中线圈1与电池相连接，线圈2与直流电压表相连接。当开关S迅速闭合的一瞬间，电流 i_1 由零增加到某一量值，此时 $\mathrm{d}i_1/\mathrm{d}t>0$，由于电压表的内阻特别大，视为开路，线圈2的电流为零，即 $i_2=0$，线圈2只有互感电压 u_2，如果电压表指针向正向偏转，则表明 $u_2=M(\mathrm{d}i_1/\mathrm{d}t)>0$，因此判断与电压表正极性端连接的端子和与电池正极性连接的端子是一对同名端，也就是图中的端子“1”和端子“2”是一对同名端。反之，如果在开关S迅速闭合的一瞬间，电压表向负极性方向偏转，则表明端子“1”和端子“2′”是一对同名端。

注意：

1）当两个线圈间的物理位置接近时，两线圈中不仅会产生自感电压，还会产生互感电压。

2）耦合系数 k 值越大，意味着两线圈相互产生的互感电压越大，它与线圈间的物理位置、线圈缠绕的磁心材料的类型、磁心的结构以及形状等因素有关。

3）一对线圈的互感相等，是一个常数，与线圈中流过的电流的大小无关（在线圈周围没有铁磁性材料时）。

4）当电流同时流入或流出一对线圈的同名端时，其互感电压与自感电压的极性相同，起到相互增助的作用。

【每节思考】

1. 耦合系数与哪些因素有关？
2. 互感与哪些因素有关？
3. 如果图6-13中开关原先是闭合的，突然打开，又将如何判断线圈的同名端？

6.4 互感电路的正弦稳态分析

6.4.1 互感元件的基本模型

图6-14所示电路为具有磁耦合关系的基本互感元件构成的二端口网络电路模型，电感 L_1、L_2、互感 M 以及同名端都标在图中，端口电流、电压取关联方向。由于两个线圈都有电流流过，所以每个电感支路中都同时有自感电压和互感电压，又因为电流 i_1、i_2 都从同名端流入，因此，自感电压与互感电压方向相同。它们的伏安关系为一组KVL方程，即

$$\begin{cases} u_1 = L_1 \dfrac{\mathrm{d}i_1}{\mathrm{d}t} + M \dfrac{\mathrm{d}i_2}{\mathrm{d}t} \\ u_2 = M \dfrac{\mathrm{d}i_1}{\mathrm{d}t} + L_2 \dfrac{\mathrm{d}i_2}{\mathrm{d}t} \end{cases} \tag{6-38}$$

由于每个支路的互感电压与另一支路的电流有关，因此，可将互感电压用电流控制电压源代替，如图6-14b所示。受控电压源的极性正好可表示受同名端影响的互感电压方向，所以可以不再标记同名端符号。图6-14b可以看成图6-14a去掉互感 M 后的等效电路，可用不含互感的一般电路直接列写伏安特性方程。

当互感元件中流过正弦电流时，由式（6-38）可得相应的相量形式伏安方程式

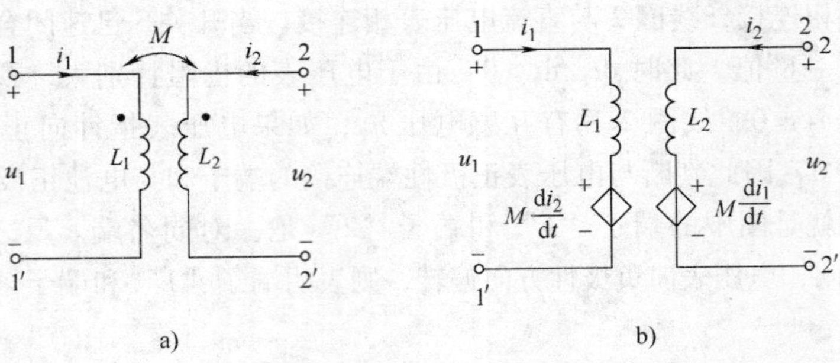

图 6-14　基本互感元件构成的二端口网络电路模型

(6-39)，其电路模型如图 6-15 所示

$$\begin{cases} \dot{U}_1 = j\omega L_1 \dot{I}_1 + j\omega M \dot{I}_2 \\ \dot{U}_2 = j\omega M \dot{I}_1 + j\omega L_2 \dot{I}_2 \end{cases} \tag{6-39}$$

式中，$j\omega M = jX_M$ 称为复互感感抗，单位与复感抗 $j\omega L$ 一样，也为欧姆（Ω）。

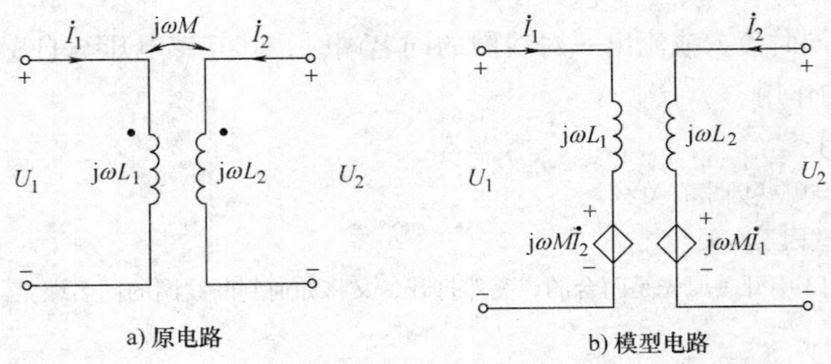

图 6-15　互感元件的电路模型

6.4.2　互感电路方程的列写

无论多么复杂的含互感元件电路，只要遵循以下原则列写电路方程都不会出错。

1）列写方程之前，选好各支路电流和各元件两端电压的参考方向。

2）含互感元件两端的电压与流过它的电流方向一定取关联方向，这样自感电压前永远取“正号”。

3）牢牢记住互感元件的端电压都由两部分构成：自感电压和互感电压，自感电压与流过自身的电流成正比，互感电压与流过另一个产生耦合磁链的电感电流成正比。

4）当电流同时从两互感元件的同名端流入或流出时，互感电压前取“正号”，当一个电流从同名端流入而另一个从同名端流出时，互感电压前去“负号”。

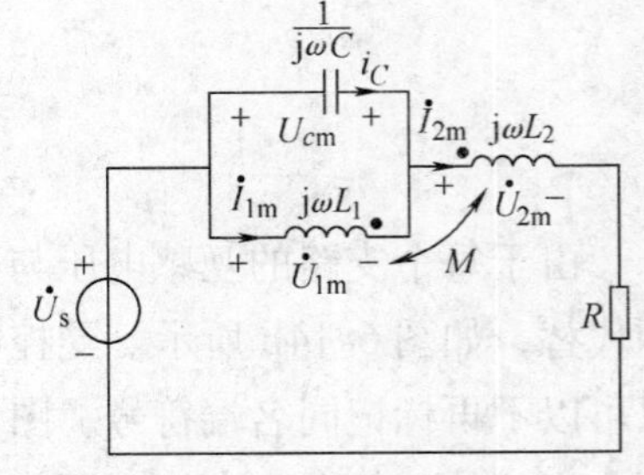

图 6-16　例 6-6 图

例 6-6　在图 6-16 所示的电路中，已知 $C = 0.5\mu F$，$L_1 = 2H$，$L_2 = 1H$，$M = 0.5H$，$R = 1000\Omega$，$U_s = 150\cos(1000t + 60°)V$。求电容支路的电流 i_C。

解 （1）根据以上原则，首先标出各元件的电压和电流的参考方向，**互感元件的端电压与电流参考方向一定取关联方向**。

（2）刚开始做题时为了避免出错，可先分别写出互感元件的端电压表达式。本例由于电流$\dot{I}_{1m}$、$\dot{I}_{2m}$分别从异名端流入，因此，互感电压前取“-”号。表达式如下：

$$\dot{U}_{1m}=j\omega L_1\dot{I}_{1m}-j\omega M\dot{I}_{2m}$$
$$\dot{U}_{2m}=j\omega L_2\dot{I}_{2m}-j\omega M\dot{I}_{1m}$$

（3）根据KCL、KVL列写方程得

$$\begin{cases}\dot{I}_{1m}+\dot{I}_{Cm}=\dot{I}_{2m}\\ \dot{U}_s=\dfrac{1}{j\omega C}\dot{I}_{Cm}-j\omega M\dot{I}_{1m}+j\omega L_2\dot{I}_{2m}+R\dot{I}_{2m}\\ \dfrac{1}{j\omega C}\dot{I}_{Cm}=-j\omega M\dot{I}_{2m}+j\omega L_1\dot{I}_{1m}\end{cases}$$

又因为

$$\frac{1}{\omega C}=\frac{1}{1000\times0.5\times10^{-6}}\Omega=2000\Omega$$
$$\omega M=1000\times0.5\Omega=500\Omega$$
$$\omega L_1=1000\times2\Omega=2000\Omega$$
$$\omega L_2=1000\times1\Omega=1000\Omega$$

代入上式得

$$\begin{cases}\dot{I}_{1m}+\dot{I}_{Cm}=\dot{I}_{2m} & ①\\ 150\underline{/60^\circ}=-j2000\dot{I}_{Cm}-j500\dot{I}_{1m}+j1000\dot{I}_{2m}+1000\dot{I}_{2m} & ②\\ -j2000\dot{I}_{Cm}=-j500\dot{I}_{2m}+j2000\dot{I}_{1m} & ③\end{cases}$$

将①代入③整理得

$$\dot{I}_{1m}=-\dot{I}_{Cm} \quad ④$$

将④代入①得 $\dot{I}_{2m}=0$ ⑤

由此可见电容C与电感L_1对电源频率发生并联谐振。将④、⑤代入②得

$$\dot{I}_{Cm}=0.1\underline{/150^\circ}\text{A}$$

所以

$$i_C=0.1\cos(1000t+150^\circ)\text{A}$$

注意：在解题过程中一定要仔细，特别注意是复数运算。在列写方程时一定要注意互感电压中的电流应该是哪个线圈支路的。

例6-7 求图6-17所示电路的输入阻抗。

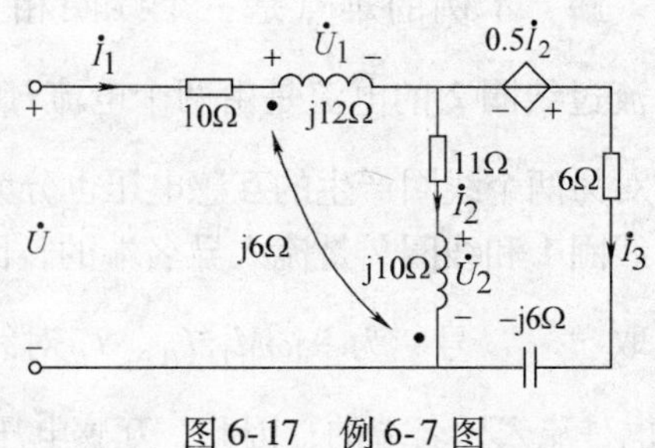

图6-17 例6-7图

解 （1）标出各元件的电压和电流的参考方向，一定要保证互感元件两端电压与流过电流的参考方向

相关联。

(2) 由于电流$\dot{I}_1$和$\dot{I}_2$分别从异名端流入，因此，互感电压前取“-”号。分别写出电感元件两端电压的表达式

$$\begin{cases}\dot{U}_1 = 12\mathrm{j}\dot{I}_1 - 6\mathrm{j}\dot{I}_2 \\ \dot{U}_2 = -6\mathrm{j}\dot{I}_1 + 10\mathrm{j}\dot{I}_2\end{cases}$$

(3) 根据 KCL、KVL 列方程得

$$\begin{cases}\dot{I}_1 = \dot{I}_2 + \dot{I}_3 & ① \\ \dot{U} = 10\dot{I}_1 + \dot{U}_1 + 11\dot{I}_2 + \dot{U}_2 & ② \\ -0.5\dot{I}_2 + (6-6\mathrm{j})\dot{I}_3 - \dot{U}_2 - 11\dot{I}_2 = 0 & ③\end{cases}$$

将$\dot{U}_1$和$\dot{U}_2$分别代入②、③得

$$\dot{U} = 10\dot{I}_1 + 12\mathrm{j}\dot{I}_1 - 6\mathrm{j}\dot{I}_2 + 11\dot{I}_2 - 6\mathrm{j}\dot{I}_1 + 10\mathrm{j}\dot{I}_2 \quad ④$$

$$-0.5\dot{I}_2 + (6-6\mathrm{j})\dot{I}_3 + 6\mathrm{j}\dot{I}_1 - 10\mathrm{j}\dot{I}_2 - 11\dot{I}_2 = 0 \quad ⑤$$

由①、⑤消除$\dot{I}_3$并整理得

$$\dot{I}_2 = \frac{6}{17.5+\mathrm{j}4} \quad ⑥$$

将⑥代入②得

$$\dot{U} = 10\dot{I}_1 + 6\mathrm{j}\dot{I}_1 + (11-4\mathrm{j})\frac{6}{17.5+\mathrm{j}4}\dot{I}_1$$

输入复阻抗为

$$\begin{aligned}Z_{\mathrm{in}} &= \frac{\dot{U}}{\dot{I}_1} = \left[10 + 6\mathrm{j} + (11-4\mathrm{j})\frac{6}{17.5+\mathrm{j}4}\right]\Omega \\ &= \left[10 + 6\mathrm{j} + \frac{6\times(11-4\mathrm{j})(17.5-\mathrm{j}4)}{17.5^2+4^2}\right]\Omega \\ &= (10 + 6\mathrm{j} + 3.9 + \mathrm{j}0.45)\Omega \\ &= (13.9 + \mathrm{j}6.45)\Omega \\ &= 15.32\angle 24.9^\circ\Omega\end{aligned}$$

例 6-8 列写图 6-18 所示电路中电流方程。

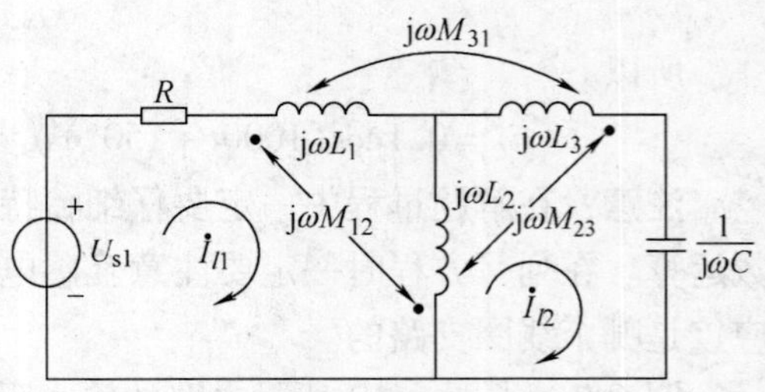

图 6-18 例 6-8 图

解 本例的难点是三个线圈相互都有互感，而流过线圈 2 的电流是由两个电流$\dot{I}_{l1}$、$\dot{I}_{l2}$组成的，它对另两个线圈产生的互感电压也分为两部分。$\dot{I}_{l1}$对线圈 1 和线圈 2 是流入异名端的，因此，互感电压取“-”号，为$-\mathrm{j}\omega M_{12}\dot{I}_{l1}$。$\dot{I}_{l2}$对线圈 2 和线圈 3 也是流入异名端的，因此，互感电压也取“-”号，为$-\mathrm{j}\omega M_{23}\dot{I}_{l2}$。电流$\dot{I}_{l1}$、$\dot{I}_{l2}$对线圈 1 和

线圈2是流入同名端的，因此，互感电压取“+”号，为$+j\omega M_{12}\dot{I}_{l1}$和$+j\omega M_{12}\dot{I}_{l2}$；而对线圈2和线圈3也是流入同名端的，因此，互感电压取“+”号，为$+j\omega M_{23}\dot{I}_{l1}$和$+j\omega M_{23}\dot{I}_{l2}$。电流$\dot{I}_{l1}$、$\dot{I}_{l2}$对线圈1和线圈3是流入异名端的，因此，互感电压取“-”号，为$-j\omega M_{31}\dot{I}_{l1}$和$-j\omega M_{31}\dot{I}_{l2}$。

在列写回路方程时应特别注意：

1）先写出关于主回路电流的自感电压，全取“+”号。

2）列写关于其他回路电流的自感电压，如果其他回路电流与主回路电流方向相同，即同为顺时针或同为逆时针，自感电压前取“-”号，否则取“+”号。

3）列写关于主回路电流的互感电压，当同时流入同名端时，互感电压前取“+”号，同时流入异名端时，互感电压前取“-”号。

4）列写关于其他回路电流的互感电压，当其他回路电流与主回路电流同时流入同名端时，互感电压前取“+”，当其他回路电流与主回路电流同时流入异名端时，互感电压前取“-”。

按照此原则，得回路电流方程为

$$(R+j\omega L_1+j\omega L_2)\dot{I}_{l1}-j\omega L_2\dot{I}_{l2}-j2\omega M_{12}\dot{I}_{l1}+(j\omega M_{12}+j\omega M_{23}-j\omega M_{31})\dot{I}_{l2}=\dot{U}_{s1}$$

$$\left(j\omega L_2+j\omega L_3+\frac{1}{j\omega C}\right)\dot{I}_{l2}-j\omega L_2\dot{I}_{l1}-j2\omega M_{23}\dot{I}_{l2}+(j\omega M_{12}+j\omega M_{23}-j\omega M_{31})\dot{I}_{l1}=0$$

列写方程后再对方程进行合并整理，在此就不整理了，读者自行完成整理。

本例还可以用电流控制的电压源替代互感电压法分析，具体方法在消互感法介绍。

6.4.3　消互感的方法

在前面介绍了采用列方程的方法分析含互感元件的电路，分析中互感电压没能清晰地标示在电路图中，使得互感电路分析比较复杂抽象，容易出错。如果能找到去掉互感元件之间磁耦合的等效电路，使元件之间电压关系明确标示在电路图中，就会使电路分析变得简便。

互感元件去磁耦合的等效方法有三种，即将互感电压等效为电流控制的电压源法、互感化除法、等效阻抗法。

1. 将互感电压等效为电流控制的电压源法

此方法正如6.4.1节中介绍的互感元件基本模型时一样，用电流控制的电压源替代互感电压，画出等效电路，然后用前面介绍的含受控源电路分析方法列写方程。

在用本方法时应遵守以下原则：

1）标出电路中各支路电压和电流的参考方向，注意：**互感元件端电压和电流一定选取关联方向**。

2）当电流同时从同名端流入时，等效的受控源电压方向与互感元件的自感电压方向一致；当电流同时从异名端流入时，等效的受控源电压方向与互感元件的自感电压方向相反。

3）如果碰到多个互感元件之间都有磁耦合现象时，一定要逐个元件地分析其互感电压。互感电压前的符号与2）相同。

4）画出受控源等效电路。

5）把受控源视为电源，按网孔电流法列写方程。

例 6-9 用将互感电压等效为电流控制的电压源法列写例 6-8 的回路方程。

解 按以上原则，结合例 6-8 分析，画出受控源等效电路如图 6-19 所示。

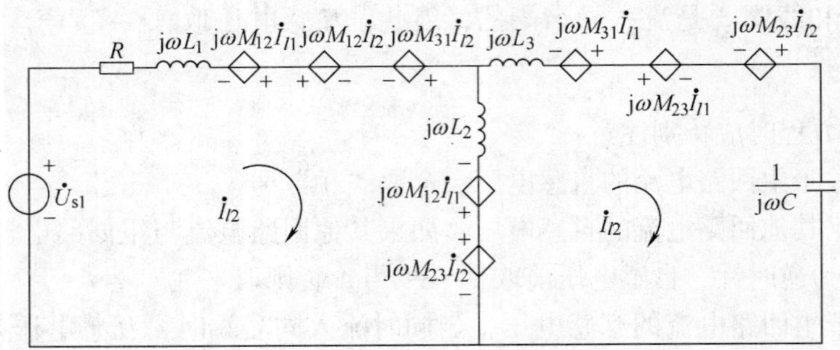

图 6-19 例 6-9 图

列写网孔电流方程

$$(R+\mathrm{j}\omega L_1+\mathrm{j}\omega L_2)\dot{I}_{l1}-\mathrm{j}\omega L_2\dot{I}_{l2}=\mathrm{j}2\omega M_{12}\dot{I}_{l1}-(\mathrm{j}\omega M_{12}+\mathrm{j}\omega M_{23}-\mathrm{j}\omega M_{31})\dot{I}_{l2}+\dot{U}_{s1}$$

$$-\mathrm{j}\omega L_2\dot{I}_{l1}+\left(\mathrm{j}\omega L_2+\mathrm{j}\omega L_3+\frac{1}{\mathrm{j}\omega C}\right)\dot{I}_{l2}=\mathrm{j}2\omega M_{23}\dot{I}_{l2}-(\mathrm{j}\omega M_{12}+\mathrm{j}\omega M_{23}-\mathrm{j}\omega M_{31})\dot{I}_{l1}$$

最后合并整理，读者自己完成整理工作。

例 6-10 求图 6-20 所示电路的戴维南等效电路。

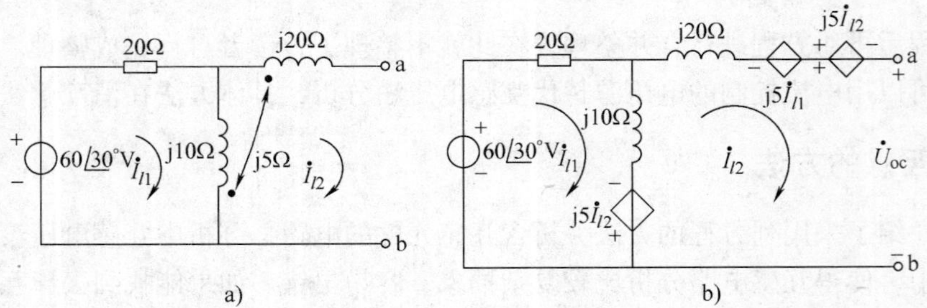

图 6-20 例 6-10 图

解 在图中标出各支路电压和电流的参考方向，互感元件端电压和电流一定选取关联方向。根据原则 2）画出受控源的等效电路如图 6-20b 所示。

根据网孔电流法列写方程为

$$\begin{cases}(20+\mathrm{j}10)\dot{I}_{l1}-\mathrm{j}10\dot{I}_{l2}=60\,\underline{/30^\circ}+\mathrm{j}5\dot{I}_{l2}\\-\mathrm{j}10\dot{I}_{l1}+(\mathrm{j}10+\mathrm{j}20)\dot{I}_{l2}=-\mathrm{j}5\dot{I}_{l2}+\mathrm{j}5\dot{I}_{l1}-\mathrm{j}5\dot{I}_{l2}-\dot{U}_{oc}\end{cases}$$

整理得

$$\begin{cases}(20+\mathrm{j}10)\dot{I}_{l1}-\mathrm{j}15\dot{I}_{l2}=60\,\underline{/30^\circ}\\-\mathrm{j}15\dot{I}_{l1}+\mathrm{j}40\dot{I}_{l2}=-\dot{U}_{oc}\end{cases}$$

消除方程组中$\dot{I}_{l1}$，整理得

$$\dot{U}_{oc}=1.8\sqrt{5}\,\underline{/93.03^\circ}\,\mathrm{V}-[(9+\mathrm{j}35.5)\Omega]\dot{I}_{l2}$$

因此，戴维南等效电路的电压源为$1.8\sqrt{5}\angle 93.03°$V，等效内阻为$(9+\mathrm{j}35.5)\Omega$，其等效电路如图6-21所示。

2. 互感化除法

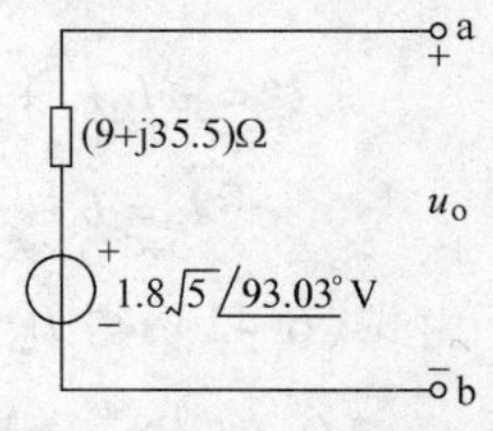

图6-21　戴维南等效电路

这种方法主要根据电路列写KCL及KVL方程，并通过数学整理，将互感电路等效为无互感电路。

（1）互感线圈串联电路

当两个线圈串联连接时，由于同名端的不同，有两种连接方式：顺串和逆串。图6-22a为顺串，图6-22b为逆串。

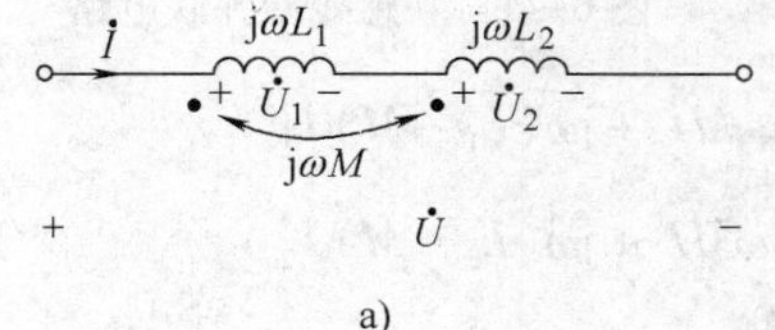

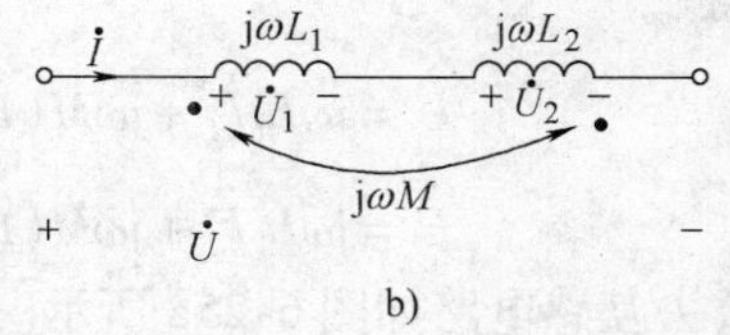

图6-22　串联

图6-22a的电压与电流的关系为

$$\begin{aligned}\dot{U}=\dot{U}_1+\dot{U}_2&=\mathrm{j}\omega L_1\dot{I}+\mathrm{j}\omega M\dot{I}+\mathrm{j}\omega L_2\dot{I}+\mathrm{j}\omega M\dot{I}\\&=(\mathrm{j}\omega L_1+\mathrm{j}2\omega M+\mathrm{j}\omega L_2)\dot{I}\\&=\mathrm{j}\omega(L_1+L_2+2M)\dot{I}\\&=\mathrm{j}\omega(L_1+M)\dot{I}+\mathrm{j}\omega(L_2+M)\dot{I}\end{aligned}$$

其去互感后的等效电路如图6-23a所示。

图6-22b的电压由于电流的关系为

$$\begin{aligned}\dot{U}=\dot{U}_1+\dot{U}_2&=\mathrm{j}\omega L_1\dot{I}-\mathrm{j}\omega M\dot{I}+\mathrm{j}\omega L_2\dot{I}-\mathrm{j}\omega M\dot{I}\\&=(\mathrm{j}\omega L_1-\mathrm{j}2\omega M+\mathrm{j}\omega L_2)\dot{I}\\&=\mathrm{j}\omega(L_1+L_2-2M)\dot{I}\\&=\mathrm{j}\omega(L_1-M)\dot{I}+\mathrm{j}\omega(L_2-M)I\end{aligned}$$

其去互感后的等效电路如图6-23b所示。

$\dot{I}$　$\mathrm{j}\omega(L_1+M)$　$\mathrm{j}\omega(L_2+M)$　$\dot{U}_1$　$\dot{U}_2$　+　$\dot{U}$　−　a)

$\dot{I}$　$\mathrm{j}\omega(L_1-M)$　$\mathrm{j}\omega(L_2-M)$　$\dot{U}_1$　$\dot{U}_2$　+　$\dot{U}$　−　b)

图6-23　去互感等效电路

（2）互感线圈并联电路

当两个线圈并联连接时，由于同名端的不同，有两种连接方式：一种是同名端连接在同一节点上；另一种是异名端连接在同一节点上。电路如图6-24所示。

对于图 6-24a 电路，其 KCL、KVL 相量方程为

$$\dot{U}=\mathrm{j}\omega L_1\dot{I}_1+\mathrm{j}\omega M\dot{I}_2 \qquad (6\text{-}40)$$

$$\dot{U}=\mathrm{j}\omega L_2\dot{I}_2+\mathrm{j}\omega M\dot{I}_1 \qquad (6\text{-}41)$$

$$\dot{I}=\dot{I}_1+\dot{I}_2 \qquad (6\text{-}42)$$

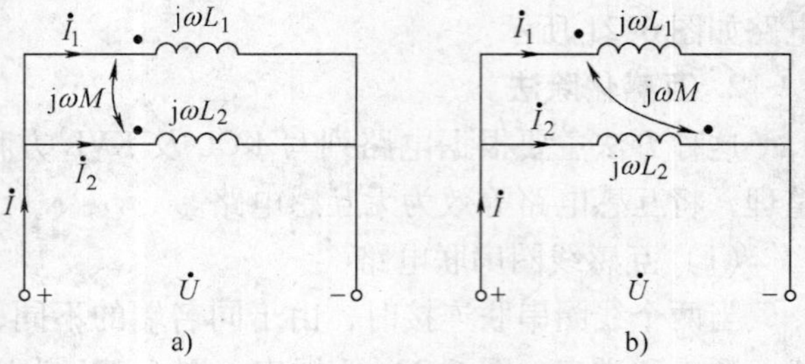

图 6-24 互感线圈并联电路

由式(6-42) 得 $\dot{I}_2=\dot{I}-\dot{I}_1$ 和 $\dot{I}_1=\dot{I}-\dot{I}_2$，分别代入式(6-40) 和式(6-41)，得

$$\dot{U}=\mathrm{j}\omega L_1\dot{I}_1+\mathrm{j}\omega M(\dot{I}-\dot{I}_1)=\mathrm{j}\omega M\dot{I}+\mathrm{j}\omega(L_1-M)\dot{I}_1 \qquad (6\text{-}43)$$

$$\dot{U}=\mathrm{j}\omega L_1\dot{I}_2+\mathrm{j}\omega M(\dot{I}-\dot{I}_2)=\mathrm{j}\omega M\dot{I}+\mathrm{j}\omega(L_2-M)\dot{I}_2 \qquad (6\text{-}44)$$

其等效去互感电路如图 6-25a 所示。

同理，可得图 6-24b 去互感后的方程为

$$\dot{U}=\mathrm{j}\omega L_1\dot{I}_1-\mathrm{j}\omega M(\dot{I}-\dot{I}_1)=-\mathrm{j}\omega M\dot{I}+\mathrm{j}\omega(L_1+M)\dot{I}_1 \qquad (6\text{-}45)$$

$$\dot{U}=\mathrm{j}\omega L_1\dot{I}_2-\mathrm{j}\omega M(\dot{I}-\dot{I}_2)=-\mathrm{j}\omega M\dot{I}+\mathrm{j}\omega(L_2+M)\dot{I}_2 \qquad (6\text{-}46)$$

其等效去互感电路如图 6-25b 所示。

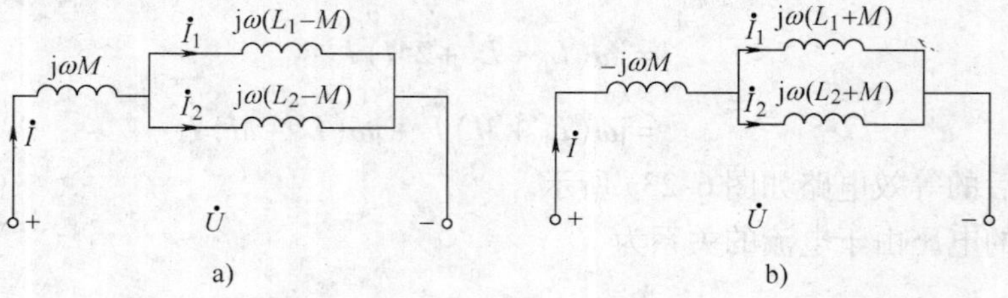

图 6-25 等效去互感电路

(3) 一般连接

图 6-26 所示为具有互感的三端电路，是电路中的一部分。图 6-26a 是同名端连接在一个节点上，而图 6-26b 是异名端连接在一个节点上。

各支路电流和端电压参考方向如图 6-26a所示，用支路电流法分别列写出左右两个回路的电压方程为

$$\begin{cases}\dot{U}_{13}=\mathrm{j}\omega L_1\dot{I}_1+\mathrm{j}\omega M\dot{I}_2\\ \dot{U}_{23}=\mathrm{j}\omega L_2\dot{I}_2+\mathrm{j}\omega M\dot{I}_1\end{cases}$$

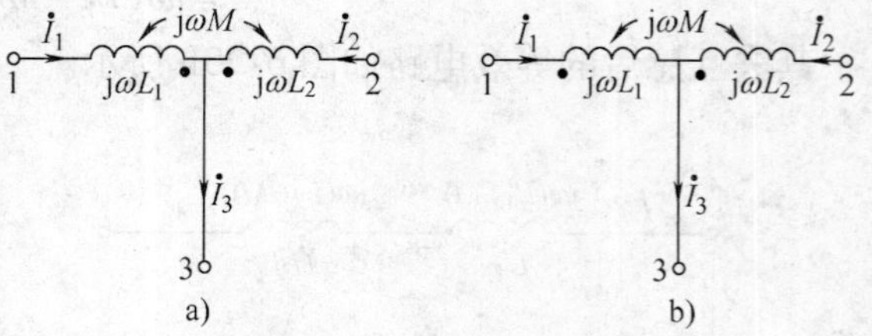

图 6-26 具有互感的三端电路

将 $\dot{I}_3=\dot{I}_1+\dot{I}_2$ 代入上式。可得

$$\dot{U}_{13}=\mathrm{j}\omega L_1\dot{I}_1+\mathrm{j}\omega M(\dot{I}_3-\dot{I}_1)=\mathrm{j}\omega(L_1-M)\dot{I}_1+\mathrm{j}\omega M\dot{I}_3$$

$$\dot{U}_{23}=\mathrm{j}\omega L_2\dot{I}_2+\mathrm{j}\omega M(\dot{I}_3-\dot{I}_2)=\mathrm{j}\omega(L_2-M)\dot{I}_2+\mathrm{j}\omega M\dot{I}_3$$

其去互感后的等效电路如图 6-27a 所示。同理，可得图 6-26b 所示的含互感电路去感后

的等效电路，如图 6-27b 所示。

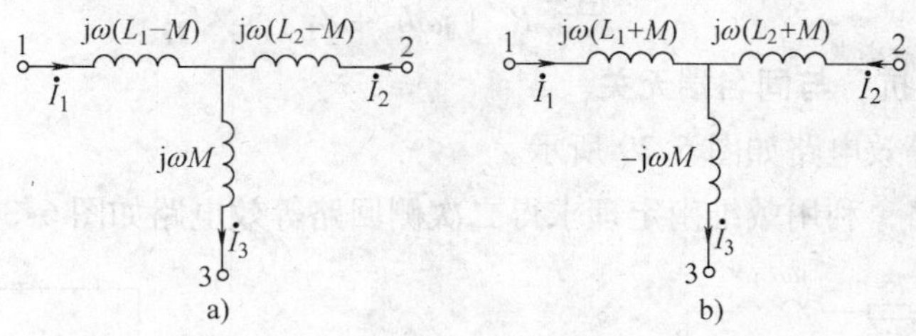

图 6-27　去互感后的等效电路

互感化除法一般应用于简单的含互感电路，如果互感元件较多，各元件间的磁耦合现象较复杂，用此办法并不理想。

3. 等效阻抗法

像空心变压器这样的四端互感电路，虽然可用前两种方法分析，但是应用等效阻抗法更方便。图 6-28 所示为空心变压器的相量等效模型。

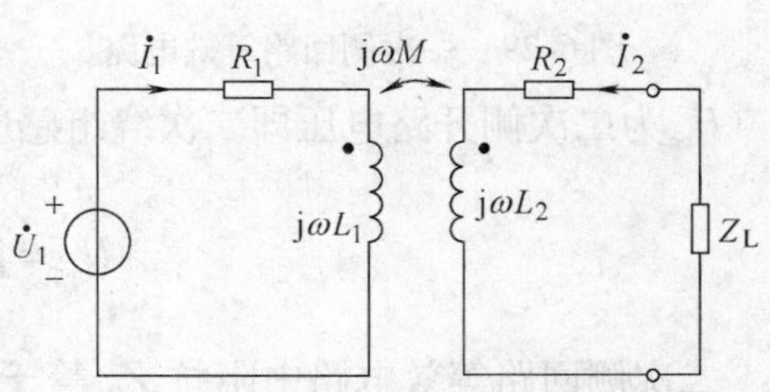

图 6-28　空心变压器的相量等效模型

按图 6-28 中标示的电压和电流参考方向，列写出一次侧和二次侧电路的电压方程为

$$(R_1+\mathrm{j}\omega L_1)\dot{I}_1+\mathrm{j}\omega M\dot{I}_2=\dot{U}_1 \tag{6-47}$$

$$+\mathrm{j}\omega M\dot{I}_1+(Z_\mathrm{L}+R_2+\mathrm{j}\omega L_2)\dot{I}_2=0 \tag{6-48}$$

令一次侧回路阻抗，$Z_{11}=R+\mathrm{j}\omega L_1$ 二次侧回路阻抗，$Z_{22}=Z_\mathrm{L}+R_2+\mathrm{j}\omega L_2$ 一、二次侧回路互阻抗，$Z_M=\mathrm{j}\omega M$ 如果$\dot{I}_1$和$\dot{I}_2$同时流入同名端取“+”号，同时流入异名端取“-”号。则式（6-47）和式（6-48）可写成

$$Z_{11}\dot{I}_1+Z_M\dot{I}_2=\dot{U}_1 \tag{6-49}$$

$$Z_M\dot{I}_1+Z_{22}\dot{I}_2=0 \tag{6-50}$$

整理式（6-49）和式（6-50）可得$\dot{I}_1$和$\dot{I}_2$的表示式为

$$\dot{I}_1=\frac{Z_{22}}{Z_{11}Z_{22}-Z_M^2}\dot{U}_1=\frac{Z_{22}}{Z_{11}Z_{22}+(\omega M)^2}\dot{U}_1 \tag{6-51}$$

$$\dot{I}_2=\frac{-Z_M}{Z_{11}Z_{22}-Z_M^2}\dot{U}_1=\frac{-\mathrm{j}\omega M}{Z_{11}Z_{22}+(\omega M)^2}\dot{U}_1 \tag{6-52}$$

注意：以上计算都是按照一、二次电流都流入同名端，如果是流入异名端，则$\dot{I}_2$的符号要改变。

从输入回路看，由式（6-51）可得一次侧回路的输入阻抗为

$$Z_i=\frac{\dot{U}_1}{\dot{I}_1}=Z_{11}-\frac{Z_M^2}{Z_{22}}=Z_{11}+\frac{(\omega M)^2}{Z_{22}}=Z_{11}+\frac{(\omega M)^2}{R_2+\mathrm{j}\omega L_2+Z_\mathrm{L}} \tag{6-53}$$

令
$$Z_{r12}=\frac{(\omega M)^2}{R_2+\mathrm{j}\omega L_2+Z_\mathrm{L}} \tag{6-54}$$

称 Z_{r12}为反映阻抗，**与同名端无关**。

其一次侧回路等效电路如图 6-29 所示。

分析二次侧回路，利用戴维南定理求得二次侧回路等效电路如图 6-30 所示。

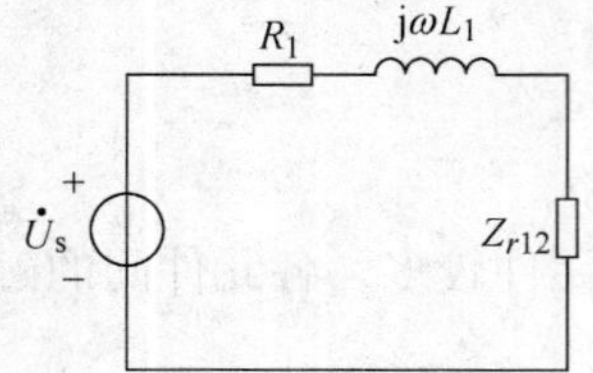

图 6-29　一次侧回路等效电路

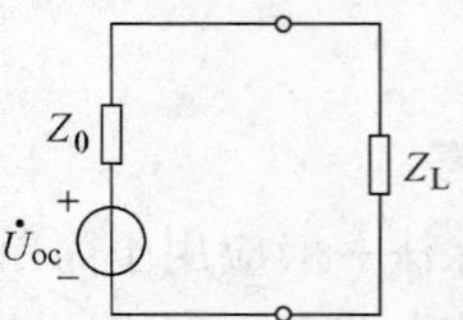

图 6-30　二次侧回路等效电路

$\dot U_\mathrm{oc}$为二次侧开路电压即二次绕组感应电压，**其正极性与同名端取同一端**。

$$\dot U_\mathrm{oc}=\mathrm{j}\omega M\dot I_1=\frac{\mathrm{j}\omega M\dot U_1}{R_1+\mathrm{j}\omega L_1}$$

二次侧回路等效电路中阻抗 Z_0 等于开路电压$\dot U_\mathrm{oc}$除以短路电流$\dot I_{2\mathrm{c}}$。由于二次侧短路时 $Z_\mathrm{L}=0$，因此

$$\dot I_{2\mathrm{c}}=\frac{-\mathrm{j}\omega M}{Z_{11}(R_2+\mathrm{j}\omega L_2)+(\omega M)^2}\dot U_1$$

那么

$$\begin{aligned}Z_0&=\frac{\dot U_\mathrm{oc}}{-\dot I_{2\mathrm{c}}}=\frac{\mathrm{j}\omega M\dot U_1}{R_1+\mathrm{j}\omega L_1}\ \frac{Z_{11}(R_2+\mathrm{j}\omega L_2)+(\omega M)^2}{\mathrm{j}\omega M\dot U_1}\\&=R_2+\mathrm{j}\omega L_2+\frac{(\omega M)^2}{R_1+\mathrm{j}\omega L_1}\ \frac{(\omega M)^2}{R_1+\mathrm{j}\omega L_1}\\&=R_2+\mathrm{j}\omega L_2+\frac{(\omega M)^2R_1-\mathrm{j}(\omega M)^2\omega L_1}{R_1^2+(\omega L_1)^2}\\&=R_2+\frac{R_1(\omega M)^2}{R_1^2+(\omega L_1)^2}+\mathrm{j}\left[\omega L_2-\frac{\omega^3M^2L_1}{R_1^2+(\omega L_1)^2}\right]\end{aligned}$$

令

$$R_0=R_2+\frac{R_1(\omega M)^2}{R_1^2+(\omega L_1)^2} \tag{6-55}$$

$$X_0=\omega L_2-\frac{(\omega M)^2(\omega L_1)}{R_1^2+(\omega L_1)^2} \tag{6-56}$$

如果要使负载获得最大功率，根据最大功率传输定理，当 $Z_\mathrm{L}=Z_0^*$ 时，可获得最大功率为

$$P_{\max}=\frac{U_\mathrm{oc}^2}{4R_0}$$

注意：上面计算中 R_0、X_0 与电流$\dot I_1$和$\dot I_2$是否同时流入同名端无关，读者可以自己推导。

例6-11　如图6-31所示，已知：$u_s(t)=10\sqrt{2}\cos(10t)$ V。试求：（1）$i_1(t)$、$i_2(t)$；（2）1.6Ω负载电阻吸收的功率；（3）Z_L为何值时，输出的功率最大？

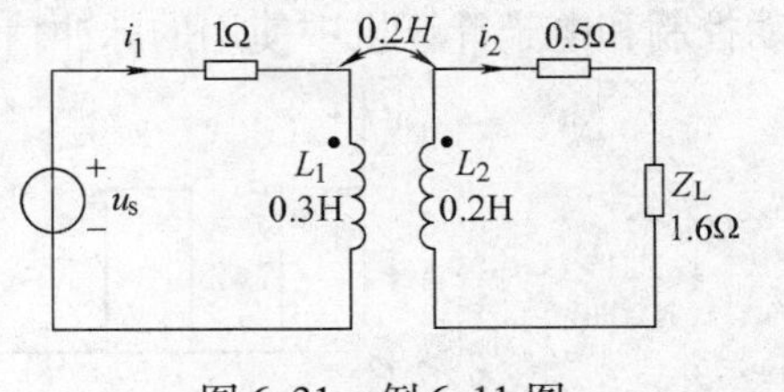

图6-31　例6-11图

解　（1）计算各绕组的自感抗和互感抗

$$\omega L_1=10\times0.3\Omega=3\Omega$$
$$\omega L_2=10\times0.2\Omega=2\Omega$$
$$\omega M=10\times0.2\Omega=2\Omega$$

$$Z_{11}=(1+\mathrm{j}3)\Omega$$
$$Z_{22}=(0.5+\mathrm{j}2+1.6)\Omega=(2.1+\mathrm{j}2)\Omega$$
$$Z_M=-\mathrm{j}2\Omega$$

由式(6-51)和式(6-52)得

$$\dot{I}_1=\frac{Z_{22}}{Z_{11}Z_{22}-Z_M^2}\dot{U}_1=\frac{(2.1+\mathrm{j}2)\times10\angle0^\circ}{(1+\mathrm{j}3)(2.1+\mathrm{j}2)+2^2}\mathrm{A}=3.49\angle-45.7^\circ\mathrm{A}$$

$$\dot{I}_2=\frac{-Z_M}{Z_{11}Z_{22}-Z_M^2}\dot{U}_1=\frac{-\mathrm{j}2\times10\angle0^\circ}{(1+\mathrm{j}3)(2.1+\mathrm{j}2)+2^2}\mathrm{A}=2.41\angle0.7^\circ\mathrm{A}$$

所以

$$i_1(t)=3.49\sqrt{2}\cos(10t-45.7^\circ)\mathrm{A}$$
$$i_2(t)=2.41\sqrt{2}\cos(10t+0.7^\circ)\mathrm{A}$$

（2）1.6Ω负载电阻吸收的功率为

$$P_L=I_2^2R_L=2.41^2\times1.6\mathrm{W}=9.29\mathrm{W}$$

（3）求Z_L：由式（6-55）和（6-56）得

$$R_0=R_2+\frac{R_1(\omega M)^2}{R_1^2+(\omega L_1)^2}=\left(0.5+\frac{1\times2^2}{1+3^2}\right)\Omega=0.9\Omega$$

$$X_0=\omega L_2-\frac{(\omega M)^2(\omega L_1)}{R_1^2+(\omega L_1)^2}=\left(2-\frac{2^2\times3}{1+3^2}\right)\Omega=0.8\Omega$$

$$Z_0=R_0+\mathrm{j}X_0=(0.9+\mathrm{j}0.8)\Omega$$

所以，当$Z_L=Z_0^*=(0.9-\mathrm{j}0.8)\Omega$时，输出功率最大。

【每节思考】

1. 如何理解下面的论述：列写存在互感现象电路的KVL方程要格外小心。
2. 为什么要消互感？消去互感的好处是什么？

6.5　非正弦周期信号的傅里叶分解

6.5.1　非正弦周期交流信号

在线性电路中，如果电源是一个正弦信号或多个同频率的正弦信号，其响应也是正弦函数。但是在工程技术、无线电工程以及其他的电子工程中常常碰到非正弦周期信号。例如，实验室常用的信号发生器产生的方波、三角波和锯齿波，整流电路产生的半波整流和全波整流信号，由语言、音乐、图像等转换过来的电信号，由非电量的变化变换而得的电信号，自动控制和电子计算机中使用的脉冲信号等。常见的非正弦周期信号如图 6-32 所示。

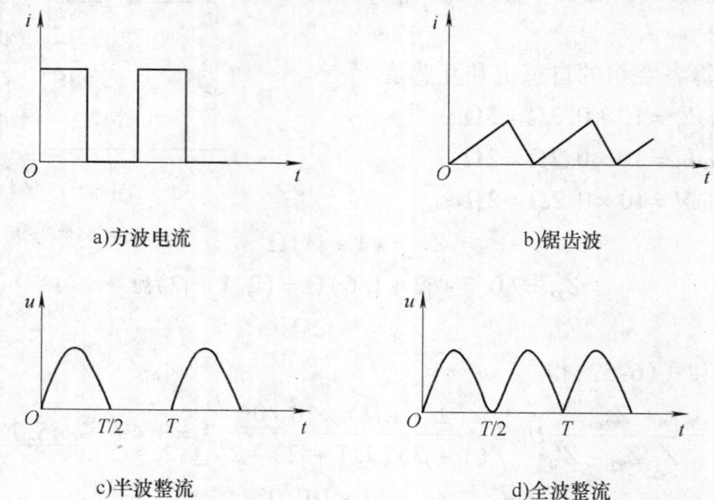

图 6-32 常见的非正弦周期信号

1. 非正弦周期函数的特点

1）不是正弦波。

2）按周期规律变化 $f(t)=f(t+kT)$（$k=0$，±1，±2，…）。

2. 非正弦周期交流电路的定义

线性电路中若有多个不同频率的正弦电源，或者线性电路中含有非正弦周期电源，则电路进入稳态后的电流和电压响应将是非正弦周期函数，称这种电路为非正弦周期交流电路。

3. 非正弦周期交流电路的分析方法

分析非正弦周期交流电路常用谐波分析法，具体步骤如下：

1）应用傅里叶级数展开方法，将非正弦周期激励电压、电流或信号分解为一系列不同频率的正弦量之和。

2）根据叠加原理，分别计算在各个正弦量单独作用下电路中产生的同频率正弦电流分量和电压分量。

3）把所得分量按时域形式叠加。

6.5.2 周期函数的傅里叶级数展开式

1. 傅里叶级数的定义

对于周期函数 $f(t)=f(t+kT)$，式中 T 为周期函数 $f(t)$ 的周期，$k=0$，±1，±2，…，如果 $f(t)$ 满足狄氏条件（在一周期内绝对可积、在一周期内只有有限个极大值和极小值、在一周期内只有有限个不连续点），它就能展开成一个收敛的傅里叶级数。电路中的非正弦周期量都能满足这个条件。因此，本书中讨论的非正弦周期交流电路中的周期信号都可以用傅里叶级数展开。

2. 傅里叶级数的两种形式

（1）第一种形式

$$f(t) = a_0 + [a_1\cos(\omega_1 t) + b_1\sin(\omega_1 t)] + [a_2\cos(2\omega_1 t) + b_2\sin(2\omega_1 t)] + \cdots + [a_k\cos(k\omega_1 t) + b_k\sin(k\omega_1 t)] + \cdots \tag{6-57}$$

$$= a_0 + \sum_{k=1}^{\infty}[a_k\cos(k\omega_1 t) + b_k\sin(k\omega_1 t)]$$

系数的计算公式

$$a_0 = \frac{1}{T}\int_0^T f(t)\,\mathrm{d}t = \frac{1}{T}\int_{-\frac{T}{2}}^{\frac{T}{2}} f(t)\,\mathrm{d}t \tag{6-58}$$

$$a_k = \frac{2}{T}\int_0^T f(t)\cos(k\omega_1 t)\,\mathrm{d}t = \frac{2}{T}\int_{-\frac{T}{2}}^{\frac{T}{2}} f(t)\cos(k\omega_1 t)\,\mathrm{d}t = \frac{1}{\pi}\int_0^{2\pi} f(t)\cos(k\omega_1 t)\,\mathrm{d}(\omega_1 t)$$

$$= \frac{1}{\pi}\int_{-\pi}^{\pi} f(t)\cos(k\omega_1 t)\,\mathrm{d}(\omega_1 t) \tag{6-59}$$

$$b_k = \frac{2}{T}\int_0^T f(t)\sin(k\omega_1 t)\,\mathrm{d}t = \frac{2}{T}\int_{-\frac{T}{2}}^{\frac{T}{2}} f(t)\sin(k\omega_1 t)\,\mathrm{d}t = \frac{1}{\pi}\int_0^{2\pi} f(t)\sin(k\omega_1 t)\,\mathrm{d}(\omega_1 t)$$

$$= \frac{1}{\pi}\int_{-\pi}^{\pi} f(t)\sin(k\omega_1 t)\,\mathrm{d}(\omega_1 t) \tag{6-60}$$

（2） 第二种形式

$$f(t) = A_0 + A_{1\mathrm{m}}\cos(\omega_1 t + \psi_1) + A_{2\mathrm{m}}\cos(2\omega_1 t + \psi_2) + \cdots + A_{k\mathrm{m}}\cos(k\omega_1 t + \psi_k) + \cdots$$

$$= A_0 + \sum_{k=1}^{\infty} A_k\cos(k\omega_1 t + \theta_k) \tag{6-61}$$

式中，A_0 为$f(t)$的恒定分量（平均值）；$A_1\cos(\omega_1 t + \theta_1)$为$f(t)$的基波分量，$\omega_1 = 2\pi/T$ 基波频率与$f(t)$的频率相同；其他各项统称为高次谐波，即2次、3次、4次、…、k次谐波；A_k 是为$f(t)$的k次谐波的振幅，θ_k 是k次谐波的初相位，k次谐波的频率是基波频率的k倍。

（3） 两种形式系数之间的关系

第一种形式 $f(t) = a_0 + \sum_{k=1}^{\infty}[a_k\cos(k\omega_1 t) + b_k\sin(k\omega_1 t)]$

第二种形式 $f(t) = A_0 + \sum_{k=1}^{\infty} A_{k\mathrm{m}}\cos(k\omega_1 t + \psi_k)$

式中

$$A_0 = a_0 \quad A_{k\mathrm{m}} = \sqrt{a_k^2 + b_k^2} \tag{6-62}$$

$$a_k = A_{k\mathrm{m}}\cos\psi_k \quad b_k = -A_{k\mathrm{m}}\sin\psi_k \tag{6-63}$$

$$\psi_k = \arctan\left(\frac{-b_k}{a_k}\right) \tag{6-64}$$

6.5.3 傅里叶分解式的电气意义

图6-33所示为傅里叶分解式的数学和电气对应关系图，分解后的电源相当于无限个电压源串联，电路分析应用的方法是叠加原理。

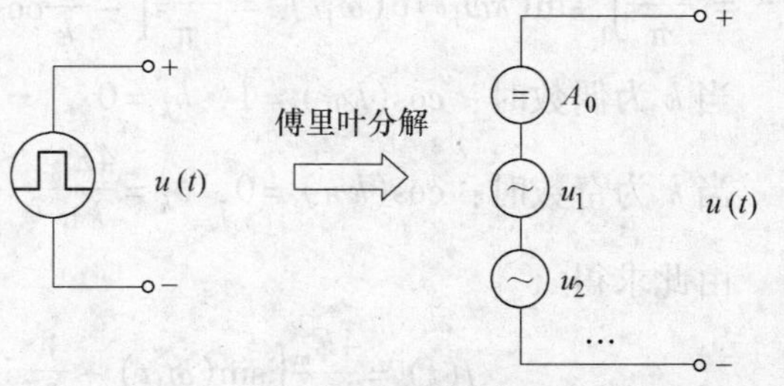

图6-33 傅里叶分解式的数学和电气对应关系图

6.5.4 $f(t)$的频谱

傅里叶级数虽然详尽而又准确地表达了周期函数分解的结果，但很不直观。为了表示一个周期函数分解为傅里叶级数后包含哪些频率分量以及各个分量所占“比重”，用长度与各次谐波振幅大小相对应的线段，按频率的高低顺序把它们依次排列起来，得到的图形称为$f(t)$的频谱。

1. 幅度频谱

把各次谐波的振幅用相应线段依次排列，称为傅里叶级数的幅度频谱，如图 6-34 所示。

2. 相位频谱

把各次谐波的初相用相应线段依次排列，称为傅里叶级数的相位频谱。

例 6-12 求图 6-35 所示周期性矩形信号的傅里叶级数展开式及其频谱。

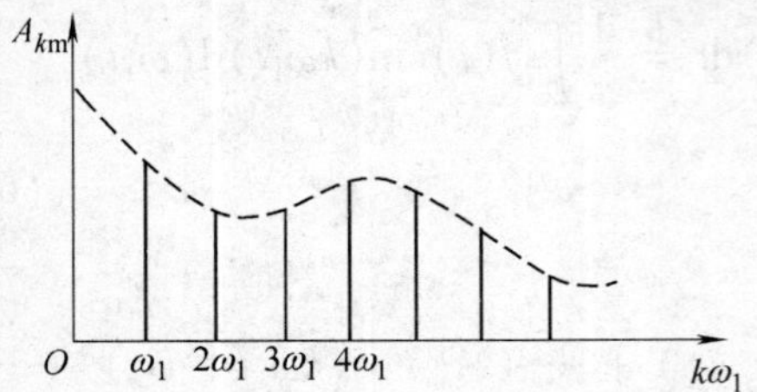

图 6-34 傅里叶级数的幅度频谱

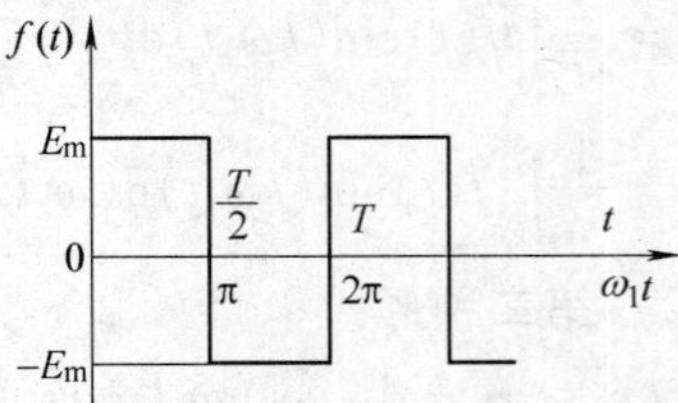

图 6-35 例 6-12 图

解 $f(t)$在第一个周期内的表达式为

$$f(t)=\begin{cases} E_m & 0\leqslant t\leqslant \dfrac{T}{2} \\ -E_m & \dfrac{T}{2}\leqslant t\leqslant T \end{cases}$$

（1）根据公式计算系数

$$a_0=\frac{1}{T}\int_0^T f(t)\,\mathrm{d}t=0$$

$$a_k=\frac{1}{\pi}\int_0^{2\pi} f(t)\cos(k\omega_1 t)\,\mathrm{d}(\omega_1 t)=\frac{1}{\pi}\left[\int_0^{\pi} E_m\cos(k\omega_1 t)\,\mathrm{d}(\omega_1 t)-\int_{\pi}^{2\pi} E_m\cos(k\omega_1 t)\,\mathrm{d}(\omega_1 t)\right]$$

$$=\frac{2E_m}{\pi}\int_0^{\pi}\cos(k\omega_1 t)\,\mathrm{d}(\omega_1 t)=0$$

$$b_k=\frac{1}{\pi}\int_0^{2\pi} f(t)\sin(k\omega_1 t)\,\mathrm{d}(\omega_1 t)=\frac{1}{\pi}\left[\int_0^{\pi} E_m\sin(k\omega_1 t)\,\mathrm{d}(\omega_1 t)-\int_{\pi}^{2\pi} E_m\sin(k\omega_1 t)\,\mathrm{d}(\omega_1 t)\right]$$

$$=\frac{2E_m}{\pi}\int_0^{\pi}\sin(k\omega_1 t)\,\mathrm{d}(\omega_1 t)=\frac{2E_m}{\pi}\left[-\frac{1}{k}\cos(k\omega_1 t)\right]_0^{\pi}=\frac{2E_m}{k\pi}[1-\cos(k\pi)]$$

当 k 为偶数时：$\cos(k\pi)=1$，$b_k=0$。

当 k 为奇数时：$\cos(k\pi)=0$，$b_k=\dfrac{4E_m}{k\pi}$。

由此求得

$$f(t)=\frac{4E_m}{\pi}\left[\sin(\omega_1 t)+\frac{1}{3}\sin(3\omega_1 t)+\frac{1}{5}\sin(5\omega_1 t)+\cdots\right]$$

(2) 图 6-36a 中曲线 1 为展开式中前三项，即取到 5 次谐波时的合成曲线。图 6-36b 曲线 2 为取到 11 次谐波时合成的曲线。

比较以上图 6-36a、b 两个图可见：**谐波项数取得越多，合成曲线就越接近于原来的波形。**

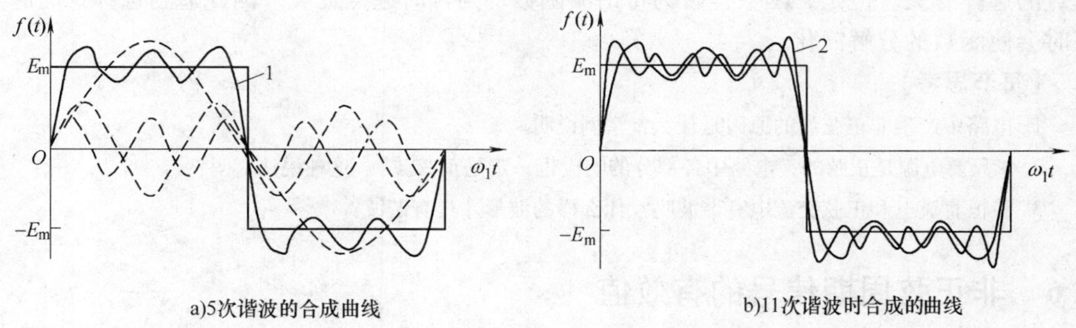

a)5次谐波的合成曲线　b)11次谐波时合成的曲线

图 6-36　不同次谐波的合成曲线

(3) 确定矩形信号 $f(t)$ 的频谱　根据 $f(t)=\frac{4E_m}{\pi}\left[\sin(\omega_1 t)+\frac{1}{3}\sin(3\omega_1 t)+\frac{1}{5}\sin(5\omega_1 t)+\cdots\right]$ 得到：

不同次谐波的幅值为

$$\frac{4E_m}{\pi},\ \frac{4E_m}{3\pi},\ \frac{4E_m}{5\pi},\ \frac{4E_m}{7\pi}$$

不同次谐波的相位为

$$-\frac{\pi}{2},\ -\frac{\pi}{2},\ -\frac{\pi}{2},\ -\frac{\pi}{2}$$

矩形波的幅值频谱如图 6-37 所示。

频谱与非正弦周期信号特征的关系：波形越接近正弦波，谐波成分越少；波形突变点越小，频谱变化越大。

例如 $f(t)=10\cos(314t+30°)$ 为正弦函数，没有其他谐波分量。其幅值频谱如图 6-38 所示。

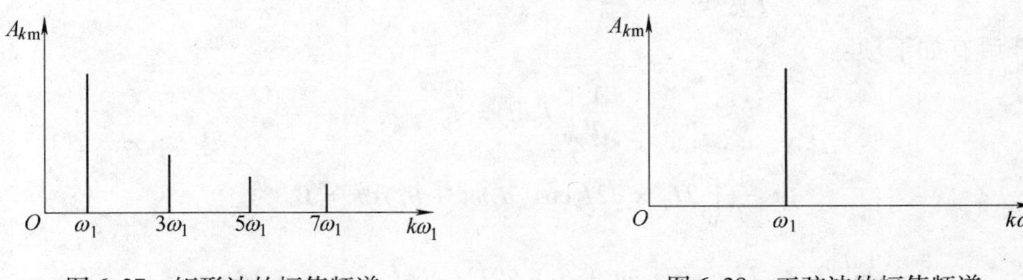

图 6-37　矩形波的幅值频谱　图 6-38　正弦波的幅值频谱

6.5.5　系数和计时起点的关系

系数 A_{km} 与计时起点无关（但 ψ_k 是有关的），这是因为构成非正弦周期函数的各次谐波的振幅以及各次谐波对该函数波形的相对位置总是一定的，并不会因计时起点的变动而变动。

因此，计时起点的变动只能使各次谐波的初相做相应的改变。由于系数 a_k 和 b_k 与初相 ψ_k 有关，所以它们也随计时起点的改变而改变。

由于系数 a_k 和 b_k 与计时起点的选择有关，所以函数是否为奇函数或偶函数可能与计时起点的选择有关。但是，函数是否为奇谐波函数却与计时起点无关。因此适当选择计时起点有时会使函数的分解简化。

【每节思考】

1. 电路中产生非正弦波的原因是什么？举例说明。
2. “只要电源是正弦的，电路中各部分的响应也一定是正弦波”。这种说法对吗？
3. 稳恒直流电和正弦交流电有谐波吗？什么样的波形才具有谐波？

6.6 非正弦周期信号的有效值

6.6.1 非正弦周期电流和电压的有效值

1. 有效值的定义

周期为 T 的非正弦周期电流 $i(t)$ 的有效值为

$$I = \sqrt{\frac{1}{T}\int_0^T i^2(t)\mathrm{d}t} \tag{6-65}$$

若 $i(t)$ 表示为恒定分量与 L 个不同频率正弦分量的和，即

$$i(t) = I_0 + \sum_{k=1}^{L} \sqrt{2}I_k\cos(a_k\omega t + \theta_k)$$

式中，$a_k(k=1，2，\cdots)$ 均为正整数，$\omega=2\pi/T$。

则周期电流的有效值为

$$I = \sqrt{\frac{1}{T}\int_0^T \left[I_0 + \sum_{k=1}^{L} \sqrt{2}I_k\cos(a_k\omega t + \theta_k) \right]^2 \mathrm{d}t}$$

只考虑根号内函数

$$\frac{1}{T}\int_0^T \left[I_0 + \sum_{k=1}^{L} \sqrt{2}I_k\cos(a_k\omega t + \theta_k) \right]^2 \mathrm{d}t$$

展开后有如下项：

$$\frac{1}{T}\int_0^T I_0^2\mathrm{d}t = I_0^2$$

$$\frac{1}{T}\int_0^T 2I_0 \times \sqrt{2}I_k\cos(a_k\omega t + \theta_k)\mathrm{d}t = 0$$

$$\frac{1}{T}\int_0^T 2 \times \sqrt{2}I_k\cos(a_k\omega t + \theta_k) \times \sqrt{2}I_q\cos(a_q\omega t + \theta_q)\mathrm{d}t = 0$$

$$\frac{1}{T}\int_0^T (\sqrt{2}I_k)^2\cos^2(a_k\omega t + \theta_k)\mathrm{d}t = I_k^2$$

于是有

$$I = \sqrt{I_0^2 + I_1^2 + I_2^2 + \cdots + I_L^2} \tag{6-66}$$

非正弦周期电流的有效值等于恒定分量的平方与各次谐波有效值的平方之和的平方根。此结论可推广用于其他非正弦周期量。因此，同样可推得

$$U=\sqrt{U_0^2+U_1^2+U_2^2+\cdots+U_L^2} \tag{6-67}$$

2. 非正弦周期量的平均值

平均值的定义

$$I_{av}=\frac{1}{T}\int_0^T |i|\mathrm{d}t$$

非正弦周期电流平均值等于此电流绝对值的平均值。其值为

$$I_{av}=\frac{1}{T}\int_0^T |I_m\cos\omega t|\ \mathrm{d}t=2I_m/\pi=0.637I_m=0.898I$$

它相当于正弦电流经全波整流后的平均值，如图6-39所示，这是因为取电流的绝对值相当于把负半周的各个值变为对应的正值。

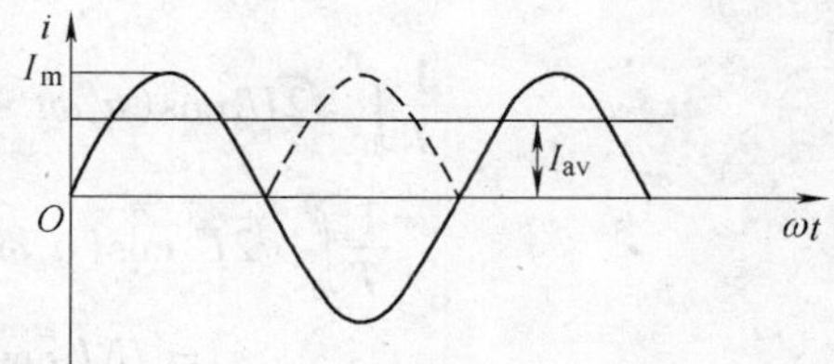

图 6-39 非正弦周期电流的平均值

3. 不同的测量结果

对于同一非正弦周期电流，用不同类型的仪表进行测量时，会有不同的结果。

1）用磁电系仪表（直流仪表）测量时，所得结果将是电流的恒定分量。

2）用电磁系或电动系仪表测量时，所得结果将是电流的有效值。

3）用全波整流磁电系仪表测量时，所得结果将是电流的平均值。

由此可见，在测量非正弦周期电流和电压时，要注意选择合适的仪表，并注意各种不同类型代表的读数所示的含意。

例 6-13 计算有效值和平均值，信号的波形如图6-40所示。

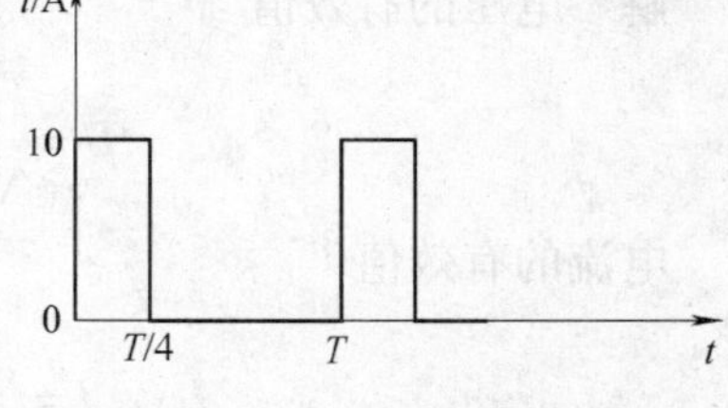

图 6-40 例 6-13 图

解 有效值为

$$I=\sqrt{\frac{1}{T}\int_0^{\frac{T}{4}}10^2\mathrm{d}t}=5\mathrm{A}$$

平均值为

$$I_0=\frac{10\ \dfrac{T}{4}}{T}=2.5\mathrm{A}$$

6.6.2 非正弦周期交流电路的平均功率

图 6-41 所示为一端口网络。设非正弦周期交流电路中某一端口网络的端电流和端电压表达式为

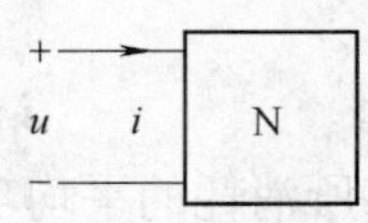

图 6-41 一端口网络

$$i(t)=I_0+\sum_{k=1}^{L}\sqrt{2}I_k\cos(a_k\omega t+\theta_{ik})$$

$$u(t)=U_0+\sum_{k=1}^{L}\sqrt{2}U_k\cos(a_k\omega t+\theta_{uk})$$

式中 a_k ($k=1, 2, \cdots$) 均为正整数；i 和 u 的周期为 $T=2\pi/\omega$。

则一端口网络 N 吸收的平均功率为

$$P = \frac{1}{T}\int_0^T p(t)\,\mathrm{d}t = \frac{1}{T}\int_0^T u(t)i(t)\,\mathrm{d}t$$

将被积函数展开后，以上积分式可分解成如下积分项：

$$\frac{1}{T}\int_0^T U_0 I_0 \mathrm{d}t = U_0 I_0$$

$$\frac{1}{T}\int_0^T U_0 \times \sqrt{2}I_k\cos(a_k\omega t + \theta_{ik})\,\mathrm{d}t = 0$$

$$\frac{1}{T}\int_0^T I_0 \times \sqrt{2}U_k\cos(a_k\omega t + \theta_{uk})\,\mathrm{d}t = 0$$

$$\frac{1}{T}\int_0^T \sqrt{2}U_k\cos(a_k\omega t + \theta_{uk}) \times \sqrt{2}I_q\cos(a_q\omega t + \theta_{iq})\,\mathrm{d}t = 0$$

$$\frac{1}{T}\int_0^T \sqrt{2}U_k\cos(a_k\omega t + \theta_{uk}) \times \sqrt{2}I_k\cos(a_k\omega t + \theta_{ik})\,\mathrm{d}t$$

$$= U_k I_k\cos(\theta_{uk} - \theta_{ik}) = U_k I_k\cos\varphi_k$$

平均功率等于直流分量构成的功率和各次谐波分量构成的平均功率之和。即

$$P = U_0 I_0 + \sum_{k=1}^{L} U_k I_k\cos\varphi_k = P_0 + P_2 + P_2 + \cdots + P_L \tag{6-68}$$

例 6-14 已知图 6-41 所示一端口网络的电压和电流，求电压和电流的有效值和一端口网络的平均功率

$$u = [10 + 20\cos(30t + 27°) + 30\sin(60t + 11°) + 40\sin(120t + 15°)]\,\mathrm{V}$$

$$i = [2 + 3\cos(30t - 33°) + 4\sin(90t + 52°) + 5\sin(120t - 15°)]\,\mathrm{A}$$

解 电压的有效值

$$U = \sqrt{10^2 + \left(\frac{20}{\sqrt{2}}\right)^2 + \left(\frac{30}{\sqrt{2}}\right)^2 + \left(\frac{40}{\sqrt{2}}\right)^2}\,\mathrm{V}$$

电流的有效值

$$I = \sqrt{2^2 + \left(\frac{3}{\sqrt{2}}\right)^2 + \left(\frac{4}{\sqrt{2}}\right)^2 + \left(\frac{5}{\sqrt{2}}\right)^2}\,\mathrm{A}$$

平均功率

$$P = \left[10 \times 2 + \left(\frac{20}{\sqrt{2}}\right)\left(\frac{3}{\sqrt{2}}\right)\cos60° + \left(\frac{40}{\sqrt{2}}\right)\left(\frac{5}{\sqrt{2}}\right)\cos30°\right]\mathrm{W}$$

例 6-15 已知有源一端口网络的端口电压和电流分别为

$$u = [50 + 85\sin(\omega t + 30°) + 56.6\sin(2\omega t + 10°)]\,\mathrm{V}$$

$$i = [1 + 0.707\sin(\omega t - 20°) + 0.424\sin(2\omega t + 50°)]\,\mathrm{A}$$

求电路所消耗的平均功率。

解 电路消耗的平均功率为

$$P = P_0 + P_1 + P_2 = \left\{50 \times 1 + \frac{85 \times 0.707}{2}\cos[30° - (-20°)] + \frac{56.6 \times 0.404}{2}\cos(10° - 50°)\right\}\mathrm{W}$$

$$= (50 + 19.3 + 9.2)\,\mathrm{W} = 78.5\,\mathrm{W}$$

由此可得，只有同频率的正弦谐波电压和电流才能构成平均功率。

【每节思考】

1. 非正弦周期量的有效值和平均值如何计算？

2. 不同频率的电压、电流能否作用后产生平均功率？

6.7　含有非正弦周期信号电路的分析

非正弦周期交流电路的分析计算一般步骤如下：

1）将电路中的激励展开成傅里叶级数表达式，也就相当于在电路输入端施加多个等效电压源串联或多个等效电流源并联。

2）根据 6.5 节中的讨论，将激励分解为直流和一系列正弦谐波时，按照分析精度截取相应次数的谐波，一般计算至 3～5 次谐波即可。

3）对各次谐波单独作用时的响应分别进行求解。

4）求解出的响应均用时间函数解析式进行表示。

5）由于电路是线性的，根据叠加原理，将电路响应中的各次谐波分量在时间领域进行叠加后即为待求响应。

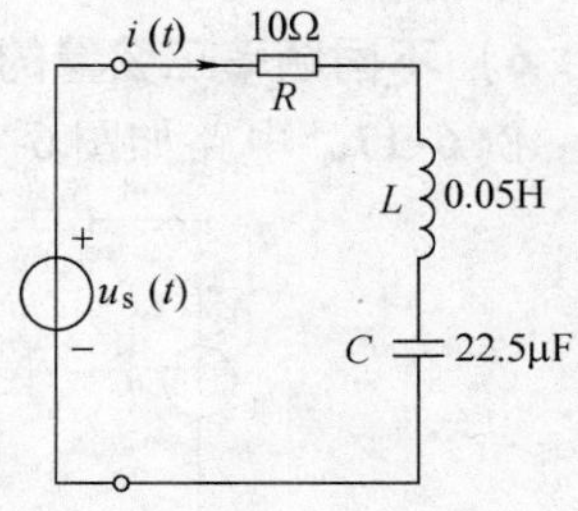

图 6-42　例 6-16 图

例 6-16　已知图 6-42 所示的电路中 $u_s(t)=[40+180\sin\omega t+60\sin(3\omega t+45°)+20\sin(5\omega t+18°)]$ V，$f=50$Hz，求 $i(t)$ 和电流有效值 I。

解　（1）恒定分量单独作用时，由于直流下 C 相当于开路，因此 $I_0=0$。

（2）一次谐波电压单独作用时，应先求出电路中的复阻抗，然后再求一次谐波电流

$$Z_1=R+\mathrm{j}\left(\omega L-\mathrm{j}\frac{1}{\omega C}\right)=\left[10+\mathrm{j}\left(314\times0.05-\frac{10^6}{314\times22.5}\right)\right]\Omega\approx126\ \underline{/-85°}\Omega$$

$$\dot{I}_{1\mathrm{m}}=\frac{\dot{U}_{1\mathrm{m}}}{Z_1}=\frac{180\ \underline{/0°}}{126\ \underline{/-85°}}\mathrm{A}\approx1.43\ \underline{/85°}\mathrm{A}$$

（3）三次谐波电压单独作用时

$$Z_3=R+\mathrm{j}\left(3\omega L-\mathrm{j}\frac{1}{3\omega C}\right)=\left[10+\mathrm{j}\left(3\times314\times0.05-\frac{10^6}{3\times314\times22.5}\right)\right]\Omega\approx10\ \underline{/0°}\Omega$$

$$\dot{I}_{3\mathrm{m}}=\frac{\dot{U}_{3\mathrm{m}}}{Z_3}=\frac{60\ \underline{/45°}}{10\ \underline{/0°}}\mathrm{A}\approx6\ \underline{/45°}\mathrm{A}$$

（4）五次谐波电压单独作用时

$$Z_5=R+\mathrm{j}\left(5\omega L-\mathrm{j}\frac{1}{5\omega C}\right)=\left[10+\mathrm{j}\left(5\times314\times0.05-\frac{10^6}{5\times314\times22.5}\right)\right]\Omega\approx51.2\ \underline{/78.7°}\Omega$$

$$\dot{I}_{5\mathrm{m}}=\frac{\dot{U}_{5\mathrm{m}}}{Z_5}=\frac{20\ \underline{/18°}}{51.2\ \underline{/78.7°}}\mathrm{A}\approx0.39\ \underline{/-60.7°}\mathrm{A}$$

（5）电流解析式根据叠加原理可求得

$$i(t)=i_1+i_3+i_5$$

$$=[1.43\sin(\omega t+85°)+6\sin(3\omega t+45°)+0.39\sin(5\omega t-60.7°)]\text{A}$$

（6）电流的有效值

$$I=\sqrt{\left(\frac{1.43}{\sqrt{2}}\right)^2+\left(\frac{6}{\sqrt{2}}\right)^2+\left(\frac{0.39}{\sqrt{2}}\right)^2}\text{A}\approx 4.37\text{A}$$

式中，三次谐波电压、电流同相，说明电路在三次谐波作用下发生了串联谐振。

在分析计算含有非正弦周期信号电路时，应注意以下问题：

1）求各单一频率稳态响应时，可分别采用相量法。

2）直流电源作用时，电感 L 短接，电容 C 开路。

3）不同频率电源作用时，电感和电容的阻抗是不同的，在 k 次谐波激励时，感抗为 $X_{Lk}=k\omega_1 L$，容抗为 $X_{Ck}=1/k\omega_1 C$，感纳为 $B_{Lk}=1/k\omega_1 L$，容纳为 $B_{Ck}=k\omega_1 C$。

4）用相量分析法计算出来的各次谐波分量是不能直接进行叠加的，必须根据相量与正弦量的对应关系表示成正弦量的时间函数解析式后再进行叠加。

5）不同频率的各次谐波响应是不能画在同一个相量图上，也不能出现在同一个相量表达式中。

6）不同频率正弦量的相量求和是无意义的，叠加只能对瞬时表达式进行。

例 6-17 电路如图 6-43a 所示，已知 $u_s=10\cos 5t$ V，$i_s=2\cos 4t$ A，求 i_0。

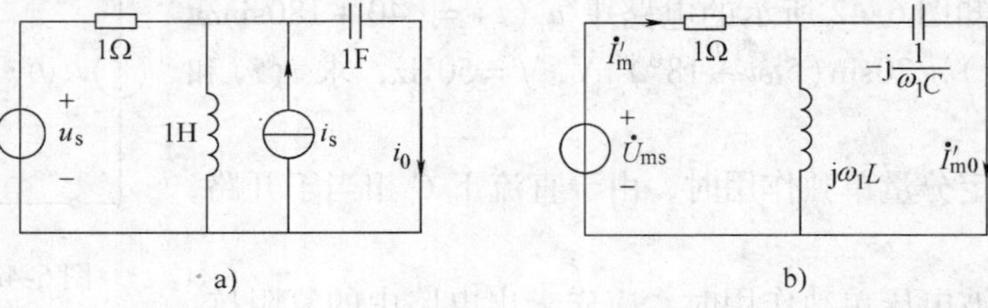

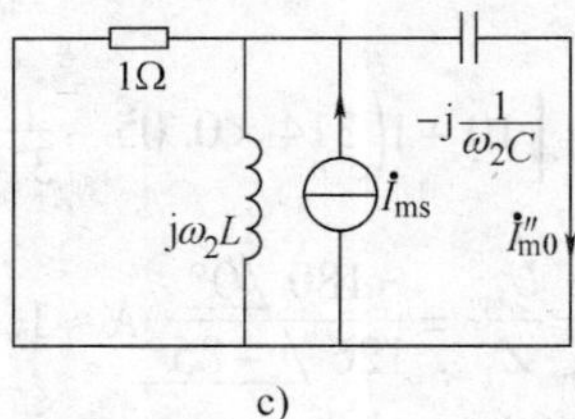

图 6-43　例 6-17 图

解　本例看上去像一般交流稳态电路，但仔细观察，实际上电压源 u_s 和电流源 i_s 的频率是不相等的。

u_s 单独作用时电路相量模型如图 6-43b 所示。此时

$$\omega_1=5\text{rad/s}\quad j\omega_1 L=j5\Omega\quad -j\frac{1}{\omega_1 C}=-j0.2\Omega\quad \dot{U}_{ms}=10\angle 0°\text{V}$$

解得

$$\dot{I}'_m=\frac{10\angle 0°}{1+j5(-j0.2)/(j5-j0.2)}\text{A}=9.79\angle 11.8°\text{A}$$

$$\dot{I}'_{m0}=\dot{I}'_m\frac{j5}{j5-j0.2}=\dot{I}'_m\frac{25}{24}=10.2\angle 11.8°\text{A}$$

$$i'_0=10.2\cos(5t+11.8°)\text{A}$$

i_s 单独作用时电路相量模型如图 6-43c 所示。此时

$$\omega_2 = 4\text{rad/s} \quad j\omega_2 L = j4\Omega \quad j\omega_2 C = j4S \ \dot{I}_{ms} = 2\angle 0°\text{A}$$

解得

$$\dot{I}''_{m0} = \dot{I}_{ms}\frac{j4}{1+(1/j4)+j4} = 2.06\angle 14.9°\text{A}$$

$$i''_0 = 2.06\cos(4t + 14.9°)\text{A}$$

根据叠加原理，有

$$i_0 = i'_0 + i''_0 = [10.2\cos(5t + 11.8°) + 2.06\cos(4t + 14.9°)]\text{A}$$

i'_0 的周期

$$T_1 = 2\pi/5 = 0.4\pi$$

i''_0 的周期

$$T_2 = 2\pi/4 = 0.5\pi$$

i_0 的周期 T 是 T_1 和 T_2 的最小公倍数

$$T = 5T_1 = 4T_2 = 2\pi$$

例 6-18 在图 6-44 所示电路中，已知 $u_s = (18 + 20\sin\omega t)\text{V}$，$i_s = 9\sin(3\omega t + 60°)\text{A}$，$\omega L_1 = 2\Omega$，$\dfrac{1}{\omega C_1} = 18\Omega$，$\omega L_2 = 3\Omega$，$R = 9\Omega$，求 $i_2(t)$。

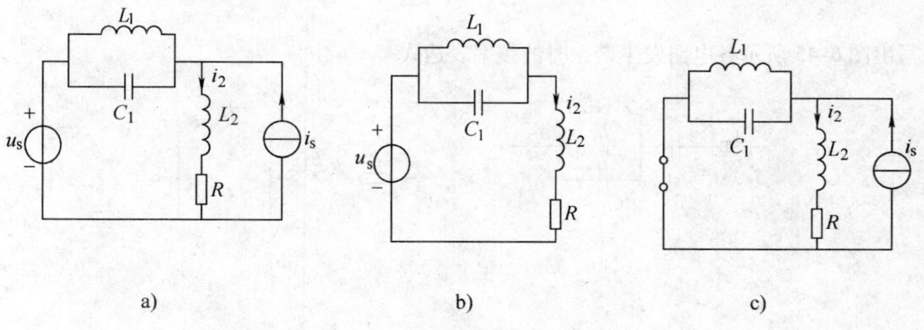

图 6-44 例 6-18 图

解 用叠加原理分析：首先当 $u_s = (18 + 20\sin\omega t)\text{V}$ 单独作用时，等效电路如图 6-43b 所示。

（1）在恒定电压 18V 作用下，电感短路，电容开路，$i_2^0 = \dfrac{18}{9} = 2\text{A}$。

（2）在 $20\sin\omega t\text{V}$ 作用下，阻抗为

$$Z_1 = R + j\omega L_2 + \frac{j\omega L_1 \dfrac{1}{j\omega C_1}}{j\omega L_1 + \dfrac{1}{j\omega C_1}} = \left[9 + j3 + \frac{j2\times(-j18)}{j2 - j18}\right]\Omega = (9 + j5.25)\Omega$$

$$\dot{I}'_{2m} = \frac{20\angle 0°}{9 + j5.25}\text{A} = 1.92\angle -30.26°\text{A}$$

因此，$i'_2 = 2\text{A} + 1.92\sin(\omega t - 30.26°)\text{A}$

当 $i_s = 9\sin(3\omega t + 60°)\text{A}$ 单独作用时，等效电路如图 6-43c 所示。

此时由于 $3\omega L_1=\frac{1}{3\omega C_1}=6\Omega$，电感 L_1 和电容 C_1 发生并联谐振，电流源的电流全部流过电感 L_2 和 R 组成的支路，因此

$$i''_2=i_s=9\sin(3\omega t+60°)\text{A}$$

所以，$i_2=i'_2+i''_2=[2+1.92\sin(\omega t-30.26°)+9\sin(3\omega t+60°)]\text{A}$。

【每节思考】

1. 非正弦周期电流电路的分析计算中，应注意哪些问题？
2. 零次谐波单独作用下电感和电容分别作何处理？
3. 不同频率正弦谐波下 L 和 C 上的电抗相同吗？

本章小结

本章在正弦稳态电路分析的基础上，介绍了三种十分重要和典型的工程现象，即 *RLC* 串联交流电路的谐振现象、*RLC* 并联交流电路的谐振现象；互感现象和互感电路的正弦稳态分析；含有非正弦周期信号电路的正弦稳态分析；本章的分析以正弦稳态电路的相量法分析为基础，同时穿插了非正弦周期信号的傅里叶分解、叠加原理、解耦、近似等效等工程应用思想。本章的重点在了解不同工程现象的背景，并能用相应的思想方法处理问题。

习　题

6-1　写出图 6-45 所示各电路发生谐振时的频率表达式。

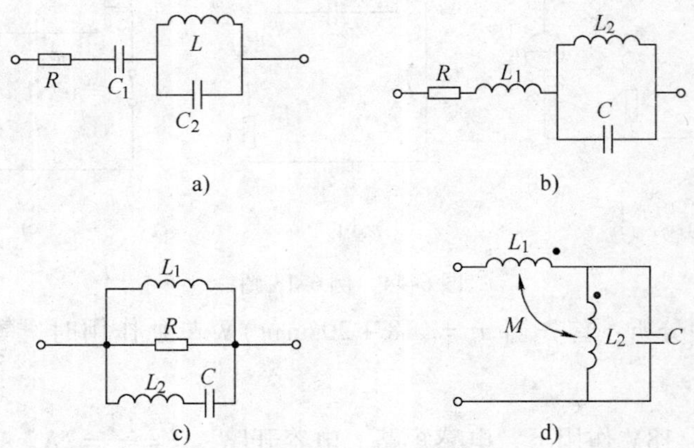

图 6-45　题 6-1 图

6-2　图 6-46 所示电路中，已知：电源电压 $U=10\text{V}$，角频率 $\omega=3000\text{rad/s}$。调节电容 C 使电路达到谐振，谐振电流 $I_0=100\text{mA}$，谐振电容电压 $U_{C0}=200\text{V}$。试求 R、L、C 之值及回路的品质因数 Q、特征阻抗 ρ 和带宽 WB。

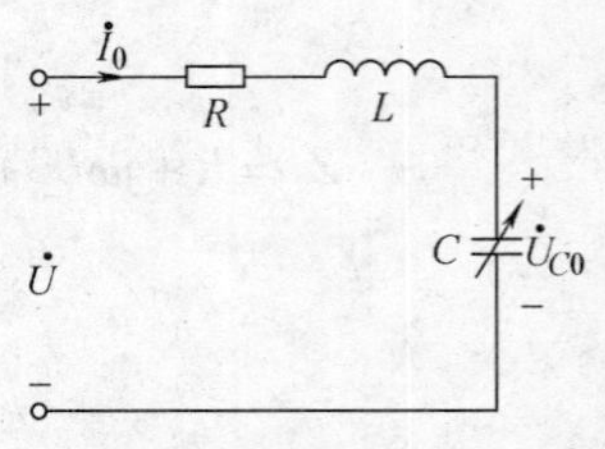

图 6-46　题 6-2 图

6-3　计算图 6-47 所示电路的最大输出电压 U_o。

6-4　图 6-48 所示电路中，电流表 A_1 的读数为 0。已知 $U=220\text{V}$，$R_1=50\Omega$，$L_1=0.2\text{H}$，$C_1=10\mu\text{F}$，$L_2=0.1\text{H}$，$C_2=5\mu\text{F}$，$R_2=50\Omega$，求电流表 A_2 的读数。

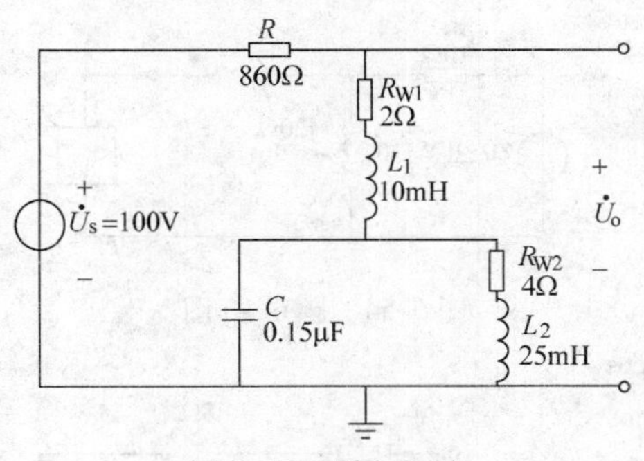

图6-47　题6-3图

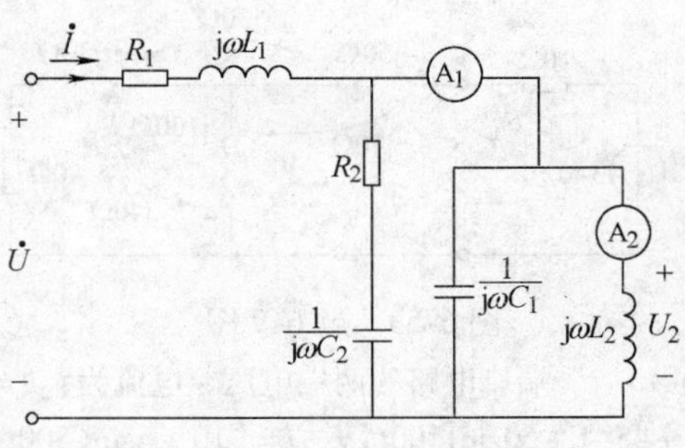

图6-48　题6-4图

6-5　（难）图6-49所示正弦交流电路，已知$\omega=100\text{rad/s}$，图中所示电流$\dot{I}=0$。求$\dot{I}_{L1}$、$\dot{I}_C$和C的值。

6-6　在图6-50所示各正弦交流电路中，已知$\omega=1\text{rad/s}$，试用互感电路列方程法和消互感法求电路的输入（复）阻抗Z_{ab}。

6-7　图6-51所示电路中，已知$R_1=R_2=1\Omega$，$\omega L_1=3\Omega$，$\omega L_2=2\Omega$，$\omega M=2\Omega$，$U_1=100\text{V}$。试求开关S断开和闭合时的电流$i_1(t)$。

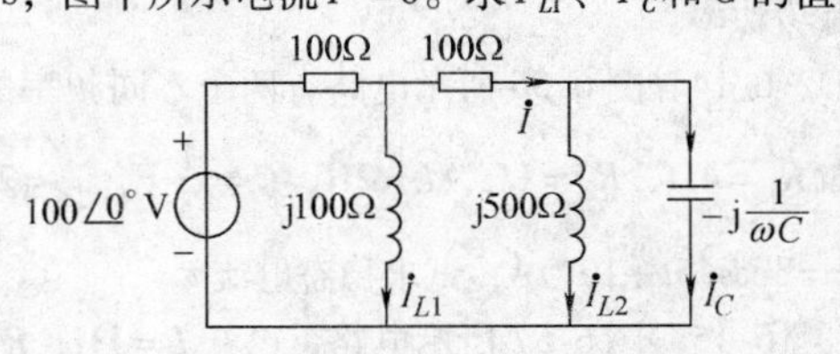

图6-49　题6-5图

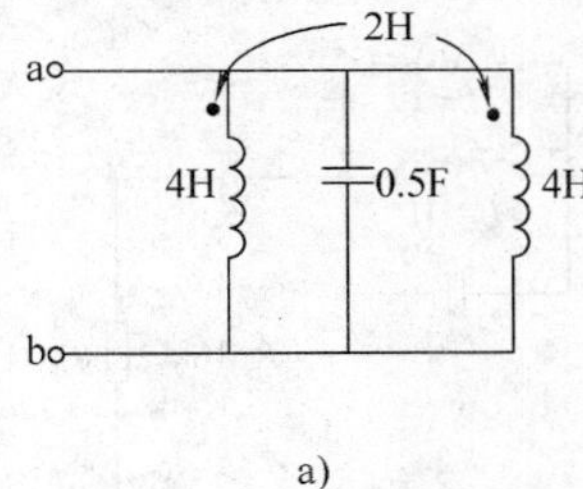

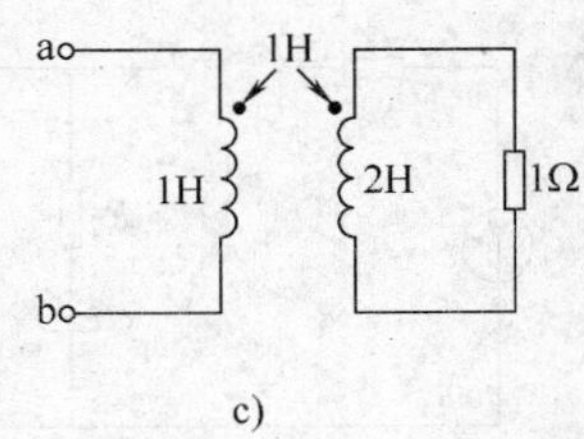

图6-50　题6-6图

6-8　图6-52所示电路，已知$R_1=R_2=100\Omega$，$L_1=3\text{H}$，$L_2=10\text{H}$，$M=5\text{H}$，$U_1=220\text{V}$，$\omega=100\text{rad/s}$。试求：

（1）两个线圈端电压；

（2）画出该电路的去耦等效电路；

（3）电路中串联多大的电容可使$\dot{U}$、$\dot{I}$同相。

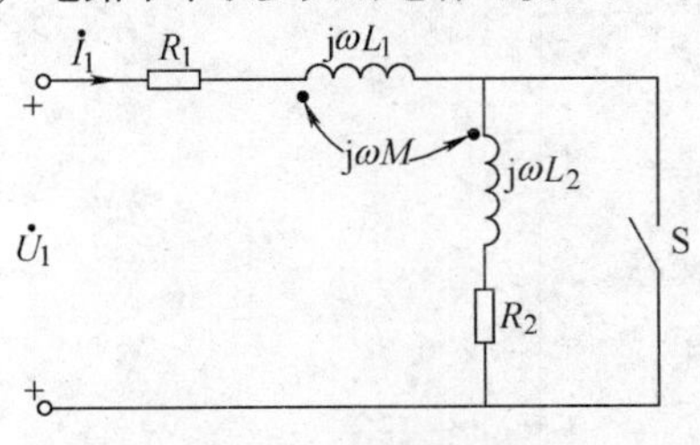

图6-51　题6-7图

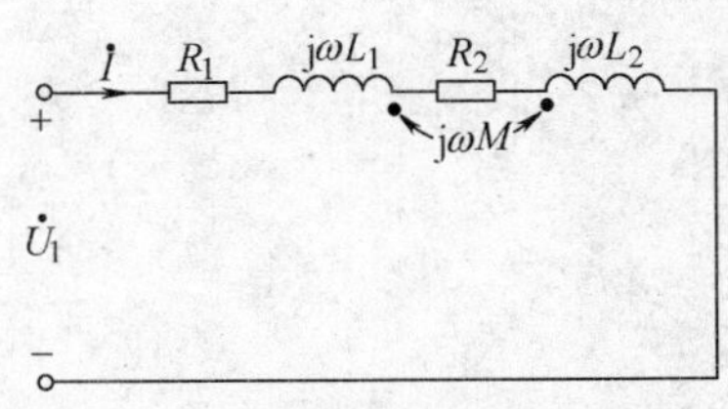

图6-52　题6-8图

6-9　在图6-53所示电路中，试求：（1）40Ω电阻获得的有功功率；（2）等效电阻Z_{ab}。

6-10　在图6-54所示电路中，请问：当Z_0为多大时能获得最大功率并求出大功率。

6-11　在图6-55所示电路中，试用等效阻抗法求输入电流$\dot{I}_1$和输出电压$\dot{U}_2$。

6-12　在图6-28所示电路中，已知$R_1=R_2=0$，$L_1=5\text{H}$，$L_2=3.2\text{H}$，$M=4\text{H}$，$u_1=100\cos(10t)\text{V}$，负载阻抗为$Z_L=R+jX_L=10\Omega$。试求：变压器的耦合系数k，一、二次绕组的电流$i_1(t)$、$i_2(t)$。

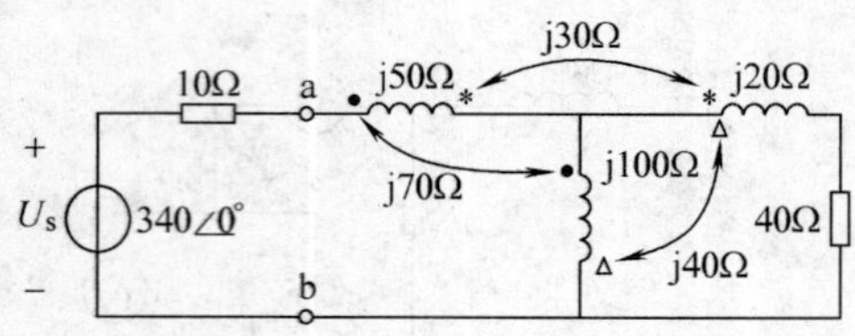

图 6-53　题 6-9 图

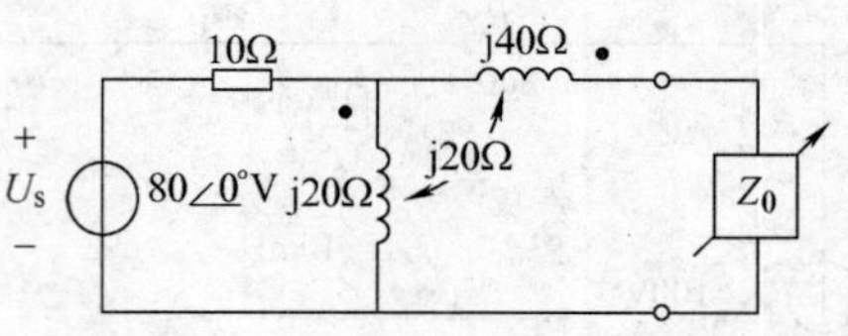

图 6-54　题 6-10 图

6-13　一端口电路的两端电压、电流为：$u=[80+200\cos(500t+45°)+60\sin1500t]\text{V}$，$i=[10+6\sin(500t+75°)+3\cos(1500t-30°)]\text{A}$，电压与电流参考方向相关联。试求：（1）电压的有效值；（2）电流的有效值；（3）一端口电路获得的有功功率。

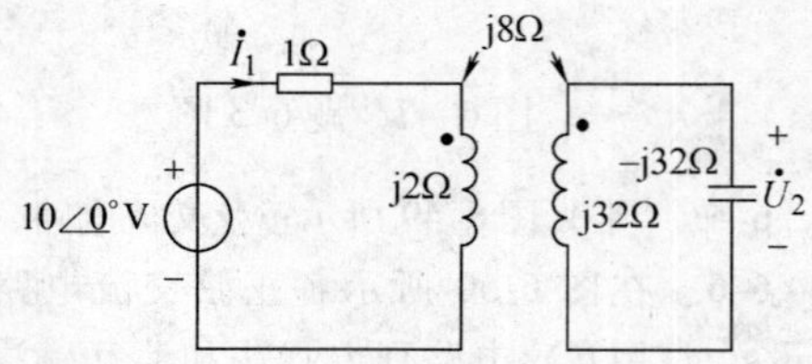

图 6-55　题 6-11 图

6-14　图 6-56 所示电路有两个不同频率的正弦电源，已知 $R_1=4\Omega$，$R_2=1\Omega$，$L=2\text{H}$，$C=\dfrac{1}{3}\text{F}$，$u_s=2\sin(3t+30°)\text{V}$，$i_s=3\cos(5t+10°)\text{A}$，试求稳态电流 i。

6-15　图 6-57 所示电路，已知 $L=1\text{H}$，$R=10\text{k}\Omega$，电源电压 u_s 和电阻 R 两端的电压 u_R 分别为 $u_s=[20+100\cos(1000t)+15\cos(2000t)]\text{V}$，$u_R=100\cos(1000t)\ \text{V}$。试求：电容 C_1、C_2 以及交流电压表的读数。

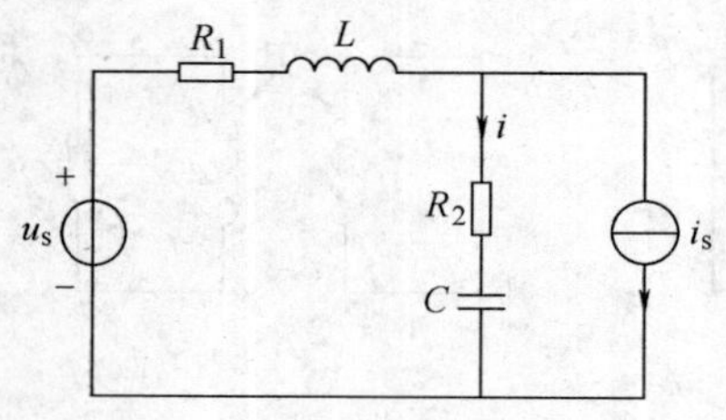

图 6-56　题 6-14 图

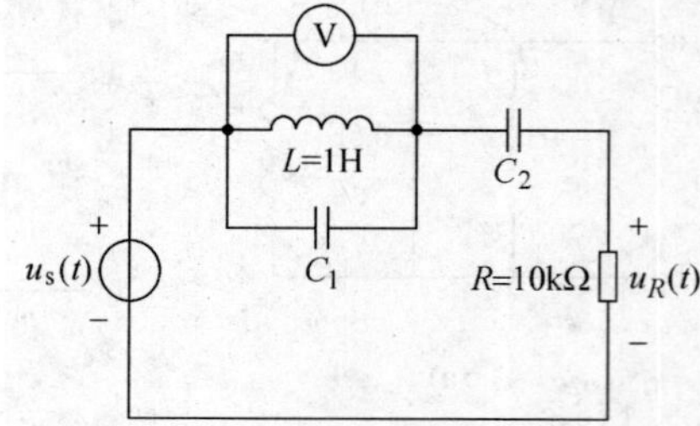

图 6-57　题 6-15 图

第7章　三相正弦稳态电路分析

【本章学习要点】

本章介绍三相正弦稳态电路，即生产中常见的三相交流电路的基本知识。首先介绍三相交流电源以及对称三相电路和不对称三相电路的概念；分析负载星形联结的三相电路以及负载三角形联结的三相电路，并介绍三相功率；最后介绍三相功率的测量。本章的目的是使同学们对三相电路有较为深入的认识和理解，能够独立分析三相电路的问题。

学习难点：三相交流电源；负载星形联结；负载三角形联结；三相功率。

前面所介绍的电路都是单相电路。在实际应用中，三相交流电路的应用更为广泛。目前，世界各国的电力系统中，电能的产生、传输和供电方式绝大多数都采用三相制。三相电力系统是由三相交流电源、三相负载和三相输电线路三部分组成的。三相电路与单相电路相比具有更多的优越性：从发电方面看，同样尺寸的发电机，采用三相电路比单相电路可以增加输出功率；从输电方面看，在相同的输电条件下，三相电路可以节约铜线；从配电方面看，三相变压器比单相变压器经济，而且便于接入三相或单相负载；从用电方面看，常用的三相电动机具有结构简单、运行平稳可靠等优点。本章讨论三相正弦稳态电路，主要介绍：三相交流电源和三相电路的组成；对称三相电路的计算；不对称三相电路的计算；三相电路的功率及测量。

7.1　三相交流电源

三相制是由三个频率相同、幅值相同而相位不同的正弦稳态电压源作为电源供电的体系，是目前电力系统所采用的主要的供电方式。

对称三相电源是由三个等幅值、同频率、初相位依次相差120°的正弦电压源按照不同的联结方式而组成的电源，如图7-1所示。

这三个电源依次称为A相、B相和C相，A、B、C分别为这三个电源的首端，X、Y、Z分别为这三个电源的尾端，它们的电压为

$$u_A = U_m \cos\omega t$$
$$u_B = U_m \cos(\omega t - 120°)$$
$$u_C = U_m \cos(\omega t - 240°) = U_m \cos(\omega t + 120°)$$

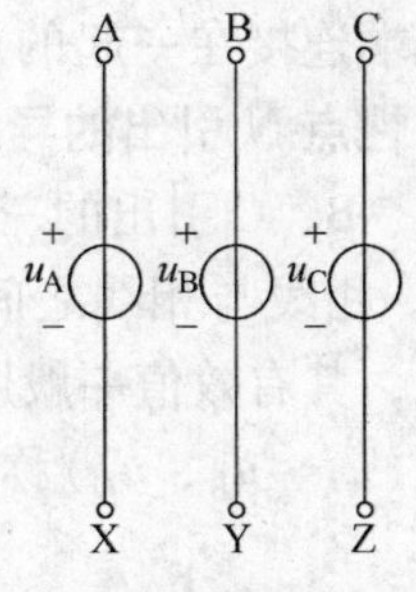

图7-1　三相电源

式中，以A相电压u_A作为参考正弦量。

它们对应的相量形式为

$$\dot{U}_A = U\angle 0°$$
$$\dot{U}_B = U\angle -120° = a^2\dot{U}_A$$
$$\dot{U}_C = U\angle 120° = a\dot{U}_A$$

式中，$a = 1\angle 120°$，它是工程上为了方便而引入的单位相量算子。

对称三相电源的波形图和相量图分别如图 7-2a、b 所示。

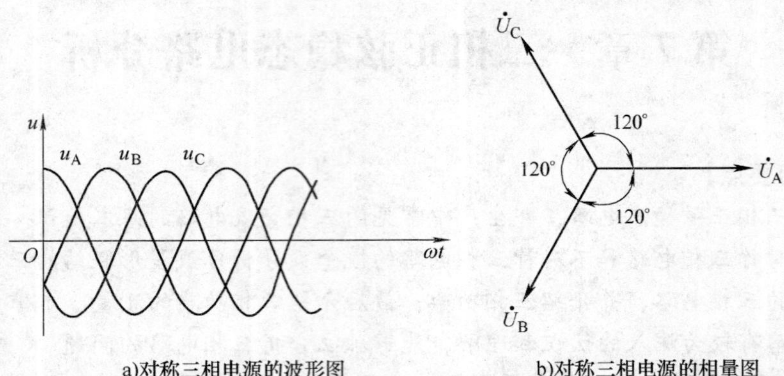

a)对称三相电源的波形图　　b)对称三相电源的相量图

图 7-2　对称三相电源的波形图和相量图

对称三相电源中，各相电源电压达到正幅值的顺序称为相序。图 7-2a 中，各相电压达到正幅值的顺序依次为 A 相、B 相和 C 相，相序为 A→B→C。$\dot{U}_A$、$\dot{U}_B$、$\dot{U}_C$在相量图中的次序是顺时针的，如图 7-2b 所示，称此相序为顺序或正序。如果 u_A、u_B、u_C 达到正幅值的顺序依次为 A 相、C 相和 B 相，相序为 A→C→B，$\dot{U}_A$、$\dot{U}_B$、$\dot{U}_C$在相量图中的次序是逆时针的，则称此相序为逆序或负序。无特殊说明时，三相电源的相序均是正序。

显然，对称三相电源的电压瞬时值之和及其相量之和均为零，即

$$u_A + u_B + u_C = 0$$

$$\dot{U}_A + \dot{U}_B + \dot{U}_C = 0$$

将对称三相电源按照不同的联结方式连接起来，就可以为负载供电。三相电源的联结方式有两种——**星形(Y)联结和三角形(Δ)联结**。如果把三相电源的尾端 X、Y、Z 连接在一起，则这种联结称为三相电源的星形联结，如图 7-3 所示。三相电源的尾端连接在一起的点(N 点)称为中性点(或中点)，**从中性点 N 引出的导线称为中性线**(俗称零线)，从首端 A、B、C 引出的三根导线称为**相线或端线**(俗称火线)。相线与相线之间的电压(u_{AB}、u_{BC}、u_{CA})称为**线电压**，其有效值一般用 U_l 表示。相线与中性线之间的电压(u_A、u_B、u_C)称为**相电压**，其有效值一般用 U_p 表示。

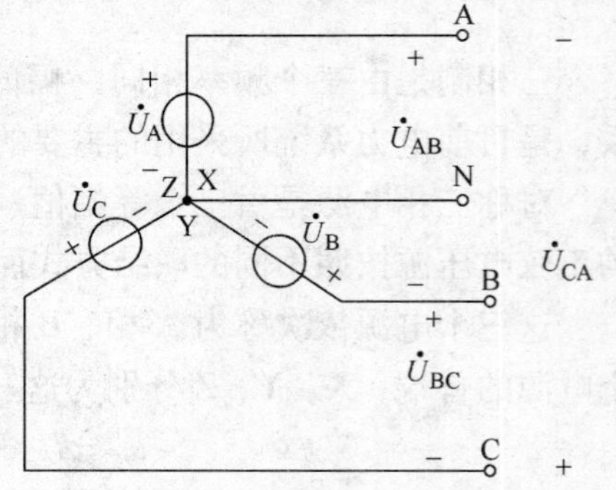

图 7-3　三相电源的星形联结

由图 7-3 可以看出，对称三相电源为星形联结时，线电压与相电压之间有下列关系：

$$\begin{cases} \dot{U}_{AB} = \dot{U}_A - \dot{U}_B = U\underline{/0^\circ} - U\underline{/-120^\circ} = \sqrt{3}\dot{U}_A\underline{/30^\circ} \\ \dot{U}_{BC} = \dot{U}_B - \dot{U}_C = U\underline{/-120^\circ} - U\underline{/120^\circ} = \sqrt{3}\dot{U}_B\underline{/30^\circ} \\ \dot{U}_{CA} = \dot{U}_C - \dot{U}_A = U\underline{/120^\circ} - U\underline{/0^\circ} = \sqrt{3}\dot{U}_C\underline{/30^\circ} \end{cases}$$

由上式可以看出线电压与相电压的大小与相位关系。当三相相电压对称时，三相线电压

也对称。线电压有效值是相电压有效值的$\sqrt{3}$倍，线电压在相位上超前对应的相电压30°。可以画出对称三相电源为星形联结时线电压与相电压的相量图，如图7-4所示。

如果把对称三相电源的首、尾端依次相接形成闭合的三角形，即X接B，Y接C，Z接A，再从A、B、C引出相线，则这种联结方式称为对称三相电源的三角形联结，如图7-5所示。

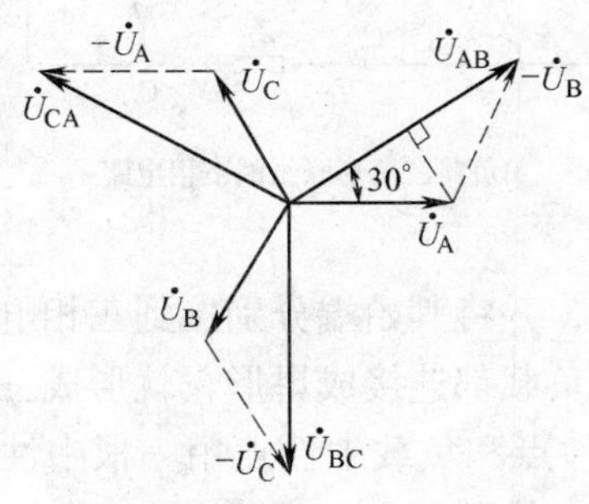

图7-4　对称三相电源为星形联结时线电压与相电压的相量图

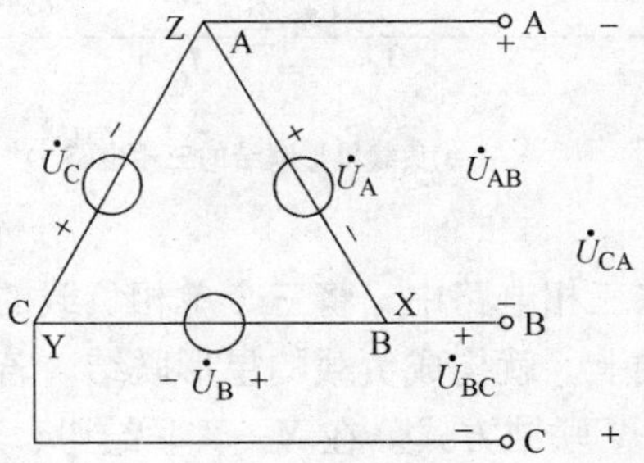

图7-5　对称三相电源的三角形联结

从图7-5可以看出，当对称三相电源为三角形联结时，线电压就是相电压，即

$$\begin{cases}\dot{U}_{AB}=\dot{U}_A\\ \dot{U}_{BC}=\dot{U}_B\\ \dot{U}_{CA}=\dot{U}_C\end{cases}$$

其电压相量图如图7-6所示。值得注意的是，三角形联结的对称三相电源只能提供一种电压，而星形联结的对称三相电源却能同时提供两种不同的电压，即线电压与相电压。另外，当对称三相电源为三角形联结时，如果任何一相电源接反，三个相电压之和将不为零，会在三角形联结的闭合回路中产生很大的环形电流，造成严重后果。

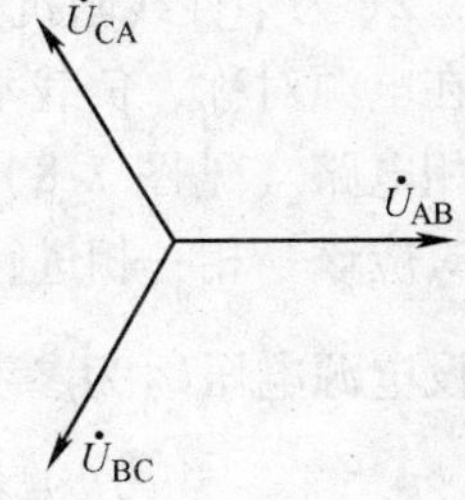

图7-6　对称三相电源为三角形联结时的电压相量图

【每节思考】

1. 对称三相电源必须满足什么条件？

2. 当对称三相电压源连接成星形时，设线电压 $u_{AB}=380\sqrt{2}\cos(\omega t-30°)$V，试写出相电压 u_A 的三角函数式。

7.2　负载星形联结的三相电路

三相电源有两种联结方式——星形联结和三角形联结，负载也有两种联结方式——星形联结和三角形联结。三个阻抗连接成星形（或三角形）就构成星形（或三角形）联结负载，如图7-7所示。当这三个阻抗相等时，就称为对称三相负载。三相负载的相电压和相电流是指各阻抗的电压和电流。三相负载的三个端子A′、B′、C′向外引出的导线中的电流称为负载的线电流，每相负载中的电流称为相电流，任两个端子之间的电压则称为负载的线电压。

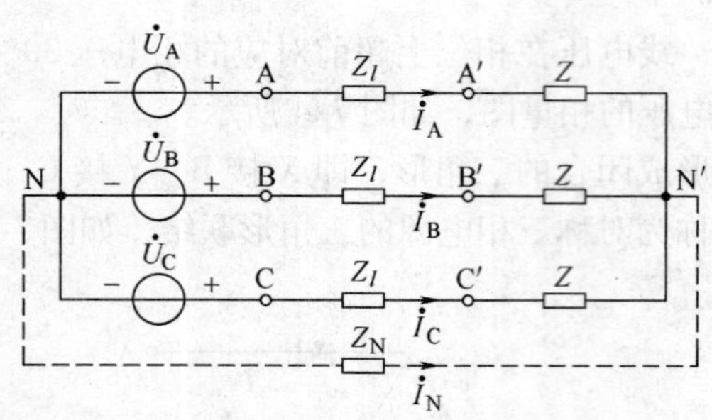

a)负载星形联结的三相电路

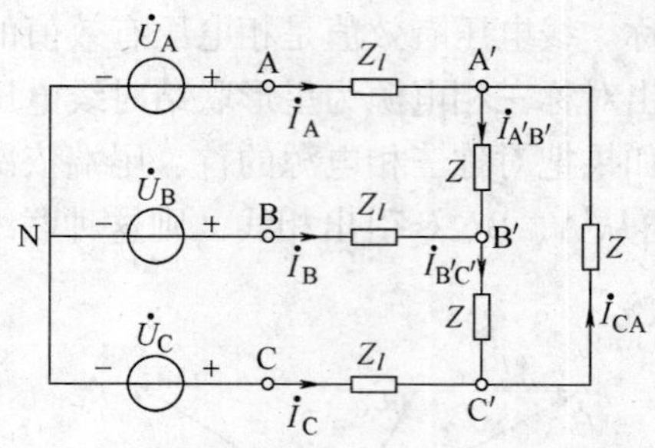

b)负载三角形联结的三相电路

图 7-7 三相电路

在三相电路中，将三个单相负载的末端连接在一起，并将其始端分别接到三相电源的三根相线上，就构成负载的星形联结。若三相电源和三相负载都连接成星形，就形成三相电路的 Y—Y 联结方式。在 Y—Y 联结中，若把三相电源中性点和负载中性点用一根中性线连接起来，这种方式称为三相四线制供电方式，否则为三相三线制供电方式。

三相电路也是正弦交流电路，因此，正弦交流电路的分析方法同样适用于三相电路。当电源为对称三相电源、负载为对称三相负载时，就形成对称三相电路。在 Y—Y 联结的三相四线制电路中，由节点电压法可求出中性点电压

$$\dot{U}_{N'N}=\frac{\dfrac{\dot{U}_A}{Z_A}+\dfrac{\dot{U}_B}{Z_B}+\dfrac{\dot{U}_C}{Z_C}}{\dfrac{1}{Z_A}+\dfrac{1}{Z_B}+\dfrac{1}{Z_C}+\dfrac{1}{Z_N}}$$

式中，Z_N 为中性线阻抗；相线阻抗忽略不计。

在电源对称、负载不对称的 Y—Y 联结不对称三相电路（见图 7-8）中，由于负载不对称，计算时应该一相一相进行计算。

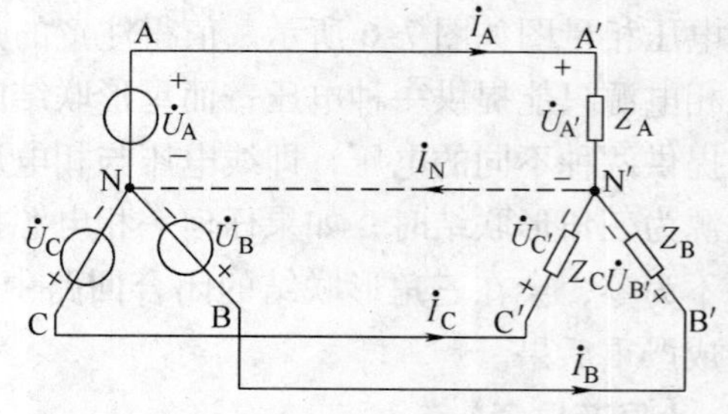

图 7-8 负载不对称的 Y—Y 联结不对称三相电路

设电源电压$\dot{U}_A$为参考相量，则

$$\dot{U}_A=U\angle 0°$$

$$\dot{U}_B=U\angle -120°$$

$$\dot{U}_C=U\angle 120°$$

若忽略相线阻抗与中性线阻抗，则电源的相电压即为负载的相电压。由于电源的相电压对称，因此负载的相电压也对称，故负载的相电流可求得为

$$\dot{I}_A=\frac{\dot{U}_A}{Z_A}=\frac{U\angle 0°}{|Z_A|\angle \varphi_A}=I_A\angle -\varphi_A$$

$$\dot{I}_B=\frac{\dot{U}_B}{Z_B}=\frac{U\angle -120°}{|Z_B|\angle \varphi_B}=I_B\angle -120°-\varphi_B$$

$$\dot{I}_C=\frac{\dot{U}_C}{Z_C}=\frac{U\angle 120°}{|Z_C|\angle \varphi_C}=I_C\angle 120°-\varphi_C$$

式中

$$\begin{cases} Z_A = R_A + jX_A = |Z_A| \underline{/\varphi_A} \\ Z_B = R_B + jX_B = |Z_B| \underline{/\varphi_B} \\ Z_C = R_C + jX_C = |Z_C| \underline{/\varphi_C} \end{cases}$$

负载的相电流有效值分别为

$$I_A = \frac{U}{|Z_A|} \quad I_B = \frac{U}{|Z_B|} \quad I_C = \frac{U}{|Z_C|}$$

各相负载的电压与电流的相位差分别为

$$\varphi_A = \arctan\frac{X_A}{R_A} \quad \varphi_B = \arctan\frac{X_B}{R_B} \quad \varphi_C = \arctan\frac{X_C}{R_C}$$

中性线电流

$$\dot{I}_N = \dot{I}_A + \dot{I}_B + \dot{I}_C$$

电压与电流的相量图如图 7-9 所示。在作相量图时，先画出以$\dot{U}_A$为参考相量的电源相电压$\dot{U}_A$、$\dot{U}_B$、$\dot{U}_C$的相量，而后逐相画出各相电流$\dot{I}_A$、$\dot{I}_B$、$\dot{I}_C$的相量，最后画出中性线电流$\dot{I}_N$的相量。

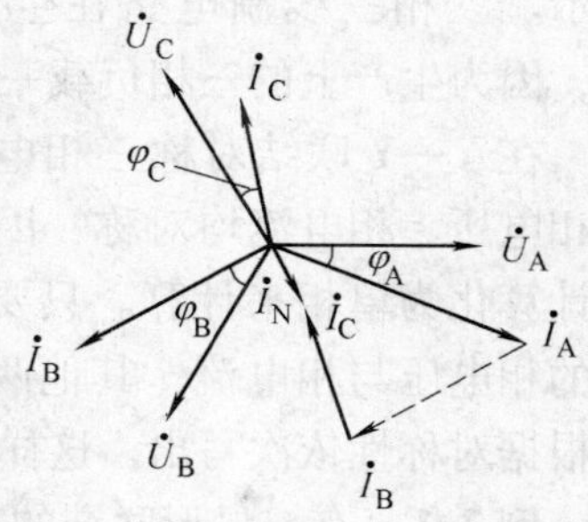

图 7-9 电压与电流的相量图

在 Y—Y 联结不对称三相四线制电路中，计算时必须逐相加以计算。然而，在 Y—Y 联结对称三相四线制电路（见图 7-10）中，计算则可大大简化。在 Y—Y 联结对称三相四线制电路中，三相电源对称，三相负载（设为感性负载）也对称，即

$$\dot{U}_A = U \underline{/0°}$$

$$\dot{U}_B = U \underline{/-120°}$$

$$\dot{U}_C = U \underline{/120°}$$

$$Z_A = Z_B = Z_C = Z = R + jX$$

$$\begin{cases} |Z_A| = |Z_B| = |Z_C| = |Z| \\ \varphi_A = \varphi_B = \varphi_C = \varphi = \arctan\dfrac{X}{R} \end{cases}$$

由于电源电压对称，负载对称，所以负载的相电流也是对称的，即

$$I_A = I_B = I_C = I_p = \frac{U}{|Z|}$$

$$\varphi_A = \varphi_B = \varphi_C = \varphi = \arctan\frac{X}{R}$$

因此，这时中性线电流等于零，即

$$\dot{I}_N = \dot{I}_A + \dot{I}_B + \dot{I}_C = 0$$

电压与电流的相量图如图 7-11 所示。

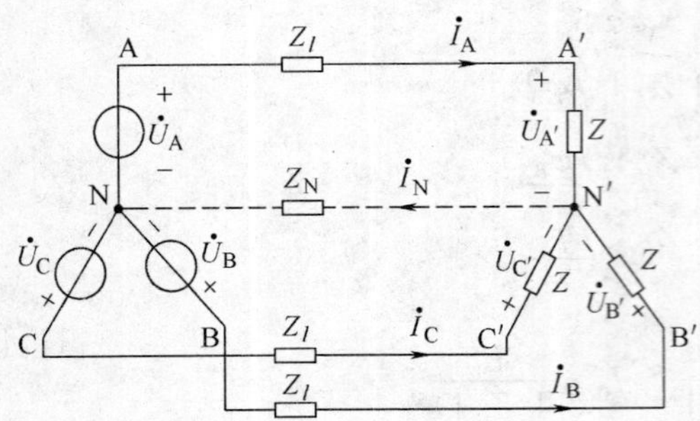

图 7-10　Y—Y 联结对称三相四线制电路

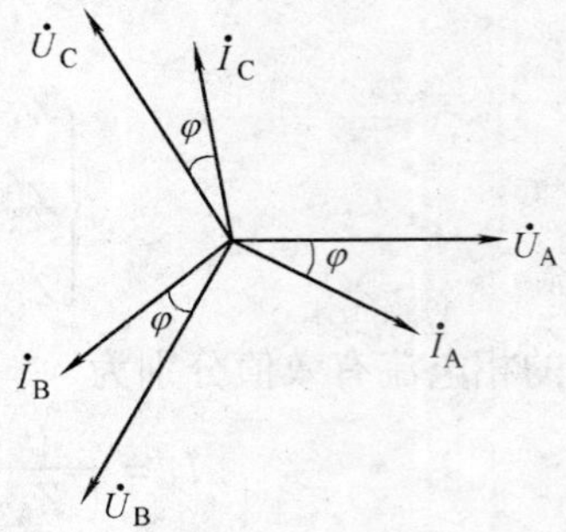

图 7-11　电压与电流的相量图

由于中性线电流为零，因此在 Y—Y 联结对称三相电路中，中性线就不需要了，去掉中性线的电路即变为三相三线制电路，如图 7-12 所示。三相三线制电路在生产上应用极为广泛，因为生产上的三相负载一般都是对称的。

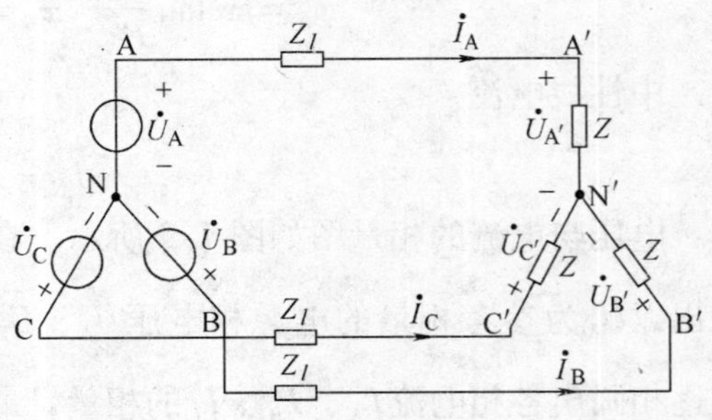

图 7-12　三相三线制电路

在 Y—Y 联结对称三相电路中，由于负载的相电压、相电流均对称，因此可把三相电路的计算化为单相来计算。只要求出其中一相负载的相电压与相电流，其他两相的电压与电流可根据对称性依次写出。这样就大大减轻了三相电路计算的工作量。

例 7-1　有一星形联结的三相负载，每相的电阻 $R=6\Omega$，感抗 $X_L=8\Omega$。电源电压对称，设 $u_{AB}=380\sqrt{2}\cos(\omega t+30°)\text{V}$，试求三相负载中的电流。

解　因为负载对称，只需计算一相（A 相）即可。

由题意可知：$\dot{U}_{AB}=380\angle 30°\text{V}$，则$\dot{U}_A=\dfrac{380}{\sqrt{2}}\angle 0°\text{V}=220\angle 0°\text{V}$。

A 相电流

$$\dot{I}_A=\frac{\dot{U}_A}{Z_A}=\frac{\dot{U}_A}{R+\mathrm{j}X_L}=\frac{220\angle 0°}{6+\mathrm{j}8}\text{A}=22\angle -53°\text{A}$$

根据对称性可知

$$\dot{I}_B=\dot{I}_A\angle -120°=22\angle -173°\text{A}$$
$$\dot{I}_C=\dot{I}_A\angle 120°=22\angle 67°\text{A}$$

所以

$$i_A=22\sqrt{2}\cos(\omega t-53°)\text{A}$$
$$i_B=22\sqrt{2}\cos(\omega t-173°)\text{A}$$
$$i_C=22\sqrt{2}\cos(\omega t+67°)\text{A}$$

例 7-2　图 7-13 中，电源电压对称，每相电压 $U_p=220\text{V}$，负载为电灯组，在额定电压下其电阻分别为 $R_A=5\Omega$，$R_B=10\Omega$，$R_C=20\Omega$。试求负载相电压、负载电流及中性线电流。电灯的额定电压为 220V。

解 在负载不对称而有中性线的情况下，负载的相电压等于电源的相电压，也是对称的。设A相负载的相电压为参考相量，$\dot{U}_A = 220\angle 0°\text{V}$。则其他两相负载的相电压为

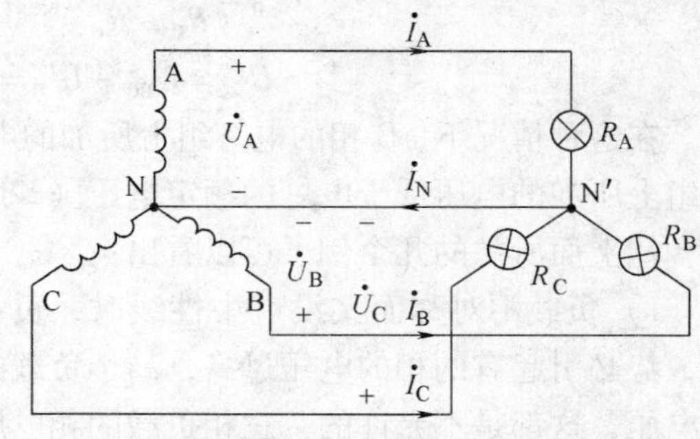

图7-13 例7-2图

$$\dot{U}_B = 220\angle -120°\text{V}$$

$$\dot{U}_C = 220\angle 120°\text{V}$$

负载的相电流为

$$\dot{I}_A = \frac{\dot{U}_A}{R_A} = \frac{220\angle 0°}{5}\text{A} = 44\angle 0°\text{A}$$

$$\dot{I}_B = \frac{\dot{U}_B}{R_B} = \frac{220\angle -120°}{10}\text{A} = 22\angle -120°\text{A}$$

$$\dot{I}_C = \frac{\dot{U}_C}{R_C} = \frac{220\angle 120°}{20}\text{A} = 11\angle 120°\text{A}$$

中性线电流为

$$\dot{I}_N = \dot{I}_A + \dot{I}_B + \dot{I}_C = (44\angle 0° + 22\angle -120° + 11\angle 120°)\text{A} = 29.1\angle -19°\text{A}$$

例7-3 如图7-14所示，在例7-2中：

（1）A相负载短路时；

（2）A相负载短路而中性线又断开时。

试求各相负载上的相电压。

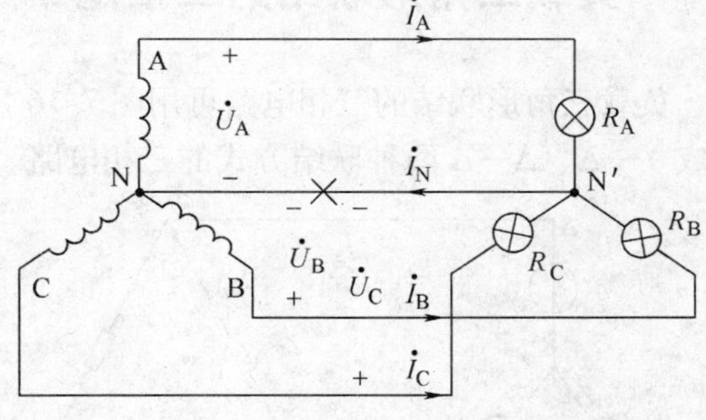

图7-14 例7-3图

解 （1）此时A相短路电流很大，将A相中的熔断器熔断，而B相和C相未受影响，其相电压仍为220V。

（2）此时负载中性点即为A，因此负载各相电压为

$$U'_A = 0$$

$$U'_B = U_{BA} = 380\text{V}$$

$$U'_C = U_{CA} = 380\text{V}$$

在这种情况下，B相和C相的电灯组上所加的电压都超过电灯的额定电压（220V），这是不允许的。

例7-4 如图7-15所示，在例7-2中：

（1）A相断开时；

（2）A相断开而中性线又断开时。

试求B相与C相负载上的相电压。

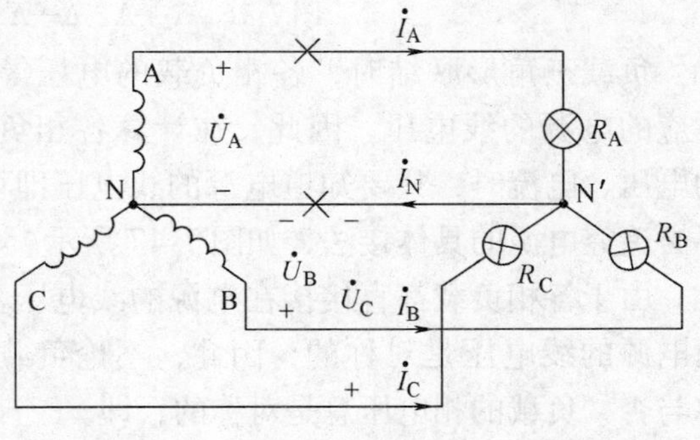

图7-15 例7-4图

解 （1）此时B相和C相未受影响，其相电压仍为220V。

（2）这时电路已成为单相电路

$$U'_{B}=\frac{R_{B}}{R_{B}+R_{C}}U_{BC}=\frac{10}{10+20}\times380V=127V$$

$$U'_{C}=U_{BC}-U'_{B}=380V-127V=253V$$

在这种情况下，C 相的电灯组上所加的电压超过电灯的额定电压（220V），而 B 相的电灯组上所加的电压低于电灯的额定电压（220V），这是不允许的。

从上面所举的几个例子可以看出：

1）负载不对称而又没有中性线时，负载的相电压就不对称。当负载的相电压不对称时，势必引起有的相的电压过高，高于负载的额定电压，有的相的电压过低，低于负载的额定电压，这都是不允许的。三相负载的相电压应尽可能保持对称。

2）中性线的作用就在于使星形联结的不对称负载的相电压对称。为了保证不对称负载的相电压对称，就不应让中性线断开。因此，中性线内不应接入熔断器或开关。

【每节思考】

1. 什么是三相负载？什么是单相负载？家中的电灯是三相负载还是单相负载？
2. 在负载星形联结的三相对称电路中，线电压与相电压、线电流与相电流的关系是什么？
3. 中性线的作用是什么？为什么中性线中不允许接入开关或熔断器？

7.3　负载三角形联结的三相电路

负载三角形联结的三相电路可用图 7-16 所示电路来表示。根据三相电源的不同联结可形成 Y—Δ、Δ—Δ 两种联结方式的三相电路。

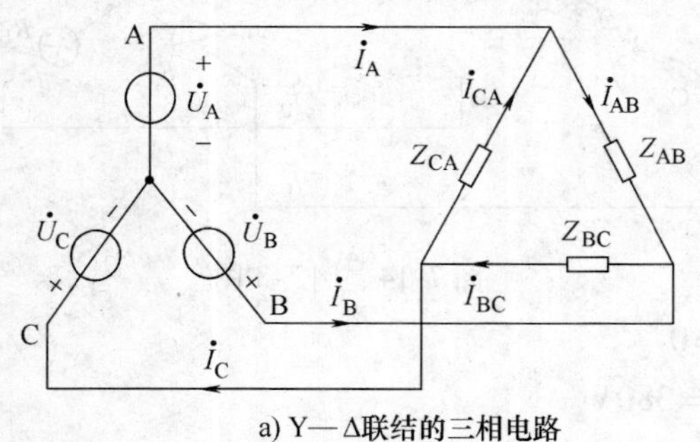

a) Y—Δ联结的三相电路

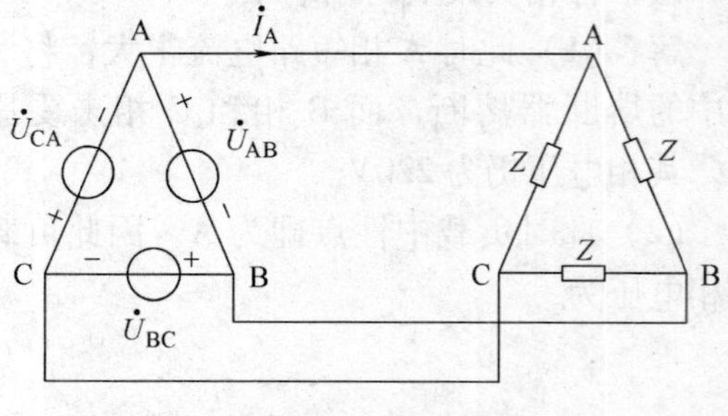

b) Δ—Δ联结的三相电路

图 7-16　Y—Δ、Δ—Δ 两种联结方式的三相电路

负载三角形联结时，各相负载的电压等于对应的电源的线电压，因此，在计算各相负载的电压、电流时，只要知道电源的线电压即可，不必追究电源的具体接法，如图 7-17 所示。

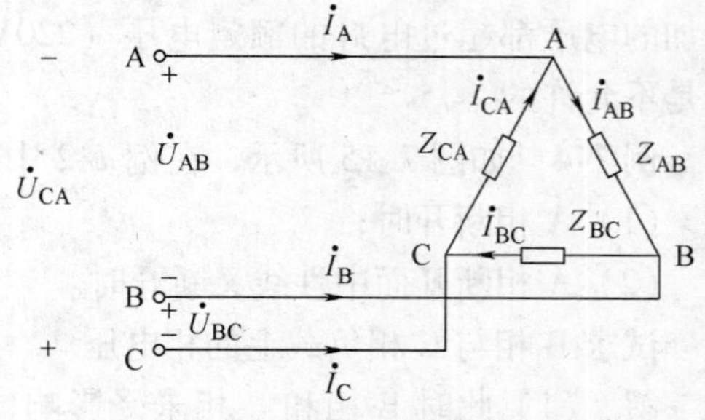

图 7-17　负载三角形联结的三相电路

由于各相负载都直接接在电源的线电压上，而电源的线电压是对称的，因此，不论负载对称与否，负载的相电压总是对称的，即

$$U_{AB}=U_{BC}=U_{CA}=U_{l}=U_{p}$$

当负载不对称时，假设负载为感性负载，令

$$\begin{cases} Z_{AB}=R_{AB}+jX_{AB} \\ Z_{BC}=R_{BC}+jX_{BC} \\ Z_{CA}=R_{CA}+jX_{CA} \end{cases}$$

各相负载中电流的有效值为

$$\begin{cases} I_{AB}=\dfrac{U_{AB}}{|Z_{AB}|}=\dfrac{U_l}{|Z_{AB}|} \\ I_{BC}=\dfrac{U_{BC}}{|Z_{BC}|}=\dfrac{U_l}{|Z_{BC}|} \\ I_{CA}=\dfrac{U_{CA}}{|Z_{CA}|}=\dfrac{U_l}{|Z_{CA}|} \end{cases}$$

各相负载的电压与电流之间的相位差分别为

$$\varphi_{AB}=\arctan\frac{X_{AB}}{R_{AB}},\ \varphi_{BC}=\arctan\frac{X_{BC}}{R_{BC}},\ \varphi_{CA}=\arctan\frac{X_{CA}}{R_{CA}}$$

由于负载不对称，因此负载的相电流也不对称，由图7-17电路可知，线电流和相电流是不一样的，由KCL可求出图7-17所示参考方向下线电流和相电流的关系为

$$\begin{cases} \dot{I}_A=\dot{I}_{AB}-\dot{I}_{CA} \\ \dot{I}_B=\dot{I}_{BC}-\dot{I}_{AB} \\ \dot{I}_C=\dot{I}_{CA}-\dot{I}_{BC} \end{cases}$$

因此，当负载不对称时，负载的相电流不对称，电路的线电流也不对称。

如果负载对称，即

$$Z_{AB}=Z_{BC}=Z_{CA}=Z=R+jX$$
$$|Z_{AB}|=|Z_{BC}|=|Z_{CA}|=|Z|$$
$$\varphi_{AB}=\varphi_{BC}=\varphi_{CA}=\varphi$$

则负载的相电流的有效值为

$$I_{AB}=I_{BC}=I_{CA}=I_p=\frac{U_p}{|Z|}$$

各相负载的电压与电流的相位差为

$$\varphi_{AB}=\varphi_{BC}=\varphi_{CA}=\varphi=\arctan\frac{X}{R}$$

因此，当负载对称时，负载的相电流是对称的，即

$$\dot{I}_{AB}=\frac{\dot{U}_{AB}}{Z_{AB}}=\frac{\dot{U}_{AB}}{Z}$$

$$\dot{I}_{BC}=\frac{\dot{U}_{BC}}{Z}=\dot{I}_{AB}\angle -120^\circ$$

$$\dot{I}_{CA}=\frac{\dot{U}_{CA}}{Z}=\dot{I}_{AB}\angle 120^\circ$$

电路的线电流为

$$\dot I_A = \dot I_{AB} - \dot I_{CA} = \dot I_{AB} - \dot I_{AB}\angle 120° = \sqrt{3}\dot I_{AB}\angle -30°$$

$$\dot I_B = \dot I_{BC} - \dot I_{AB} = \dot I_{BC} - \dot I_{BC}\angle 120° = \sqrt{3}\dot I_{BC}\angle -30°$$

$$\dot I_C = \dot I_{CA} - \dot I_{BC} = \dot I_{CA} - \dot I_{CA}\angle 120° = \sqrt{3}\dot I_{CA}\angle -30°$$

这就是对称负载三角形联结的一般关系式。可见，相电流对称时，线电流也对称。在幅值上，线电流是相电流的$\sqrt{3}$倍，$I_l = \sqrt{3}I_p$；在相位上，线电流滞后于相应的相电流 30°。由线电流与相电流的关系可画出对称负载三角形联结的三相电路的线电流与相电流的相量图，如图 7-18 所示。

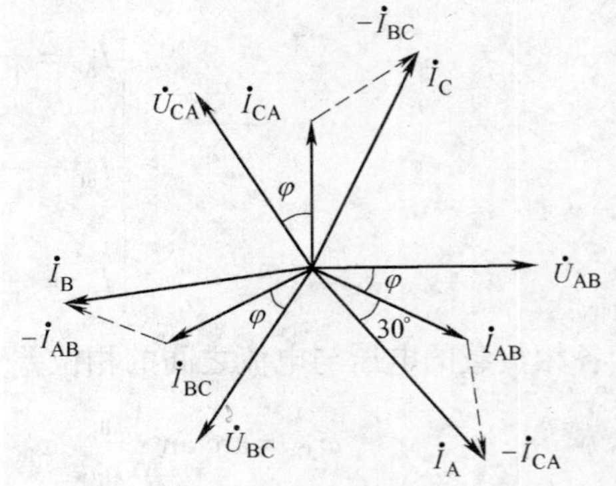

图 7-18　对称负载三角形联结的三相电路的线电流与相电流的相量图

对称负载三角形联结的三相电路的计算可归结为一相的计算。只要分析计算三相负载中的任一相负载电流及对应的线电流，其他两相负载的电流及对应的线电流就可按对称顺序依次写出。

例 7-5　图 7-19 所示对称三相电路中，已知：$Z = (6 + j8)\Omega$，$u_{AB} = 380\sqrt{2}\cos\omega t$V，求各相电流和线电流。

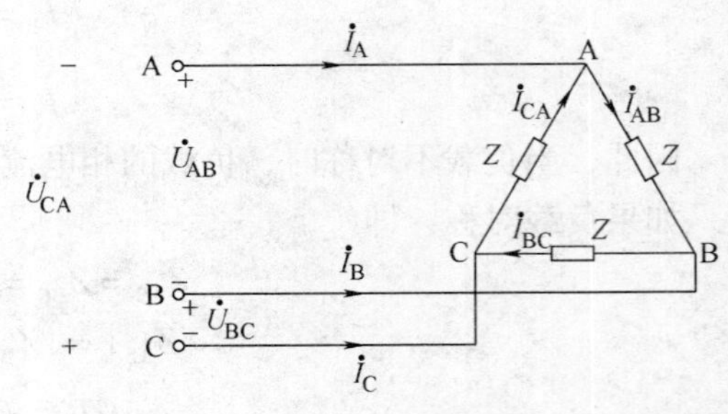

图 7-19　例 7-5 图

解　由于负载对称，因此只需计算一相。已知$\dot U_{AB} = 380\angle 0°$V，则

$$\dot I_{AB} = \frac{\dot U_{AB}}{Z} = \frac{380\angle 0°}{6 + j8}\text{A} = 38\angle -53.13°\text{A}$$

$$\dot I_A = \sqrt{3}\dot I_{AB}\angle -30°\text{A} = 65.8\angle -83.13°\text{A}$$

根据对称性，得

$$\dot I_{BC} = 38\angle -173.13°\text{A}$$

$$\dot I_{CA} = 38\angle 66.87°\text{A}$$

$$\dot I_B = 65.8\angle 156.87°\text{A}$$

$$\dot I_C = 65.8\angle 36.87°\text{A}$$

【每节思考】

1. 在负载三角形联结的三相对称电路中，线电压与相电压、线电流与相电流的关系是什么？
2. 负载三角形联结的三相对称电路能否化为单相电路来计算？

7.4　三相电路的功率

在三相电路中，不论负载是星形联结还是三角形联结，不论负载是对称负载还是不对称负载，总的有功功率必定等于各相有功功率之和，总的无功功率必定等于各相无功功率之和。当负载不对称时，三相负载总的有功功率为

$$P = P_A + P_B + P_C = U_A I_A \cos\varphi_A + U_B I_B \cos\varphi_B + U_C I_C \cos\varphi_C$$

式中，P_A、P_B、P_C 分别为A相、B相、C相负载所吸收的有功功率；U_A、U_B、U_C 分别为A相、B相、C相负载的相电压；I_A、I_B、I_C 分别为A相、B相、C相负载的相电流；φ_A、φ_B、φ_C 分别为A相、B相、C相负载的相电压与相电流之间的相位差。

当负载不对称时，三相负载总的无功功率为

$$Q = U_A I_A \sin\varphi_A + U_B I_B \sin\varphi_B + U_C I_C \sin\varphi_C$$

总的视在功率为

$$S = \sqrt{P^2 + Q^2}$$

在对称三相电路中，有 $P_A = P_B = P_C$，$Q_A = Q_B = Q_C$，因此，三相负载总的有功功率为

$$P = P_A + P_B + P_C = 3P_A = 3U_p I_p \cos\varphi$$

式中，U_p、I_p 分别为负载的相电压与相电流；φ 是负载的相电压与相电流之间的相位差。

当对称负载是星形联结时

$$U_l = \sqrt{3} U_p \quad I_l = I_p$$

当对称负载是三角形联结时

$$U_l = U_p \quad I_l = \sqrt{3} I_p$$

不论对称负载是星形联结还是三角形联结，三相负载总的有功功率为

$$P = \sqrt{3} U_l I_l \cos\varphi$$

同理，可得出三相负载总的无功功率与视在功率为

$$Q = 3U_p I_p \sin\varphi = \sqrt{3} U_l I_l \sin\varphi$$

$$S = 3U_p I_p = \sqrt{3} U_l I_l$$

例7-6 有一个三相对称负载，每相的 $R = 6\Omega$，$X_L = 8\Omega$，电源线电压为380V。试求：

（1）负载星形联结时，三相电路的三相平均功率、三相无功功率和三相视在功率；

（2）负载三角形联结时，三相电路的三相平均功率、三相无功功率和三相视在功率。

解 （1）负载星形联结时

$$U_p = \frac{U_l}{\sqrt{3}} = \frac{380}{\sqrt{3}} \text{V} = 220\text{V}$$

每相负载的阻抗模

$$|Z| = \sqrt{R^2 + X_L^2} = \sqrt{6^2 + 8^2}\Omega = 10\Omega$$

则

$$I_p = I_l = \frac{U_p}{|Z|} = 22\text{A}$$

$$\cos\varphi = \frac{R}{|Z|} = \frac{6}{10} = 0.6$$

$$\sin\varphi = 0.8$$

所以

$$P = \sqrt{3}U_l I_l \cos\varphi = \sqrt{3} \times 380 \times 22 \times 0.6\text{W} \approx 8.69\text{kW}$$

$$Q = \sqrt{3}U_l I_l \sin\varphi = \sqrt{3} \times 380 \times 22 \times 0.8\text{var} \approx 11.58\text{kvar}$$

$$S = \sqrt{3}U_l I_l = \sqrt{3} \times 380 \times 22\text{VA} \approx 14.48\text{kVA}$$

（2）负载三角形联结时

$$U_l = U_p = 380\text{V}$$

$$I_p = \frac{U_p}{|Z|} = \frac{380}{10}\text{A} = 38\text{A}$$

$$I_l = \sqrt{3}I_p = \sqrt{3} \times 38\text{A} \approx 66\text{A}$$

所以

$$P = \sqrt{3}U_l I_l \cos\varphi = \sqrt{3} \times 380 \times 66 \times 0.6\text{W} = 26.06\text{kW}$$

$$Q = \sqrt{3}U_l I_l \sin\varphi = \sqrt{3} \times 380 \times 66 \times 0.8\text{var} = 34.75\text{kvar}$$

$$S = \sqrt{3}U_l I_l = \sqrt{3} \times 380 \times 66\text{VA} = 43.44\text{kVA}$$

上述计算表明，在相同的线电压下，负载三角形联结时的功率是星形联结时的 3 倍。

例 7-7 线电压为 380V 的三相电源上接有两组对称三相负载：一组是三角形联结的电感性负载，每相阻抗 $Z_\Delta = 36.3\angle 37°\Omega$；另一组是星形联结的电阻性负载，每相电阻 $R = 10\Omega$，如图 7-20 所示。试求：

（1）各相负载的相电流；

（2）电路的线电流；

（3）三相有功功率。

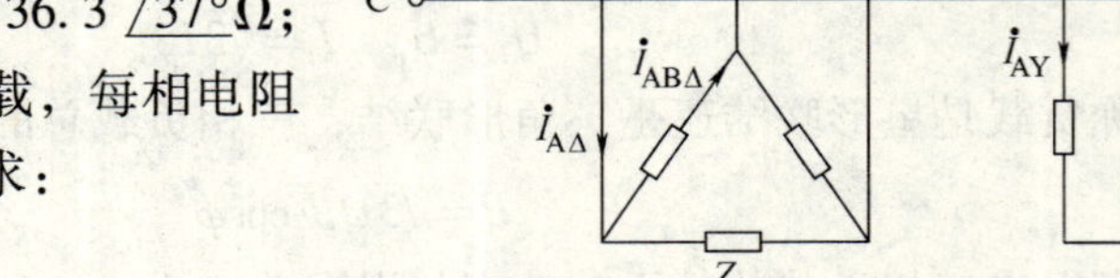

图 7-20 例 7-7 图

解 设线电压 $\dot{U}_{AB} = 380\angle 0°\text{V}$，则相电压 $\dot{U}_A = 220\angle -30°\text{V}$。

（1）由于三相负载对称，所以计算一相即可，其他两相可以推知。对于三角形联结的负载，其相电流为

$$\dot{I}_{AB\Delta} = \frac{\dot{U}_{AB}}{Z_\Delta} = \frac{380\angle 0°}{36.3\angle 37°}\text{A} = 10.47\angle -37°\text{A}$$

对于星形联结的负载，其相电流即为线电流

$$\dot{I}_{AY} = \frac{\dot{U}_A}{R_Y} = \frac{220\angle -30°}{10}\text{A} = 22\angle -30°\text{A}$$

（2）先求三角形联结的电感性负载的线电流

$$\dot{I}_{A\Delta} = 10.47\sqrt{3}\angle -37° - 30°\text{A} = 18.13\angle -67°\text{A}$$

$$\dot{I}_A = \dot{I}_{A\Delta} + \dot{I}_{AY} = 18.13\angle -67°\text{A} + 22\angle -30°\text{A} = 38\angle -46.7°\text{A}$$

电路线电流也是对称的。

（3）三相有功功率为

$$P = P_\Delta + P_Y = \sqrt{3}U_l I_{A\Delta}\cos\varphi_\Delta + \sqrt{3}U_l I_{AY}$$

$$= (\sqrt{3} \times 380 \times 18.13 \times 0.8 + \sqrt{3} \times 380 \times 22)\text{W}$$
$$= 9546\text{W} + 14480\text{W} = 24\text{kW}$$

【每节思考】

1. 在对称三相电路中，如何计算三相有功功率、无功功率和视在功率？
2. 在不对称三相电路中，如何计算三相有功功率、无功功率和视在功率？

7.5 三相电路功率的测量

在三相三线制电路中，不论负载接成星形还是三角形，也不论负载对称与否，都可以使用两个功率表来测量三相功率。两个功率表的一种联结方式如图7-21所示。两个功率表的电流线圈分别串接在任意两根相线中（图7-21所示为A、B两相线），两个功率表的电压线圈的非电源端（非＊端）连接到非电流线圈所在的第3条相线上（图7-21所示为C相线）两个电压线圈的另一端（＊端）分别与电流线圈的＊端相连接。在这种测量方法中，功率表的接线只触及相线而与负载和电源的联结方式无关。此时，两个功率表读数的代数和等于三相负载的平均功率之和。这种方法称为二瓦计法（或两表法）。

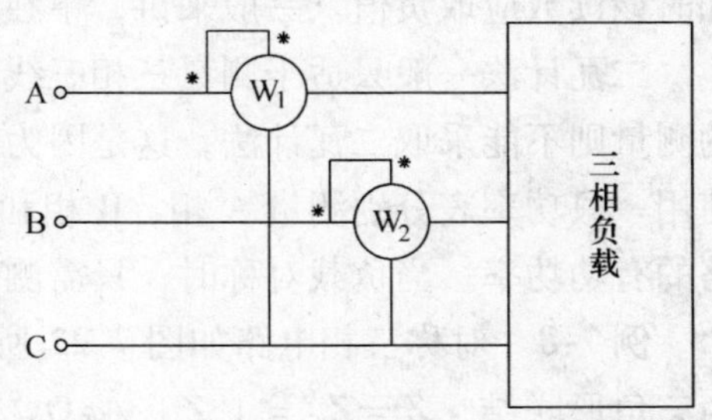

图7-21 二瓦计法测量线路

可以证明，图7-21中两个功率表读数的代数和为三相三线制中右侧电路吸收的平均功率。

设两个功率表的读数分别为 P_1 和 P_2，则

$$P_1 = \frac{1}{T}\int_0^T u_{AC} i_A \mathrm{d}t$$

$$P_2 = \frac{1}{T}\int_0^T u_{BC} i_B \mathrm{d}t$$

式中，T 为周期。

由于

$$u_{AC} = u_A - u_C,\ u_{BC} = u_B - u_C,\ i_A + i_B = -i_C$$

故

$$P_1 + P_2 = \frac{1}{T}\int_0^T (u_{AC} i_A + u_{BC} i_B)\mathrm{d}t$$

$$= \frac{1}{T}\int_0^T [(u_A - u_C) i_A + (u_B - u_C) i_B]\mathrm{d}t$$

$$= \frac{1}{T}\int_0^T [u_A i_A + u_B i_B - u_C(i_A + i_B)]\mathrm{d}t$$

$$= \frac{1}{T}\int_0^T (u_A i_A + u_B i_B + u_C i_C)\mathrm{d}t$$

$$= \frac{1}{T}\int_0^T (p_A + p_B + p_C)\,dt$$

$$= P$$

可见，两个功率表读数的代数和就是三相电路的三相平均功率。

可以证明，在对称三相三线制电路中，两个功率表的读数分别为

$$P_1 = U_{AC}I_A\cos(\varphi - 30°)$$

$$P_2 = U_{BC}I_B\cos(\varphi + 30°)$$

式中，φ 为负载的阻抗角。

应当注意，在一定的条件下（例如 $\varphi > 60°$），两个功率表之一的读数可能为负，求代数和时该读数应取负值。一般来讲，单独一个功率表的读数是没有意义的。

二瓦计法一般只适于测量三相三线制电路的有功功率。对于三相四线制电路的有功功率的测量则不能采取二瓦计法，这是因为在一般情况下，$i_A + i_B + i_C \neq 0$。当负载不对称时，可使用一只功率表分别测量 A 相、B 相和 C 相电路的有功功率，取其总和就是三相四线制电路的有功功率。当负载对称时，只需测量单相功率，三相功率为单相功率的 3 倍。

例 7-8 对称三相电路如图 7-22 所示，负载为三角形联结，$Z = Z_\Delta = |Z| \angle\varphi\,\Omega$，三相对称电压源的线电压有效值为 U_l。试证明图中两个功率表的读数之和等于负载的三相有功功率。

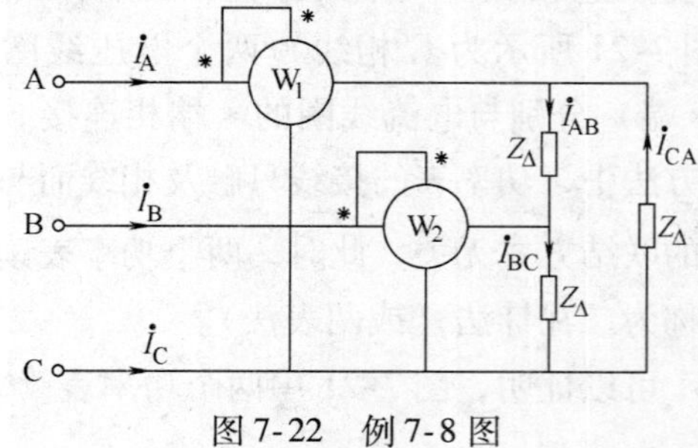

图 7-22 例 7-8 图

解 设 $\dot{U}_{AB} = U_l\angle 0°$V，则 $\dot{U}_{BC} = U_l\angle -120°$V，$\dot{U}_{CA} = U_l\angle 120°$V，$\dot{U}_{AC} = U_l\angle -60°$V。各相负载的相电流为

$$\dot{I}_{AB} = \frac{\dot{U}_{AB}}{Z} = \frac{U_l}{|Z|}\angle -\varphi = I_p\angle -\varphi$$

$$\dot{I}_{BC} = \frac{\dot{U}_{BC}}{Z} = \frac{U_l}{|Z|}\angle -120° - \varphi$$

$$\dot{I}_{CA} = \frac{\dot{U}_{CA}}{Z} = \frac{U_l}{|Z|}\angle 120° - \varphi$$

电路的线电流为

$$\dot{I}_A = \sqrt{3}I_p\angle -30° - \varphi$$

$$\dot{I}_B = \sqrt{3}I_p\angle -120° - \varphi - 30° = \sqrt{3}I_p\angle -150° - \varphi$$

$$\dot{I}_C = \sqrt{3}I_p\angle 120° - \varphi - 30° = \sqrt{3}I_p\angle 90° - \varphi$$

两只功率表的读数分别为

$$P_1 = U_{AC}I_A\cos(-60° + 30° + \varphi) = U_{AC}I_A\cos(\varphi - 30°) = U_lI_l\cos(\varphi - 30°)$$

$$P_2 = U_{BC}I_B\cos(-120° + 150° + \varphi) = U_{BC}I_B\cos(\varphi + 30°) = U_lI_l\cos(\varphi + 30°)$$

$$P_1 + P_2 = U_lI_l[\cos(\varphi - 30°) + \cos(\varphi + 30°)] = \sqrt{3}U_lI_l\cos\varphi$$

可见，两个功率表的读数之和就等于负载的三相有功功率。

【每节思考】

1. 在三相三线制电路中，如何应用两个功率表来测量三相负载的总的有功功率？两个功率表应如何接线？

2. 在三相四线制电路中，如何应用功率表来测量三相负载的总的有功功率？功率表应如何接线？

7.6 实验

三相交流电路电压和电流的测量实验

1. 实验目的

1）学习三相负载的星形联结及三角形联结。

2）加深对线电压与相电压、线电流与相电流之间关系的理解。

3）充分理解三相四线制电路中性线的作用。

4）观察了解三相不对称负载的工作情况。

2. 实验原理

在三相电路中，设电源为星形联结的对称三相电源，当负载为星形联结（见图7-23）时，无论是三相三线制还是三相四线制，相电流恒等于线电流。在四线制情况下，中性线电流等于三个相电流的相量和，即

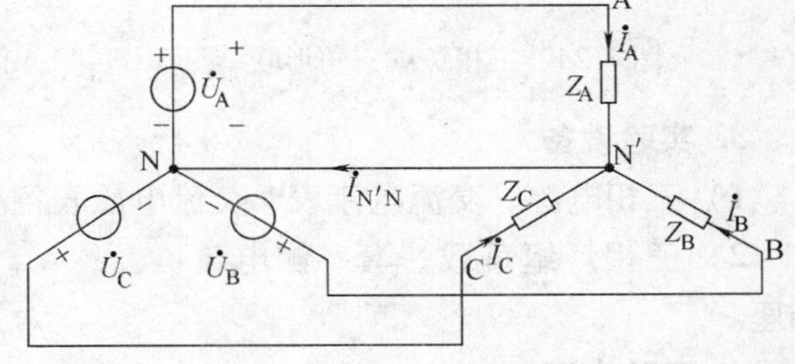

图7-23 三相负载星形联结

$$\dot{I}_{N'N} = \dot{I}_A + \dot{I}_B + \dot{I}_C$$

线电压与相电压之间的关系为

$$\dot{U}_{AB} = \dot{U}_{AN'} - \dot{U}_{BN'}$$

$$\dot{U}_{BC} = \dot{U}_{BN'} - \dot{U}_{CN'}$$

$$\dot{U}_{CA} = \dot{U}_{CN'} - \dot{U}_{CN'}$$

当负载对称时，线电压 U_l 与相电压 U_p 在数值上的关系为

$$U_l = \sqrt{3}U_p$$

在四线制情况下，若负载对称，中性线电流等于零；负载出现任何不对称时，中性线电流不等于零。

在三线制星形联结时，若负载不对称，将出现中性点位移现象。中性点位移后，各相负载电压不对称。当有中性线（三相四线制）且中性线阻抗足够小时，各相负载电压仍对称，但这时中性线电流不等于零，从而可以看出中性线的作用。

当负载为三角形联结（见图7-24）时，线电压等于相电压。线电流与相电流之间的关系为

$$\dot{I}_A = \dot{I}_{AB} - \dot{I}_{CA}$$

$$\dot{I}_B = \dot{I}_{BC} - \dot{I}_{AB}$$

$$\dot{I}_C = \dot{I}_{CA} - \dot{I}_{BC}$$

当负载对称时，线电流 I_l 与相电流 I_p 在数值上的关系为

$$I_l = \sqrt{3} I_p$$

三相电源相序可根据中性点位移的原理用实验的方法来测定。实验所用的无中性线星形不对称负载（相序器）如图 7-25 所示，负载的一相接入电容，另外两相接入相同的白炽灯泡，适当选择电容 C 的值（C = 0.47μF 左右），可使两个灯泡的亮度有明显的差别。

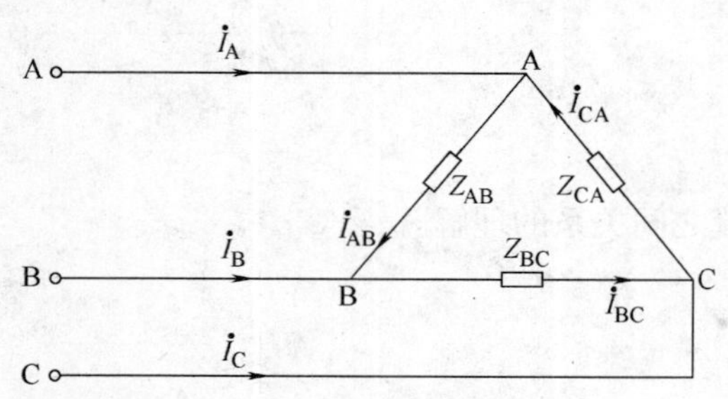

图 7-24　三相负载三角形联结

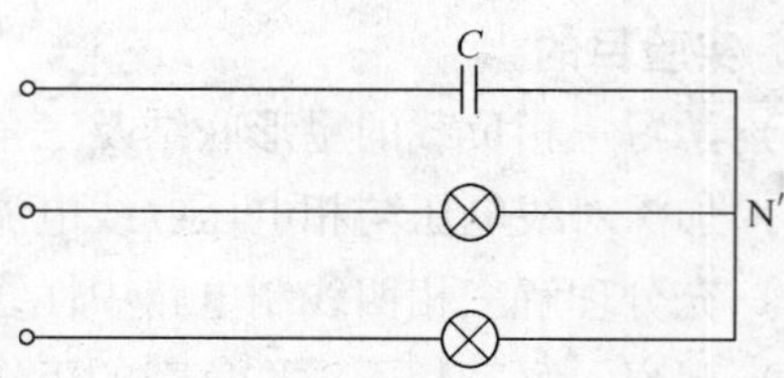

图 7-25　三相电源相序的判定

3. 实验设备

1）三相电源、交流电流表、交流电压表各一只。

2）三相灯组负载一套、测电流插座。

4. 实验内容

（1）三相负载星形联结

按图 7-26 所示接线，测量负载为星形联结时的线电压、相电压和线电流（相电流），并记录在表 7-1 中。研究各种不同情况下这些电路变量之间的关系，了解中性线的作用。三相负载作星形联结时，对称时每相两个灯泡并联，不对称时 C 相只有一个灯泡。

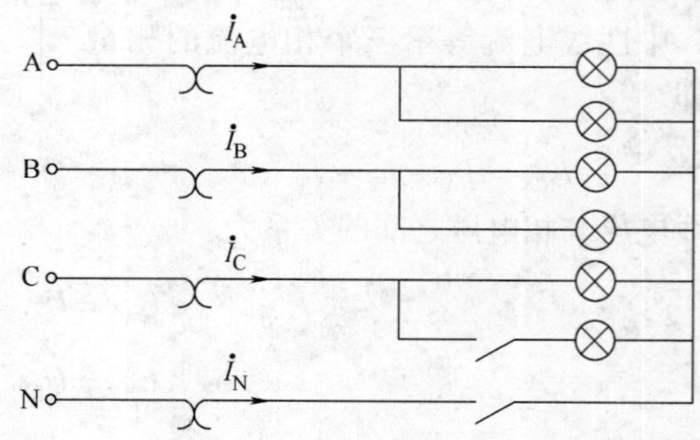

图 7-26　三相负载星形联结实验电路

表 7-1　三相负载星形联结时的测量数据

负载	中性线		线电压/V			相电压/V			（线）相电流/A			中性线电流/A
			U_{AB}	U_{BC}	U_{CA}	U_A	U_B	U_C	I_A	I_B	I_C	I_N
对称	有	计算值										
		测量值										
	无	计算值										
		测量值										

（续）

负载	中性线		线电压/V			相电压/V			（线）相电流/A			中性线电流/A
			U_{AB}	U_{BC}	U_{CA}	U_A	U_B	U_C	I_A	I_B	I_C	I_N
不对称	有	计算值										
		测量值										
	无	计算值										
		测量值										

注：工程上，中性线上不允许接开关及熔断器，本电路仅用于实验。

（2）三相负载三角形联结

按照图 7-27 所示接线，测量负载为三角形联结时的线电压（相电压）、线电流与相电流，并记录在表 7-2 中。研究各种不同情况下这些电路变量之间的关系。三相负载作三角形联结时，对称时每相两个灯泡，不对称时 C 相只有一个灯泡。

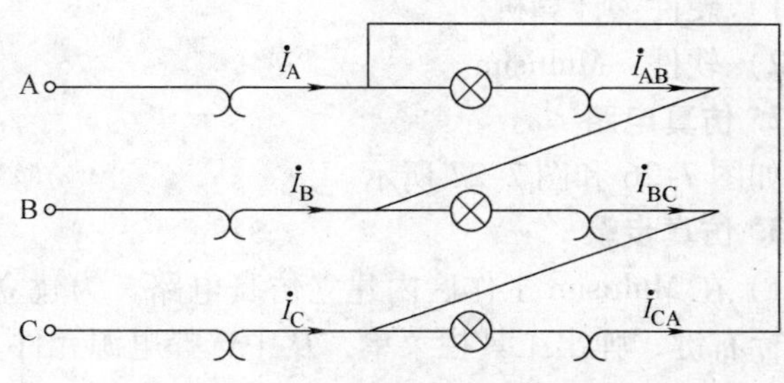

图 7-27　三相负载三角形联结实验电路

表 7-2　三相负载三角形联结的测量数据

负　载		（线）相电压/V			线电流/A			相电流/A		
		U_{AB}	U_{BC}	U_{CA}	I_A	I_B	I_C	I_{AB}	I_{BC}	I_{CA}
负载对称 每相 2 灯	计算值									
	测量值									
负载不对称 每相 2 灯，C 相 1 灯	计算值									
	测量值									
A 相断开 每相 2 灯	计算值									
	测量值									
AB 相断开 每相 2 灯	计算值									
	测量值									

5. 预习要求

1）复习有关三相交流电路的理论知识。

2）应用 Multisim 进行仿真实验。

3）写出预习报告。

6. 注意事项

本实验采用三相交流电，电源的线电压为 380V，因此要求同学必须注意安全。

1）必须在断电状态下进行接线、拆线等。

2）每次接线完毕，同组同学首先要自查，然后由指导教师检查。指导教师同意后，方可接通电源。

3）实验中严禁触击导电部位，另外应做到单手操作。

7. 思考题

说明三相四线制中性线的作用，若中性线断了，对负载有何影响？

8. 实验报告要求

1）根据所测数据验证负载为星形联结和三角形联结时线电压和相电压、线电流和相电流的关系。

2）回答思考题。

三相交流电路电压和电流测量的仿真实验

1. 仿真设备

1）硬件：计算机。

2）软件：Multisim。

2. 仿真电路

如图 7-26 和图 7-27 所示。

3. 仿真步骤

1）在 Multisim 工作区内建立仿真电路。为建立仿真电路，将鼠标指向快捷工具栏，单击鼠标右键，弹出工具栏菜单，从中选择电源元件、基本元件、测量元件和杂项等快捷工具栏。

单击电源快捷工具栏中的“三相星形电源”或“三相三角形电源”按钮，使鼠标置于电路窗口的适当位置，单击鼠标左键，电源即出现在电路窗口；单击“接地”按钮，将接地元件放置到电路窗口中合适位置（建立的仿真电路中必须有一个接地点）。对于星形联结，双击电源图标，将电压标签值由 120V 改为 220V，将 60Hz 改为 50Hz；对于三角形联结，双击电源，将电压标签值由 120V 改为 127V，将 60Hz 改为 50Hz。然后单击“OK”按钮。

从杂项元件快捷工具栏中选取灯泡，用鼠标拖曳到电路窗口合适位置，单击鼠标左键放置。双击鼠标左键调整灯泡参数为 220V/25W。

从测量元件快捷工具栏和仪器快捷工具栏中选取电流表、电压表。双击鼠标右键，将电表设置成交流。

2）连接元件和测量电表，构成图 7-28 和图 7-29 所示电路。

① 三相星形联结电路中，电流表 U1 ~ U3 测量的是线电流；电压表 U5 ~ U7 测量的是线电压；电压表 U8 ~ U10 测量的是相电压；电流表 U4 测量的是中性线电流。

② 三相三角形联结电路中，电流表 U1 ~ U3 测量的是线电流；电压表 U5 ~ U7 测量的是线电压（也是相电压）；电流表 U8 ~ U10 测量的是相电流。

3）仿真实验。

① 三相星形联结仿真。按照前面实物实验的要求进行仿真。按“A”或“B”键可控制开关 J1 和 J2 的闭合或断开。当开关 J1、J2 闭合时，电路为三相星形平衡负载有中性线联结；当开关 J1 闭合 J2 断开时，电路为三相星形平衡负载无中性线联结；当开关 J1 断开 J2 闭合时，电路为三相星形不平衡负载有中性线联结；当开关 J1 和 J2 断开时，电路为三相星形不平衡负载无中性线联结。读取电表数据并将数据记录在表 7-1 中。比较实物实验和仿真实验数据。

② 三相三角形联结仿真。同样方法读取三相三角形联结的实验数据，并记录在表 7-2 中。比较实物实验和仿真实验数据。

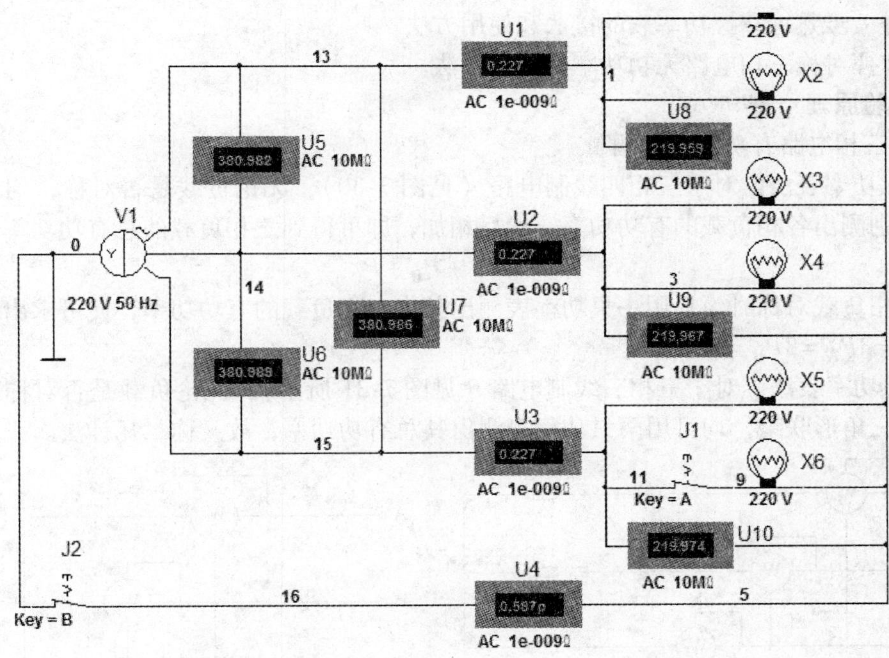

图 7-28　三相星形联结仿真电路

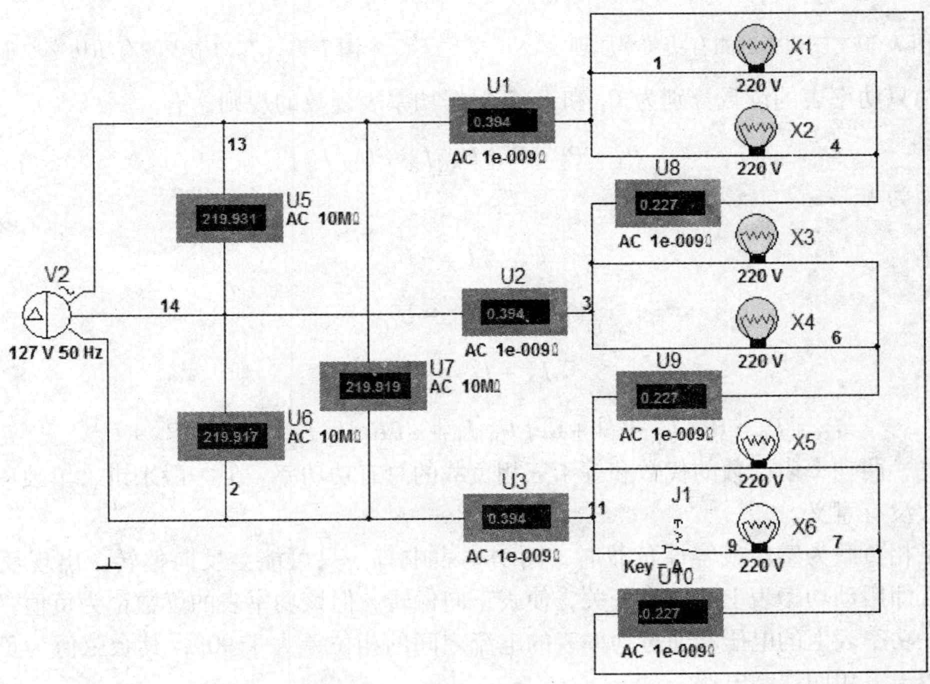

图 7-29　三相三角形联结仿真电路

三相功率的测量实验

1. 实验目的

1）掌握用三功率表和两功率表测量三相电路有功功率的方法。

2）进一步熟练掌握功率表的接法和使用方法。

3）掌握对称三相电路无功功率的测量方法。

2. 实验原理

（1）三相电路有功功率的测量

1）三功率表法。对于三相四线制电路（见图 7-30），无论负载是否对称，均可用三只功率表分别测出各相负载的有功功率，然后相加，即可得到三相负载的总有功功率，即

$$P = P_A + P_B + P_C$$

当三相负载对称时，只用一只功率表测出其中一相负载的有功功率，便可求出三相总有功功率 $P = 3P_A = 3P_B = 3P_C$。

2）二功率表法。对于三相三线制电路（见图 7-31 所示），无论负载是否对称，采用星形联结或三角形联结，均可用两只功率表测出其总有功功率，故又称二瓦计法。

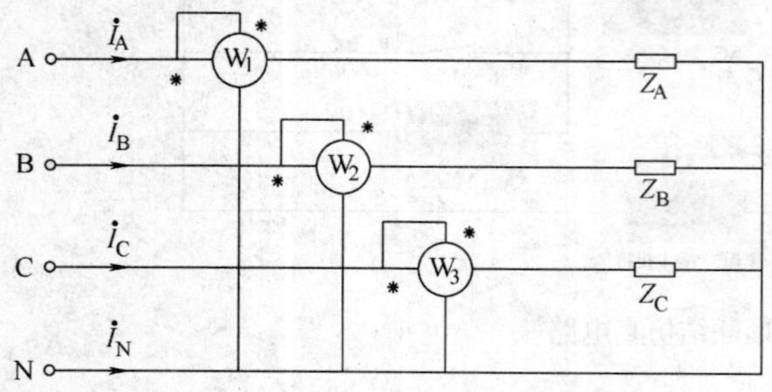

图 7-30　三功率表测有功功率原理

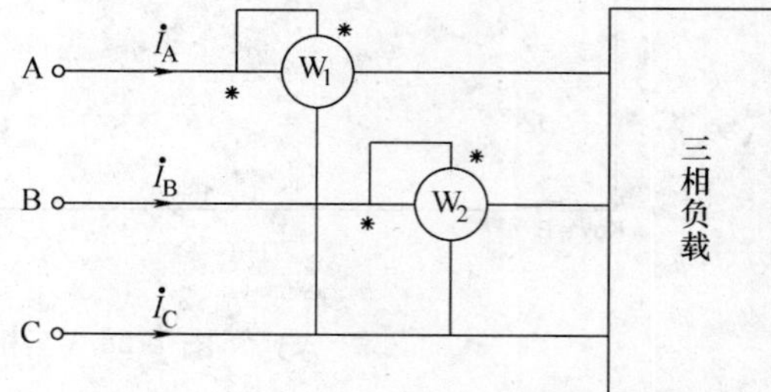

图 7-31　二功率表测有功功率原理

设两只功率表的读数分别为 P_1 和 P_2，根据功率表读数的规则，有

$$P_1 + P_2 = \mathrm{Re}[\dot{U}_{AC}\dot{I}_A + \dot{U}_{BC}\dot{I}_B]$$

又因为

$$\dot{U}_{AC} = \dot{U}_A - \dot{U}_C$$

$$\dot{U}_{BC} = \dot{U}_B - \dot{U}_C$$

$$\dot{I}_A + \dot{I}_B = -\dot{I}_C$$

则
$$P_1 + P_2 = \mathrm{Re}[\dot{U}_A\ \dot{I}_A] + \mathrm{Re}[\dot{U}_B\ \dot{I}_B] + \mathrm{Re}[\dot{U}_C\ \dot{I}_C] = P_A + P_B + P_C$$

可见，两功率表读数的代数和等于三相负载的总有功功率。但一般来讲，单独一块功率表的读数没有意义。

当三相负载为感性或容性负载时，两功率表中有一只可能会反向偏转。出现反向偏转时，应立即搬动功率表上的极性开关，使表正向偏转，但该功率表的读数记为负值。这是因为作用在功率表上的电压和通过功率表的电流之间的相位差大于 90°，其余弦值为负值。此法不适用于三相四线制电路。

（2）对称三相电路无功功率的测量

利用功率表采用适当的接线方式，可以测出三相电路中的无功功率。本实验仅研究用一功率表测量对称三相电路无功功率的方法。

利用一只功率表可测量对称三相电路无功功率，如图 7-32 所示。将功率表的电流线圈串接于任一端线之中，而将其电压线圈并联在另外两端线之间，则功率表的读数 P 与对称

三相负载无功功率的关系为 $Q=\sqrt{3}P$，证明如下。

功率表的读数为

$$P=U_{AB}I_A\cos(90°-\varphi)=\sqrt{3}U_pI_p\cos(90°-\varphi)=\sqrt{3}U_pI_p\sin\varphi$$

由于对称三相电路的总无功功率为

$$Q=3U_pI_p\sin\varphi$$

故

$$Q=\sqrt{3}P$$

式中，φ 为单相负载阻抗角。

如果负载为感性，则无功功率为正值。应注意有功功率的单位为瓦（W），无功功率的单位为乏（var）。

3. 实验设备

1）功率表三只、三相调压器。

2）三相灯组负载一套。

4. 实验内容

（1）用三功率表测量三相四线制负载的有功功率

按图7-33所示接线，用一块功率表分别替代 W_1、W_2、W_3，测出表7-3中所列不同情况下的有功功率并记录在该表中。

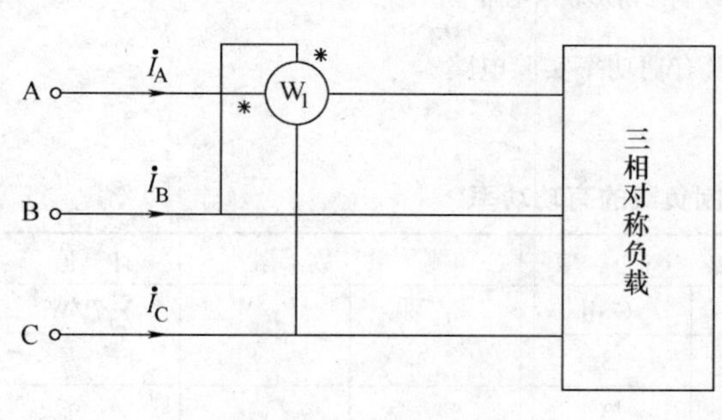

图7-32　一功率表测无功功率原理

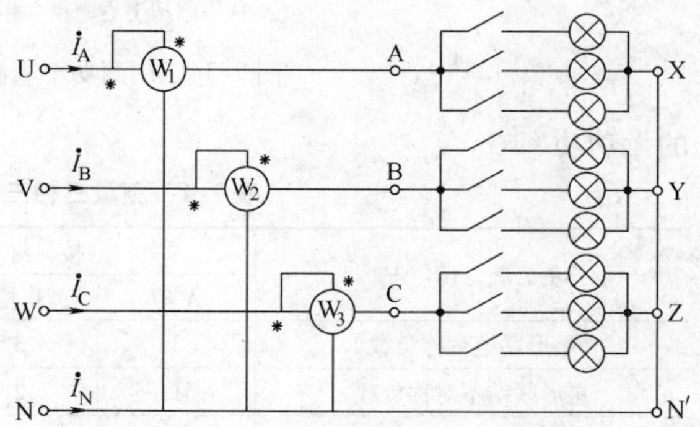

图7-33　用三功率表测量有功功率实验电路

表7-3　测量三相四线制负载的有功功率

负载情况	接灯数			测量数据			计算值
	A相	B相	C相	P_A/W	P_B/W	P_C/W	$\sum P$/W
星形联结对称负载	3	3	3				
星形联结不对称负载	1	2	3				

注：调整三相调压器使三相线电压为380V。

（2）用两功率表测定三相三线制负载的有功功率

按图7-34所示接线，分别测出表7-4中不同情况下的有功功率并记录在该表中。

（3）用一功率表测定对称三相电路的无功功率

按图7-32所示接线，将负载接成对称三相容性负载，每相为灯组与电容的并联。测出对称负载分别为星形联结和三角形联结的有功功率 P，并将数据记录在表7-5中，计算电路

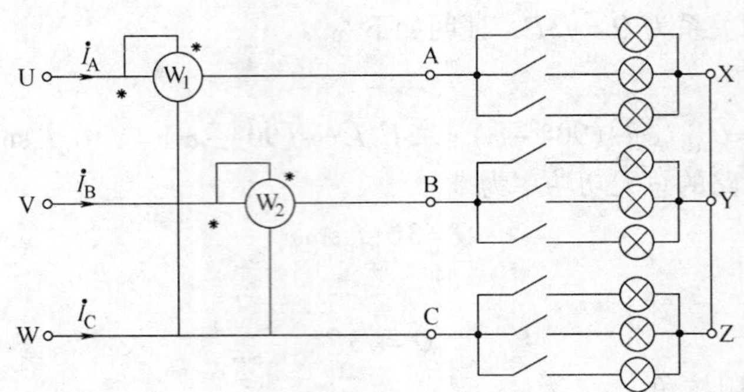

a) 用两功率表测量三相三线制星形联结电路

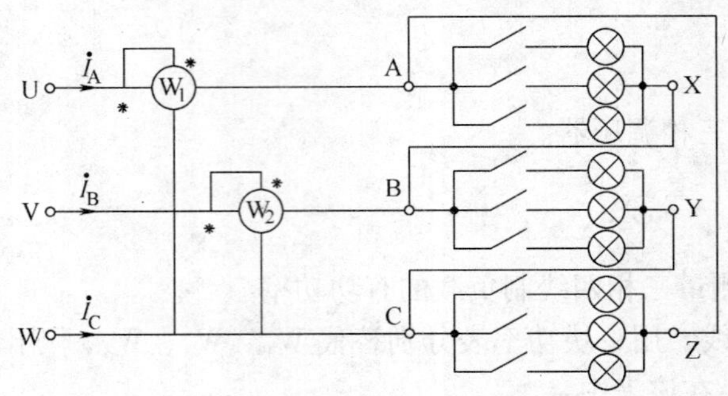

b) 用两功率表测量三相三线制三角形联结电路

图 7-34 用两功率表测量有功功率实验电路

的无功功率 Q。

表 7-4 测量三相三线制负载的有功功率

负 载 情 况	接 灯 数			测 量 数 据		计算值
	A 相	B 相	C 相	P_1/W	P_2/W	$\sum P$/W
星形联结对称负载	3	3	3			
星形联结不对称负载	1	2	3			
三角形联结对称负载	3	3	3			
三角形联结不对称负载	1	2	3			

注：星形联结时线电压调整为 380V；三角形联结时线电压调整为 220V。

表 7-5 测量对称三相电路的无功功率

负 载 情 况	测量数据 P/W	计算值 Q/var
星形联结对称容性负载		
三角形联结对称容性负载		

5. 预习要求

1）复习三相电路功率的基本概念和功率测量的有关知识。

2）预习用三功率表和两功率表测量三相负载有功功率的原理。

3）预习用一功率表测量三相对称负载无功功率的原理。

4）应用 Multisim 进行仿真实验。

5）写出预习报告。

6. 注意事项

1）注意功率表的接线方式、电压量程和电流量程的选择及功率表的读数方式。

2）接通电源前，先将线路检查无误后，方可进行测试。

3）改变接线时，均需先断开电源，以确保人身安全。

7. 思考题

1）在三相四线制电路中，能否应用两功率表测量有功功率？

2）为什么用两功率表可以测量三相三线制电路中负载所消耗的有功功率？试解释其中的一只表可能反向偏转（负数）或读数为零的原因。

8. 实验报告要求

1）完成数据表格中的各项测量和计算任务。

2）总结三相电路功率测量的方法与使用条件。

3）回答思考题。

本章小结

1. 三相制是目前我国电力系统采用的主要的供电方式。三相对称电源是由三个频率相同、幅值相同、初相位依次相差120°的电压源组成的，将三相对称电源按照一定的联结方式连接起来就形成了三相对称电源的星形联结和三角形联结。三相电路中负载的联结方式也有两种——星形联结和三角形联结。三相电路按照负载对称与否分为对称三相电路与不对称三相电路，按照负载的联结方式分为负载星形联结的三相电路和负载三角形联结的三相电路。

2. 在负载星形联结的三相电路中，如果负载对称，则线电压在幅值上是相电压的$\sqrt{3}$倍，线电压在相位上超前于相电压30°，线电流等于相电流，由于电源相电压对称，因此负载的相电压也对称，负载的相电流也对称，所以可以把三相电路的计算化为单相来计算，只需计算出其中一相负载的相电压、相电流，其他两相负载的相电压、相电流可根据对称性依次写出，这样就大大地减轻了计算的工作量；如果负载不对称，则负载的相电流不对称，计算时必须一相一相地计算。在负载星形联结的三相电路中，如果负载不对称，则中性线就起着至关重要的作用。如果没有中性线，则三相负载中只要有一相负载发生故障，就会影响到其他两相负载的正常工作；但是，只要保留中性线，则任意一相负载发生故障都不会影响到其他两相负载的正常工作。中性线的作用就在于能够保证负载的相电压对称。

3. 在负载三角形联结的三相电路中，不管负载对称与否，负载的相电压总是等于电源的线电压，只要电源的线电压对称，则负载的相电压总是对称的。如果负载对称，则线电流在幅值上是相电流的$\sqrt{3}$倍，线电流在相位上滞后于相应相电流30°，电源的线电压等于负载的相电压，由于电源的线电压对称，因此负载的相电压也对称，负载的相电流也对称，所以可以把三相电路的计算化为单相来计算，只需计算出其中一相负载的相电压、相电流，其他两相负载的相电压、相电流可根据对称性依次写出；如果负载不对称，则负载的相电流不对称，计算时必须一相一相地计算。

4. 在三相电路中，不管负载的联结方式如何，三相负载吸收的总的有功功率总是等于每相负载吸收的有功功率之和，三相负载的总的无功功率总是等于每相负载的无功功率之和。

5. 在对称三相电路中，不管负载的联结方式如何，由于负载的相电压对称、相电流对称，每一相负载的相电压与相电流之间的相位差相同，所以每一相负载吸收的有功功率相同，在计算三相负载吸收的总的有功功率时，只需计算出一相负载吸收的有功功率，然后乘以3就得到了三相负载吸收的总的有功功率。同理，在对称三相电路中，在计算三相负载的总的无功功率时，只需计算出一相负载的无功功率，然后乘以3就得到了三相负载的总的无功功率。

6. 在三相电路中，功率的测量也是非常重要的。对于三相三线制电路来说，可以用两表法（二瓦计法）来测量三相负载吸收的总的有功功率。可以证明，两只功率表的读数之和就等于三相负载吸收的总的有功功率。对于三相四线制电路来说，则不能用两表法，必须用功率表将每一相负载吸收的有功功率测量出来，然后相加，才能得到三相负载吸收的总的有功功率。

习　题

7-1　有一个三相对称负载，其每相的电阻 $R=8\Omega$，感抗 $X_l=6\Omega$。如将负载连接成Y形联结，接于线电压为380V的三相电源上，求相电压、相电流及线电流。

7-2　图7-35所示三相四线制电路，线电压为380V。其电阻为 $R_A=11\Omega$，$R_B=R_C=22\Omega$。试求：

（1）负载的相电压、相电流及中性线电流，并作出它们的相量图；

（2）如无中性线，求负载的相电压及中性点电压；

（3）如无中性线且A相短路时，求各相电压及电流，并作出它们的相量图；

（4）如无中性线且A相断路时，求另外两相的电压及电流；

（5）在（3）和（4）中如有中性线，则又如何？

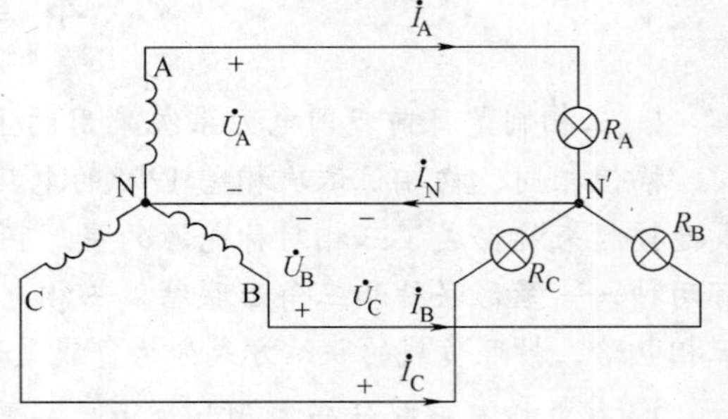

图7-35　题7-2图

7-3　有一个三相对称负载，其每相的电阻 $R=8\Omega$，感抗 $X_l=6\Omega$。如将负载连接成Δ形联结，接于线电压为220V的三相电源上，求相电压、相电流及线电流。

7-4　在线电压为380V的三相电源上，接两组电阻性负载，如图7-36所示，求线路电流。

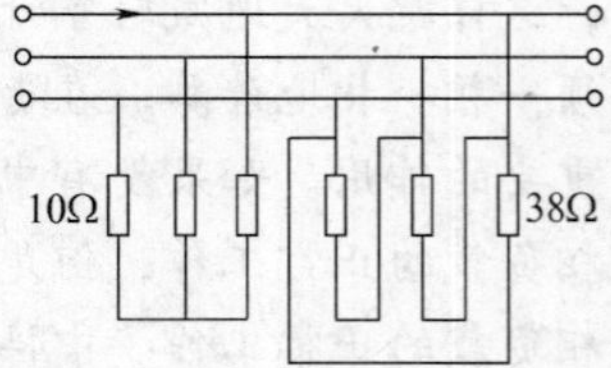

图7-36　题7-4图

7-5　有一台三相异步电动机，其绕组连接成三角形联结，接在线电压为380V的电源上，从电源取用的功率 $P_1=11.43\text{kW}$，功率因数 $\cos\varphi=0.87$，求电动机的相电流和线电流。

7-6　已知不对称三相四线制系统中的对称三相电源的线电压 $U_l=380\text{V}$，不对称的星形联结负载分别是 $Z_A=(3+\text{j}2)\Omega$，$Z_B=(4+\text{j}4)\Omega$，$Z_C=(2+\text{j}1)\Omega$。试求：

（1）当中性线阻抗 $Z_N=(4+\text{j}3)\Omega$ 时的中性点电压，线电流和负载吸收的总功率；

（2）当 $Z_N=0$ 时，A相开路时的线电流。如果无中性线又会怎样？

7-7　已知对称三相电路的线电流 $\dot{I}_A=5\underline{/10°}\text{A}$ 线电压 $\dot{U}_{AB}=380\underline{/75°}\text{V}$。

（1）画出用二瓦计法测量三相功率的接线图并求出两个功率表的读数；

（2）根据功率表的读数，能否求出三相无功功率和功率因数（指对称情况下）。

7-8　已知对称三相电路的负载吸收的功率 $P=2.4\text{kW}$，功率因数为0.4（感性）。试求：

（1）两个功率表的读数（用二瓦计法测量三相功率时）；

（2）若使负载的功率因数提高到0.8该怎么办？并再求出两个功率表的读数。

第8章 低阶电路的暂态分析

【本章学习要点】

本章介绍利用经典的微分方程法对一阶和二阶电路进行暂态分析。包括：电路的状态，电路的初始值，电路的换路定则；电路的零输入响应，零状态响应，全响应；三要素法等。其中，三要素法是求解一阶电路暂态解非常有效的方法，因此要重点掌握三要素法。

学习难点：换路定则；零输入响应；零状态响应；三要素法。

8.1 暂态电路的基本概念

在前面的章节中，已经讨论了直流电阻电路和正弦稳态电路的分析计算。在正弦稳态电路分析过程中已知，当含有电感和电容的电路接通交流电源后，电路中不会立即产生稳定的正弦电压或电流。实际上，接通电源后，电路要经过一个短暂的变化过程，才能达到稳定状态。这是因为电感和电容是储存能量的元件，它们能量的储存或释放要经历一段时间，也就是说储能元件所储存的能量不能跃变。这样，在含有电感和电容的电路中，当突然接通电源或突然改变电路结构时，电路会从某一种稳定状态经历一段短暂变化过程才能达到另一种稳定状态。这个变化过程称为暂态过程或过渡过程。本章将主要研究一阶电路在暂态过程中电压和电流的变化规律，为后续分析更加复杂的暂态电路打下基础。

为了研究电路的暂态过程，下面先介绍几个概念。首先，把突然接通或切断电源，突然改变电路的结构或参数称为**换路**。一般把换路的那一瞬间规定为 $t=0$ 时刻。对于一个换路的电路，$t=0$ 以前和 $t=0$ 以后电路的结构和状态是不同的。为了区分这两种状态，取一个微小的时间段，把 $t=0$ 的这一时刻细分为两个时间点，即 $t=0_-$ 和 $t=0_+$。$t=0_-$ 标志着换路前的一瞬间，$t=0_+$ 标志着换路后的一瞬间。如果用时间坐标来表示，它们可以看作一点的两个侧面，如图 8-1 所示。下面，再从这个坐标上说明电路的几种状态。$t=0_-$ 时是换路前的状态，一般是一种稳态。$t=0_+$ 时是刚刚换路后的状态，是电路突然变化后的开始，因此，把这一时刻电路中的电压和电流称为换路后的初始值，记为 $u(0_+)$ 和 $i(0_+)$。把 $t=0_-$ 时的电压和电流称为换路前的稳态值，记为 $u(0_-)$ 和 $i(0_-)$。从 $t=0_+$ 开始，经历很长的时间，即到 $t=\infty$，电路又达到换路后的稳态。这个稳态的电压和电流记为 $u(\infty)$ 和 $i(\infty)$。从 $t=0_+$ 到 $t=\infty$ 中间过程就是要研究的暂态过程。因此，$t=0_+$ 时电路的初始值对研究暂态过程是非常重要的。下面研究在换路的瞬间，电阻、电感、电容上的电压和电流的变化规律和电路初始值的求法。

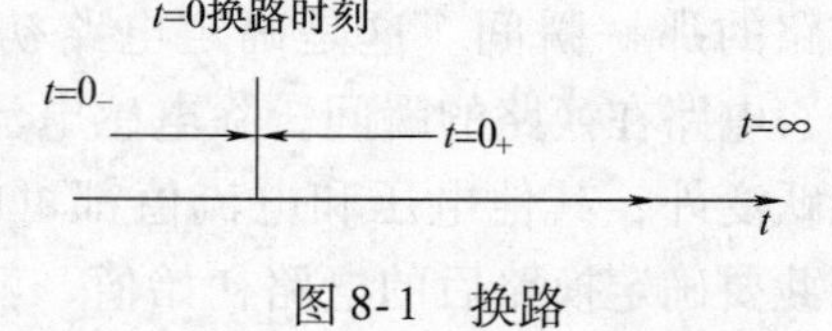

图 8-1 换路

对于电阻元件，电压和电流是线性关系，即 $u_R=Ri_R$。这意味着一加入电压就产生电流，电阻的电压和电流都是可以瞬间变化的，或者说是可以跃变的，换路后瞬时值与换路前没关系。这种关系用图 8-2 所示的电路来说明是显而易见的。闭合开关前（即换路前），电阻上的电压和电流均为零。闭合开关的瞬间电阻上的电压马上跃变为 10V，电流跃变为 1A。

这是因为电阻是耗能元件，不储存能量。

对于电感元件，电压与电流是微分关系，即 $u_L = L\mathrm{d}i_L/\mathrm{d}t$。电感是以磁场形式储存能量的元件。其储存的能量 $W_L = Li_L^2/2$，在换路的瞬间，电感储存的能量 W_L 一般情况下不能跃变，$L/2$ 是常数，因此电感电流不能跃变。也就是说在换路的瞬间，$i_L(0_+) = i_L(0_-)$。这就是电感电流在换路瞬间所遵循的规律。但是，电感储存的能量与电感电压无关，因此，电感电压是可以跃变的。下面来看图 8-3 所示的例子。开关闭合前电感中无电流，$i_L(0_-) = 0$，闭合开关的瞬间，电感电流不能跃变，$i_L = (0_+) = i_L(0_-) = 0$。而电感两端电压在闭合开关的瞬间却从 0 跃变为 11V。

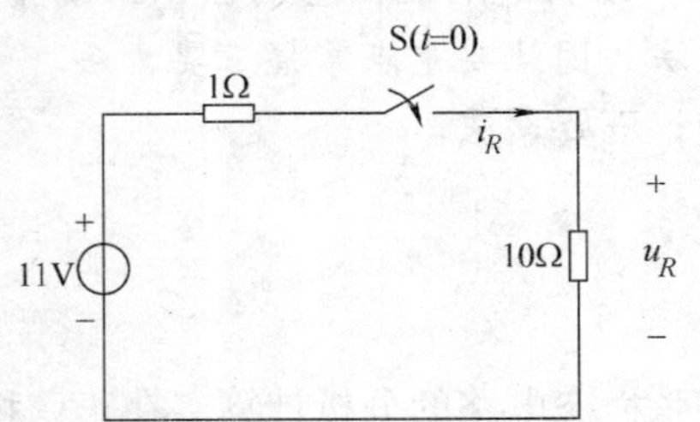

图 8-2　电阻换路电路

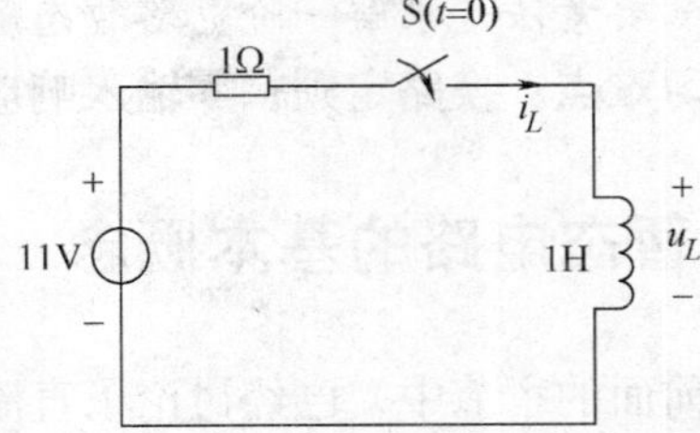

图 8-3　电感换路电路

对于电容元件，电流与电压是微积关系，即：$i_C = C\mathrm{d}u_C/\mathrm{d}t$。电容是以电场形式储存能量的元件。其储存的能量 $W_C = Cu_C^2/2$，在换路的瞬间，一般情况下电容储存的能量 W_C 不能跃变，$C/2$ 为常数，因此电容电压不能跃变。也就是说在换路的瞬间，$u_C(0_+) = u_C(0_-)$。这就是电容电压在换路瞬间所遵循的规律。但是，电容储存的能量与电容的电流无关，因此电容电流是可以跃变的。下面再来看图 8-4 所示的例子。开关闭合前电容两端无电压，$u_C(0_-) = 0$，开关闭合的瞬间，电容电压不能跃变，$u_C(0_+) = u_C(0_-) = 0$。而电容的电流在闭合开关的瞬间却从 0 跃变为 11A。

综上所述，把

$$i_L(0_+) = i_L(0_-) \tag{8-1}$$

$$u_C(0_+) = u_C(0_-) \tag{8-2}$$

称为换路定则。应该注意的是，换路定则仅适用于换路的那一瞬间。这是确定电路初始值的重要依据。电路在换路的瞬间，除电感电流和电容电压不能跃变外，其他电压和电流值都可能会发生跃变。因此要确定换路后的电路初始值，就要抓住换路定则这个重要规律。具体分析方法是先根据换路前的电路状态，求出换路前的 $i_L(0_-)$ 和 $u_C(0_-)$，根据换路定则求得换路后的 $u_C(0_+)$ 和 $i_L(0_+)$，再画出换路后那一瞬间 **($t = 0_+$ 时)** 的等效电路。在这个等效电路中，利用前几章讲过的电路分析方法，就可以求得各支路电压和电流在 $t = 0_+$ 时的初始值。

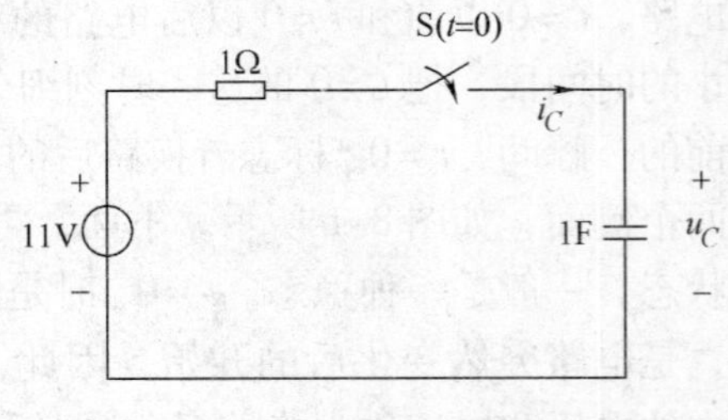

图 8-4　电容换路电路

例 8-1　电路如图 8-5a 所示，换路前电路已达稳态，试确定当开关 S 在 $t = 0$ 时闭合，完成换路后各元件电压和电流的初始值。

解　$t = 0_-$ 时电路已达稳态，电容元件相当于开路，如图 8-5b 所示，且开关未闭合，此时各支路电流均为零。电容电压等于电源两端电压，即 $u_C(0_-) = 10\text{V}$。

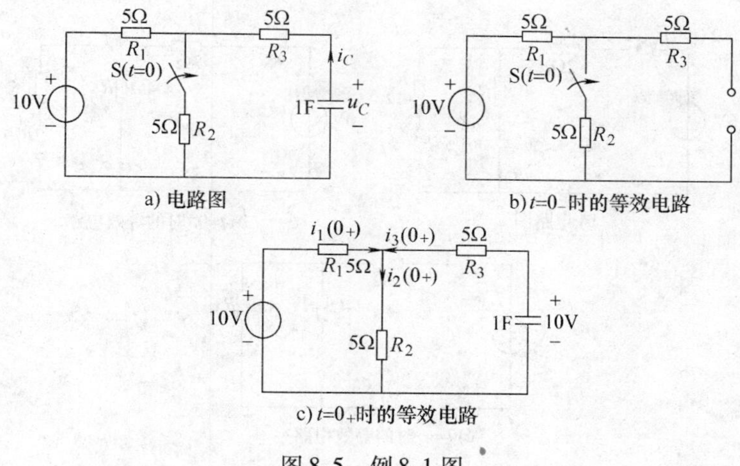

图 8-5　例 8-1 图

根据换路定则，$t=0_+$ 时，$u_C(0_+)=u_C(0_-)=10\text{V}$，此时开关刚刚闭合，电路如图 8-5c所示。在 $t=0_+$ 这一瞬间，电容相当于 10V 的电压源。根据 KCL 和 KVL 列出以下方程：

$$i_1(0_+)+i_3(0_+)=i_2(0_+)$$
$$10=5i_1(0_+)+5i_2(0_+)$$
$$5i_3(0_+)+5i_2(0_+)=10$$

解得

$$i_1(0_+)=2/3\ \text{A}$$
$$i_2(0_+)=4/3\ \text{A}$$
$$i_3(0_+)=2/3\ \text{A}$$

于是求得

$$i_C(0_+)=i_3(0_+)=2/3\ \text{A}$$
$$u_{R1}(0_+)=(5\times 2/3)\text{V}=10/3\ \text{V}$$
$$u_{R2}(0_+)=(5\times 4/3)\text{V}=20/3\ \text{V}$$
$$u_{R3}(0_+)=(5\times 2/3)\text{V}=10/3\ \text{V}$$

例 8-2　在图 8-6a 所示的电路中，设开关闭合前电感元件和电容元件均未储能。(1) 求各元件电压和电流的初始值。(2) 求开关闭合很久以后（即 $t=\infty$ 时）各元件电压和电流的稳态值。

解　(1) 开关闭合前各元件均未储能，可知：$u_C(0_-)=0$，$i_L(0_-)=0$。根据换路定则，$t=0_+$ 时：$u_C(0_+)=0$，$i_L(0_+)=0$，此时电容相当于短路，电感相当于开路。电路如图 8-6b 所示，可求得

$$i(0_+)=i_C(0_+)=6/(R_1+R_2)=6/(2+4)\ \text{A}=1\text{A}$$
$$u_L(0_+)=u_{R2}(0_+)=R_2 i_C(0_+)=4\times 1\text{V}=4\text{V}$$
$$u_{R1}(0_+)=R_1 i(0_+)=2\times 1\text{V}=2\text{V}$$

(2) 开关闭合很久（$t=\infty$ 时），电路又进入了新的稳定状态，此时电容充电结束，电感电流也达到了稳定值。也就是说**电容电流为零，相当于开路，电感电压为零相当于短路**。电路如图 8-6c 所示。此时

$$i(\infty)=i_L(\infty)=6/(R_1+R_3)=1\text{A}$$

a) 电路图　b) t=0₋时的等效电路

c) t=∞时的等效电路

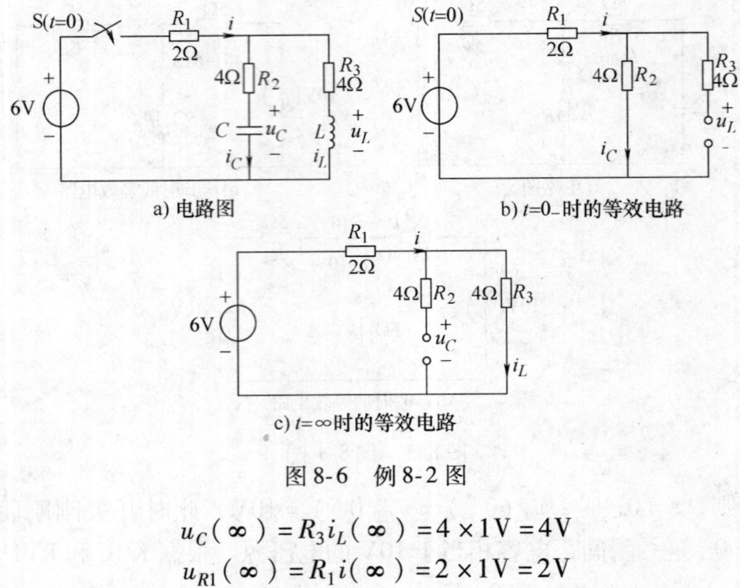

图 8-6　例 8-2 图

$$u_C(\infty)=R_3i_L(\infty)=4\times1\text{V}=4\text{V}$$
$$u_{R1}(\infty)=R_1i(\infty)=2\times1\text{V}=2\text{V}$$

【每节思考】

1. 换路是什么含义？举例若干。
2. 为什么在换路瞬间，电感的电流与电容的电压不能跃变？

8.2　*RC* 电路的暂态分析

本节用经典法分析 *RC* 电路的零输入响应、零状态响应和全响应。

8.2.1　*RC* 电路的零输入响应

RC 电路的零输入响应是指在没有外加激励的情况下，靠电容元件本身的初始储能产生的暂态过程。实际上是 *RC* 电路的放电过程。在图 8-7 所示的电路中，开始开关在 1 位置，当电容电压充至 $u_C=U_0$ 时（即$u_C(0_-)=U_0$），将开关合到 2 位置。此时 *RC* 电路外加激励为零，构成 *RC* 放电电路。根据 KVL 可列出以下方程：

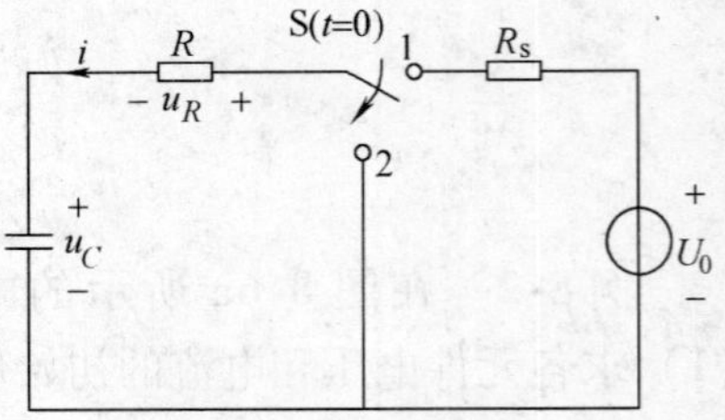

图 8-7　*RC* 放电电路

$$u_R+u_C=0$$

同时将 $u_R=Ri_C$，$i_C=C\mathrm{d}u_C/\mathrm{d}t$ 代入，有

$$RC(\mathrm{d}u_C/\mathrm{d}t)+u_C=0 \tag{8-3}$$

这就是 *RC* 放电电路的微分方程，这是一阶线性齐次微分方程。一般来讲，一个储能元件（或者能等效成一个储能元件）和电阻、电源组成的电路所列出的微分方程都是一阶微分方程。这种电路称为一阶电路。

根据高等数学理论，式（8-3）可用积分的方法求得其通解

$$RC(\mathrm{d}u_C/\mathrm{d}t)=-u_C$$

$$\mathrm{d}u_C/u_C=-\frac{1}{RC}\mathrm{d}t$$

两边积分得

$$\ln u_C = -\frac{t}{RC} + K$$

取反对数

$$u_C = e^{\left(-\frac{t}{RC}+K\right)} = e^{-\frac{t}{RC}} e^{K}$$

$$u_C = A e^{-\frac{t}{RC}} \tag{8-4}$$

这就是微分方程式（8-3）的通解。将 $u_C(0_+) = U_0$ 代入即可求得待定常数 A

$$u_C(0_+) = A e^{-\frac{0_+}{RC}} = A$$

所以 $A = U_0$

再将 $A = U_0$ 代回式（8-4）就得到了 u_C 的解，即

$$u_C = U_0 e^{-\frac{t}{RC}} \tag{8-5}$$

$$i_C = C\frac{\mathrm{d}u_C}{\mathrm{d}t} = -\frac{U_0}{R} e^{-\frac{t}{RC}} \tag{8-6}$$

$$u_R = R i_C = -U_0 e^{-\frac{t}{RC}} \tag{8-7}$$

可见，u_C、i_C 和 u_R 都是按指数规律衰减而趋于零。衰减的速度都与 RC 有关，同时注意到 RC 乘积具有时间的量纲，于是定义

$$\tau = RC \tag{8-8}$$

为 RC 电路的时间常数。

将 $\tau = RC$ 代入式（8-5）得

$$u_C = U_0 e^{-\frac{t}{\tau}} \tag{8-9}$$

u_C 随时间变化的曲线如图 8-8a 所示，其衰减的快慢取决于时间常数 τ。

当 $t = \tau$ 时，$u_{C(\tau)} = U_0 e^{-1} = 0.368U_0 = 36.8\% U_0$。

当 $t = 3\tau$ 时，$u_{C(3\tau)} = U_0 e^{-3} = 0.05U_0 = 5\% U_0$。

当 $t = 5\tau$ 时，$u_{C(5\tau)} = U_0 e^{-5} = 0.007U_0 = 0.7\% U_0$。

从理论上讲，RC 电路只有经过 $t = \infty$ 的时间放电才能结束。但从上面的分析可知 $t = 5\tau$ 时，u_C 就衰减到初始值的 0.7%，已经很小了。因此，工程上一般认为经历 5τ（或者是 3τ）放电就已经结束，或者说电路已达到稳态。

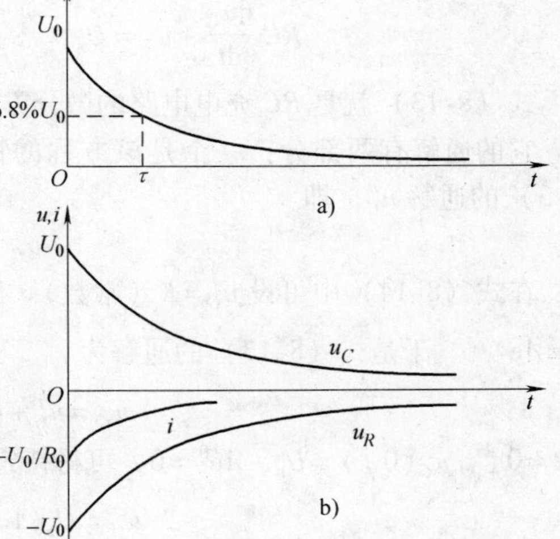

图 8-8　u_C、u_R、i 的变化曲线

将 $\tau = RC$ 代入式（8-6）和式（8-7）得

$$i_C = -\frac{U_0}{R} e^{-\frac{t}{\tau}} \tag{8-10}$$

$$u_R = -U_0 e^{-\frac{t}{\tau}} \tag{8-11}$$

把 u_C、i 和 u_R 曲线画在一起，如图 8-8b 所示。这就是 RC 电路的零输入响应。

例 8-3 电路如图 8-9 所示，在换路前电路已经达到稳定状态，试求 $t \geqslant 0$ 时电压 u_C 和电流 i_C。

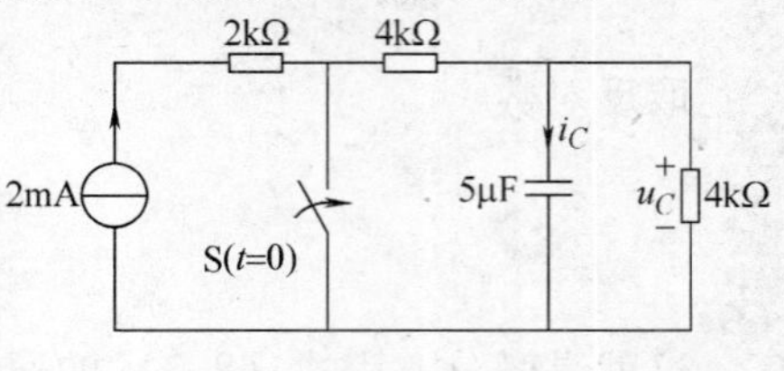

图 8-9 例 8-3 图

解 $t=0_-$ 时，$u_C(0_-) = 4\times10^3 \times 2\times10^{-3}\text{V} = 8\text{V}$

开关闭合后（$t \geqslant 0$），电容通过两个并联电阻（4kΩ）放电，左边的电流源和 2kΩ 电阻以及开关构成回路，对右边的电路没有影响，这时的时间常数为

$$\tau = \frac{4\times4}{4+4}\times10^3\times5\times10^{-6}\text{s} = 10^{-2}\text{s}$$

$$u_C(0_+) = u_C(0_-) = 8\text{V}$$

将 $u_C(0_+)$ 和 τ 代入式（8-9）和式（8-10），得

$$u_C = 8e^{-\frac{1}{10^{-2}}t}\text{V} = 8e^{-100t}\text{V} \quad t \geqslant 0$$

$$i_C = C\frac{du_C}{dt} = -4e^{-100t}\text{mA} \quad t \geqslant 0$$

8.2.2 *RC* 电路的零状态响应

RC 电路的零状态响应是指电容初始电压为零的情况下，靠外加激励在电路中产生的暂态过程。实际上就是 RC 电路的充电过程。在图 8-10 所示的电路中，$u_C(0_-)=0$，开关闭合后电源给电容充电。根据 KVL 列方程

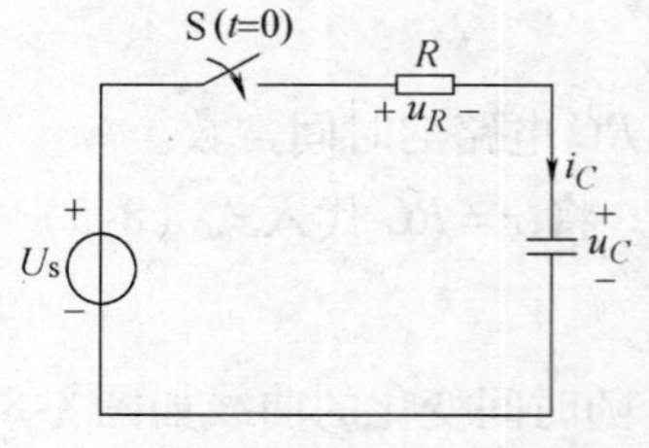

图 8-10 *RC* 充电电路

$$u_R + u_C = U_s \tag{8-12}$$

式中，$u_R = Ri_C$，$i_C = Cdu_C/dt$，代入式（8-12）得

$$RC\frac{du_C}{dt} + u_C = U_s \tag{8-13}$$

式（8-13）就是 RC 充电电路的微分方程，与式（8-3）比较，这是一个非齐次微分方程。它的通解有两部分：一个是该方程的特解 u_C'，另一个是该方程所对应的齐次方程式（8-3）的通解 u_C''。即

$$u_C = u_C' + u_C'' \tag{8-14}$$

在式（8-14）中可设 $u_C' = K$（常数）。代入式（8-13）可得 $u_C = U_s$。由式（8-4）可知 $u_C'' = Ae^{-\frac{t}{RC}}$。于是式（8-13）的通解为

$$u_C = u_C' + u_C'' = U_s + Ae^{-\frac{t}{RC}}$$

令 $t=0_+$，$u_C(0_+) = U_s + Ae^0 = 0$，可得待定常数 $A = -U_s$，于是

$$u_C = U_s(1-e^{-\frac{t}{RC}})\text{V} \quad t \geqslant 0$$

或者

$$u_C = U_s(1-e^{-\frac{t}{\tau}})\text{V} \quad t \geqslant 0 \tag{8-15}$$

与放电时类似，从理论上来讲，$t=\infty$ 时 RC 电路才能达到稳态。实际上：当 $t=\tau$ 时，$u_{C(\tau)} = 0.632U_s$；当 $t=3\tau$ 时，$u_{C(3\tau)} = 0.95U_s$；当 $t=5\tau$ 时，$u_{C(5\tau)} = 0.993U_s$。因此一般

$t=(3\sim5)\tau$ 时就认为充电结束。

充电过程中 i_C 和 u_R 分别为

$$i_C=C\frac{\mathrm{d}u_C}{\mathrm{d}t}=\frac{U_s}{R}\mathrm{e}^{-\frac{t}{\tau}}\mathrm{A}\quad t\geqslant0 \tag{8-16}$$

$$u_R=Ri_C=U_s\mathrm{e}^{-\frac{t}{\tau}}\mathrm{V}\quad t\geqslant0 \tag{8-17}$$

u_C、i_C 和 u_R 的曲线如图 8-11 所示。这就是 RC 电路的零状态响应。

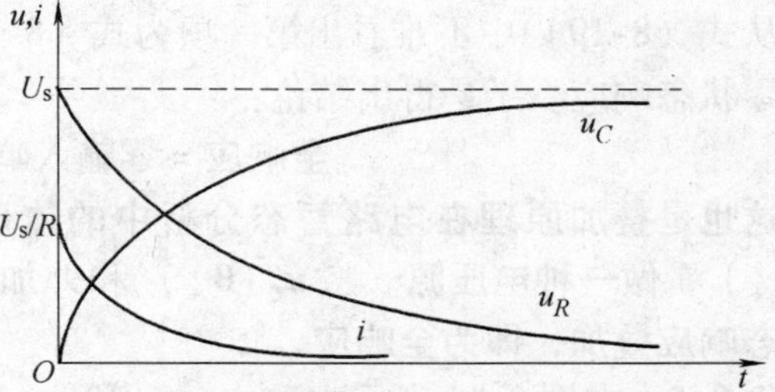

图 8-11　u_C、i_C 和 u_R 的变化曲线

例 8-4　在图 8-12a 所示的电路中，开关闭合前电容上无电压。试求 $t\geqslant0$ 时电压 u_C 和电流 i_C。

解　这不是单一回路 RC 充电电路，不能直接套用式（8-15）。列微分方程又比较麻烦，因此可以将电容左边（开关闭合后）电路化成戴维南等效电路。这样问题就简单多了。等效电源的电动势和内阻分别为

$$E_0=\frac{R_2}{R_1+R_2}U_s=3\mathrm{V}$$

$$R_0=\frac{R_1R_2}{R_1+R_2}=2\mathrm{k\Omega}$$

其戴维南等效电路如图 8-12b 所示，电路的时间常数为

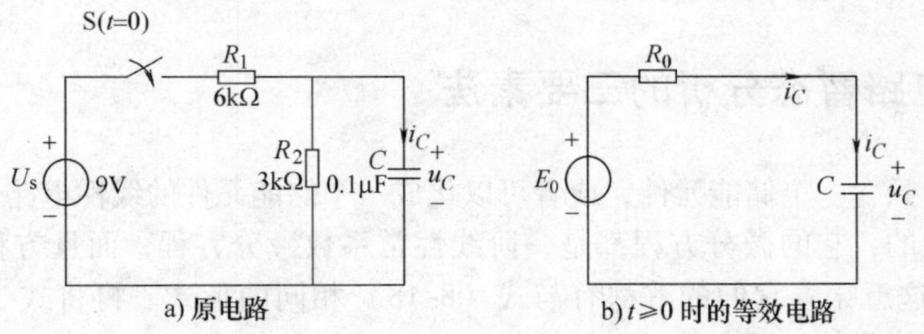

a) 原电路　　b) $t\geqslant0$ 时的等效电路

图 8-12　例 8-4 图

$$\tau=R_0C=2\times10^3\times0.1\times10^{-6}\mathrm{s}=2\times10^{-4}\mathrm{s}$$

由式（8-15）和式（8-16）可得

$$u_C=E_0(1-\mathrm{e}^{-\frac{t}{\tau}})=3(1-\mathrm{e}^{-5000t})\mathrm{V}\quad t\geqslant0$$

$$i_C=\frac{E_0}{R_0}\mathrm{e}^{-\frac{t}{\tau}}=1.5\mathrm{e}^{-5000t}\mathrm{mA}\quad t\geqslant0$$

8.2.3　RC 电路的全响应

RC 电路的全响应是既有外加激励又有初始能量情况下产生的暂态过程。电路与图 8-10 相同，不同的是 $u_C(0_-)=U_0$，$t\geqslant0$ 时电路的微分方程与式（8-12）相同，其通解仍为

$$u_C=U_s+A\mathrm{e}^{-\frac{t}{RC}}$$

但待定常数与零状态响应不同。在 $t=0_+$ 时，$u_C(0_+)=U_0$，则

$$A=U_0-U_s$$

所以

$$u_C=U_s+(U_0-U_s)e^{-\frac{t}{RC}} \tag{8-18}$$

整理后有

$$u_C=U_0e^{-\frac{t}{RC}}+U_s(1-e^{-\frac{t}{RC}}) \tag{8-19}$$

从式（8-19）中不难看出第一项为式（8-5），就是零输入响应；第二项为式（8-15），就是零状态响应。于是得出结论：

全响应 = 零输入响应 + 零状态响应

这也是叠加原理在电路暂态分析中的体现。在求全响应时，可把电容元件的初始值 $u_C(0_+)$ 看做一种电压源。将 $u_C(0_+)$ 和外加电源分别单独作用时所产生的零输入响应和零状态响应叠加，即为全响应。

例 8-5 在图 8-12 所示电路中，$u_C(0_-)=2V$。重求 $t\geqslant0$ 时电压 u_C 和电流 i_C。

解 仍利用图 8-12b 所示电路的方法，在这里 $E_0=3V$，$U_0=u_C(0_+)=2V$，$\tau=2\times10^{-4}s$，代入式（8-18）得到

$$u_C=3V+(2-3)e^{-5000t}V=3V-e^{-5000t}V \quad t\geqslant0$$

$$i_C=C\frac{du_C}{dt}=0.5e^{-5000t}mA \quad t\geqslant0$$

【每节思考】

1. 何为零输入响应？何为零状态响应？何为全响应？
2. 为什么说在求全响应时运用了叠加原理？

8.3 一阶电路暂态分析的三要素法

研究发现，只含一个储能元件，或者可以化成一个储能元件的线性电路，不论电路是简单的或者是复杂的，它的微分方程都是一阶线性常系数微分方程，而且方程的形式都与式（8-12）相同。这意味着它们的解都有与式（8-18）相同的形式。再将式（8-18）写在下面，以电容为储能元件来研究其一般规律

$$u_C=U_s+(U_0-U_s)e^{-\frac{t}{RC}}$$

在上式中，$U_0=u_C(0_+)$，是电容电压在 $t=0_+$ 时的初始值。而当 $t=\infty$ 时，电容电压的稳态值 $u_C(\infty)=U_s$，$RC=\tau$。将 $u_C(0_+)$、$u_C(\infty)$ 和 τ 代入上式，得到

$$u_C=u_C(\infty)+[u_C(0_+)-u_C(\infty)]e^{-\frac{t}{\tau}} \quad t\geqslant0 \tag{8-20}$$

这就是微分方程式（8-13）解的一般规律。如果把微分方程式（8-13）的变量换成电流，那么式（8-20）中的对应项也是电容的电流

$$i_C(t)=i_C(\infty)+[i_C(0_+)-i_C(\infty)]e^{-\frac{t}{\tau}}$$

因此可以把一阶线性电路的暂态响应写成普遍形式，即

$$f(t)=f(\infty)+[f(0_+)-f(\infty)]e^{-\frac{t}{\tau}} \tag{8-21}$$

在一阶线性电路中，只要求出电压（或电流）的初始值、稳态值和时间常数这三个要素，代入式（8-21）就可以求得它的暂态响应，也就是全响应。这种方法称为一阶线性电路暂态响应的三要素分析法。只要是一阶线性电路，三要素法都适用。

需要指出的一点是，RC 电路中的时间常数 $\tau=RC$，或者 RL 电路中的时间常数 $\tau=\frac{L}{R}$，其中，R 是换路后、以储能元件两端为端口（不包括电容和电感）除源以后的等效电阻。除源的方法还是独立电源归零，即电压源短路、电流源开路。下面举例说明三要素法的具体应用。

例 8-6　电路及参数如图 8-13 所示，设 $u_C(0_-)=3\text{V}$，试求换路后的 u_C。

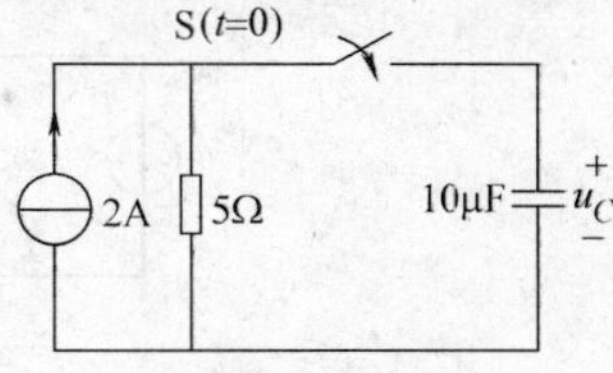

图 8-13　例 8-6 图

解　利用三要素法：

（1）初始值：$u_C(0_+)=u_C(0_-)=3\text{V}$。

（2）稳态值：$u_C(\infty)=5\times2\text{V}=10\text{V}$。

（3）时间常数：$\tau=RC=5\times10\times10^{-6}\text{s}=5\times10^{-5}\text{s}$

代入三要素法公式

$$u_C=u_C(\infty)+[u_C(0_+)-u_C(\infty)]\mathrm{e}^{-\frac{t}{\tau}}=10\text{V}+[3-10]\mathrm{e}^{-\frac{t}{5\times10^{-5}}}\text{V}=10\text{V}-7\mathrm{e}^{-2\times10^4t}\text{V}\quad t\geqslant0$$

例 8-7　电路如图 8-14a 所示，$t=0$ 时将开关闭合，求电路在 $t\geqslant0$ 时的 u_0 和 u_C。设 $u_C(0_-)=0$。

解　（1）确定初始值：$t=0_+$ 时，由于 $u_C(0_+)=0$，电容元件相当于短路，所以 $u_0(0_+)=6\text{V}$。

（2）确定稳态值：稳态时电容元件相当于开路，其电压为 R_1 两端的电压。所以

$$u_C(\infty)=\frac{R_1}{R_1+R_2}U=\frac{10}{10+20}\times6\text{V}=2\text{V}$$

$$u_0(\infty)=(6-2)\text{V}=4\text{V}$$

（3）确定时间常数：时间常数中的电阻是把电容元件拆除并且独立电源归零后形成的一端口网络的入端等效电阻，这里是 R_1 与 R_2 并联。所以

$$\tau=\frac{R_1R_2}{R_1+R_2}C=\frac{20}{3}\times10^3\times100\times10^{-6}\text{s}=\frac{2}{3}\times10^{-2}\text{s}$$

对于一阶电路任一支路的电压或电流的暂态响应中的时间常数都是同一个。这是因为求时间常数时，等效电阻都是同一个。

将上面的数据分别代入三要素法公式，于是可以求得

$$u_C=2+(0-2)\mathrm{e}^{-1.5\times10^2t}=2(1-\mathrm{e}^{-1.5\times10^2t})\text{V}\quad t\geqslant0$$

$$u_C=4+(6-4)\mathrm{e}^{-1.5\times10^2t}=2(2+\mathrm{e}^{-1.5\times10^{2t}})\text{V}\quad t\geqslant0$$

需指出的是，三要素法不仅适用于储能元件上的电压和电流，对于电阻元件上的电压和电流也是适用的。u_C 和 u_0 的变化曲线如图 8-14b 所示。

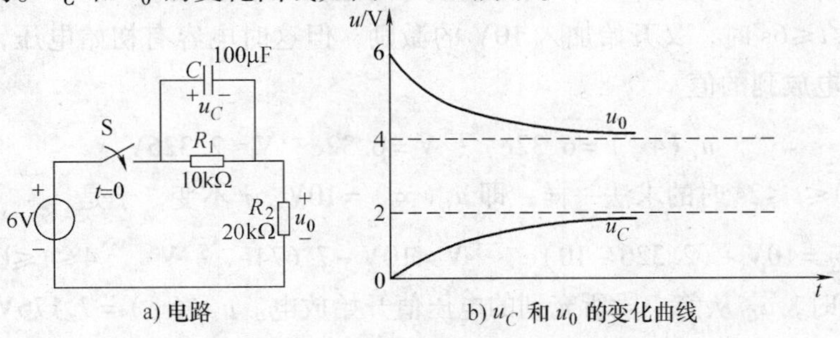

图 8-14　例 8-7 图

例 8-8 在图 8-15a 所示的电路中，u_s 的波形如图 8-15b 所示，设 $u_C(0_-)=0V$，试求 $t\geqslant0$ 时的 u_C，并画出其波形图。

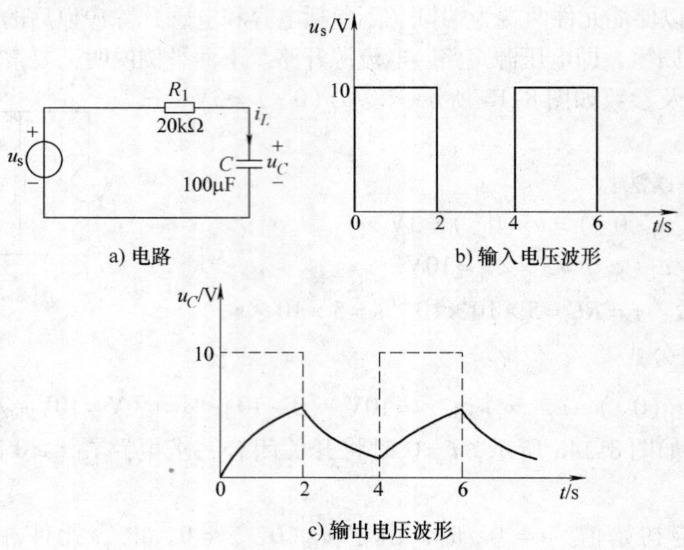

图 8-15 例 8-8 图

解 这里的 u_s 是一组矩形脉冲，或者称分段激励函数，因此可以利用三要素法逐段进行分析。

（1）在 $0\leqslant t\leqslant 2s$ 时，是 10V 电压源给电容充电。u_C 的三个要素求法如下。

$u_C(0_+)=0$，在求 $u_C(\infty)$时，不要认为 10V 电源只加到 2s，应当按照一直加到 $t=\infty$ 时来分析稳态值，所以 $u_C(\infty)=10V$，$\tau=RC=20\times10^3\times100\times10^{-6}s=2s$。

将其代入三要素法公式得

$$u_C=10V+(0-10)e^{-\frac{t}{2}}V=10(1-e^{-\frac{t}{2}})V \qquad 0\leqslant t\leqslant 2s$$

（2）在 $2\leqslant t\leqslant 4s$ 时，u_s 是零，所以 RC 是放电电路，电容从前面充到 2s 时的电压值开始放电。即

$$u_C(2_+)=10(1-e^{-\frac{2}{2}})V\approx6.32V$$

稳态值 $u_C(\infty)=0$。按照 u_s 一直为零来求，于是

$$u_C=0+(6.32-0)e^{-\frac{t-2}{2}}V=6.32e^{-\frac{t-2}{2}}V \qquad 2\leqslant t\leqslant 4s$$

注意，e 指数的时间应是 $t-2$，因为这段时间是从 2s 开始的。

（3）在 $4\leqslant t\leqslant 6s$ 时，又开始加入 10V 的激励，但这时电容有初始电压，即在 $t=4s$ 时 u_C 从 6.32V 放电放到的值

$$u_C(4_+)=6.32e^{-\frac{4-2}{2}}V=6.32e^{-1}V\approx2.326V$$

稳态值与 $0\leqslant t\leqslant 2s$ 时的求法一样，即 $u_C(\infty)=10V$，τ 不变，于是

$$u_C=10V+(2.326-10)e^{-\frac{t-4}{2}}V=10V-7.674e^{-\frac{t-4}{2}}V \qquad 4\leqslant t\leqslant 6s$$

（4）$t\geqslant 6s$ 时，u_C 从前一段所充到的电压值开始放电。$u_C(6_+)=7.176V$，$u_C(\infty)=0$，τ 不变

$$u_C = 0 + (7.176 - 0)\mathrm{e}^{-\frac{t-6}{2}}\mathrm{V} = 7.176\mathrm{e}^{-\frac{t-6}{2}}\mathrm{V} \qquad t \geqslant 6\mathrm{s}$$

各段时间波形如图 8-15c 所示。

【每节思考】

1. 三要素的具体含义是什么？
2. 时间常数 τ 的物理意义是什么？

8.4 *RL* 电路的暂态分析

前面讨论了 *RC* 电路的暂态响应，本节讨论 *RL* 电路的暂态响应。和讨论 *RC* 电路的暂态响应一样，*RL* 电路的暂态响应也可以按照零输入响应、零状态响应和全响应这种思路来讨论。但这样太繁琐，下面直接利用三要素的方法来讨论。先根据图 8-16 所示电路列其微分方程。根据 KVL 有

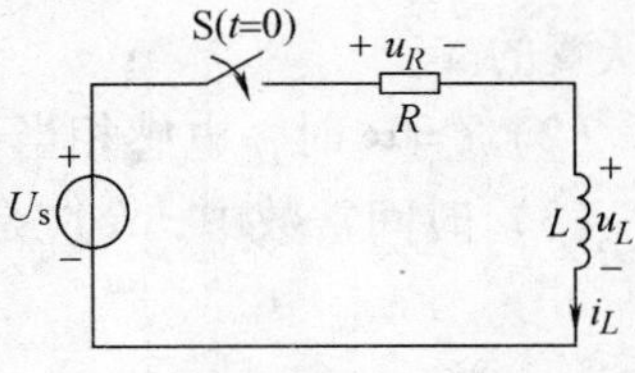

图 8-16　*RL* 电路的暂态响应

$$u_R + u_L = U_s$$

其中，将 $u_L = L\mathrm{d}i_L/\mathrm{d}t$，$U_s = Ri_L$ 代入上式有

$$L\frac{\mathrm{d}i_L}{\mathrm{d}t} + Ri_L = U_s$$

整理得

$$\frac{L}{R}\frac{\mathrm{d}i_L}{\mathrm{d}t} + i_L = \frac{U_s}{R} \tag{8-22}$$

式(8-22)与式(8-13)比较，可以看出方程的形式是完全一样的。因此微分方程式(8-22)的解也完全符合三要素法公式的形式。或者说三要素法也可用于一阶线性的 *RL* 电路。不同的是：在 *RC* 电路中，微分方程式(8-13)的第一项 $\mathrm{d}u_C/\mathrm{d}t$ 的系数是 *RC*，三要素法中的时间常数 $\tau = RC$；而在 *RL* 电路中，微分方程式(8-22)的第一项 $\mathrm{d}i_L/\mathrm{d}t$ 的系数是 L/R，利用对比的方法，在 *RL* 电路中时间常数，$\tau = L/R$（也具有时间的量纲），其中电阻 *R* 的求法与 *RC* 电路是一样的。对于 *RL* 电路中的 i_L，三要素法公式为下面的形式：

$$i_L = i_L(\infty) + [i_L(0_+) - i_L(\infty)]\mathrm{e}^{-\frac{t}{\tau}}\mathrm{A} \quad t \geqslant 0 \tag{8-23}$$

前面已经指出，三要素法公式是一阶线性电路的全响应。实际上当 $f(0_+) = 0$ 时就是零状态响应，当 $f(\infty) = 0$ 时就是零输入响应。

例 8-9　在图 8-16 所示电路中，已知 $R = 2\mathrm{k}\Omega$，$L = 1\mathrm{H}$，$i_L(0_-) = 0$，$U_s = 10\mathrm{V}$。试求 $t \geqslant 0$ 后的 i_L。

解　利用三要素法：

(1) $i_L(0_+) = i_L(0_-) = 0$。

(2) $i_L(\infty) = \dfrac{U_s}{R} = \dfrac{10}{2\times10^3}\mathrm{A} = 5\mathrm{mA}$。

(3) 时间常数

$$\tau = \frac{L}{R} = \frac{1}{2\times10^3}\mathrm{s} = 0.5\times10^{-3}\mathrm{s}$$

$$i_L = i_L(\infty) + [i_L(0_+) - i_L(\infty)]\mathrm{e}^{-\frac{t}{\tau}} = [5 + (0-5)\mathrm{e}^{-2\times10^3 t}]\mathrm{mA} = 5(1 - \mathrm{e}^{-2\times10^3 t})\mathrm{mA} \quad t \geqslant 0$$

例 8-10 电路如图 8-17 所示，在开关闭合前电路已达稳态，试求 u_R 和 u_L（$t \geqslant 0$ 时）。

解 利用三要素法：

（1）$t=0_-$ 时，电路已处稳态，因此 $i_L(0_-)=2\text{A}$，$t=0_+$ 时，$i_L(0_+)=2\text{A}$，3Ω 的电阻被短路，有

$$u_R(0_+)=2\times 2\text{V}=4\text{V}$$

$$u_L(0_+)=10\text{V}-4\text{V}=6\text{V}$$

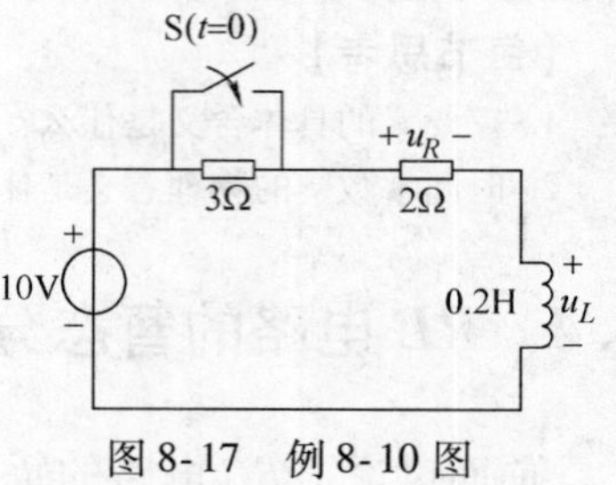

图 8-17 例 8-10 图

根据换路定则，电容电压不能跃变，电感电流不能跃变。从上面的分析可以看出，电阻和电感上的电压都是可以跃变的。

（2）$t=\infty$ 时，电感相当于短路，即 $u_L(\infty)=0$，$u_R(\infty)=10\text{V}$。

（3）时间常数中，R 应是换路以后的电阻，有

$$\tau=\frac{L}{R}=\frac{0.2}{2}\text{s}=0.1\text{s}$$

于是

$$u_R=u_R(\infty)+[u_R(0_+)-u_R(\infty)]\text{e}^{-\frac{t}{\tau}}=[10+(4-10)\text{e}^{-\frac{t}{0.1}}]\text{V}=(10-6\text{e}^{-10t})\text{V} \quad t\geqslant 0$$

$$u_L=u_L(\infty)+[u_L(0_+)-u_L(\infty)]\text{e}^{-\frac{t}{\tau}}=[0+(6-0)\text{e}^{-\frac{t}{0.1}}]\text{V}=6\text{e}^{-10t}\text{V} \quad t\geqslant 0$$

8.5 二阶电路的暂态分析

用二阶微分方程描述的电路称为二阶电路。由于二阶线性微分方程的特征方程有两个特征根，对于不同的二阶电路，这两个特征根可能是实数、虚数或共轭复数。因此，电路的暂态过程将呈现比一阶电路更加复杂的规律。下面以 RLC 串联电路的零输入响应为例加以介绍，如图 8-18 所示。

图 8-18 中，设 $u_C(0_-)=U_{C0}>0$，$t=0$ 时开关突然接通。$t>0$ 时电路的 KVL 方程是

$$u_R+u_L+u_C=0$$

$$u_R=Ri$$

$$u_L=L\frac{\text{d}i}{\text{d}t}$$

$$i=C\frac{\text{d}u_C}{\text{d}t}$$

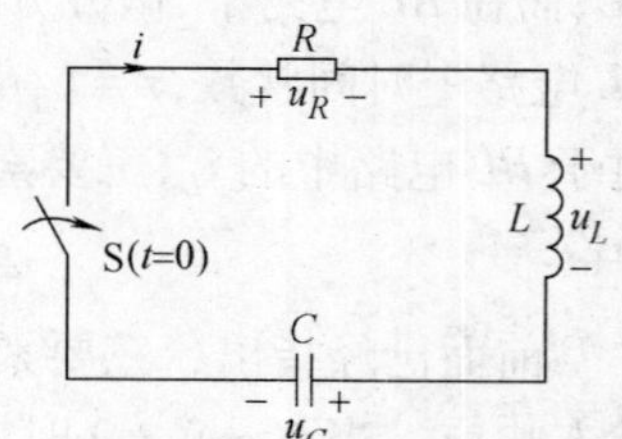

图 8-18 *RLC* 串联电路

通过以上各式求得 u_C 满足的微分方程是

$$\frac{\text{d}^2u_C}{\text{d}t^2}+\frac{R}{L}\frac{\text{d}u_C}{\text{d}t}+\frac{1}{LC}u_C=0 \tag{8-24}$$

根据图 8-18 可得上述微分方程的两个初始条件，即

$$\begin{cases} u_C(0_+)=u_C(0_-)=U_{C0} \\ \left.\dfrac{\text{d}u_C}{\text{d}t}\right|_{t=0_+}=\dfrac{1}{C}i(0_+)=\dfrac{1}{C}i(0_-)=0 \end{cases} \tag{8-25}$$

方程式（8-24）为齐次微分方程，因此 u_C 的强制分量为零，即

$$u_{Cp}=0$$

方程式（8-23）的特征方程及其根为

$$p^2+\frac{R}{L}p+\frac{1}{LC}=0$$

$$p_1=-\frac{R}{2L}+\sqrt{\left(\frac{R}{2L}\right)^2-\frac{1}{LC}}$$

$$p_2=-\frac{R}{2L}-\sqrt{\left(\frac{R}{2L}\right)^2-\frac{1}{LC}}$$

令

$$\alpha=\frac{R}{2L}\quad \omega_0=\frac{1}{\sqrt{LC}}$$

则得

$$p_1=-\alpha+\sqrt{\alpha^2-\omega_0^2} \tag{8-26}$$

$$p_2=-\alpha-\sqrt{\alpha^2-\omega_0^2} \tag{8-27}$$

显然 p_1 和 p_2 是由电路参数决定的。根据 p_1、p_2 的不同取值，式（8-23）的通解将具有不同的形式，下面分别讨论。

1. $\alpha>\omega_0$，$R>2\sqrt{L/C}$

此时由式（8-26）和式（8-27）可知，p_1、p_2 为两个不相等的负实根（设 R、L、C 均为正值）。方程式（8-23）的通解为

$$u_{Ch}=A_1\mathrm{e}^{p_1t}+A_2\mathrm{e}^{p_2t}$$

所以

$$u_C=u_{Cp}+u_{Ch}=u_{Ch}=A_1\mathrm{e}^{p_1t}+A_2\mathrm{e}^{p_2t} \tag{8-28}$$

式中，u_{Cp}特解为0，原因是图8-18为零输入；A_1 和 A_2 可以通过式（8-24）确定如下：

$$\begin{cases}u_C(0_+)=A_1+A_2\\ \left.\dfrac{\mathrm{d}u_C}{\mathrm{d}t}\right|_{t=0_+}=A_1p_1+A_2p_2=0\end{cases}$$

解得

$$A_1=\frac{p_2}{p_2-p_1}U_{C0} \tag{8-29}$$

$$A_2=-\frac{p_1}{p_2-p_1}U_{C0} \tag{8-30}$$

将 A_1、A_2 代入式（8-28）得响应 u_C 为

$$u_C=\frac{U_{C0}}{p_2-p_1}(p_2\mathrm{e}^{p_1t}-p_1\mathrm{e}^{p_2t})\quad t>0$$

继而又求得

$$i=C\frac{\mathrm{d}u_C}{\mathrm{d}t}=\frac{U_{C0}}{L(p_2-p_1)}(\mathrm{e}^{p_1t}-\mathrm{e}^{p_2t})\quad t>0$$

$$u_L=L\frac{\mathrm{d}i}{\mathrm{d}t}=\frac{U_{C0}}{p_2-p_1}(p_1\mathrm{e}^{p_1t}-p_2\mathrm{e}^{p_2t})\quad t>0$$

经过函数分析，可以画出如图8-19所示 $\alpha>\omega_0$ 时 RLC 串联电路波形。图中各个电流与

电压均没有出现交替周期变化，所以这种情况也称为非振荡过程或过阻尼过程。

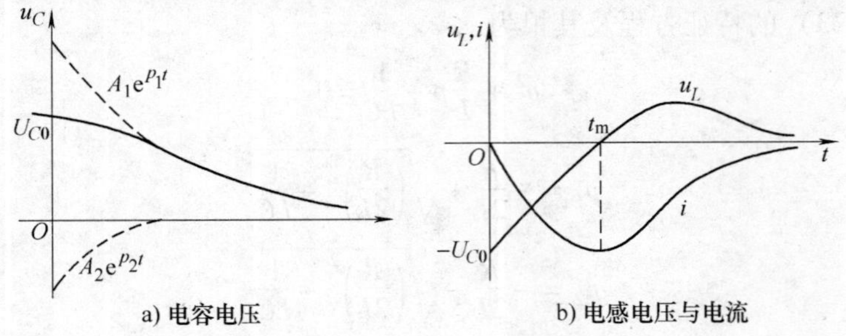

a) 电容电压　　b) 电感电压与电流

图 8-19　$\alpha>\omega_0$ 时 RLC 串联电路波形

2. $\alpha>\omega_0$，$R<2\sqrt{L/C}$

此时由式（8-26）和式（8-27）可知，p_1、p_2 为两个共轭复数。把它们分别写成

$$p_1=-\alpha+\sqrt{\alpha^2-\omega_0^2}=-\alpha+\mathrm{j}\omega'$$
$$p_2=-\alpha-\sqrt{\alpha^2-\omega_0^2}=-\alpha-\mathrm{j}\omega'$$

式中

$$\omega'=\sqrt{\omega_0^2-\alpha^2}$$

ω'、ω_0 和 α 之间的关系可用直角三角形表示，如图 8-20。

当 p_1、p_2 为共轭复数时，由数学中的微分方程理论得方程式（8-23）的通解为

$$u_C=u_{Cp}+u_{Ch}=u_{Ch}=A_1\mathrm{e}^{-\alpha t}\sin\omega't+A_2\mathrm{e}^{-\alpha t}\cos\omega't=A\mathrm{e}^{-\alpha t}\sin(\omega't+\theta)$$

式中，A 和 θ 可由初始条件式（8-24）确定如下：

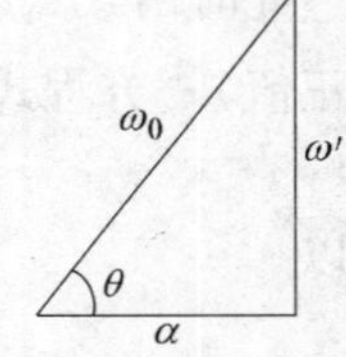

图 8-20　ω'、ω_0 和 α 之间的关系

$$\begin{cases}u_C(0_+)=A\sin\theta=U_{C0}\\ \left.\dfrac{\mathrm{d}u_C}{\mathrm{d}t}\right|_{t=0_+}=-\alpha A\sin\theta+A\omega'\cos\theta=0\end{cases}$$

$$A=\frac{\omega_0}{\omega'}U_{C0}$$

$$\theta=\arctan\frac{\omega'}{\alpha}$$

所以响应 u_C 为

$$u_C=\frac{\omega_0}{\omega'}U_{C0}\mathrm{e}^{-\alpha t}\sin(\omega't+\theta)\tag{8-31}$$

进一步又求得

$$\begin{aligned}i&=C\frac{\mathrm{d}u_C}{\mathrm{d}t}=C\frac{\omega_0}{\omega'}U_{C0}\mathrm{e}^{-\alpha t}[-\alpha\sin(\omega't+\theta)+\omega'\cos(\omega't+\theta)]\\&=-C\frac{\omega_0}{\omega'}U_{C0}\mathrm{e}^{-\alpha t}[\omega_0\cos\theta\sin(\omega't+\theta)-\omega_0\sin\theta\cos(\omega't+\theta)]\\&=-C\frac{\omega_0^2}{\omega'}U_{C0}\mathrm{e}^{-\alpha t}\sin\omega't\\&=-\frac{U_{C0}}{\omega'L}\mathrm{e}^{-\alpha t}\sin\omega't\end{aligned}\tag{8-32}$$

$$u_L = L\frac{\mathrm{d}i}{\mathrm{d}t} = \frac{\omega_0}{\omega'}U_{C0}\mathrm{e}^{-\alpha t}\sin(\omega' t - \theta) \tag{8-33}$$

图 8-21 画出了 $\alpha < \omega_0$ 时 u_C、i 及 u_L 的波形图。

由图 8-21 可见，此时电压及电流都是振幅按指数规律衰减的正弦函数，它们按着相同的周期正负交替变化。这种现象称为**自由振荡**。振荡角频率为

$$\omega' = \sqrt{\omega_0^2 - \alpha^2} = \sqrt{\frac{1}{LC} - \frac{R^2}{4L^2}}$$

由于电阻不断消耗能量，振荡幅度逐渐减小，最终变为零，所以这种振荡也称为**衰减振荡或阻尼振荡**，此时电路的暂态过程称为振荡过程或欠阻尼过程。

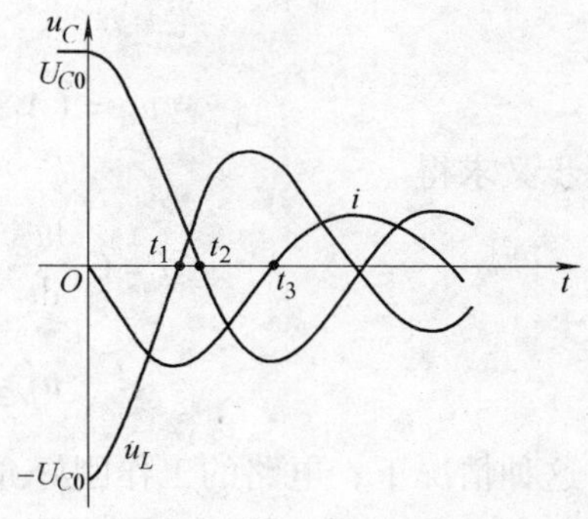

图 8-21 $\alpha < \omega_0$ 时 RLC 串联电路 u_C、i 及 u_L 的波形图

令 $R = 0$，则有关量变为

$$\alpha = \frac{R}{2L} = 0$$

$$\omega' = \sqrt{\omega_0^2 - \alpha^2} = \omega_0 = \frac{1}{\sqrt{LC}}$$

$$p_1 = -\alpha + \mathrm{j}\omega' = \mathrm{j}\omega_0$$

$$p_2 = -\alpha - \mathrm{j}\omega' = -\mathrm{j}\omega_0$$

$$A = \frac{\omega_0}{\omega'}U_{C0} = U_{C0}$$

$$\theta = \arctan\frac{\omega'}{\alpha} = \frac{\pi}{2}$$

将上述各式代入式(8-31) ~ 式(8-33)得

$$u_C = U_{C0}\cos\omega_0 t$$

$$i = -C\omega_0 U_{C0}\sin\omega_0 t = -\frac{U_{C0}}{\omega_0 L}\sin\omega_0 t$$

$$u_L = -U_{C0}\cos\omega_0 t = -u_C$$

这种情况下产生特殊的物理现象：电压与电流均为不衰减的正弦量，称为不衰减的自由振荡或无阻尼自由振荡。振荡的物理过程是：$t > 0$ 时，电容与电感不断地进行着电场与磁场能量的转换，由于回路中无电阻，因此在转换过程中能量不会减少，因此出现等幅振荡。

3. $\alpha > \omega_0$，$R = 2\sqrt{L/C}$

此时由式（8-26）和式（8-27）可知，p_1 和 p_2 为两个相等实根，即特征方程存在二重根

$$p_1 = p_2 = p = -\alpha$$

式（8-23）的通解为

$$u_C = u_{Cp} + u_{Ch} = u_{Ch} = (A_1 + A_2 t)\mathrm{e}^{-\alpha t}$$

式中，A_1、A_2 可由初始条件式（8-24）确定如下：

$$\begin{cases} u_C(0_+) = A_1 = U_{C0} \\ \left.\dfrac{\mathrm{d}u_C}{\mathrm{d}t}\right|_{t=0_+} = A_2 - \alpha A_1 = 0 \end{cases}$$

解得

$$A_1 = U_{C0} \quad A_2 = \alpha U_{C0}$$

所以

$$u_C = (A_1 + A_2 t)\mathrm{e}^{-\alpha t} = U_{C0}(1 + \alpha t)\mathrm{e}^{-\alpha t}$$

进一步又求得

$$i = C\frac{\mathrm{d}u_C}{\mathrm{d}t} = -\alpha^2 CU_{C0} t\mathrm{e}^{-\alpha t} = -\frac{U_{C0}}{L}t\mathrm{e}^{-\alpha t}$$

$$u_L = L\frac{\mathrm{d}i}{\mathrm{d}t} = U_{C0}(\alpha t - 1)\mathrm{e}^{-\alpha t}$$

这种情况下，电路的工作刚好介于振荡与非振荡之间，所以称之为**临界状态**，此时回路电阻 R 称临界电阻。当回路中电阻小于临界电阻时是振荡情形，否则就是非振荡情形。临界情形仍属非振荡情形。

前面讨论了 RLC 串联电路的零输入响应，这种响应只需计算自由分量。一般情况下，如果要求计算在外加电源作用下的零状态响应或全响应，则既要计算微分方程解的强制分量，又要计算自由分量。自由分量取决于电路的结构参数，而强制分量则是由外加电源决定的。限于篇幅，零状态响应或全响应两种情况不作详细介绍。

本节分析表明，利用经典的微分方程分析电路的暂态过程手续比较复杂，尤其电路的微分方程阶数上升到二阶及以上时难以手工分析，只能借助于计算机。第 9 章介绍的拉普拉斯变换是有效简化电路暂态分析的方法之一，其明显的优势在于通过拉普拉斯变换，电路的暂态分析可以退化为电阻电路的分析，微分方程可以退化为代数方程。

8.6 实验

一阶电路的研究实验

1. 实验目的

1）学习用示波器观察和分析一阶电路的响应。

2）研究 RC 电路在零输入、阶跃激励情况下响应的基本规律和特点。

3）研究 RC 电路和 RL 电路在方波激励情况下响应的基本规律和特点。

4）学习示波器、方波发生器的使用方法。

2. 实验原理

用一阶微分方程描述的动态电路称为一阶电路。一阶电路中只含有一个储能元件（电容或电感）或可等效为一个储能元件。

（1）零输入响应

电路在无外施激励的情况下，由储能元件的初始储能引起的响应称为零输入响应。在图 8-22 所示的一阶电路中，当开关 S 置于位置 1 时（电路已处于稳态），$u_C(0_-) = U_0$。在 $t = 0$ 时刻，将 S 置于位置 2，电容上的初始电压 $u_C(0_+) = u_C(0_-) =$

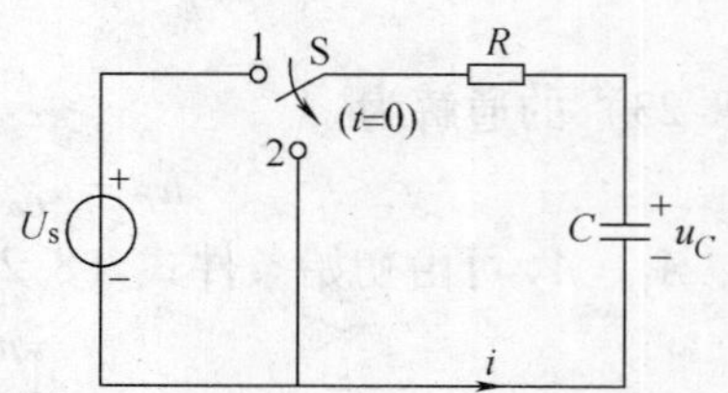

图 8-22　RC 电路零输入响应与零状态响应

U_0，电容经 R 放电。

由方程

$$\begin{cases} u_C(t) + RC\dfrac{\mathrm{d}u_C(t)}{\mathrm{d}t} = 0 \\ u_C(0_-) = U_0 \end{cases}$$

可以得出电容上的电压和电流随时间变化的规律

$$\begin{cases} u_C(t) = U_0\mathrm{e}^{-\frac{t}{\tau}} \\ i(t) = \dfrac{U_0}{R}\mathrm{e}^{-\frac{t}{\tau}} \end{cases}$$

上式表明，零输入响应与初始状态成正比。式中 $\tau = RC$，称为时间常数，它是反映电路过渡过程快慢的物理量。

（2）零状态响应（阶跃激励）

在所有储能元件初始状态均为零的情况下，由外施激励引起的响应称为零状态响应。在如图 8-22 所示的一阶电路中，当开关 S 置于位置 2 时（电路已处于稳态），$u_C(0_-) = 0$。在 $t = 0$ 时刻，将 S 置于位置 1，直流电源 U_s 通过 R 向 C 充电。

由方程

$$\begin{cases} u_C(t) + RC\dfrac{\mathrm{d}u_C(t)}{\mathrm{d}t} = U_s \\ u_C(0_-) = 0 \end{cases}$$

可以得出电容上的电压和电流随时间变化的规律

$$\begin{cases} u_C(t) = U_s(1 - \mathrm{e}^{-\frac{t}{\tau}}) \\ i(t) = \dfrac{U_s}{R}\mathrm{e}^{-\frac{t}{\tau}} \end{cases}$$

上式表明，零状态响应与外施激励成正比。

3. 实验设备

1）直流电源一台。

2）函数信号发生器一台。

3）双踪示波器一台。

4）电容及电阻元件若干。

4. 实验内容

（1）观察 RC 电路的零输入响应和零状态响应并描绘波形

按图 8-22 所示接线，直流电压 $U_s = 5\text{V}$ 电阻 $R = 10\text{k}\Omega$，电容 $C = 10\mu\text{F}$，示波器 CH1 通道测试线接在电容两端。

1）将开关 S 置于位置 2，使电容充分放电后，再将 S 置于位置 1，电容按指数规律充电，用示波器即可观察到电容上零状态响应的波形。

2）充电结束，电路稳定后，将开关 S 再由位置 1 置于位置 2，电容按指数规律放电，用示波器即可观察到电容器的零输入响应的波形。

3）改变 R 的值，取 $R = 100\text{k}\Omega$，即改变时间常数 $\tau(\tau = RC)$，重复以上实验步骤，观察电路时间常数 τ 的改变对响应的影响。

（2）研究 RC 电路的方波响应

1）观察一阶 RC 电路，当激励为方波、电路参数为不同值时，电容器电压 u_C 波形和电流 i 响应波形，并描绘其波形。

按图 8-23 所示接线。电源输出方波，这样的信号既起直流作用，又起到开关的作用。方波频率 $f=1000\text{Hz}$（即 $T=1\text{ms}$），电压幅度 $U=2\text{V}$。

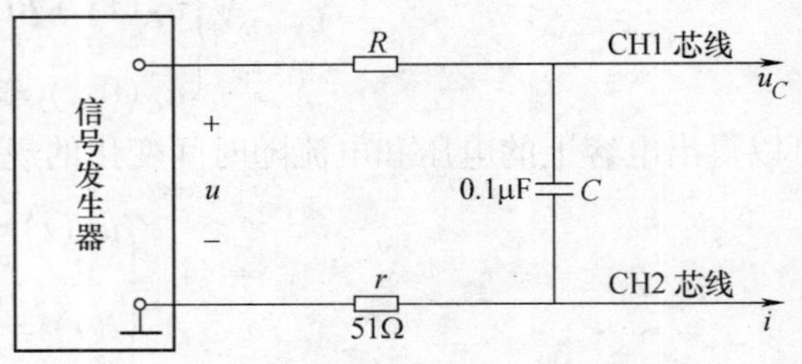

图 8-23　RC 电路方波响应实验电路

根据表 8-1 中的参数，计算出电阻值 R，然后用示波器分别观察不同时间常数时 u_C 和 i 的波形。通过以上观察，分析时间常数 τ 的改变对电路响应的影响。

$r=51\Omega$，为取样电阻，用于观察电路中的电流。进行定性分析时，此电阻的电压波形即可认为是电流波形。观察电容器的电压波形时，为保证被测信号的共地连接，示波器测试线应并联在 C 与 r 串联支路的两端。因取样电阻很小，对所观察波形的影响很小，所以可以认为所观察的波形即为电容器的电压波形。

表 8-1　计算电阻值 R

电容 C/μF	时间常数 τ	计算电阻值 R/Ω
0.1	$0.1T$	
0.1	$>0.1T$	
0.1	$<0.1T$	

2）根据电容电流 i 的波形，在示波器上测出时间常数。并与计算值相比较。方波频率 $f=1000\text{Hz}$（即 $T=1\text{ms}$），电压幅度 $U=2\text{V}$，电容 $C=0.1\mu\text{F}$，电阻 $R=1\text{k}\Omega$，根据示波器上显示的图 8-24 所示电路中电流 i 的波形，测量其时间常数 τ。

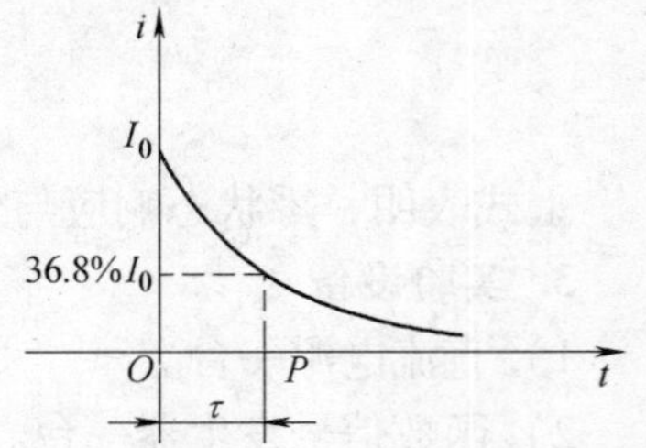

图 8-24　时间常数 τ 的测定

$\tau=$扫描时间$\times OP$。其中“扫描时间”是示波器上 X 轴扫描时间开关“TIME/DIV”的指示值，OP 是示波器上电流 i 幅值的 36.8% 处所对应的时间轴刻度（DIV），如图 8-24 所示。将数据记录在表 8-2 中，完成表中的有关计算，并画出测量时间常数 τ 的图形。

表 8-2　时间常数 τ 的测定

计算值		测量值		波形
C/μF	R/Ω	扫描时间（TIME/DIV）	OP（DIV）	
0.1	1000			
$\tau=$		$\tau=$		

（3）研究 RL 电路的方波响应

用一个电感线圈代替图 8-23 所示电路中的电容，首先完成表 8-3 中的有关计算，然后分别观察 RL 为不同值时，电感电压 u_L 和电流 i 的波形，并描绘响应波形。方波频率 $f=$

1000Hz（即 $T=1\text{ms}$），电压幅度 $U=2\text{V}$。

表 8-3 研究 *RL* 电路的方波响应

电阻 R/Ω	电感 L/mH	计算时间常数 τ/ms
510	60	
2000	60	

5. 预习要求

1）复习一阶电路过渡过程的有关知识。

2）预习示波器和函数信号发生器的使用方法。

3）写出预习报告。

6. 注意事项

1）用示波器观察电压信号时，要注意共地连接。

2）观察零输入和零状态响应时，最好使用长余辉、慢扫描示波器，示波器交/直流转换开关应置于 DC 位置，且扫描时间要选取适当。

3）测量时间常数时，注意把“TIME/DIV”开关的“微调”置于“校准”位置上。另外，为减小测量误差，应适当调节示波器的“TIME/DIV”和“VOLTS/DIV”旋钮，使波形显示得尽量大些。

7. 思考题

1）写出 *RC* 充放电电路上电容电压的动态过程的时间函数表达式，并据此说明为什么实验中也可取电容电压波形幅值的 63.2% 处所对应的时间轴刻度作为该电路的时间常数。

2）一阶电路的零状态响应和零输入响应有何区别？

8. 实验报告要求

1）在坐标纸上对应画出所观测到的方波波形、电容电压波形、电流响应波形及测时间常数的图形，并进行必要的说明。

2）画图时，$t=0$ 时刻应定在方波上升沿起始处。由于示波器扫描时的扫描起始点由“触发电平”控制，通常不代表 $t=0$ 时刻，因此画波形时应从第二个周期开始。

3）分析电路时间常数的大小对电路动态过程的影响。

4）回答思考题。

一阶电路的仿真研究实验

1. 仿真设备

1）硬件：计算机。

2）软件：Multisim。

2. 仿真电路

如图 8-22 所示。

3. 仿真步骤

1）建立图 8-22 和图 8-23 所示电路的仿真电路如图 8-25 所示。

2）Multisim 仿真。

① 零状态仿真。按“Space”键，使节点 1 和节点 2 连接，双击示波器图标使示波器展开。单击“Run”按钮，在仿真示波器上可看到如图 8-26 所示画面。从图中可以看到 *RC* 电路零状态响应曲线。示波器中 T1 和 T2 是两个标尺，它们可分别测出曲线上标尺所在位置的

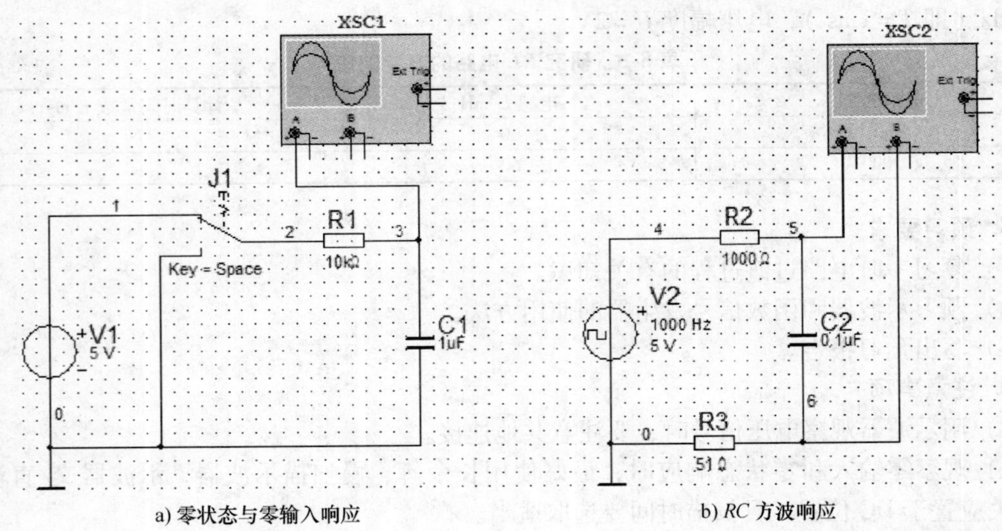

a) 零状态与零输入响应　　　　　b) *RC* 方波响应

图 8-25　仿真电路

幅值和水平值。幅值单位是电压，水平值单位是时间。当曲线幅值上升到稳态值（U_C = 5V）的 63.2% 时，标尺 T1 和 T2 的水平差值就是电路的时间常数 τ。

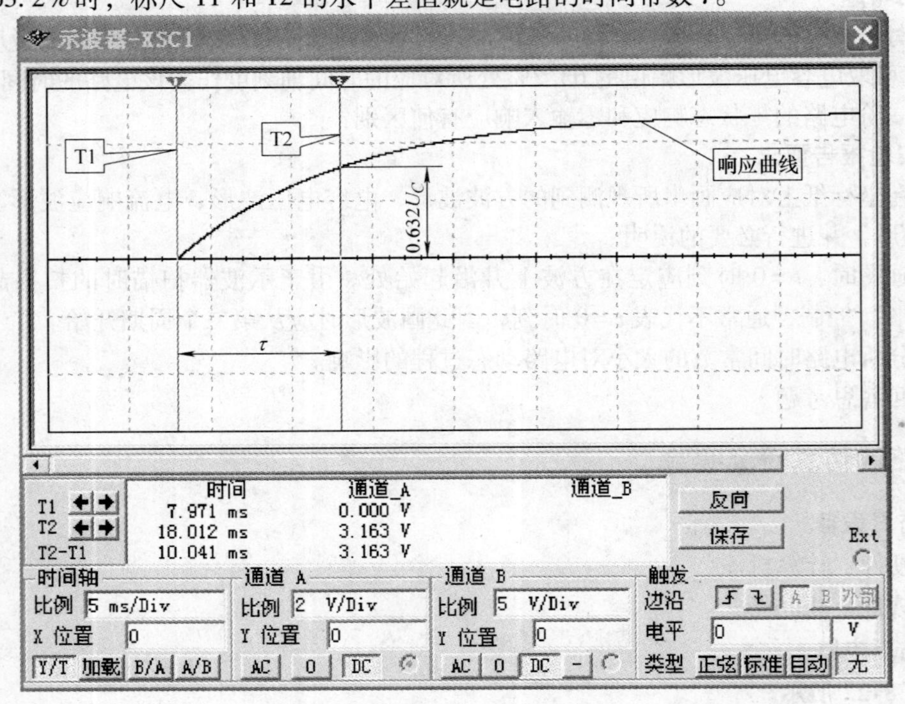

图 8-26　示波器零状态响应波形

② 零输入仿真。按“Space”键，使节点 2 与地连接，双击示波器图标使示波器展开。单击“Run”按钮，在示波器上可看到如图 8-27 所示画面。从图中可以看到 *RC* 电路输入响应曲线。当曲线幅值下降到稳态值（U_C = 5V）的 36.8% 时，标尺 T1 和 T2 的水平差值就是电路的时间常数 τ。

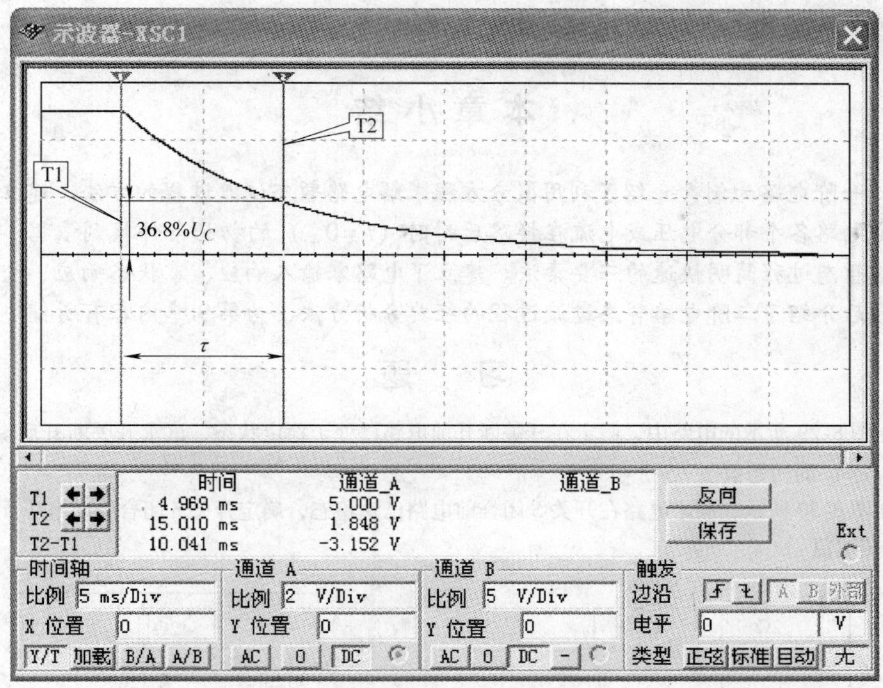

图 8-27　示波器零输入响应波形

③ *RC* 方波响应仿真。实验内容和测量数据与实物实验相同。示波器的数据读取方法同上，将测试数据填写到表 8-1 ~ 表 8-3 中。示波器 *RC* 方波响应波形如图 8-28 所示。

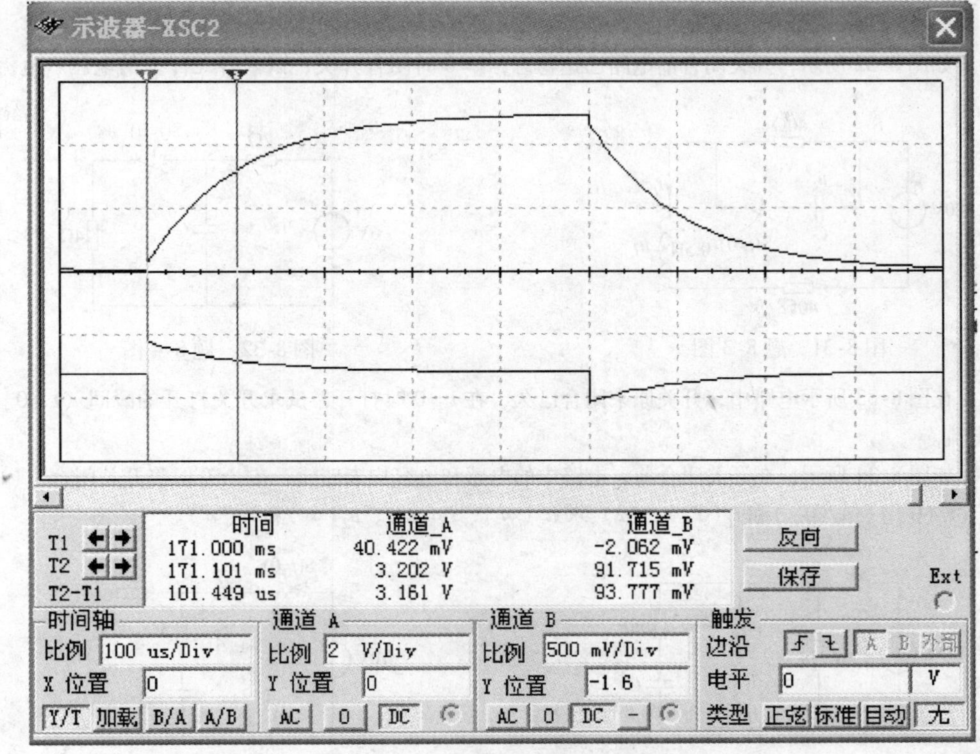

图 8-28　示波器 *RC* 方波响应波形

比较实物实验和仿真实验结果。

本章小结

本章以一阶电路为例，介绍了利用微分方程求解电路暂态过渡过程的方法。建立了换路定则，为确定电路各个部分电压或电流在换路后瞬时（$t=0_+$）的初始条件找到依据。总结出分析一阶电路暂态过程简明快速的三要素法。建立了电路零输入响应、零状态响应、全响应等基本概念。最后介绍了二阶电路暂态过渡过程的经典分析方法，为第9章内容有所铺垫。

习题

8-1 在图8-29所示的电路中，假定在开关断开前电路已处于稳定状态，试求开关断开后瞬间电压 u_C 和电流 i_C、i_1、i_2 的初始值。

8-2 如图8-30所示，假定电路在开关 S 闭合前电路已达稳态，确定开关S闭合瞬间电压 u_C、u_L 和电流 i_C、i_L 的初始值。

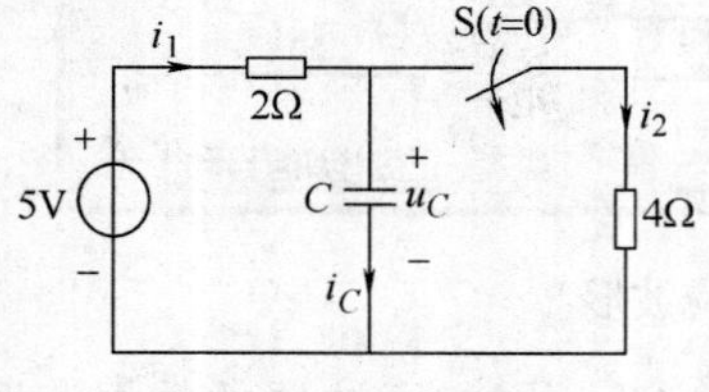

图8-29 题8-1图

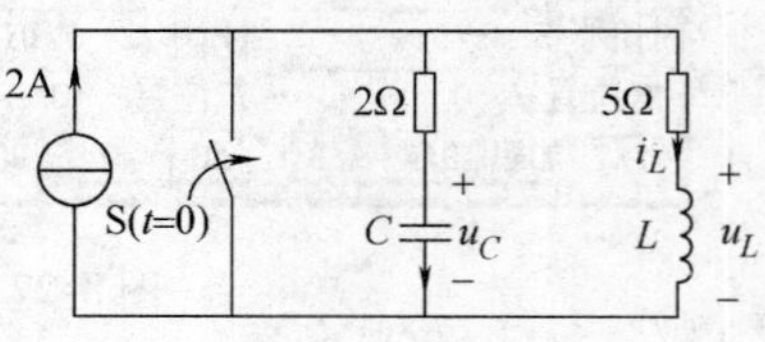

图8-30 题8-2图

8-3 图8-31所示电路在换路前已处于稳定状态。在 $t=0$ 瞬间开关闭合，且 $u_C(0_-)=20\text{V}$。试确定 $u_C(0_+)$、$i_C(0_+)$ 和 $u_L(0_+)$、$i_L(0_+)$。

8-4 如图8-32所示，开关闭合前电路已达稳态，$t=0$ 时闭合开关，试求各元件上的电压、电流的初始值。

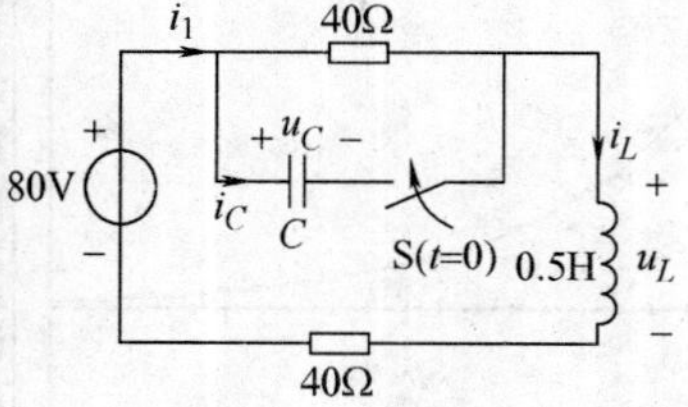

图8-31 题8-3图

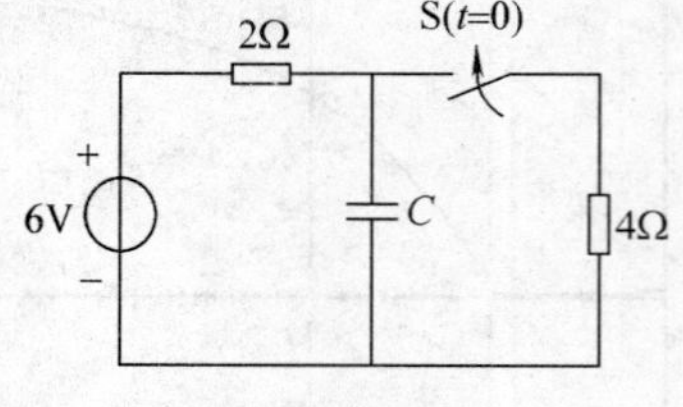

图8-32 题8-4图

8-5 在图8-33所示电路中，开关原来闭合已久，在 $t=0$ 时打开，试求开关打开的瞬间（$t=0_+$）各支路的电流。

8-6 如图8-34所示，在开关闭合前，电路中的电感和电容均未储能，在 $t=0$ 时将开关闭合。(1) 求 $u_C(0_+)$、$i_C(0_+)$、$u_L(0_+)$ 和 $i_L(0_+)$；(2) 求 $u_C(\infty)$、$i_C(\infty)$、$u_L(\infty)$ 和 $i_L(\infty)$。

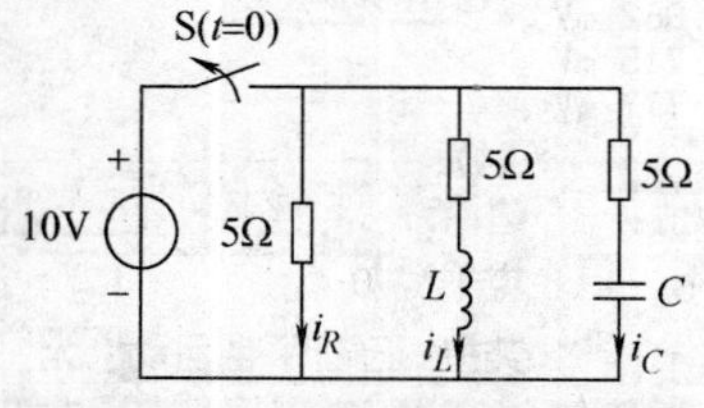

图8-33 题8-5图

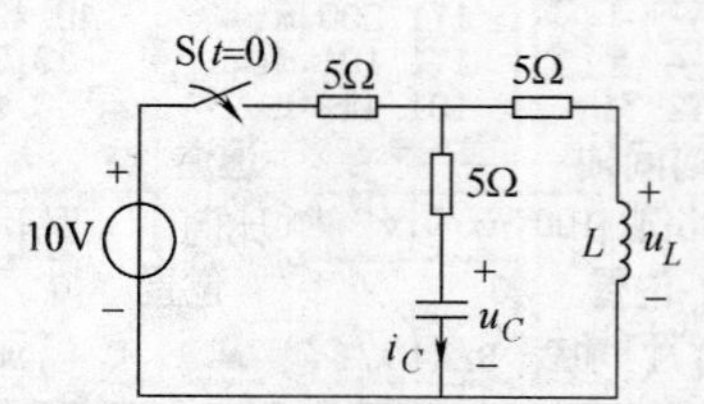

图8-34 题8-6图

8-7　图8-35所示电路在开关闭合前已达稳定状态，$t=0$时闭合开关。试求i_1、i_2和i_C的暂态响应。

8-8　在图8-36所示电路中，设$u_C(0_-)=0$，$t=0$时换路。试求$t\geqslant0$时的i_1、i_2和i_C。

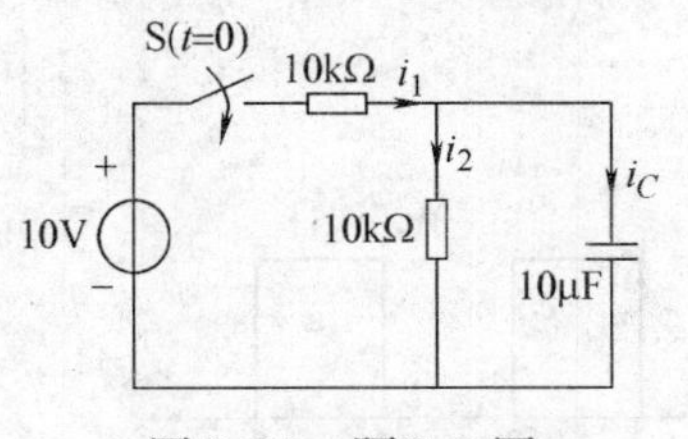

图8-35　题8-7图

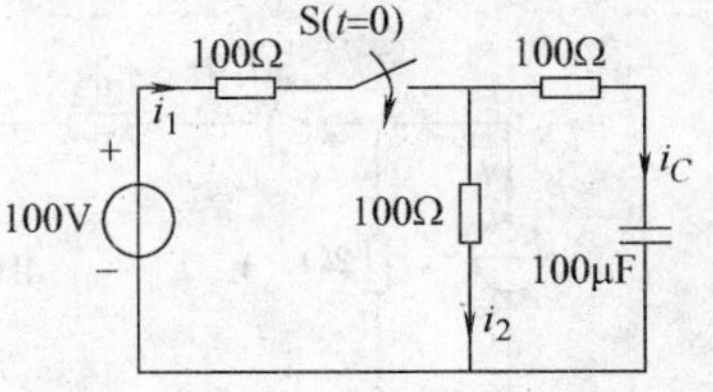

图8-36　题8-8图

8-9　在图8-37所示电路中，开关先在1处已久，$t=0$时将开关换至2位置，试求$t=\tau$时u_C的值。在$t=\tau$时，又将开关合到位置1，试求$t=2\times10^{-2}$s时u_C的值。此时开关再合到2，作出u_C的变化曲线。充电和放电电路时间常数是否相等？

8-10　电路如图8-38所示，开关在1位置时电路已经处于稳态。在$t=0$时刻，将开关合到2位置，试求$t\geqslant0$时电感元件的电流和电压。

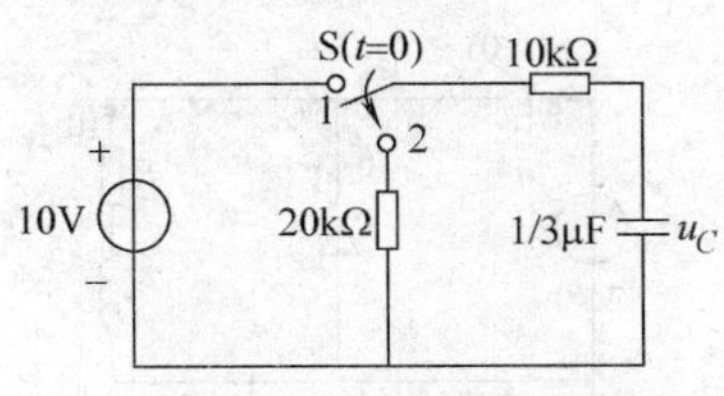

图8-37　题8-9图

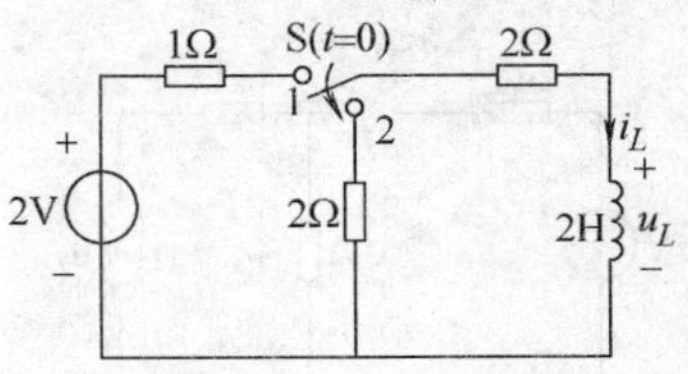

图8-38　题8-10图

8-11　在某一个电路中，已知全响应$u_C=10+[u_C(0_+)-10]\mathrm{e}^{-\frac{t}{10}}$V。试画出$u_C(0_+)=5$V和$u_C(0_+)=15$V时的两条曲线，比较其不同之处，并说明其含意。

8-12　在如图8-39所示的电路中，换路前电路已经处于稳定状态。求换路后的i_L和i，并作出它们的变化曲线。

8-13　在图8-40所示电路中，设$u_C(0_-)=1$V，在$t=0$时刻将开关闭合。试求开关闭合后的电压u。

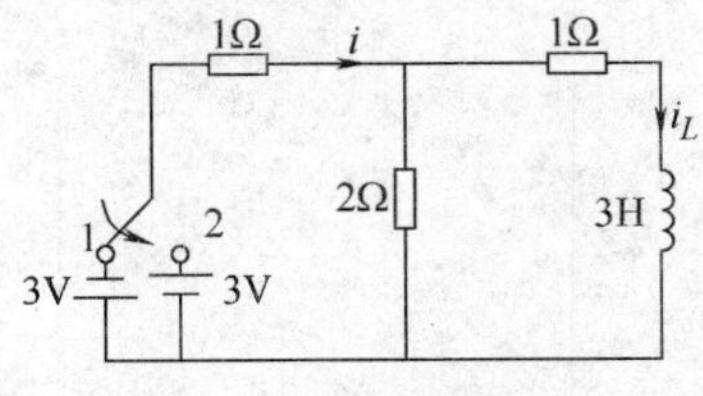

图8-39　题8-12图

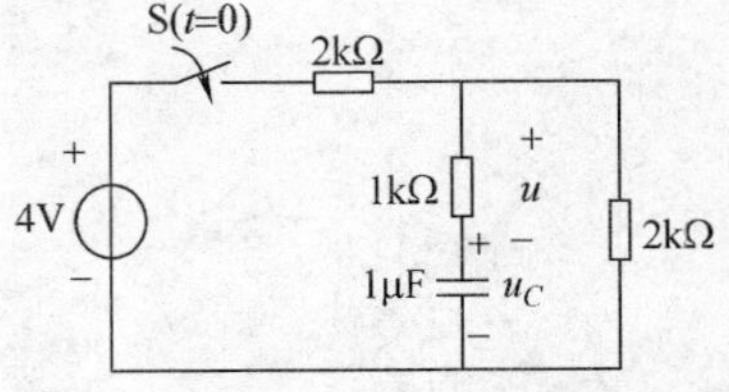

图8-40　题8-13图

8-14　在图8-41a所示的电路中，其输入电压为一脉冲波形，如图8-41b所示。求u_C和i_C。并作出它们的波形图[其中$u_C(0_-)=0$]。

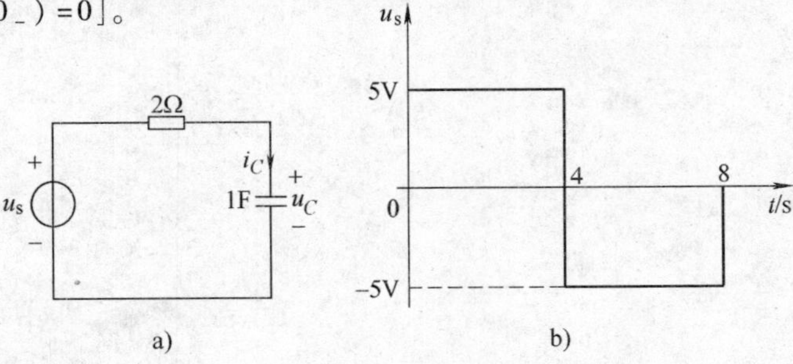

图8-41　题8-14图

8-15　在图 8-42a 所示的电路中，$i_L(0_-)=0$，电流源为三个矩形脉冲，如图 8-42b 所示，求 i_L 的表达式并作出其波形。

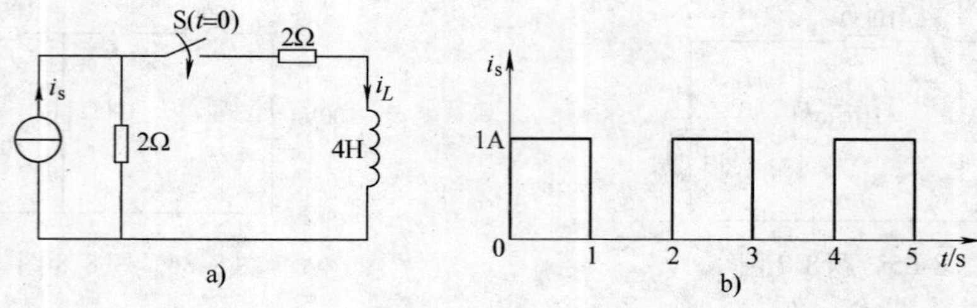

图 8-42　题 8-15 图

8-16　电路如图 8-43 所示，设 $i_L(0_-)=0$，求开关闭合后的 u_L 和 i_L。

8-17　在图 8-44 所示电路中，RL 是一个线圈，与一个二极管并联。设二极管的正向电阻为零，反向电阻为无穷大。试问二极管在此起什么作用？

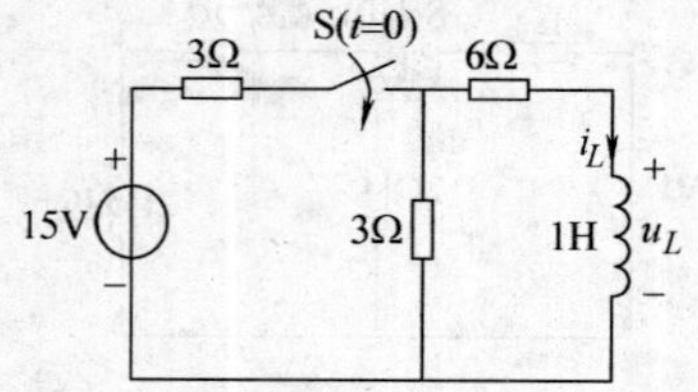

图 8-43　题 8-16 图

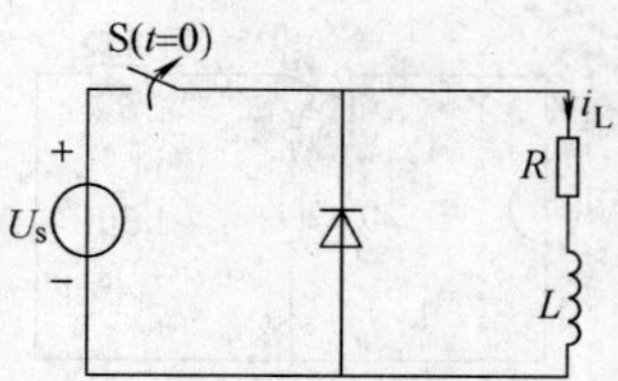

图 8-44　题 8-17 图

第 9 章　一般线性电路的暂态分析 ——拉普拉斯变换法

【本章学习要点】

本章介绍拉普拉斯变换的定义及与电路分析有关的一些基本性质。本章的目的是使同学们在熟悉基尔霍夫定律的运算形式、运算阻抗和运算导纳的基础上，掌握用拉普拉斯变换法分析和研究一般线性暂态电路的方法和步骤。

学习难点：运算电路；高阶暂态电路的计算；拉普拉斯反变换。

9.1　一般线性电路的暂态分析

经典方法分析一阶电路、二阶电路暂态变化时，一般根据基尔霍夫定律和元件的约束关系列写出微分方程，然后再依据换路后暂态元件的初值求解微分方程。此法需要解微分方程，分析过程相对复杂。尤其对于电路激励为任意函数和含有多个暂态元件的多阶电路，用经典的微分方程法来求解相对困难，原因主要如下：

1）各阶导数在 $t=0_+$ 时刻的值难以确定，可能存在所谓“跃变”现象。

2）高阶微分方程难求解。

在高等数学中，为了把复杂的计算转化为较简单的计算，往往采用变换的方法，拉普拉斯变换（简称拉氏变换）就是其中的一种。而拉普拉斯变换法是一种数学上的积分变换方法，可将**时域的高阶微分方程变换为频域的代数方程来求解**。

拉普拉斯变换是分析和求解常系数线性微分方程的常用方法。用拉普拉斯变换分析综合线性系统的运动过程，在工程上有着广泛的应用。常常用拉普拉斯变换法分析线性电路的暂态过程。

运用拉普拉斯变换法分析暂态电路的流程如图 9-1 所示。

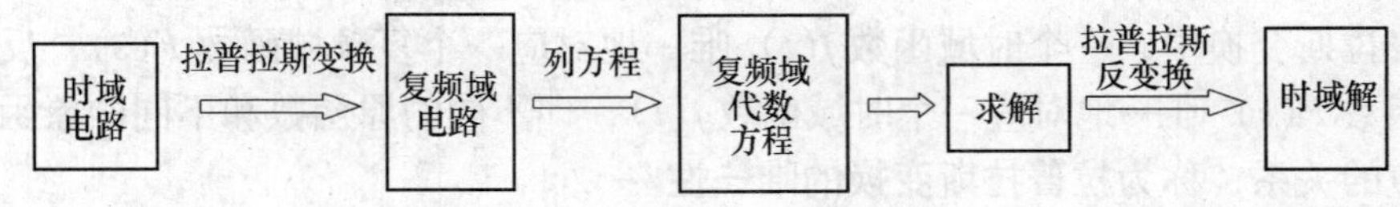

图 9-1　拉普拉斯变换法分析暂态电路的流程

优点：不需要解高阶微分方程，并适用于任意激励下和高阶复杂的暂态电路分析。

9.2　拉普拉斯变换及其意义

对于具有多个暂态元件的复杂电路，用直接求解微分方程的方法相对复杂，特别是确定所求变量的各阶导数的初始值比较困难。而拉普拉斯变换通过积分变换，把已知的时域函数变换为频域函数，从而把时域的微分方程化为频域的代数方程。求出频域解，再做反变换，得到满足电路初始条件的原微分方程的时域解，而不需要确定积分常数。所以，拉普拉斯变换法是求解高阶复杂暂态电路的有效而重要的方法。

9.2.1 拉普拉斯变换的定义

拉普拉斯变换可将时域函数 $f(t)$ 变换为频域函数 $F(s)$。

定义：一个定义在 $[0_-,\infty)$ 区间的函数 $f(t)$，它的拉普拉斯变换式 $F(s)$ 定义为

$$F(s)=\int_{0_-}^{\infty}f(t)\mathrm{e}^{-st}\mathrm{d}t \tag{9-1}$$

式（9-1）是拉普拉斯变换的定义式。注意，积分下限为 0_-，可以防止 0_- 到 0_+ 的跃变现象。

由定义式可知：一个时域函数通过拉普拉斯变换可成为一个复频域函数。式中的 e^{-st} 称为**收敛因子**，收敛因子中的 $s=\delta+\mathrm{j}\omega$ 是一个复数形式的频率，**称为复频率**。式（9-1）左边的 $F(s)$ 称为复频域函数，是时域函数 $f(t)$ 的拉普拉斯变换，$F(s)$ 也叫做 $f(t)$ 的象函数。记作

$$F(s)=L[f(t)]$$

式中，$L[\quad]$ 是一个算子，表示对括号内的函数进行拉普拉斯变换。

电路分析中所遇到的电压、电流一般均为时间的函数，在 $[0,\infty)$ 区间有定义，满足拉普拉斯变换条件，因此其拉普拉斯变换都是存在的。

9.2.2 拉普拉斯反变换的定义

定义：**如果复频域函数 $F(s)$ 已知，要求出与它对应的时域函数 $f(t)$，就要用到拉普拉斯反变换，其定义为**

$$f(t)=\frac{1}{2\pi\mathrm{j}}\int_{\sigma-\mathrm{j}\infty}^{\sigma+\mathrm{j}\infty}F(s)\mathrm{e}^{st}\mathrm{d}t \tag{9-2}$$

式中，σ 为正的有限常数。

式（9-2）左边的 $f(t)$ 称为时域函数，是复频域函数 $F(s)$ 的拉普拉斯反变换，它也叫做 $F(s)$ 的原函数。记作

$$f(t)=L^{-1}[F(s)]$$

式中，$L^{-1}[\quad]$ 也是一个算子，表示对括号内的象函数进行拉普拉斯反变换。

在拉普拉斯变换中，一个时域函数 $f(t)$ 唯一地对应一个复频域函数 $F(s)$；反过来，一个复频域函数 $F(s)$ 唯一地对应一个时域函数 $f(t)$，即不同的原函数和不同的象函数之间有着一一对应的关系，称为**拉普拉斯变换的唯一性**。

注意：在拉普拉斯变换或反变换的过程中，**原函数一律用小写字母表示，而象函数则一律用相应的大写字母表示**。如电压原函数为 $u(t)$，对应象函数为 $U(s)$。

例 9-1 求指数函数 $f(t)=\mathrm{e}^{-\alpha t}$ 和 $f(t)=\mathrm{e}^{\alpha t}$（$\alpha\geqslant 0$，$\alpha$ 是常数）的拉普拉斯变换。

解 由拉普拉斯变换定义式可得

$$L[\mathrm{e}^{-\alpha t}]=\int_{0}^{+\infty}\mathrm{e}^{-\alpha t}\mathrm{e}^{-st}\mathrm{d}t=\int_{0}^{+\infty}\mathrm{e}^{-(\alpha+s)t}\mathrm{d}t$$

此积分在 $s>\alpha$ 时收敛，有

$$L[\mathrm{e}^{-\alpha t}]=\int_{0}^{+\infty}\mathrm{e}^{-(\alpha+s)t}\mathrm{d}t=\frac{1}{s+\alpha}$$

同理，可得 $f(t)=\mathrm{e}^{\alpha t}$ 的拉普拉斯变换为

$$L[\mathrm{e}^{\alpha t}] = \int_{0}^{+\infty} \mathrm{e}^{-(\alpha-s)t}\mathrm{d}t = \frac{1}{s-\alpha}$$

例 9-2　求单位阶跃函数 $f(t)=\varepsilon(t)$、单位冲激函数 $f(t)=\delta(t)$、正弦函数 $f(t)=\sin\omega t$ 的象函数。

解　由拉普拉斯变换定义式可得单位阶跃函数的象函数为

$$F(s) = L[\varepsilon(t)] = \int_{0-}^{+\infty} \varepsilon(t)\mathrm{e}^{-st}\mathrm{d}t = \int_{0-}^{+\infty} \mathrm{e}^{-st}\mathrm{d}t = -\frac{1}{s}\mathrm{e}^{-st}\Big|_{0-}^{\infty} = \frac{1}{s}$$

同理，单位冲激函数的象函数为

$$F(s) = L[\delta(t)] = \int_{0-}^{\infty} \delta(t)\mathrm{e}^{-st}\mathrm{d}t = \int_{0-}^{0+} \delta(t)\mathrm{e}^{-st}\mathrm{d}t = \mathrm{e}^{-s(0)} = 1$$

正弦函数 $\sin\omega t$ 的象函数为

$$F(s) = L[\sin\omega t] = \int_{0-}^{\infty} \sin\omega t\mathrm{e}^{-st}\mathrm{d}t$$

$$= -\frac{\mathrm{e}^{-st}}{s^2+\omega^2(s\sin\omega t+\omega\cos\omega t)}\Big|_{0-}^{\infty} = \frac{\omega}{s^2+\omega^2}$$

【每节思考】

1. 什么是拉普拉斯变换？为什么要进行拉普拉斯变换与反变换？什么是拉普拉斯反变换？
2. 什么是原函数？什么是象函数？两者之间的关系如何？

9.3　拉普拉斯变换的基本性质

拉普拉斯变换有许多重要的性质，利用这些性质可以很方便地求得一些较为复杂时域函数的象函数，同时也可以把线性常系数微分方程变换为复频域中的代数方程。

1. 线性性质

设函数 $f_1(t)$ 和 $f_2(t)$ 的象函数分别为 $F_1(s)$ 和 $F_2(s)$，A 和 B 为任意常数（实数或复数），则函数 $f(t)=Af_1(t)\pm Bf_2(t)$ 的象函数为

$$F(s)=L[Af_1(t)\pm Bf_2(t)]=AL[f_1(t)]\pm BL[f_2(t)]=AF_1(s)\pm BF_2(s) \tag{9-3}$$

这一性质可以直接利用拉普拉斯变换的定义加以证明。

由此可见，**求函数乘以常数的象函数以及求几个函数相加减的结果的象函数时，可以先求各函数的象函数，再根据拉普拉斯变换的线性性质进行计算。**

例 9-3　用拉普拉斯线性性质求 $f_1(t)=1-\mathrm{e}^{-at}$ 和 $f_2(t)=\cos\omega t$ 的象函数。

解　(1)

$$L[f_1(t)]=L[1]-L[\mathrm{e}^{-at}]=\frac{1}{s}-\frac{1}{s+a}=\frac{s+a-s}{s(s+a)}=\frac{a}{s(s+a)}$$

(2) 根据欧拉公式：$\mathrm{e}^{\mathrm{j}\omega t}=\cos\omega t+\mathrm{j}\sin\omega t$ 可得

$$\sin\omega t=\frac{\mathrm{e}^{\mathrm{j}\omega t}-\mathrm{e}^{-\mathrm{j}\omega t}}{2\mathrm{j}} \quad \cos\omega t=\frac{\mathrm{e}^{\mathrm{j}\omega t}+\mathrm{e}^{-\mathrm{j}\omega t}}{2}$$

由例 9-1 得出

$$L[\mathrm{e}^{\mathrm{j}\omega t}]=\frac{1}{s-\mathrm{j}\omega} \quad L[\mathrm{e}^{-\mathrm{j}\omega t}]=\frac{1}{s+\mathrm{j}\omega}$$

故

$$L[f_2(t)] = L[\cos\omega t] = L\left[\frac{e^{j\omega t} + e^{-j\omega t}}{2j}\right] = \frac{1}{2j}\{L[e^{j\omega t}] + L[e^{-j\omega t}]\}$$

$$= \frac{1}{2j}\left(\frac{1}{s-j\omega} + \frac{1}{s+j\omega}\right) = \frac{1}{2j}\frac{s+j\omega+s-j\omega}{s^2+\omega^2} = \frac{s}{s^2+\omega^2}$$

2. 微分性质

如果 $L[f(t)] = F(s)$，则 $f(t)$ 的导数 $f'(t) = \frac{df(t)}{dt}$ 的拉普拉斯变换为

$$L[f'(t)] = L\left[\frac{df(t)}{dt}\right] = sF(s) - f(0_-) \tag{9-4}$$

证明如下：

$$L\left[\frac{df(dt)}{dt}\right] = \int_0^\infty f'(t)e^{-st}dt$$

$$= f(t)e^{-st}\Big|_0^\infty - \int_0^\infty f(t)(-se^{-st})dt$$

$$= -f(0_-) + s\int_0^\infty f(t)e^{-st}dt$$

$$= sF(s) - f(0)$$

导数性质表明，拉普拉斯变换把原函数求导数的运算转换成象函数乘以 s 后减初值的代数运算。如果 $f(0_-) = 0$，则有

$$L[f'(t)] = sF(s)$$

例 9-4 利用导数性质求函数 $f(t) = \delta(t)$ 的象函数。

解 由于 $\delta(t) = d\varepsilon(t)/dt$，而 $L[\varepsilon(t)] = 1/s$，$\varepsilon(0_-) = 0$，所以

$$L[\delta(t)] = L[d\varepsilon(t)/dt] = s\frac{1}{s} - 0 = 1$$

3. 积分性质

$f(t)$ 的象函数与其积分 $\int_{0-}^{t} f(\xi)d\xi$ 的象函数之间有如下关系：

若 $$L[f(t)] = F(s)$$

则

$$L\left[\int_{0-}^{t} f(\xi)d\xi\right] = \frac{F(s)}{s} \tag{9-5}$$

例 9-5 利用积分性质求函数 $f(t) = t$ 的象函数。

解 由于 $f(t) = t = \int_0^t \varepsilon(\xi)d\xi$，$L[\varepsilon(t)] = \frac{1}{s}$，所以

$$L[f(t)] = L\left[\int_0^t \varepsilon(\xi)d\varepsilon\right] = \frac{1}{s}\frac{1}{s} = \frac{1}{s^2}$$

4. 延迟性质

函数 $f(t)$ 的象函数与其延迟函数 $f(t-t_0)$ 的象函数之间有如下关系：

若 $L[f(t)] = F(s)$，则 $L[f(t-t_0)] = e^{-st_0}F(s)$ (9-6)

例 9-6 求图 9-2 所示 $f(t)$ 的象函数。

解

$$f(t)=2\varepsilon(t)-5\varepsilon(t-2)+3\varepsilon(t-3)$$

$$\begin{aligned}L[f(t)]&=L[2\varepsilon(t)-5\varepsilon(t-2)+3\varepsilon(t-3)]\\&=2L[\varepsilon(t)]-5L[\varepsilon(t-2)]+3L[\varepsilon(t-3)]\\&=\frac{2}{s}\mathrm{e}^{0t}-\frac{5}{s}\mathrm{e}^{-2s}+\frac{3}{s}\mathrm{e}^{-3s}\end{aligned}$$

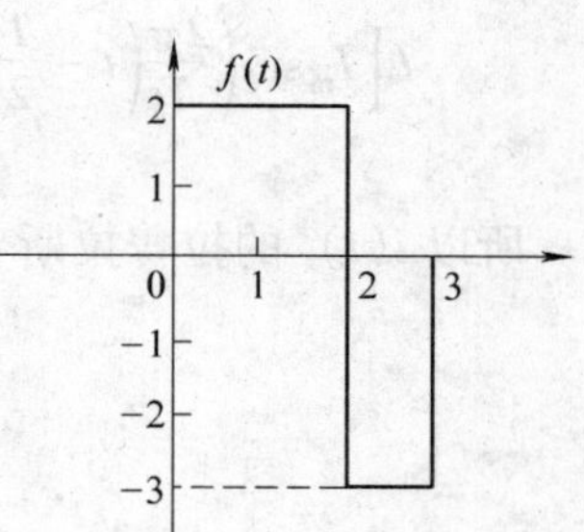

图9-2　例9-6图

5. 位移性质

函数$f(t)$ 的象函数与其位移函数 $\mathrm{e}^{at}f(t)$ 的象函数之间有如下关系：

若 $L[f(t)]=F(s)$，则 $L[f(t)\mathrm{e}^{at}]=F(s-a)$　(9-7)

例9-7　求 $\mathrm{e}^{at}\sin(\omega t)$ 的拉普拉斯变换式。

解　已知

$$L[\sin(\omega t)]=\frac{\omega}{s^2+\omega^2}$$

由位移性质得

$$L[\mathrm{e}^{-at}\sin(\omega t)]=\frac{\omega}{(s-a)^2+\omega^2}$$

利用拉普拉斯变换的性质可以很方便地求得一些较为复杂的函数的象函数，同时也可以把线性常系数微分方程变换为复频域中的代数方程。利用这些性质给出了一些常用的时间函数的拉普拉斯变换，见表9-1。

表9-1　常用函数的拉普拉斯变换

原函数$f(t)$	象函数$F(s)$	原函数$f(t)$	象函数$F(s)$
$A\delta(t)$	A	$\mathrm{e}^{-at}\sin(\omega t)$	$\frac{\omega}{(s+a)^2+\omega^2}$
$A\varepsilon(t)$	A/s	$\cos(\omega t)$	$\frac{s}{s^2+\omega^2}$
$A\mathrm{e}^{-at}$	$\frac{A}{s+a}$	$\mathrm{e}^{-at}\cos(\omega t)$	$\frac{s+a}{(s+a)^2+\omega^2}$
$1-\mathrm{e}^{-at}$	$\frac{a}{s(s+a)}$	t	$\frac{1}{s^2}$
$\sin(\omega t)$	$\frac{\omega}{s^2+\omega^2}$	$t\mathrm{e}^{-at}$	$\frac{1}{(s+a)^2}$

例9-8　求图9-3所示半周正弦波的拉普拉斯变换。

解　电流

$$\begin{aligned}i(t)&=I_{\mathrm{m}}\sin\left(\frac{2\pi}{T}t\right)\left[\varepsilon(t)-\varepsilon\left(t-\frac{T}{2}\right)\right]\\&=I_{\mathrm{m}}\sin\left(\frac{2\pi}{T}t\right)\varepsilon(t)+I_{\mathrm{m}}\sin\left[\frac{2\pi}{T}\left(t-\frac{T}{2}\right)\right)\varepsilon\left(t-\frac{T}{2}\right]\end{aligned}$$

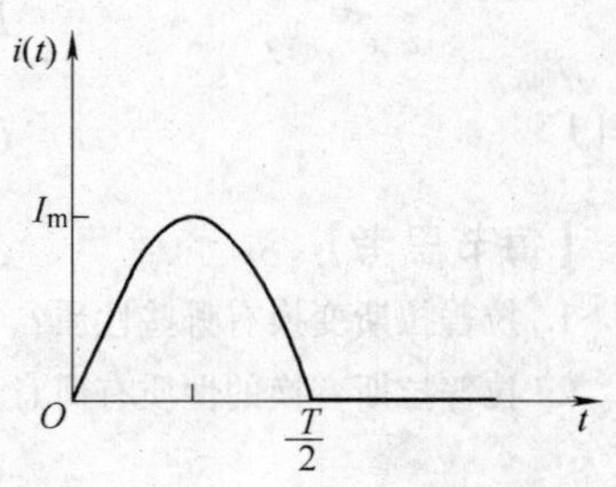

图9-3　例9-8图

由正弦函数的拉普拉斯变换得

$$L\left[I_{\mathrm{m}}\sin\left(\frac{2\pi}{T}\right)\varepsilon(t)\right]=\frac{\frac{2\pi}{T}I_{\mathrm{m}}}{s^2+\left(\frac{2\pi}{T}\right)^2}$$

由拉普拉斯延迟性质得

$$L\left[I_m \sin\left(\frac{2\pi}{T}\left(t-\frac{T}{2}\right)\right)\varepsilon\left(t-\frac{T}{2}\right)\right] = e^{-\frac{T}{2}s} L\left[I_m \sin\left(\frac{2\pi}{T}\right)\varepsilon(t)\right] = e^{-\frac{T}{2}s} \frac{\frac{2\pi}{T} I_m}{s^2 + \left(\frac{2\pi}{T}\right)^2}$$

所以 $i(t)$ 的拉普拉斯变换为

$$I(s) = (1 + e^{-\frac{T}{2}s}) \frac{\frac{2\pi}{T} I_m}{s^2 + \left(\frac{2\pi}{T}\right)^2}$$

例 9-9 求图 9-4 所示三角脉冲电流的象函数。

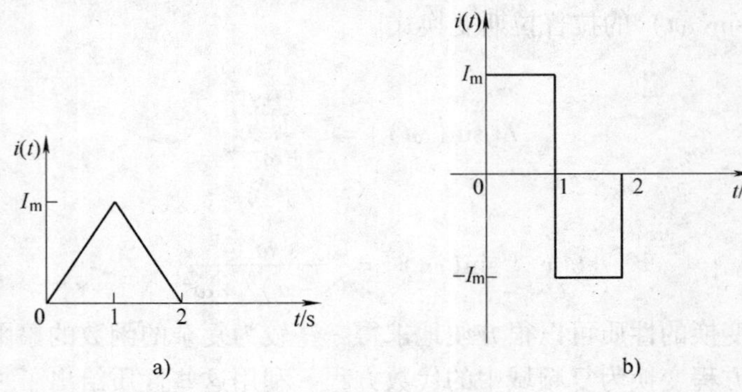

图 9-4 例 9-9 图

分析：可利用拉普拉斯变换的时域微分性质来求解此题。

解 对图 9-4a 电流 $i(t)$ 求导，波形如图 9-4b 所示。则有

$$i'(t) = I_m \varepsilon(t) - 2I_m \varepsilon(t-1) + I_m \varepsilon(t-2)$$

由单位阶跃的象函数及拉普拉斯延迟性质得

$$L[i'(t)] = L[I_m \varepsilon(t) - 2I_m \varepsilon(t-1) + I_m \varepsilon(t-2)] = \frac{I_m}{s} - 2e^{-s}\frac{I_m}{s} + e^{-2s}\frac{I_m}{s}$$

$$= \frac{I_m}{s}(1 - e^{-s})^2$$

因为 $i(0_-) = 0$，根据拉普拉斯变换的微分性质得

$$L[i'(t)] = sI(s) - i(0_-) = sI(s)$$

所以

$$I(s) = \frac{1}{s} L[i'(t)] = I_m \left(\frac{1 - e^{-s}}{s}\right)^2$$

【每节思考】

1. 拉普拉斯变换有哪些性质？
2. 拉普拉斯变换的性质有何意义？

9.4 拉普拉斯反变换

线性电路利用拉普拉斯变换进行暂态分析时，需要从象函数 $F(s)$ 中求出原函数 $f(t)$，这就要用到拉普拉斯反变换。

分解定理：利用拉普拉斯变换表，将象函数 $F(s)$ 展开为简单分式之和，再逐项进行拉普拉斯反变换。

电路理论中的象函数 $F(s)$ 一般可用复频域的有理分式来表示，即分子和分母都是 s 的多项式，其表达式为

$$F(s)=\frac{F_1(s)}{F_2(s)}=\frac{a_0s^m+a_1s^{m-1}+\cdots+a_{m-1}s+a_m}{b_0s^n+b_1s^{n-1}+\cdots+b_{n-1}s+b_n} \tag{9-8}$$

式中，m 和 n 为正整数，且 $n\geqslant m$。

把 $F(s)$ 分解成若干简单项之和，需要对分母多项式作因式分解，求出 $F_2(s)$ 的根。$F_2(s)$ 的根可以是单根、共轭复根和重根三种情况，下面逐一讨论。

1. $F_2(s)=0$ 有 n 个单根

设 n 个单根分别为 p_1、p_2、…、p_n，于是 $F_2(s)$ 可以展开为

$$F(s)=\frac{k_1}{s-p_1}+\frac{k_2}{s-p_2}+\cdots+\frac{k_n}{s-p_n} \tag{9-9}$$

式中，k_1、k_2、…、k_n 为待定系数。

这些待定系数可以按下述方法确定，即把式（9-9）两边同乘以 $(s-p_1)$，得

$$(s-p_1)F(s)=k_1+(s-p_1)\left(\frac{k_2}{s-p_2}+\cdots+\frac{k_n}{s-p_n}\right)$$

令 $s=p_1$，则等式除右边第一项外其余都变为零，即可求得

$$k_1=[(s-p_1)F(s)]_{s=p_1}$$

同理,可得

$$k_2=[s(-p_2)F(s)]_{s=p_2}$$

$$\vdots$$

$$k_n=[(s-p_n)F(s)]_{s=p_n}$$

所求待定系数 k_i 为

$$k_i=[(s-p_i)F(s)]_{s=p_i}\quad i=1,\ 2,\ 3,\ \cdots,\ n \tag{9-10}$$

另外把分部展开公式两边同乘以 $(s-p_i)$，再令 $s\to p_i$，然后引用数学中的罗比塔法则，可得

$$k_i=\lim_{s\to p_i}\frac{F_1(s)(s-p_i)}{F_2(s)}=\lim_{s\to p_i}\frac{(s-p_i)F_1'(s)+F_1(s)}{F_2'(s)}=\frac{F_1(p_i)}{F_2'(p_i)}$$

这样，又可得到另一求解 k_i 的公式为

$$k_i=\left.\frac{F_1(s)}{F_2'(s)}\right|_{s=p_i}\quad i=1,\ 2,\ 3,\ \cdots,\ n \tag{9-11}$$

待定系数确定之后，对应的原函数求解公式为

$$f(t)=L^{-1}[F(s)]=k_1e^{p_1t}+k_2e^{p_2t}+\cdots+k_ne^{p_nt} \tag{9-12}$$

例 9-10　求 $F(s)=\dfrac{4s+5}{s^3+7s^2+10s}$的原函数$f(t)$。

解　$F(s)=\dfrac{4s+5}{s^3+7s^2+10s}=\dfrac{4s+5}{s(s+2)(s+5)}$

$F_2(s)=0$ 的根为

$$p_1=0,\ p_2=-2,\ p_3=-5$$

又因为

$$F_1=4s+5,\ F_2=s^3+7s^2+10s,\ F_2'(s)=3s^2+14s+10$$

根据公式（9-11）确定各系数

$$k_1=\left.\frac{F_1(s)}{F_2'(s)}\right|_{s=p_1}=\left.\frac{4s+5}{3s^2+14s+10}\right|_{s=0}=0.5$$

$$k_2=\left.\frac{F_1(s)}{F_2'(s)}\right|_{s=p_2}=\left.\frac{4s+5}{3s^2+14s+10}\right|_{s=-2}=0.5$$

$$k_3=\left.\frac{F_1(s)}{F_2'(s)}\right|_{s=p_3}=\left.\frac{4s+5}{3s^2+14s+10}\right|_{s=-5}=-1$$

得象函数为

$$F(s)=\frac{1}{2s}+\frac{1}{2(s+2)}+\frac{-1}{s+5}$$

得原函数为

$$f(t)=0.5\mathrm{e}^{0t}+0.5\mathrm{e}^{-2t}-\mathrm{e}^{-5t}=0.5+0.5\mathrm{e}^{-2t}-\mathrm{e}^{-5t}$$

2. $F_2(s)=0$ 有共轭复根

设共轭复根为 $p_1=\alpha+\mathrm{j}\omega$，$p_2=\alpha-\mathrm{j}\omega$，则

$$k_1=\left.\frac{F_1(s)}{F_2'(s)}\right|_{s=\alpha+\mathrm{j}\omega}\qquad k_2=\left.\frac{F_1(s)}{F_2'(s)}\right|_{s=\alpha-\mathrm{j}\omega}$$

显然 k_1、k_2 也为共轭复数，设 $k_1=|k_1|\mathrm{e}^{\mathrm{j}\theta 1}$，$k_2=|k_1|\mathrm{e}^{-\mathrm{j}\theta_1}$，则

$$\begin{aligned}f(t)&=k_1\mathrm{e}^{(\alpha+\mathrm{j}\omega)t}+k_2\mathrm{e}^{(\alpha-\mathrm{j}\omega)t}=|k_1|\mathrm{e}^{\mathrm{j}\theta_1}\mathrm{e}^{(\alpha+\mathrm{j}\omega)t}+|k_1|\mathrm{e}^{-\mathrm{j}\theta_1}\mathrm{e}^{(\alpha-\mathrm{j}\omega)t}\\&=|k_1|\mathrm{e}^{\alpha t}[\mathrm{e}^{\mathrm{j}(\omega t+\theta_1)}+\mathrm{e}^{-\mathrm{j}(\omega t+\theta_1)}]=2|k_1|\mathrm{e}^{\alpha t}\cos(\omega t+\theta_1)\end{aligned}\tag{9-13}$$

式中，α 为共轭复根的实部，ω 为共轭复根的虚部（取绝对值），$\boldsymbol{\theta_1}$ 为 $\boldsymbol{k_1}$ 辐角。

例 9-11 求 $F(s)=\dfrac{s+1}{s^2+2s+5}$的原函数 $f(t)$。

解 $F_2(s)=0$ 时 $p_{1,2}=-1\pm\mathrm{j}2$ 为共轭复根，所以

$$k_1=\left.\frac{F_1(s)}{F_2'(s)}\right|_{s=p_1}=\left.\frac{s+2}{2s+2}\right|_{s=-1+\mathrm{j}2}=1-\mathrm{j}0.5\approx 0.56\mathrm{e}^{-\mathrm{j}26.6°}$$

$$k_2=|k_1|\mathrm{e}^{-\mathrm{j}\theta_1}=0.56\mathrm{e}^{\mathrm{j}26.6°}$$

$$|k_1|=0.56,\ \alpha=1,\ \omega=2,\ \theta_1=-26.6°$$

根据式（9-13）得原函数为

$$f(t)=2|k_1|\mathrm{e}^{\alpha t}\cos(\omega t+\theta_1)=1.12\mathrm{e}^{-t}\cos(2t-26.6°)$$

3. $F_2(s)=0$ 具有重根

设 p_1 为 $F_2(s)$ 的重根，p_i 为其余单根（i 从 2 开始），则 $F(s)$ 可分解为

$$F(s)=\frac{k_{12}}{s-p_1}+\frac{k_{11}}{(s-p_1)^2}+\left(\frac{k_2}{s-p_2}+\cdots\right)$$

对于单根，仍然采用前面的方法计算。要确定 k_{11}、k_{12}，则需用下式：

$$(s-p_1)^2F(s)=(s-p_1)k_{12}+k_{11}+(s-p_1)^2\left(\frac{k_2}{s-p_2}+\cdots\right)$$

由上式把 k_{11} 单独分离出来，可得

$$k_{11}=(s-p_1)^2F(s)\big|_{s=p_1}$$

再对式子中 s 进行一次求导，让 k_{12} 也单独分离出来，得

$$k_{12}=\frac{\mathrm{d}}{\mathrm{d}s}[(s-p_1)^2F(s)]_{s=p_1}$$

如果 $F_2(s)=0$ 具有多重根时，利用上述方法可以得到各系数，即

$$k_{1q}=\frac{1}{(q-1)!}\frac{\mathrm{d}^{q-1}}{\mathrm{d}s^{q-1}}[(s-p_1)^qF(s)]\big|_{s=p_1} \tag{9-14}$$

例 9-12 求 $F(s)=\dfrac{1}{s^2(s+1)^3}$ 的原函数

解 $F(s)=0$ 的根为 $p_1=-1$ 为三重根，$p_2=0$ 为二重根，有

$$F(s)=\frac{K_{13}}{s+1}+\frac{K_{12}}{(s+1)^2}+\frac{K_{11}}{(s+1)^3}+\frac{k_{22}}{s}+\frac{K_{21}}{s^2}$$

首先以 $(s+1)^3$ 乘以 $F(s)$ 得

$$(s+1)^3F(s)=\frac{1}{s^2}$$

$$K_{11}=(s-p_1)^3F(s)\big|_{s=p_1}=\frac{1}{s^2}\bigg|_{s=-1}=1$$

$$K_{12}=\frac{\mathrm{d}}{\mathrm{d}s}[(s-p_1)^3F(s)]_{s=p_1}=\frac{\mathrm{d}}{\mathrm{d}s}\frac{1}{s^2}\bigg|_{s=-1}=\frac{-2}{s^3}\bigg|_{s=-1}=2$$

$$K_{13}=\frac{1}{2}\frac{\mathrm{d}^2}{\mathrm{d}s^2}\frac{1}{s^2}\bigg|_{s=-1}=\frac{1}{2}\frac{6}{s^4}\bigg|_{s=-1}=3$$

同理，可求得

$$K_{21}=s^2F(s)\big|_{s=p_2}=\frac{1}{(s+1)^3}\bigg|_{s=0}=1$$

$$K_{22}=\frac{\mathrm{d}}{\mathrm{d}s}[s^2F(s)]_{s=p_2}=\frac{\mathrm{d}}{\mathrm{d}s}\frac{1}{(s+1)^3}\bigg|_{s=0}=\frac{-3}{(s+1)^4}\bigg|_{s=0}=-3$$

所以

$$F(s)=\frac{3}{s+1}+\frac{2}{(s+1)^2}+\frac{1}{(s+1)^3}-\frac{3}{s}+\frac{1}{s^2}$$

相应的原函数为

$$f(t)=3\mathrm{e}^{-t}+2t\mathrm{e}^{-t}+0.5t^2\mathrm{e}^{-t}-3+t$$

9.5 拉普拉斯变换电路图

如果将电路的基本定律和元件的约束关系都以电流和电压的拉普拉斯变换的象函数来表示，就可以直接在电路中像分析电阻电路一样地分析电路暂态过渡过程。

9.5.1 电路定律的拉普拉斯变换形式

基尔霍夫定律的时域表示式如下：

基尔霍夫电流定律，对任意一节点，电流方程为 $\sum i = 0$；

基尔霍夫电压定律，对任意一回路，电压方程为 $\sum u = 0$。

根据拉普拉斯变换的线性性质得出**基尔霍夫定律的拉普拉斯变换形式如下：**

基尔霍夫电流定律，对任意一节点，电流方程为

$$\sum I(s) = 0 \tag{9-15}$$

基尔霍夫电压定律，对任意一回路，电压方程为

$$\sum U(s) = 0 \tag{9-16}$$

9.5.2 元件的拉普拉斯变换电路

1. 电阻元件

如图 9-5 所示，在时域内，电阻元件的伏安关系式为

$$u_R(t) = Ri_R(t) \tag{9-17}$$

对式（9-17）两边求拉普拉斯变换得电阻在复频域的形式为

$$U_R(s) = RI_R(s) \tag{9-18}$$

显然欧姆定律在复频域中同样成立。对应的拉普拉斯变换电路如图 9-6 所示。

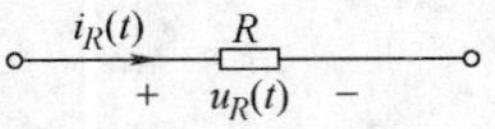

图 9-5 时域的电阻电路

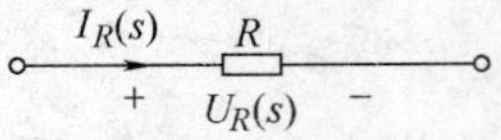

图 9-6 复频域的电阻电路

2. 电感元件

如图 9-7 所示，在时域内，电感元件的伏安关系式为

$$u_L(t) = L\frac{\mathrm{d}i_L}{\mathrm{d}t} \tag{9-19}$$

$$i_L = \frac{1}{L}\int_{0_-}^{t} u_L(\xi) + i_L(0_-) \tag{9-20}$$

对式（9-20）两边求拉普拉斯变换得电感在复频域的形式为

$$U_L(s) = sLI_L(s) - Li_L(0_-) \tag{9-21}$$

电感对应的拉普拉斯变换电路如图 9-8 所示，图中 sL 为电感的运算阻抗，$i(0_-)$ 表示电感中的初始电流，$Li(0_-)$ 表示附加电压源的电压，它反映了电感中初始电流的作用。

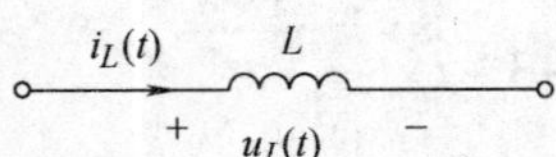

图 9-7 时域的电感电路

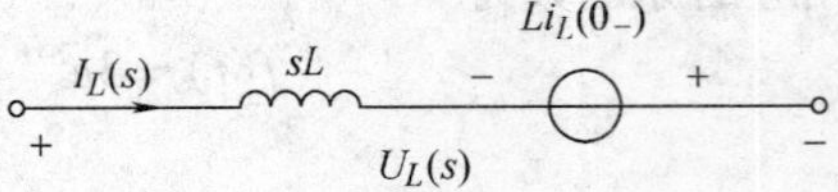

图 9-8 复频域的电感电路

注意：附加电压源的方向与 $U_L(s)$ 方向相反。

3. 电容元件

如图 9-9 所示，在时域内，电容元件的伏安关系式为

$$i_C(t) = C\frac{\mathrm{d}u_C}{\mathrm{d}t} \tag{9-22}$$

$$u_C = \frac{1}{C}\int_{0_-}^{t} i_C(\xi) + u_C(0_-) \tag{9-23}$$

对式（9-23）两边求拉普拉斯变换得电容在复频域的形式为

$$L[i_C(t)] = L[C\frac{\mathrm{d}u_C(t)}{\mathrm{d}t}]$$

$$I_C(s) = sCU_C(s) - Cu_C(0_-)$$

$$U_C(s) = \frac{1}{sC}I_C(s) + \frac{u_C(0_-)}{s} \tag{9-24}$$

电容对应的拉普拉斯变换电路如图 9-10 所示，图中 $1/sC$ 为电容的运算阻抗，$u(0_-)$ 表示电容两端的初始电压，$u(0_-)/s$ 表示附加电压源的电压，它反映了电容两端初始电压的作用。

注意：附加电压源的方向与 $U_C(s)$ 的方向相同。

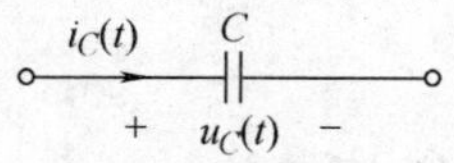

图 9-9　时域的电容电路

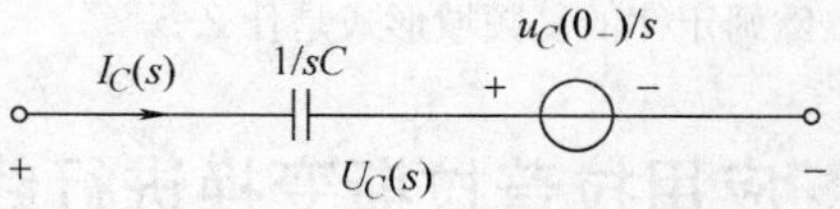

图 9-10　复频域的电容电路

9.5.3　欧姆定律的复频域形式

图 9-11 所示为 RLC 串联电路，假设电源电压为 $u(t)$，电感中初始电流为 $i(0_-)$，电容中初始电压为 $u_C(0_-)$，其运算电路如图 9-12 所示。

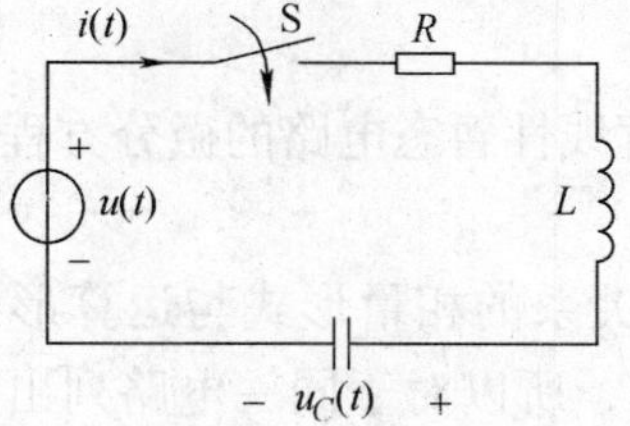

图 9-11　RLC 串联电路

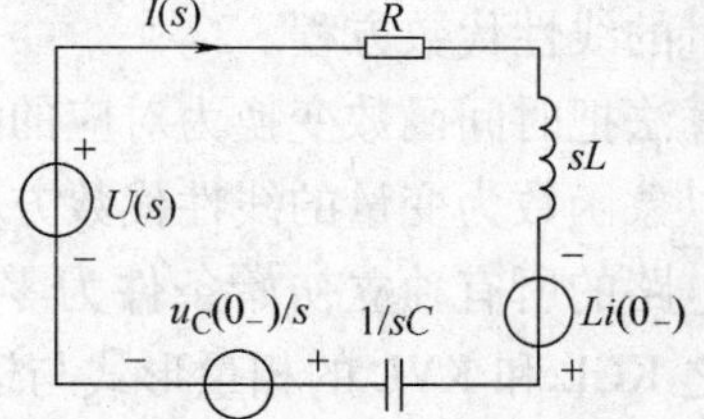

图 9-12　RLC 串联运算电路

根据拉普拉斯变换的 KVL 列方程得

$$U(s) = RI(s) + sLI(s) - Li(0_-) + \frac{1}{sC}I(s) + \frac{u_C(0_-)}{s}$$

整理后有

$$\left(R + sL + \frac{1}{sC}\right)I(s) = U(s) + Li(0_-) - \frac{u_C(0_-)}{s}$$

$$\left(R + sL + \frac{1}{sC}\right)I(s) = U(s) + Li(0_-) - \frac{u_C(0_-)}{s}$$

运算阻抗为

$$Z(s) = R + sL + \frac{1}{sC}$$

如果图 9-11 中储能元件的初始值为零，则可得

$$U(s) = Z(s)I(s) \tag{9-25}$$

式（9-25）为运算形式的欧姆定律。

注意：

1）当电感初始电流 $i_L(0_-) \neq 0$ 时，电感的拉普拉斯变换电路中有附加电源，与电感电压 $U_L(s)$ 的方向相反。

2）当电容初始电压 $u_C(0_-) \neq 0$ 时，电感的拉普拉斯变换电路中有附加电源，其方向与电容电压 $U_C(s)$ 的方向相同。

3）一定注意拉普拉斯变换电路中的 $U_L(s)$ 和 $U_C(s)$ 一般不只是电感和电容两端的电压，它还应包括附加电源。

【每节思考】

1. 画出电阻、电感和电容的拉普拉斯变换电路。
2. 欧姆定律的复频域形式是什么？

9.6 应用拉普拉斯变换进行线性电路的暂态分析

拉普拉斯变换分析法是分析线性连续系统的有力工具，它将描述系统的时域微积分方程变换为复频域的代数方程，更加方便于运算和求解；变换自动包含初始状态不必担心初始条件的跃变，既可分别求得零输入响应、零状态响应，也可同时求得系统的全响应。

复频域分析法即运算法，与相量法的基本思想类似。

相量法把正弦量变换为相量（复数），从而把求解线性电路的正弦稳态问题归结为以相量为变量的线性代数方程。

运算法把时间函数变换为对应的象函数，从而把求解线性暂态电路的微分方程问题归结为求解以象函数为变量的线性代数方程。

当电路的所有独立初始条件为零时，电路元件约束关系的相量形式与运算形式是类似的，加之 KCL 和 KVL 的相量形式与运算形式也是类似的，所以对于同一电路列出的相量方程与零状态下的运算形式的方程在形式上相似。

在非零状态条件下，电路方程的运算形式中还应考虑附加电源的作用。

当电路中的非零独立初始条件考虑成附加电源之后，电路方程的运算形式仍与相量方程类似。

可见，相量法中各种计算方法和定理在形式上完全可以移用于运算法。

应用拉普拉斯变换求解电路的一般步骤如下：

1）确定和计算各储能元件的初始值：$u_C(0_-)$ 或 $i_L(0_-)$ 以及外加激励的象函数。如果电路中外加激励为直流，在 $t=0_-$ 时，电容元件视为开路，电感元件视为短路。

2）将 $t \geqslant 0$ 时的时域电路变换为相应的复频域的运算电路。

注意：①电感和电容的附加电压源；②各元件的参数：电阻参数不变，电感参数为 sL，电容参数为 $1/sC$；③原电路中的电源进行拉普拉斯变换。

3）用前面学过的任何一种电路分析方法分析运算电路，列方程并求出待求响应的象函数。

4）对待求响应的象函数进行拉普拉斯反变换，即可确定时域中的待求响应。

例 9-13 图 9-13a 所示电路原处于稳态。$t=0$ 时开关 S 闭合，试用运算法求解电流$i_1(t)$。

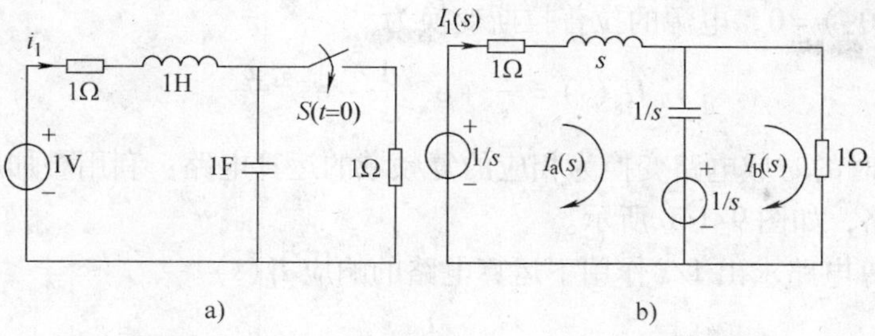

图 9-13 例 9-13 图

解 （1）确定和计算各储能元件的初始值：$u_C(0_-)$ 或 $i_L(0_-)$ 以及外加激励的象函数。

由于图 9-13a 所示电路处于稳态，可得知电容相当于开路，电感相当于短路，因此 $i_L(0_-)=0$，$u_C(0_-)=1\text{V}$。

通过查表得电源的象函数为

$$U_s(s)=\frac{1}{s}$$

（2）将 $t\geqslant0$ 时的时域电路变换为相应的复频域的运算电路：该电路的复频域的运算电路如图 9-13b 所示。

（3）用网孔电流法列写回路方程并求 $I_1(s)$

$$\begin{cases}(1+s+1/s)I_a(s)-1/sI_b(s)=1/s-1/s\\ -1/sI_a(s)+(1+1/s)I_b(s)=1/s\end{cases}$$

解方程得

$$I_a(s)=\frac{1}{s(s^2+2s+2)}$$

因为 $I_1(s)=I_a(s)$，所以

$$I_1(s)=I_a(s)=\frac{1}{s(s^2+2s+2)}=\frac{1}{s^3+2s^2+2s}=\frac{1}{2}\left(\frac{1}{s}-\frac{s+2}{s^2+2s+2}\right)$$

$$=\frac{1}{2}\left[\frac{1}{s}-\frac{s+1}{(s+1)^2+1}-\frac{1}{(s+1)^2+1}\right]$$

求其拉普拉斯反变换可得

$$i_1(t)=\frac{1}{2}(1-\mathrm{e}^{-t}\cos t-\mathrm{e}^{-t}\sin t)\text{A}$$

例 9-14 求图 9-14a 所示电路的 $i_L(t)$。已知 $u_s(t)=[\varepsilon(t)+\varepsilon(t-1)-2\varepsilon(t-2)]\text{V}$。

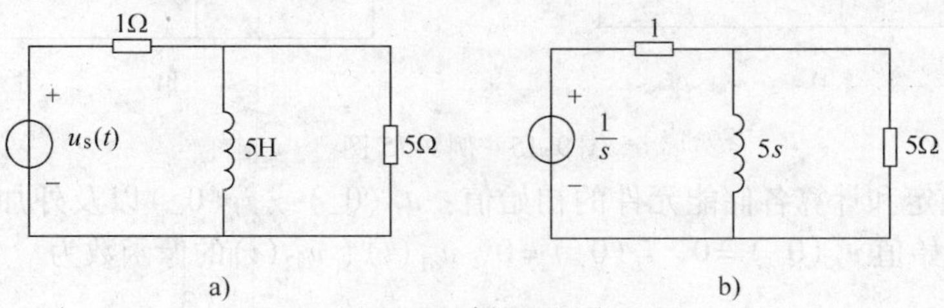

图 9-14 例 9-14 图

解 （1）确定和计算各储能元件的初始值：$u_C(0_-)$或$i_L(0_-)$以及外加激励的象函数：电感的初始值$i_L(0_-)=0$，电源的拉普拉斯变换为

$$U_s(s)=\frac{1}{s}+e^{-s}\frac{1}{s}-e^{-2s}\frac{2}{s}$$

（2）将$t\geqslant 0$时的时域电路变换为相应的复频域的运算电路：利用叠加原理，先画出$1/s$作用下的运算电路，如图9-14b所示。

（3）根据运算电路求出$1/s$作用下运算电路的响应$I_L'(s)$

$$I_L'(s)=\frac{\frac{1}{s}}{1+\frac{25s}{5+5s}}\frac{5}{5+5s}$$

$$=\frac{5+5s}{s(5+30s)}\frac{5}{5+5s}=\frac{1}{s(1+6s)}$$

令$F_2(s)=0$，可求得$p_1=0$，$p_2=-\frac{1}{6}$，有

$$[F_2(s)]'=1+12s$$

$$k_1=\frac{F_1(s)}{[F_2(s)]'}\bigg|_{s=0}=\frac{1}{1+12s}\bigg|_{s=0}=1$$

$$k_2=\frac{F_1(s)}{[F_2(s)]'}\bigg|_{s=-\frac{1}{6}}=\frac{1}{1+12s}\bigg|_{s=-\frac{1}{6}}=-1$$

所以

$$I_L'(s)=\frac{1}{s}-\frac{1}{1+6s}$$

求拉普拉斯反变换得

$$i_L'(t)=(1-e^{-\frac{t}{6}})\varepsilon(t)\,\mathrm{A}$$

应用叠加原理可得电路响应为

$$i_L(t)=[(1-e^{-6t})\varepsilon(t)+(1-e^{-\frac{t-1}{6}})\varepsilon(t-1)-2(1-e^{-\frac{t-2}{6}})\varepsilon(t-2)]\,\mathrm{A}$$

例9-15 图9-15a所示电路，$u_{s1}(t)=3e^{-t}\varepsilon(t)\,\mathrm{V}$，$u_{s2}(t)=e^{-2t}\varepsilon(t)\,\mathrm{V}$，求电流$i_2(t)$。

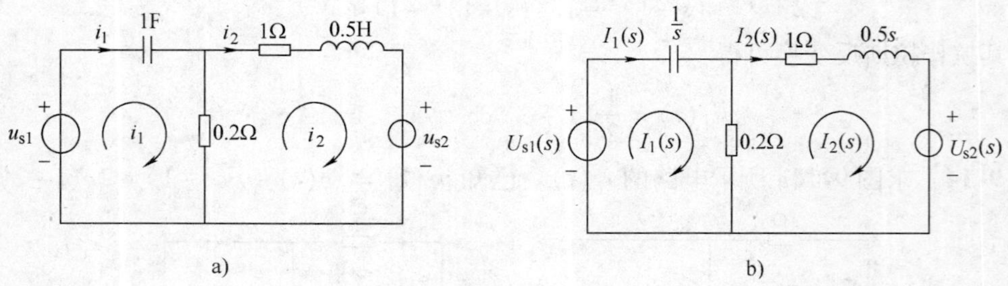

图9-15 例9-15图

解 （1）确定和计算各储能元件的初始值：$u_C(0_-)$或$i_L(0_-)$以及外加激励的象函数：电容、电感的初始值$u_C(0_-)=0$，$i_L(0_-)=0$，$u_{s1}(t)$、$u_{s2}(t)$的像函数为

$$U_{s1}(s)=L[u_{s1}(t)]=L[3e^{-t}\varepsilon(t)]=\frac{3}{s+1}$$

$$U_{s2}(s)=L[u_{s2}(t)]=L[e^{-2t}\varepsilon(t)]=\frac{1}{s+2}$$

（2）将 $t\geqslant 0$ 时的时域电路变换为相应的复频域的运算电路：该电路的复频域的运算电路如图 9-15b 所示。

（3）用网孔电流法列写回路方程并求 $I_2(s)$

$$\begin{cases}\left(\frac{1}{s}+0.2\right)I_1(s)-0.2I_2(s)=\frac{3}{s+1}\\ -0.2I_1(s)-(0.5s+1.2)I_2(s)=\frac{1}{s+2}\end{cases}$$

解得

$$I_2(s)=\frac{\begin{vmatrix}\frac{1}{s}+0.2 & \frac{3}{s+1}\\ -0.2 & -\frac{1}{s+2}\end{vmatrix}}{\begin{vmatrix}\frac{1}{s}+0.2 & -0.2\\ -0.2 & 0.5s+1.2\end{vmatrix}}=\frac{4s^2-10}{(s+1)(s+2)(s+3)(s+4)}$$

$$=\frac{-1}{s+1}+\frac{-3}{s+2}+\frac{13}{s+3}+\frac{-9}{s+4}$$

所以

$$i_2(t)=L^{-1}[I_2(s)]=L^{-1}\left[\frac{-1}{s+1}\right]+L^{-1}\left[\frac{-3}{s+2}\right]+L^{-1}\left[\frac{13}{s+3}\right]+L^{-1}\left[\frac{-9}{s+4}\right]$$
$$=(-e^{-t}-3e^{-2t}+13e^{-3t}-9e^{-4t})\varepsilon(t)\text{V}$$

例 9-16　用拉普拉斯变换法求图 9-16 所示电路 $u(t)$ 零状态响应。已知 $R_1=R_2=10\Omega$，$C=0.05\text{F}$。

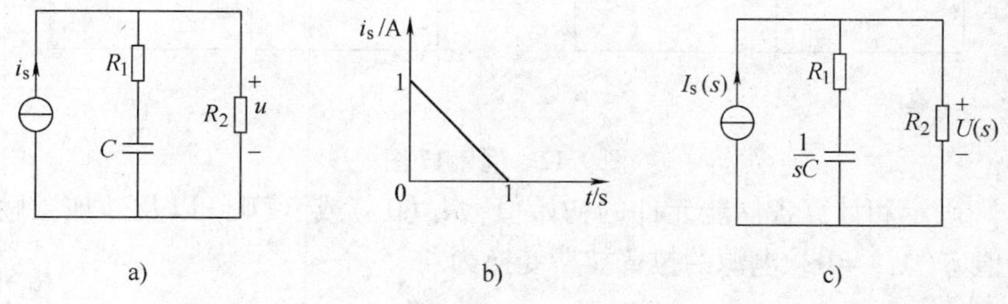

图 9-16　例 9-16 图

解　（1）确定和计算各储能元件的初始值：$u_C(0_-)$ 或 $i_L(0_-)$ 以及外加激励的象函数：电容的初始值 $u_C(0_-)=0$，由已知波形得

$$i_s(t)=(1-t)[\varepsilon(t)-\varepsilon(t-1)]\text{A}=[\varepsilon(t)-t\varepsilon(t)+(t-1)\varepsilon(t-1)]\text{A}$$

其象函数为

$$I_s(s)=L[\varepsilon(t)-t\varepsilon(t)+(t-1)\varepsilon(t-1)]=\frac{1}{s}-\frac{1}{s^2}+\frac{1}{s^2}e^{-s}$$

（2）将 $t\geqslant 0$ 时的时域电路变换为相应的复频域的运算电路：该电路的复频域的运算电路如图 9-16c 所示。

（3）由电路定理得

$$U(s)=\frac{I_s(s)}{\frac{1}{R_2}+\frac{1}{R_1+\frac{1}{sC}}}=\frac{I_s(s)}{\frac{1}{10}+\frac{1}{10+\frac{1}{0.05s}}}$$

$$=\frac{5s+10}{s+1}\left(\frac{1}{s}-\frac{1}{s^2}+\frac{1}{s^2}e^{-s}\right)$$

$$=\frac{(5s+10)(s+1)}{(s+1)s^2}+\frac{(5s+10)}{(s+1)s^2}e^{-s}$$

用部分展开法得

$$\frac{(5s+10)(s+1)}{(s+1)s^2}=\frac{-10}{s+1}+\frac{-10}{s^2}+\frac{15}{s}$$

$$\frac{(5s+10)}{(s+1)s^2}=\frac{5}{s+1}+\frac{10}{s^2}+\frac{-5}{s}$$

所以

$$u(t)=L^{-1}\left[\frac{-10}{s+1}+\frac{-10}{s^2}+\frac{15}{s}\right]+L^{-1}\left[\frac{5}{s+1}e^{-s}+\frac{10}{s^2}e^{-s}+\frac{-5}{s}e^{-s}\right]$$

$$=(-10e^{-t}-10t+15)\varepsilon(t)\text{V}+[5e^{-(t-1)}+10(t-1)-5]\varepsilon(t-1)\text{V}$$

例 9-17 在图 9-17 所示的电路中，已知 $i_L(0_-)=0\text{A}$，$t=0$ 时将开关 S 闭合，用拉普拉斯变换法求 $t>0$ 时的 $u_L(t)$。

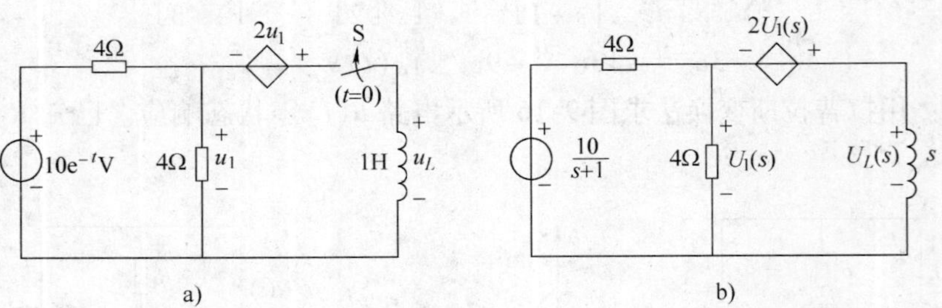

图 9-17 例 9-17 图

解 （1）确定和计算各储能元件的初始值：$u_C(0_-)$ 或 $i_L(0_-)$ 以及外加激励的象函数：电感的初始值 $i_L(0_-)=0$，电源的拉普拉斯变换为

$$L[10e^{-t}]=\frac{10}{s+1}$$

（2）将 $t\geqslant0$ 时的时域电路变换为相应的复频域的运算电路：该电路的复频域的运算电路如图 9-17b 所示。

（3）用网孔电流法列写回路方程并求 $I_2(s)$

$$\begin{cases}(4+4)I_1(s)-4I_2(s)=\frac{10}{s+1} & ① \\ -04I_1(s)-(s+4)I_2(s)=2U_1(s) & ②\end{cases}$$

附加方程为

$$U_1(s)=4[I_1(s)-I_2(s)] \quad ③$$

将③代入②整理得

$$I_1(s)=\frac{s+12}{12}I_2(s) \tag{④}$$

将④代入①计算得

$$I_2(s)=\frac{15}{(s+1)(s+6)}$$

$$U_L(s)=\frac{15s}{(s+1)(s+6)}=\frac{-3}{s+1}+\frac{18}{s+6}$$

所以

$$u_L(t)=L\left[\frac{-3}{s+1}+\frac{18}{s+6}\right]=(-3\mathrm{e}^{-t}+18\mathrm{e}^{-6t})\varepsilon(t)\,\mathrm{V}$$

【每节思考】

对零状态线性电路进行复频域分析时，能否用叠加原理？若为非零状态，即运算电路中存在附加电源时，能否用叠加原理？

本章小结

有关拉普拉斯变换的内容在复变函数中已学过，但是与本章的出发点不同，重点要求也不一样。本章要求读者记住一些常见信号的象函数，并掌握拉普拉斯变换的基本性质；在电路分析中，学会利用部分分式展开法进行拉普拉斯反变换。

拉普拉斯变换是研究线性时不变系统的基本工具，在工程中有着广泛的应用。应用拉普拉斯变换分析线性电路的瞬态，一定经过三个过程：①从时域到复频域的变换，即对电路的外加激励取拉普拉斯变换，给出相应的运算电路；②应用元件的约束关系和电路定理在复频域内对电路列方程，相似于直流电阻电路的分析方法，求出响应的象函数；③再进行从复频域到时域的变换，求出相应的时域表达式。

拉普拉斯变换法在解决一些电路分析的具体问题时比较简便，但其物理意义不如经典法明显。学习本章内容时，要与前面学过的内容比较，注意它们之间的联系与区别。

习　题

9-1　试求下列函数的拉普拉斯象函数：

(1) $f(t)=t\cos(at)$

(2) $f(t)=2\delta(t-1)-3\mathrm{e}^{-at}\varepsilon(t)$

(3) $f(t)=\mathrm{e}^{-t}\varepsilon(t)+2\varepsilon(t-1)\mathrm{e}^{-(t-1)}+3\delta(t-2)$

(4) $f(t)=t[\varepsilon(t-1)-\varepsilon(t-2)]$

9-2　写出图9-18所示函数的拉普拉斯象函数。

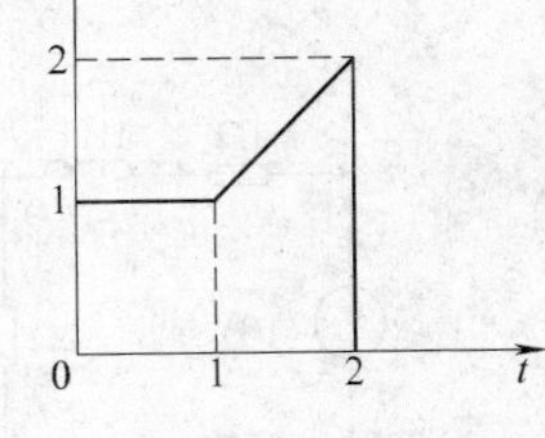

图9-18　题9-2图

9-3　试求下列各拉普拉斯象函数的原函数：

(1) $F(s)=\frac{s\mathrm{e}^{-as}}{s+b}$　　(2) $F(s)=\frac{2s^2+16}{(s^2+5s+6)(s+12)}$

(3) $F(s)=\frac{s^2+4s+1}{s(s+1)^2}$　　(4) $F(s)=\frac{s+1}{s^3+2s^2+2s}$

9-4　图9-19所示电路在开关S断开前处于稳定状态，试画出S断开后的复频域电路模型。

9-5　图 9-20 所示电路在开关 S 断开前处于稳定状态，试用复频域分析法求 S 断开后的电流 $i(t)$。

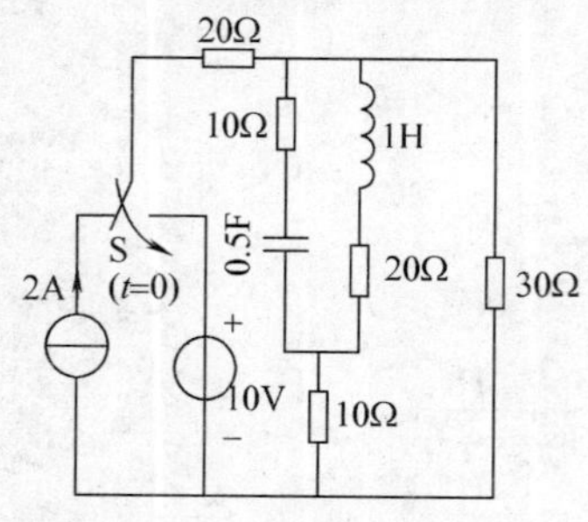

图 9-19　题 9-4 图

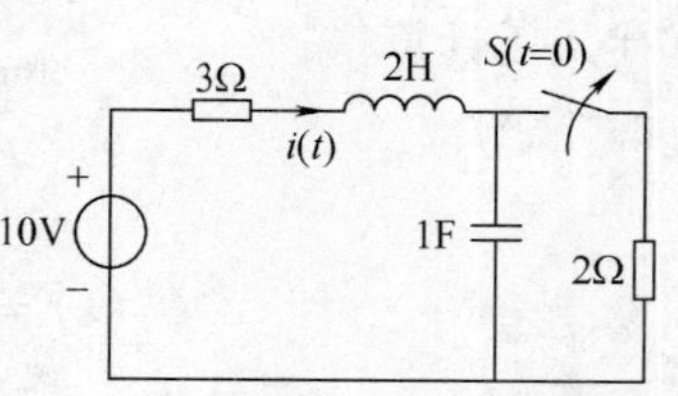

图 9-20　题 9-5 图

9-6　已知图 9-21 所示电路在开关 S 闭合以前电路已达稳态，求图在 $t \geqslant 0$ 时各支路上的电流响应。

9-7　已知图 9-22 所示 RL 串联电路，已知 $R = 20\Omega$，$L = 2\text{H}$，$u_s(t) = 100\cos(10t + 60°)\text{V}$，$i_L(0_-) = 5\text{A}$，用拉普拉斯变换法求 $i(t)$。

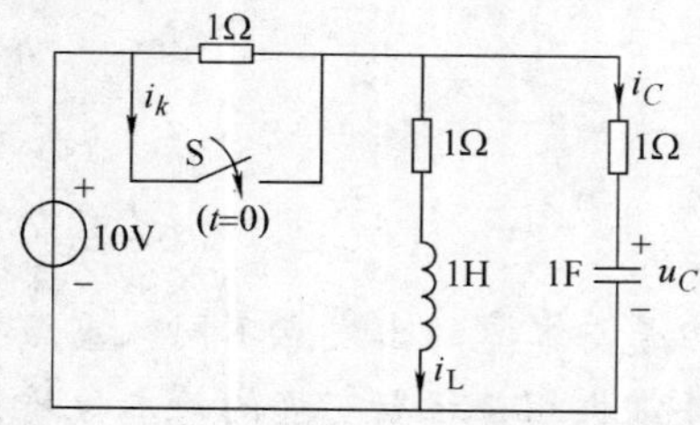

图 9-21　题 9-6 图

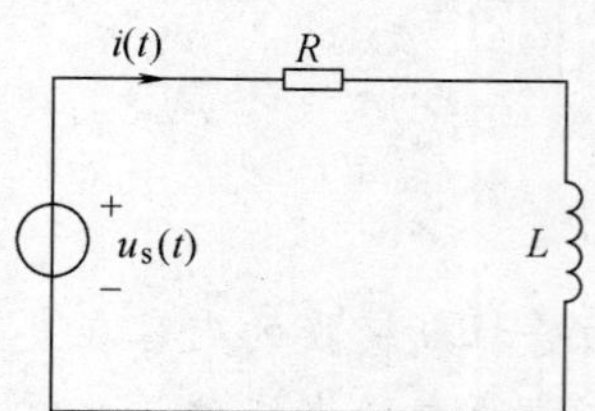

图 9-22　题 9-7 图

9-8　已知图 9-23 所示电路的原始状态为 $u(0_-) = 2\text{V}$，$i_L(0_-) = 1\text{A}$，$u_s(t) = e^{-3t}\varepsilon(t)\text{V}$。用拉普拉斯变换法试求电路的全响应 $u(t)$。

9-9　图 9-24 所示电路，已知 $R_1 = 6\Omega$，$R_2 = 3\Omega$，$L = 1\text{H}$，$\mu = 1$，$u_s(t) = 6t$，用拉普拉斯变换法求电路零状态响应 $i_L(t)$。

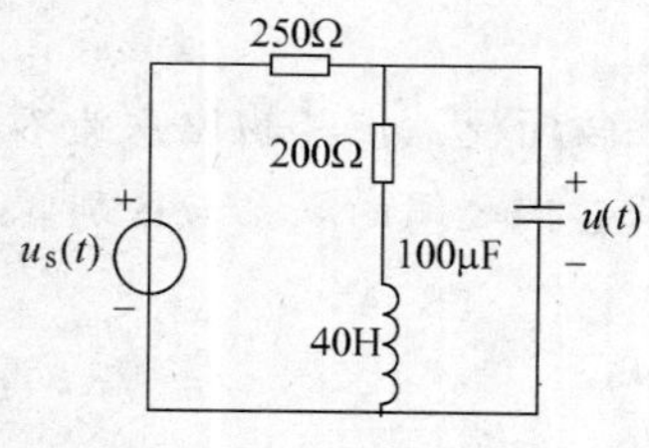

图 9-23　题 9-8 图

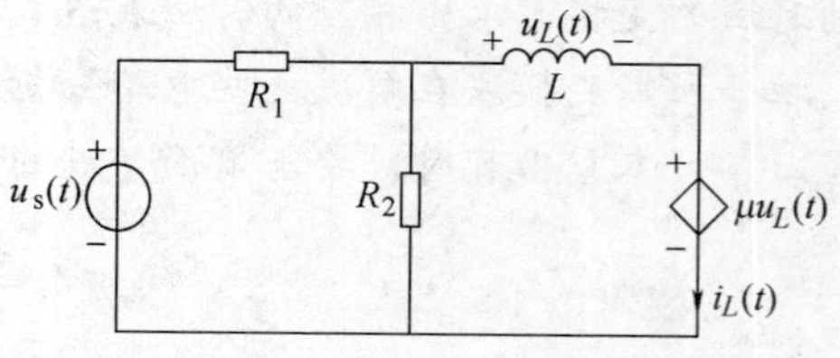

图 9-24　题 9-9 图

9-10　用拉普拉斯变换法求图 9-25 所示电路的零状态响应 $i(t)$。

9-11　用拉普拉斯变换法求图 9-26 所示电路的零状态响应 $u(t)$。

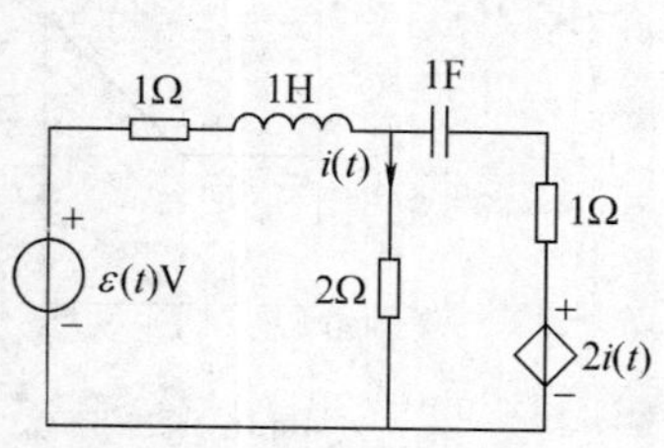

图 9-25　题 9-10 图

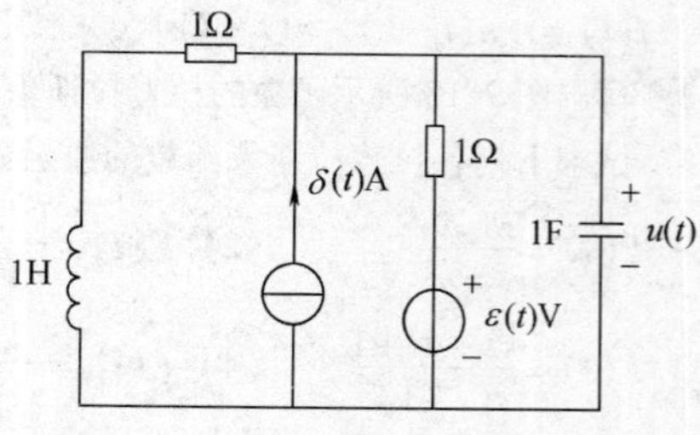

图 9-26　题 9-11 图

9-12　图9-27所示电路中储能元件均为零初始值，$u_s(t)=5\varepsilon(t)$V，$r=-3$，求$u_1(t)$。

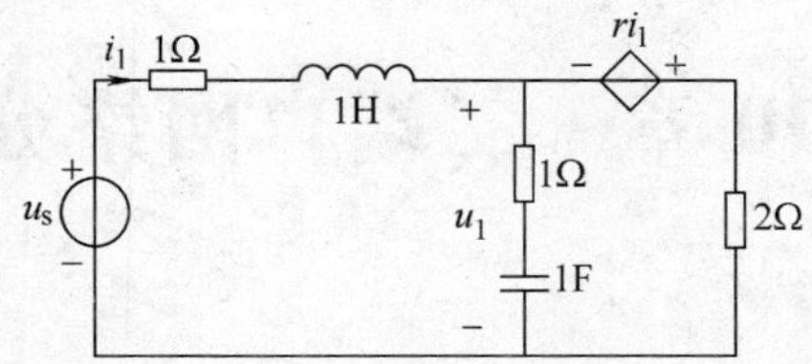

图9-27　题9-12图

第 10 章　二端口网络分析

【本章学习要点】

本章论述二端口网络及其方程，讲解 Y、Z、T、H 等参数及其参数矩阵，介绍这些参数之间的相互关系，分析二端口网络的等效电路以及二端口网络的连接。本章的目的是使同学们对二端口网络特性有基本理解，掌握二端口网络的分析方法。

学习难点：二端口网络特性分析；二端口网络等效电路。

10.1　二端口网络

如果一个复杂电路只有两个端子向外连接，而分析电路时只想研究外接电路情况，则该电路可视为一个一端口。对于线性一端口网络，就其外部性能来说可以用戴维南或诺顿等效电路代替。

一端口（port）电路端口由一对端子构成，且满足如下条件：从一个端子流入的电流等于从另一个端子流出的电流，如图 10-1 所示。

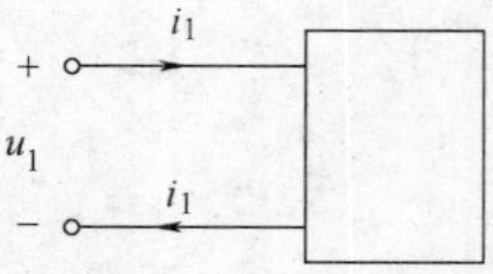

图 10-1　一端口电路

在工程实际中遇到的问题还常常涉及两对端口之间的关系，如变压器、滤波器、放大器、反馈网络等。这些电路可以把两对端子之间的电路部分概括在一个方框中，如图 10-2 所示。**而当一个电路与外部电路通过两个端口连接，且满足对于所有时间，从端子 1 流入的电流等于从端子 1′流出的电流；同时从端子 2 流入的电流等于从端子 2′流出的电流，称此电路为二端口（Two－Port）网络。**

图 10-2　二端口电路

用二端口概念分析电路时，仅对二端口处的电流、电压之间的关系感兴趣，这种相互关系可以通过一些参数表示，而这些参数只取决于构成二端口本身的元件及它们的连接方式。一旦确定表征这个二端口的参数后，当一个端口的电流、电压发生变化时，求出另外一个端口的电流、电压就比较容易了。

一个任意复杂的二端口网络，还可以看作是由若干个简单的二端口组成，如果已知这些简单二端口参数，根据它们与复杂二端口的关系就可以直接求出后者的参数，从而确定后者在两个端口处的电流、电压的关系，而不再涉及原来复杂电路内部的任何计算。

10.2　二端口网络的参数和方程

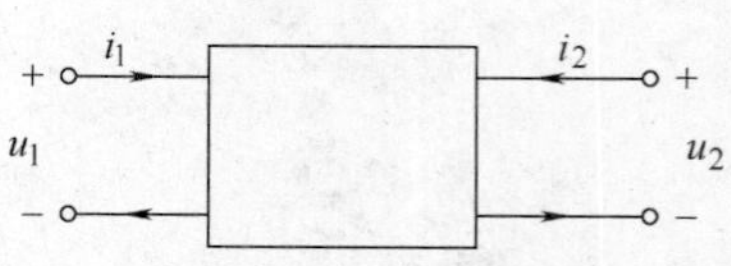

图 10-3　网络端口的物理量

图 10-3 所示网络端口的物理量有四个：i_1、i_2、u_1、u_2。组合变化端口电压、电流可由六种不同的方程来表示，即可用六套参数描述二端口网络。以下介绍主要以正弦稳态电路为例。

10.2.1　Y 参数和方程

图 10-4 所示为一线性二端口。根据叠加原理，$\dot{I}_1$和$\dot{I}_2$应分别等于各个独立电压源单独作用时产生的电流之和，即

$$\begin{cases} \dot{I}_1 = Y_{11}\dot{U}_1 + Y_{12}\dot{U}_2 \\ \dot{I}_2 = Y_{21}\dot{U}_1 + Y_{22}\dot{U}_2 \end{cases}$$

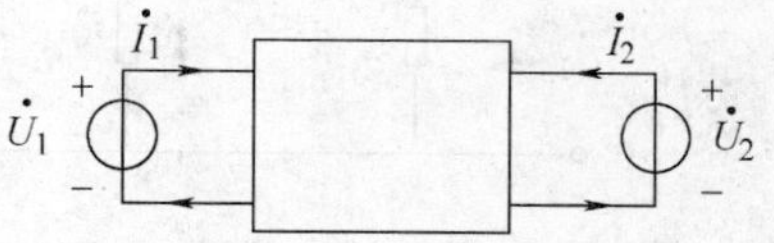

图 10-4　线性二端口

矩阵形式 $\begin{pmatrix} \dot{I}_1 \\ \dot{I}_2 \end{pmatrix} = \begin{pmatrix} Y_{11} & Y_{12} \\ Y_{21} & Y_{22} \end{pmatrix} \begin{pmatrix} \dot{U}_1 \\ \dot{U}_2 \end{pmatrix}$

解得

$$\begin{cases} \dot{I}_1 = \dfrac{\Delta_{11}}{\Delta}\dot{U}_1 + \dfrac{\Delta_{21}}{\Delta}\dot{U}_2 \\ \dot{I}_2 = \dfrac{\Delta_{12}}{\Delta}\dot{U}_1 + \dfrac{\Delta_{22}}{\Delta}\dot{U}_2 \end{cases}$$

令

$$\boldsymbol{Y} = \begin{pmatrix} Y_{11} & Y_{12} \\ Y_{21} & Y_{22} \end{pmatrix}$$

称为二端口的 Y 参数矩阵。

Y 参数属于导纳性质，又称短路导纳参数，可以按下述方法计算或实验测量求得。如图 10-5 所示。

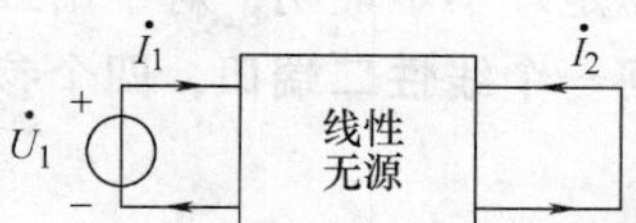

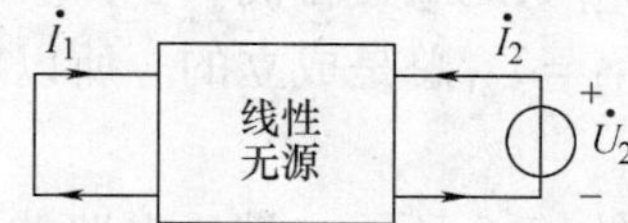

图 10-5　Y 参数计算或实验测量

自导纳为

$$Y_{11} = \left.\frac{\dot{I}_1}{\dot{U}_1}\right|_{\dot{U}_2=0}$$

转移导纳为

$$Y_{21} = \left.\frac{\dot{I}_2}{\dot{U}_1}\right|_{\dot{U}_2=0}$$

转移导纳为

$$Y_{12} = \left.\frac{\dot{I}_1}{\dot{U}_2}\right|_{\dot{U}_1=0}$$

自导纳为

$$Y_{22} = \left.\frac{\dot{I}_2}{\dot{U}_2}\right|_{\dot{U}_1=0}$$

例 10-1 二端口网络如图 10-6 所示，求 Y 参数。

解 令$\dot{U}_2=0$，电路如图 10-7 所示。

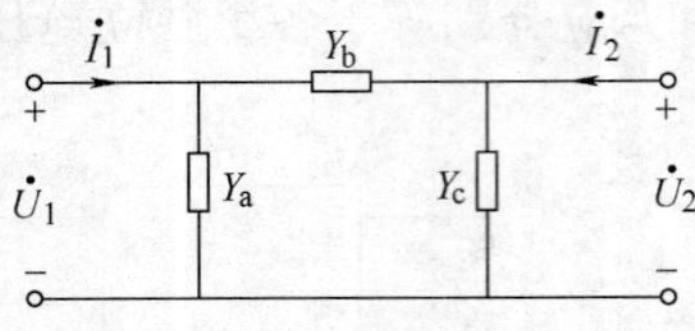

图 10-6 例 10-1 图

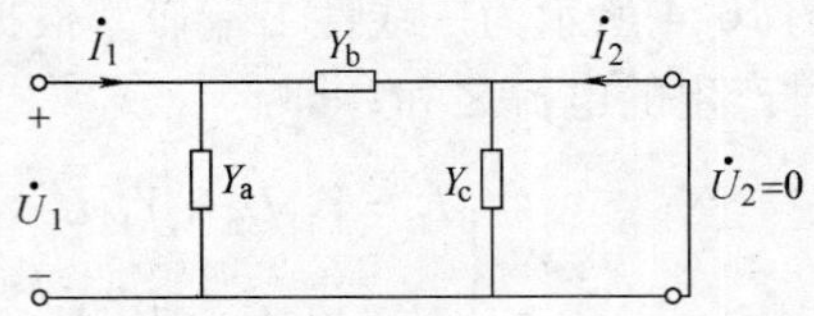

图 10-7 $\dot{U}_2=0$ 的电路

$$Y_{11}=\left.\frac{\dot{I}_1}{\dot{U}_1}\right|_{\dot{U}_2=0}=Y_a+Y_b \qquad Y_{21}=\left.\frac{\dot{I}_2}{\dot{U}_1}\right|_{\dot{U}_2=0}=-Y_b$$

令$\dot{U}_1=0$，电路如图 10-8 所示。

$$Y_{12}=\left.\frac{\dot{I}_1}{\dot{U}_2}\right|_{\dot{U}_1=0}=-Y_b \qquad Y_{22}=\left.\frac{\dot{I}_2}{\dot{U}_2}\right|_{\dot{U}_1=0}=Y_b+Y_c$$

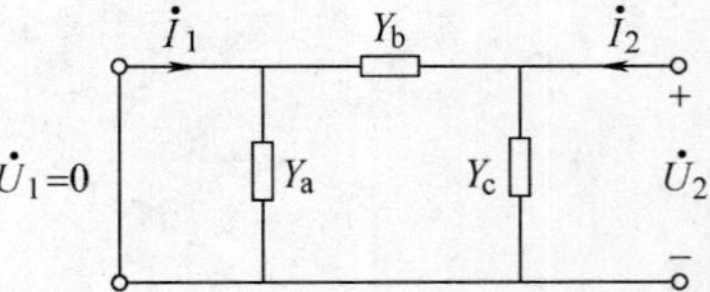

图 10-8 $\dot{U}_1=0$ 的电路

互易二端口

$$Y_{12}=Y_{21}=-Y_b$$

$$\boldsymbol{Y}=\begin{pmatrix} Y_a+Y_b & -Y_b \\ -Y_b & Y_b+Y_c \end{pmatrix}$$

由此可见，$Y_{12}=Y_{21}$。此虽为特例，但由所谓互易定理不难证明，对于由线性元件构成的任何无源二端口，$Y_{12}=Y_{21}$总是成立的。所以对**任何一个线性二端口，四个参数中只有三个是独立的**。

例 10-2 求图 10-9 所示二端口电路的 Y 参数。

解法一 令$\dot{U}_2=0$，电路如图 10-10 所示。

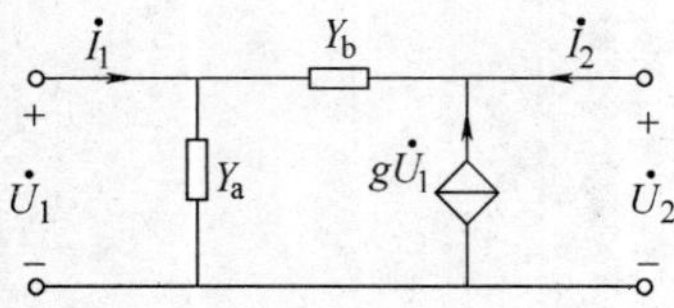

图 10-9 例 10-2 图

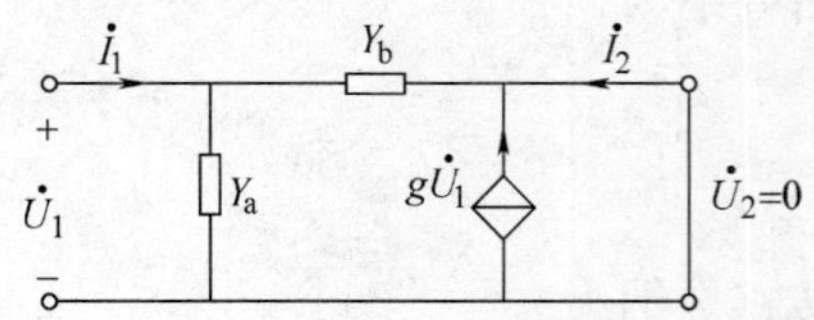

图 10-10 $\dot{U}_2=0$ 的电路

$$Y_{11}=\left.\frac{\dot{I}_1}{\dot{U}_1}\right|_{\dot{U}_2=0}=Y_a+Y_b \qquad Y_{21}=\left.\frac{\dot{I}_2}{\dot{U}_1}\right|_{\dot{U}_2=0}=-Y_b-g$$

令$\dot{U}_1=0$，电路如图 10-11 所示。

$$Y_{12}=\left.\frac{\dot{I}_1}{\dot{U}_2}\right|_{\dot{U}_1=0}=-Y_b \qquad Y_{22}=\left.\frac{\dot{I}_2}{\dot{U}_2}\right|_{\dot{U}_1=0}=Y_b$$

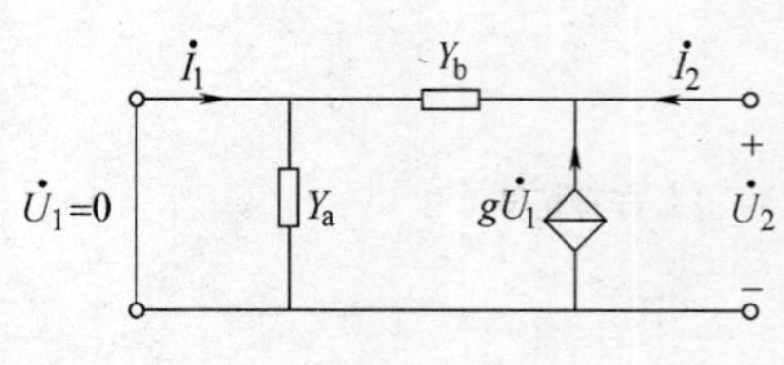

图 10-11 $\dot{U}_1=0$ 的电路

解法二 由原电路（见图 10-9）得

$$\begin{cases}\dot{I}_1 = Y_a\,\dot{U}_1 + Y_b(\dot{U}_1 - \dot{U}_2)\\ \dot{I}_2 = Y_b(\dot{U}_2 - \dot{U}_1) - g\dot{U}_1\end{cases}$$

推得

$$\begin{cases}\dot{I}_1 = (Y_a + Y_b)\dot{U}_1 - Y_b\,\dot{U}_2\\ \dot{I}_2 = (-g - Y_b)\dot{U}_1 + Y_b\,\dot{U}_2\end{cases}$$

则

$$\boldsymbol{Y} = \begin{pmatrix} Y_a + Y_b & -Y_b \\ -g - Y_b & Y_b \end{pmatrix}$$

本电路由于含有受控源，不符合互易定理，因此非互易二端口网络（网络内部有受控源）四个参数相互独立。

10.2.2　*Z* 参数和方程

二端口电路。如图 10-12 所示

可列出 *Y* 参数方程

$$\begin{cases}\dot{I}_1 = Y_{11}\dot{U}_1 + Y_{12}\dot{U}_2\\ \dot{I}_2 = Y_{21}\dot{U}_1 + Y_{22}\dot{U}_2\end{cases}$$

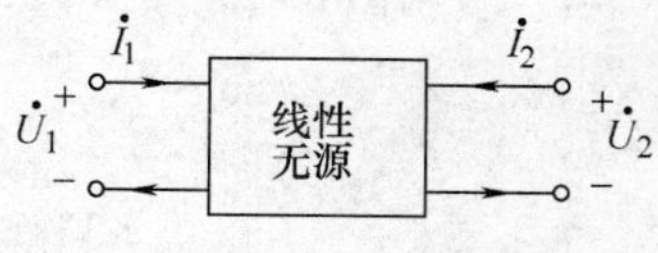

图 10-12　二端口电路

可解出 $\dot{U}_1$、$\dot{U}_2$，即

$$\begin{cases}\dot{U}_1 = \dfrac{Y_{22}}{\Delta}\dot{I}_1 + \dfrac{-Y_{12}}{\Delta}\dot{I}_2 = Z_{11}\dot{I}_1 + Z_{12}\dot{I}_2\\ \dot{U}_2 = \dfrac{-Y_{21}}{\Delta}\dot{I}_1 + \dfrac{Y_{11}}{\Delta}\dot{I}_2 = Z_{21}\dot{I}_1 + Z_{22}\dot{I}_2\end{cases}$$

式中

$$\Delta = Y_{11}Y_{22} - Y_{12}Y_{21}$$

其矩阵形式为

$$\begin{pmatrix}\dot{U}_1\\ \dot{U}_2\end{pmatrix} = \begin{pmatrix} Z_{11} & Z_{12} \\ Z_{21} & Z_{22}\end{pmatrix}\begin{pmatrix}\dot{I}_1\\ \dot{I}_2\end{pmatrix}$$

令

$$\boldsymbol{Z} = \begin{pmatrix} Z_{11} & Z_{12} \\ Z_{21} & Z_{22}\end{pmatrix}$$

称为 *Z* 参数矩阵。

Z 参数的实验测定

$$Z_{11} = \frac{\dot{U}_1}{\dot{I}_1}\bigg|_{\dot{I}_2=0} \qquad Z_{12} = \frac{\dot{U}_1}{\dot{I}_2}\bigg|_{\dot{I}_1=0}$$

$$Z_{21} = \frac{\dot{U}_2}{\dot{I}_1}\bigg|_{\dot{I}_2=0} \qquad Z_{22} = \frac{\dot{U}_2}{\dot{I}_2}\bigg|_{\dot{I}_1=0}$$

Z 参数又称开路阻抗参数。

互易二端口

$$Z_{12}=Z_{21}$$

若除 $Z_{12}=Z_{21}$ 外还有 $Z_{11}=Z_{22}$，则此两个端口互换位置后与外电路连接，其外特性不会有任何变化，即所谓的电气对称，此二端口称为对称二端口。所以对称二端口是指两个端口电气特性上对称。电路结构左右对称的，端口电气特性对称；电路结构不对称的二端口，其电气特性也可能是对称的，这样的二端口也是对称二端口。

对称二端口只有两个参数是独立的。

例 10-3 考察图 10-13 所示二端口网络特性。

解 如图 10-14 所示，令 $\dot{U}_1=0$。

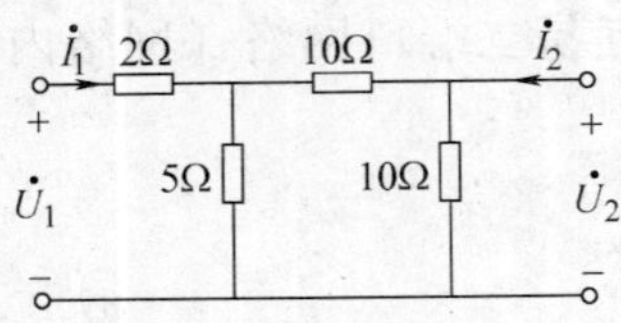

图 10-13 例 10-13 图

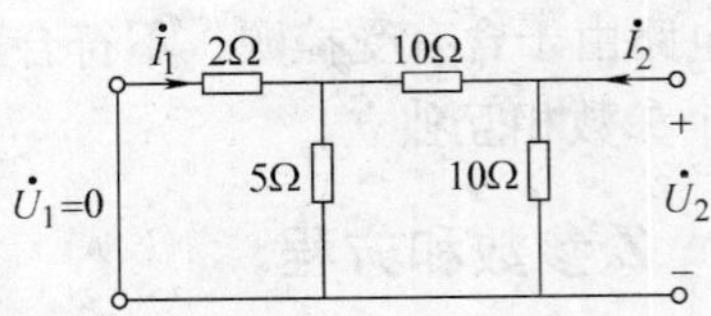

图 10-14 $\dot{U}_1=0$ 的电路

得

$$Y_{12}=\left.\frac{\dot{I}_1}{\dot{U}_2}\right|_{\dot{U}_1=0}=-\frac{1}{10+(2/\!/5)}\frac{5}{2+5}\mathrm{S}=\frac{1}{16}\mathrm{S}$$

再令 $\dot{U}_2=0$，如图 10-15 所示。

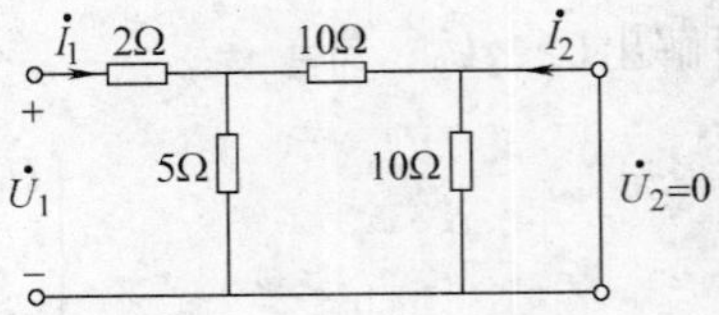

得

$$Y_{21}=\left.\frac{\dot{I}_2}{\dot{U}_1}\right|_{\dot{U}_2=0}=-\frac{1}{2+(10/\!/5)}\frac{5}{10+5}\mathrm{S}=\frac{1}{16}\mathrm{S}$$

图 10-15 $\dot{U}_2=0$ 的电路

所以，$Y_{12}=Y_{21}$ 是互易二端口。

而

$$Z_{1-1'}=[2+(5/\!/10)]\Omega=\frac{16}{3}\Omega \qquad Y_{11}=\frac{1}{Z_{1-1'}}=\frac{3}{16}\mathrm{S}$$

$$Z_{2-2'}=10/\!/[10+(5/\!/2)]\Omega=\frac{16}{3}\Omega \qquad Y_{22}=\frac{1}{Z_{2-2'}}=\frac{3}{16}\mathrm{S}$$

$$Y_{11}=Y_{22}=\frac{3}{16}\mathrm{S}$$

也是对称二端口。

若二端口参数矩阵 Z 与 Y 非奇异，则 $Y=Z^{-1}$，$Z=Y^{-1}$。

例 10-4 求图 10-16 所示二端口电路的 Z 参数。

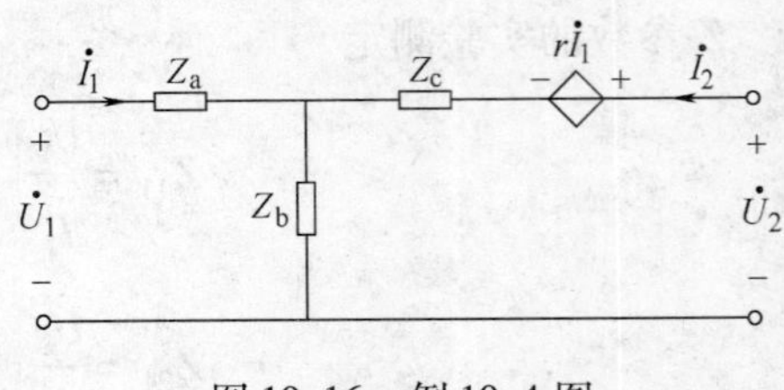

图 10-16 例 10-4 图

解 由

$$\begin{cases}\dot{U}_1=Z_a\dot{I}_1+Z_b(\dot{I}_1+\dot{I}_2)\\ \dot{U}_2=r\dot{I}_1+Z_c\dot{I}_2+Z_b(\dot{I}_1+\dot{I}_2)\end{cases}$$

得

$$\boldsymbol{Z}=\begin{pmatrix} Z_a+Z_b & Z_b \\ r+Z_b & Z_b+Z_c \end{pmatrix}$$

10.2.3 *T* 参数（传输参数）和方程

根据图 10-17 所示二端口，可列出如下方程：

$$\begin{cases} \dot{I}_1=Y_{11}\dot{U}_1+Y_{12}\dot{U}_2 & (10\text{-}1) \\ \dot{I}_2=Y_{21}\dot{U}_1+Y_{22}\dot{U}_2 & (10\text{-}2) \end{cases}$$

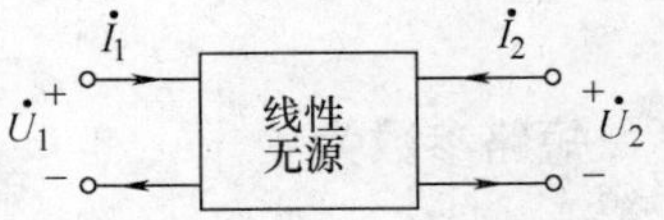

图 10-17 二端口

由式（10-2）得

$$\dot{U}_1=-\frac{Y_{22}}{Y_{21}}\dot{U}_2+\frac{1}{Y_{21}}\dot{I}_2 \qquad (10\text{-}3)$$

将式（10-3）代入式（10-1）得

$$\dot{I}_1=\left(Y_{12}-\frac{Y_{11}Y_{22}}{Y_{21}}\right)\dot{U}_2+\frac{Y_{11}}{Y_{21}}\dot{I}_2$$

即

$$\begin{cases} \dot{U}_1=T_{11}\dot{U}_2-T_{12}\dot{I}_2 \\ \dot{I}_1=T_{21}\dot{U}_2-T_{22}\dot{I}_2 \end{cases}$$

$$\dot{U}_1=-\frac{Y_{22}}{Y_{21}}\dot{U}_2+\frac{1}{Y_{21}}\dot{I}_2 \qquad \dot{I}_1=\left(Y_{12}-\frac{Y_{11}Y_{22}}{Y_{21}}\right)\dot{U}_2+\frac{Y_{11}}{Y_{21}}\dot{I}_2$$

可得

$$T_{11}=-\frac{Y_{22}}{Y_{21}} \qquad T_{12}=\frac{-1}{Y_{21}}$$

$$T_{21}=\frac{Y_{12}Y_{21}-Y_{11}Y_{22}}{Y_{21}} \qquad T_{22}=-\frac{Y_{11}}{Y_{21}}$$

其矩阵形式

$$\begin{pmatrix} \dot{U}_1 \\ \dot{I}_1 \end{pmatrix}=\begin{pmatrix} T_{11} & T_{12} \\ T_{21} & T_{22} \end{pmatrix}\begin{pmatrix} \dot{U}_2 \\ -\dot{I}_2 \end{pmatrix}$$

式中，$\boldsymbol{T}=\begin{pmatrix} T_{11} & T_{12} \\ T_{21} & T_{22} \end{pmatrix}$称为 *T* 参数矩阵。注意，式中$\dot{I}_2$与前面的负号两者应视为一体。

互易二端口

$$Y_{12}=Y_{21}$$

$$T_{11}T_{22}-T_{12}T_{21}=\frac{Y_{11}Y_{22}}{Y_{21}^2}+\frac{Y_{12}Y_{21}}{Y_{21}^2}-\frac{Y_{11}Y_{22}}{Y_{21}^2}=1$$

对称二端口

$$Y_{11}=Y_{22}$$

则 $T_{11}=T_{22}$。

T 参数的实验测定如下：

开路参数为

$$\begin{cases} T_{11} = \left.\dfrac{\dot{U}_1}{\dot{U}_2}\right|_{\dot{I}_2=0} \\ T_{21} = \left.\dfrac{\dot{I}_1}{\dot{U}_2}\right|_{\dot{I}_2=0} \end{cases}$$

短路参数为

$$\begin{cases} T_{12} = \left.\dfrac{\dot{U}_1}{-\dot{I}_2}\right|_{\dot{U}_2=0} \\ T_{22} = \left.\dfrac{\dot{U}_1}{-\dot{I}_2}\right|_{\dot{U}_2=0} \end{cases}$$

例 10-5 求图 10-18 所示电路 T 参数。

解

$$u_1 = nu_2$$

$$i_1 = -\frac{1}{n}i_2$$

即

$$\begin{pmatrix} u_1 \\ i_1 \end{pmatrix} = \begin{pmatrix} n & 0 \\ 0 & \dfrac{1}{n} \end{pmatrix}\begin{pmatrix} u_2 \\ -i_2 \end{pmatrix}, \quad \boldsymbol{T} = \begin{pmatrix} n & 0 \\ 0 & \dfrac{1}{n} \end{pmatrix}$$

例 10-6 求图 10-19 所示电路的 T 参数。

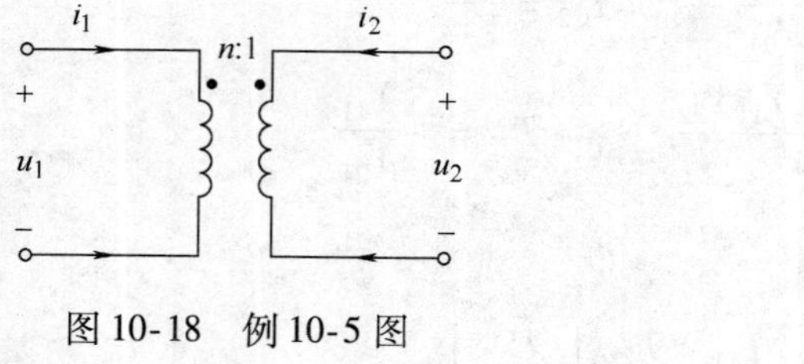

图 10-18 例 10-5 图

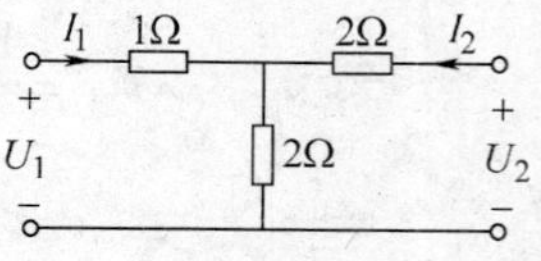

图 10-19 例 10-6 图

解

$$\begin{pmatrix} \dot{U}_1 \\ \dot{I}_1 \end{pmatrix} = \begin{pmatrix} T_{11} & T_{12} \\ T_{21} & T_{22} \end{pmatrix}\begin{pmatrix} \dot{U}_2 \\ -\dot{I}_2 \end{pmatrix}$$

令 $I_2=0$，电路如图 10-20 所示。

$$T_{11} = \left.\frac{U_1}{U_2}\right|_{I_2=0} = \frac{1+2}{2} = 1.5$$

$$T_{21} = \left.\frac{I_1}{U_2}\right|_{I_2=0} = 0.5\text{S}$$

令 $U_2=0$，电路如图 10-21 所示。

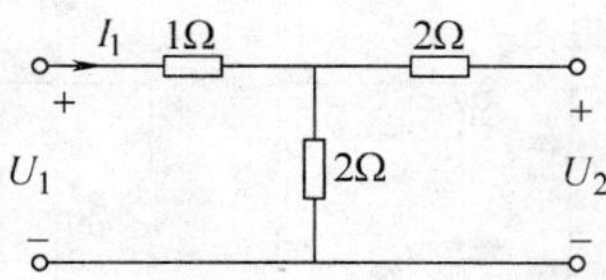

图10-20　$I_2=0$ 的电路

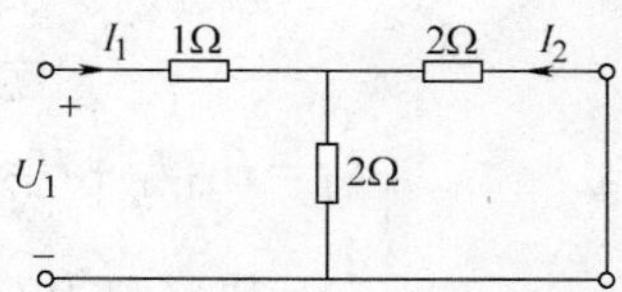

图10-21　$U_2=0$ 的电路

$$T_{12}=\left.\frac{U_1}{-I_2}\right|_{U_2=0}=\frac{I_1[1+(2/\!/2)]}{0.5I_1}=4\Omega$$

$$T_{22}=\left.\frac{I_1}{-I_2}\right|_{U_2=0}=\frac{I_1}{0.5I_1}=2$$

10.2.4　*H* 参数和方程

H 参数也称为混合参数，常用于晶体管等效电路。

二端口网络如图10-22所示。

图10-8所示二端口网络的 H 参数方程为

$$\begin{cases}\dot{U}_1=H_{11}\dot{I}_1+H_{12}\dot{U}_2\\ \dot{I}_2=H_{21}\dot{I}_1+H_{22}\dot{U}_2\end{cases}$$

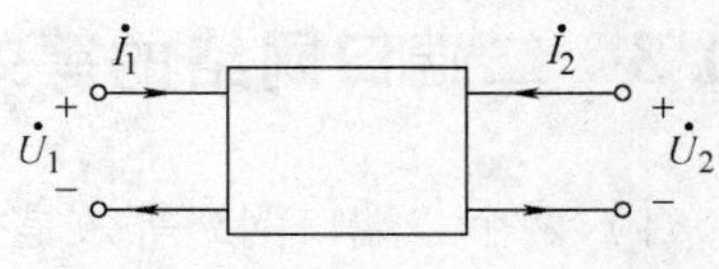

图10-22　二端口网络

写成矩阵形式为

$$\begin{pmatrix}\dot{U}_1\\ \dot{I}_2\end{pmatrix}=\begin{pmatrix}H_{11} & H_{12}\\ H_{21} & H_{22}\end{pmatrix}\begin{pmatrix}\dot{I}_1\\ \dot{U}_2\end{pmatrix}$$

H 参数的实验测定如下：

短路参数为

$$\begin{cases}H_{11}=\left.\dfrac{\dot{U}_1}{\dot{I}_1}\right|_{\dot{U}_2=0}\\ H_{21}=\left.\dfrac{\dot{I}_2}{\dot{I}_1}\right|_{\dot{U}_2=0}\end{cases}$$

开路参数为

$$\begin{cases}H_{12}=\left.\dfrac{\dot{U}_1}{\dot{U}_2}\right|_{\dot{I}_1=0}\\ H_{22}=\left.\dfrac{\dot{I}_2}{\dot{U}_2}\right|_{\dot{I}_1=0}\end{cases}$$

互易二端口

$$H_{12}=-H_{21}$$

对称二端口

$$H_{11}H_{22}-H_{12}H_{21}=1$$

例10-7　求图10-23所示电路的 H 参数。

解

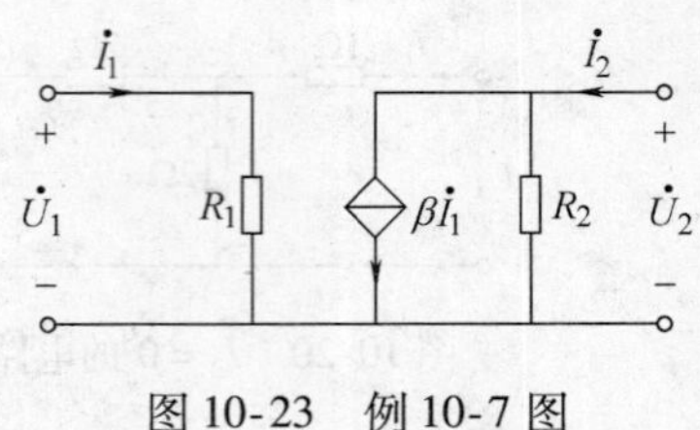

图 10-23　例 10-7 图

$$\begin{cases}\dot{U}_1 = H_{11}\dot{I}_1 + H_{12}\dot{U}_2\\ \dot{I}_2 = H_{21}\dot{I}_1 + H_{22}\dot{U}_2\end{cases}$$

$$\dot{U}_1 = R_1\dot{I}_1$$

$$\dot{I}_2 = \beta\dot{I}_1 + \frac{1}{R_2}\dot{U}_1$$

$$\boldsymbol{H} = \begin{pmatrix} R_1 & 0\\ \beta & 1/R_2\end{pmatrix}$$

【每节思考】

1. 对任何一个线性二端口，四个 Y 参数中有几个是独立的？
2. 何为互易二端口？何为对称二端口？
3. 确切理解 Y、Z、T、H 参数并熟悉记忆其方程和矩阵形式。

10.3　二端口网络的等效电路

1）两个二端口网络等效是指对外电路而言，端口的电压、电流关系相同。

2）求等效电路即根据给定的参数方程画出电路。

10.3.1　Z 参数方程等效电路

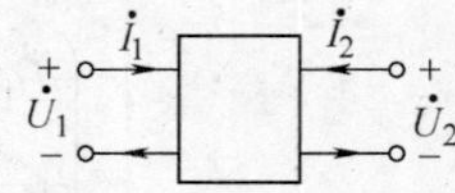

图 10-24　二端口网络

二端口网络如图 10-24 所示。

根据图 10-24 所示二端口网络可列出如下方程：

$$\begin{cases}\dot{U}_1 = Z_{11}\dot{I}_1 + Z_{12}\dot{I}_2\\ \dot{U}_2 = Z_{21}\dot{I}_1 + Z_{22}\dot{I}_2\end{cases}$$

其等效电路可用受控源表达，如图 10-25 所示。再改写为

$$\begin{cases}\dot{U}_1 = Z_{11}\dot{I}_1 + Z_{12}\dot{I}_2 + Z_{12}\dot{I}_1 - Z_{12}\dot{I}_1\\ \dot{U}_2 = Z_{21}\dot{I}_1 + Z_{22}\dot{I}_2 + Z_{12}\dot{I}_1 - Z_{12}\dot{I}_1 + Z_{12}\dot{I}_2 - Z_{12}\dot{I}_2\end{cases}$$

上述参数方程的等效电路如图 10-26 所示。

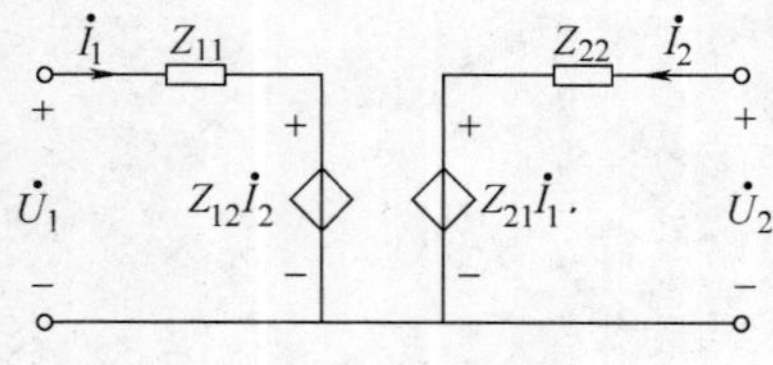

图 10-25　等效电路（1）

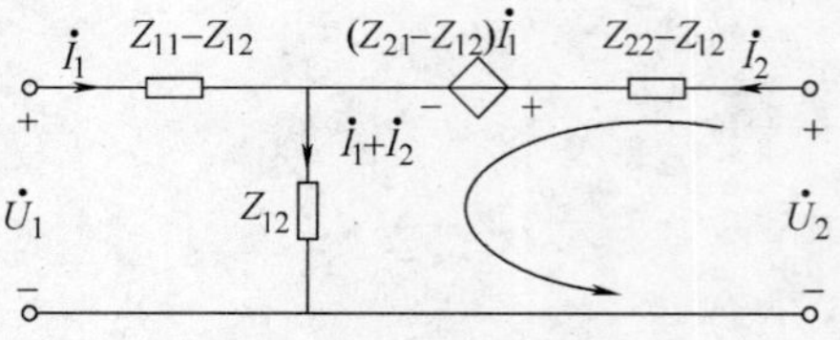

图 10-26　等效电路（2）

可见等效电路不唯一。

互易网络有

$$Z_{12} = Z_{21}$$

等效电路如图 10-27 所示，又叫 T 形等效电路。

网络对称（$Z_{11}=Z_{22}$）则等效电路也对称。

10.3.2 Y 参数方程等效电路

将图 10-24 变换为图 10-28 所示二端口网络，由此可列出如下方程：

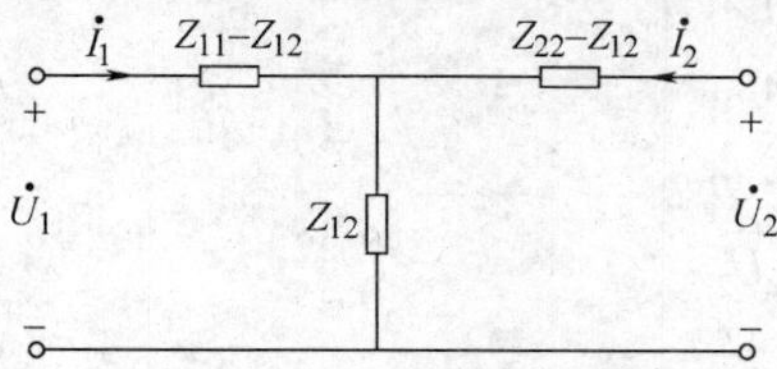

图 10-27 互易网络的等效电路

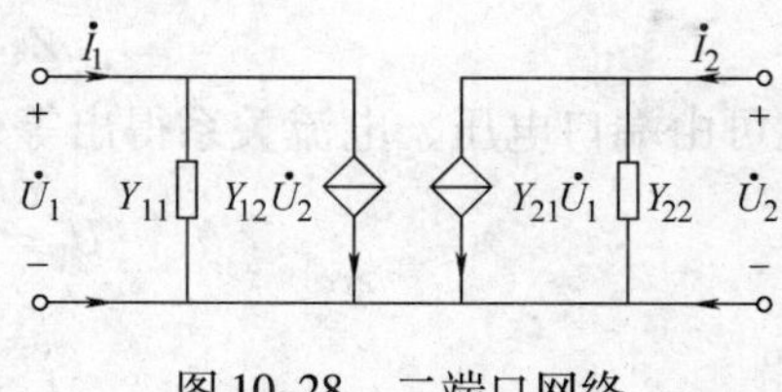

图 10-28 二端口网络

$$\begin{cases}\dot{I}_1=Y_{11}\dot{U}_1+Y_{12}\dot{U}_2\\ \dot{I}_2=Y_{21}\dot{U}_1+Y_{22}\dot{U}_2\end{cases}$$

另一种形式如图 10-29 所示。

互易网络有

$$Y_{12}=Y_{21}$$

等效电路如图 10-30 所示，又称 Π 形等效电路。

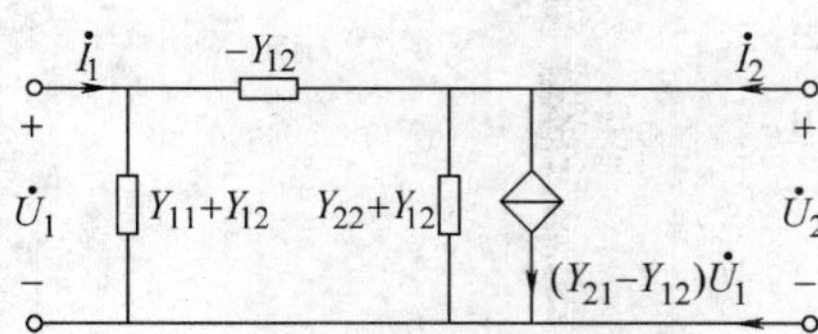

图 10-29 图 10-28 的另一种形式

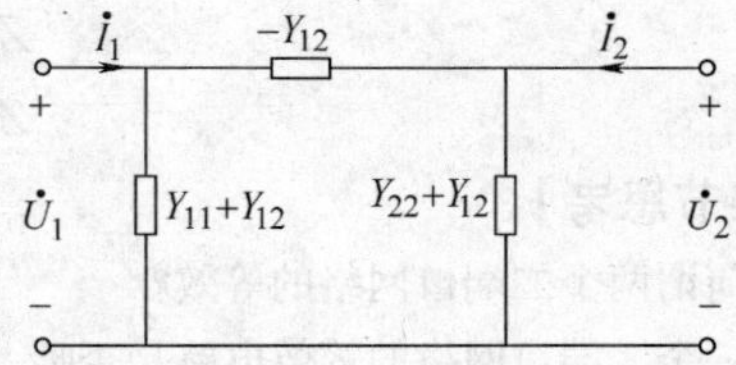

图 10-30 互易网络的等效电路

网络对称（$Y_{11}=Y_{22}$）则等效电路也对称。

例 10-8 给定互易网络的传输参数，求 T 形等效电路。

$$\begin{pmatrix}\dot{U}_1\\ \dot{I}_1\end{pmatrix}=\begin{pmatrix}T_{11} & T_{12}\\ T_{21} & T_{22}\end{pmatrix}\begin{pmatrix}\dot{U}_2\\ -\dot{I}_2\end{pmatrix}$$

解 T 形等效电路如图 10-31 所示。

开路电压比为

$$T_{11}=\left.\frac{\dot{U}_1}{\dot{U}_2}\right|_{\dot{I}_2=0}=\frac{Z_1+Z_2}{Z_2}$$

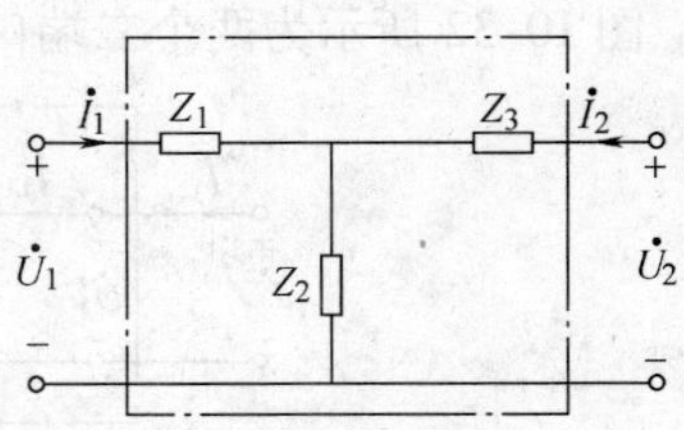

图 10-31 T 形等效电路

开路转移导纳为

$$T_{21}=\left.\frac{\dot{I}_1}{\dot{U}_2}\right|_{\dot{I}_2=0}=\frac{1}{Z_2}$$

短路电流比为

$$T_{22}=\frac{\dot I_1}{-\dot I_2}\bigg|_{\dot U_2=0}=\frac{Z_3+Z_2}{Z_2}$$

可求得

$$Z_2=1/T_{21}$$
$$Z_1=(T_{11}-1)/T_{21}$$
$$Z_3=(T_{22}-1)/T_{21}$$

也可由端口电压、电流关系得出等效电路参数

$$\dot U_1=Z_1\dot I_1-Z_3\dot I_2+\dot U_2$$
$$\dot I_1=\frac{\dot U_2-Z_3\dot I_2}{Z_2}-\dot I_2$$

将$\dot I_1$代入上面的第一式并经整理，可得

$$\dot U_1=\left(1+\frac{Z_1}{Z_2}\right)\dot U_2-\left(Z_1+Z_3+\frac{Z_1+Z_3}{Z_2}\right)\dot I_2$$
$$\dot I_1=\frac{1}{Z_2}\dot U_2-\left(1+\frac{Z_3}{Z_2}\right)\dot I_2$$

可求得

$$Z_2=1/T_{21}$$
$$Z_1=(T_{11}-1)/T_{21}$$
$$Z_3=(T_{22}-1)/T_{21}$$

【每节思考】

1. 何谓两个二端口网络的等效？
2. 一个二端口网络的等效电路是否唯一？
3. 一个对称二端口网络其等效电路是否也对称？

10.4 二端口网络的连接

二端口网络可按多种不同方式相互连接，主要有**级联（链联）、串联和并联**等。

10.4.1 级联（链联）

图10-32所示为两个二端口的级联。

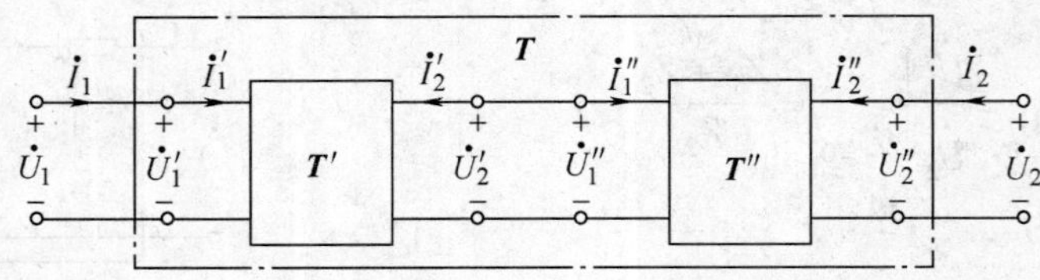

图10-32 两个二端口的级联

设

$$\boldsymbol{T}'=\begin{bmatrix}T'_{11} & T'_{12}\\ T'_{21} & T'_{22}\end{bmatrix}\qquad \boldsymbol{T}''=\begin{bmatrix}T''_{11} & T''_{12}\\ T''_{21} & T''_{22}\end{bmatrix}$$

即
$$\begin{bmatrix}\dot{U}_1'\\ \dot{I}_1'\end{bmatrix}=\begin{bmatrix}T_{11}' & T_{12}'\\ T_{21}' & T_{22}'\end{bmatrix}\begin{bmatrix}\dot{U}_2'\\ -\dot{I}_2'\end{bmatrix}\qquad\begin{bmatrix}\dot{U}_1''\\ \dot{I}_1''\end{bmatrix}=\begin{bmatrix}T_{11}'' & T_{12}''\\ T_{21}'' & T_{22}''\end{bmatrix}\begin{bmatrix}\dot{U}_2''\\ -\dot{I}_2''\end{bmatrix}$$

则二端口级联如图 10-33 所示。

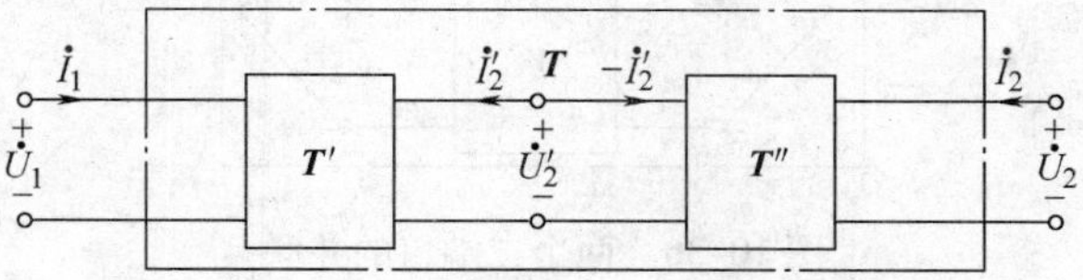

图 10-33　二端口级联

得
$$\begin{pmatrix}\dot{U}_1\\ \dot{I}_1\end{pmatrix}=\begin{pmatrix}T_{11}' & T_{12}'\\ T_{21}' & T_{22}'\end{pmatrix}\begin{pmatrix}\dot{U}_2'\\ -\dot{I}_2'\end{pmatrix}=\begin{pmatrix}T_{11}' & T_{12}'\\ T_{21}' & T_{22}'\end{pmatrix}\begin{pmatrix}T_{11}'' & T_{12}''\\ T_{21}'' & T_{22}''\end{pmatrix}\begin{pmatrix}\dot{U}_2\\ -\dot{I}_2\end{pmatrix}$$

$$\begin{pmatrix}\dot{U}_1\\ \dot{I}_1\end{pmatrix}=\begin{pmatrix}T_{11}' & T_{12}'\\ T_{21}' & T_{22}'\end{pmatrix}\begin{pmatrix}T_{11}'' & T_{12}''\\ T_{21}'' & T_{22}''\end{pmatrix}\begin{pmatrix}\dot{U}_2\\ -\dot{I}_2\end{pmatrix}$$

所以，$\boldsymbol{T}=\boldsymbol{T}'\boldsymbol{T}''$。

级联后所得复合二端口 *T* 参数矩阵等于级联的二端口 *T* 参数矩阵 *T*′和 *T*″相乘。上述结论可推广到 n 个二端口级联的关系。

例 10-9　求图 10-34 所示电路的 T 参数。

解

$$\begin{pmatrix}\dot{U}_1\\ \dot{I}_1\end{pmatrix}=\begin{pmatrix}T_{11} & T_{12}\\ T_{21} & T_{22}\end{pmatrix}\begin{pmatrix}\dot{U}_2\\ -\dot{I}_2\end{pmatrix}$$

等效电路如图 10-35 所示。

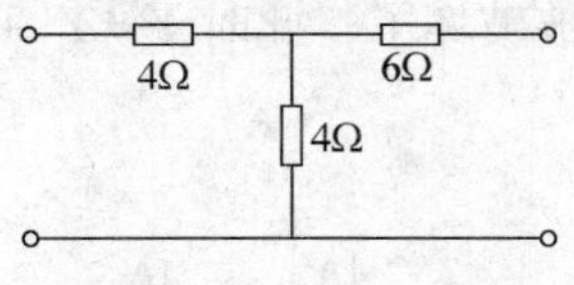

图 10-34　例 10-9 图

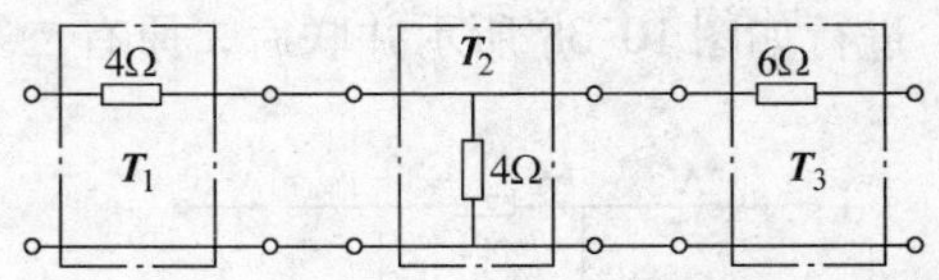

图 10-35　等效电路

可求得
$$\boldsymbol{T}_1=\begin{pmatrix}1 & 4\Omega\\ 0 & 1\end{pmatrix}\quad\boldsymbol{T}_2=\begin{pmatrix}1 & 0\\ 0.25\mathrm{S} & 1\end{pmatrix}\quad\boldsymbol{T}_3=\begin{pmatrix}1 & 6\Omega\\ 0 & 1\end{pmatrix}$$

得
$$\boldsymbol{T}=\boldsymbol{T}_1\boldsymbol{T}_2\boldsymbol{T}_3=\begin{pmatrix}1 & 4\\ 0 & 1\end{pmatrix}\begin{pmatrix}1 & 0\\ 0.25 & 1\end{pmatrix}\begin{pmatrix}1 & 6\\ 0 & 1\end{pmatrix}=\begin{pmatrix}2 & 16\Omega\\ 0.25\mathrm{S} & 2.5\end{pmatrix}$$

10.4.2　并联

图 10-36 所示为两个二端口的并联。连接方式为输入端口并联，输出端口也并联。

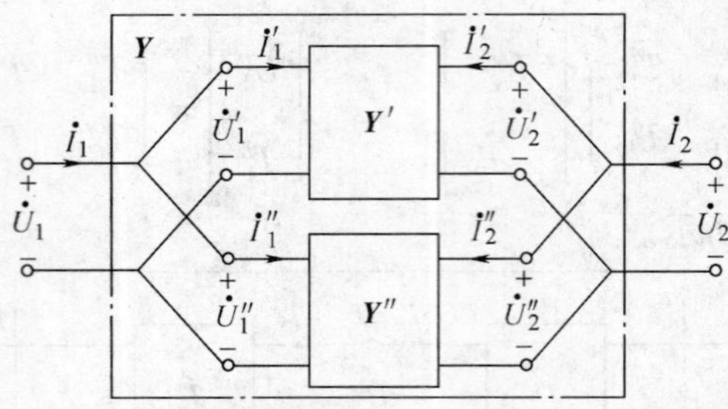

图 10-36　两个二端口的并联

由

$$\begin{pmatrix}\dot{I}'_1\\ \dot{I}'_2\end{pmatrix}=\begin{pmatrix}Y'_{11} & Y'_{12}\\ Y'_{21} & Y'_{22}\end{pmatrix}\begin{pmatrix}\dot{U}'_1\\ \dot{U}'_2\end{pmatrix}\quad \begin{pmatrix}\dot{I}''_1\\ \dot{I}''_2\end{pmatrix}=\begin{pmatrix}Y''_{11} & Y''_{12}\\ Y''_{21} & Y''_{22}\end{pmatrix}\begin{pmatrix}\dot{U}''_1\\ \dot{U}''_2\end{pmatrix}$$

并联后为

$$\begin{pmatrix}\dot{I}_1\\ \dot{I}_2\end{pmatrix}=\begin{pmatrix}\dot{I}'_1\\ \dot{I}'_2\end{pmatrix}+\begin{pmatrix}\dot{I}''_1\\ \dot{I}''_2\end{pmatrix}=\begin{pmatrix}Y'_{11} & Y'_{12}\\ Y'_{21} & Y'_{22}\end{pmatrix}\begin{pmatrix}\dot{U}_1\\ \dot{U}_2\end{pmatrix}+\begin{pmatrix}Y''_{11} & Y''_{12}\\ Y''_{21} & Y''_{22}\end{pmatrix}\begin{pmatrix}\dot{U}_1\\ \dot{U}_2\end{pmatrix}$$

$$\begin{pmatrix}\dot{I}_1\\ \dot{I}_2\end{pmatrix}=\begin{pmatrix}Y_{11} & Y_{12}\\ Y_{11} & Y_{22}\end{pmatrix}\begin{pmatrix}\dot{U}_1\\ \dot{U}_2\end{pmatrix}=\boldsymbol{Y}\begin{pmatrix}\dot{U}_1\\ \dot{U}_2\end{pmatrix}$$

可得

$$\boldsymbol{Y}=\boldsymbol{Y}'+\boldsymbol{Y}''$$

二端口并联所得复合二端口的 Y 参数矩阵 $\boldsymbol{Y}$ 等于两个二端口 Y 参数矩阵 $\boldsymbol{Y}'$ 和 $\boldsymbol{Y}''$ 相加。

有两点说明：

1）两个二端口并联时，其端口条件可能被破坏。例如，图 10-37 所示的两个二端口网络，进行如图 10-38 所示并联后，原有二端口的端口条件被破坏了，此时 $\boldsymbol{Y}\neq\boldsymbol{Y}'+\boldsymbol{Y}''$。

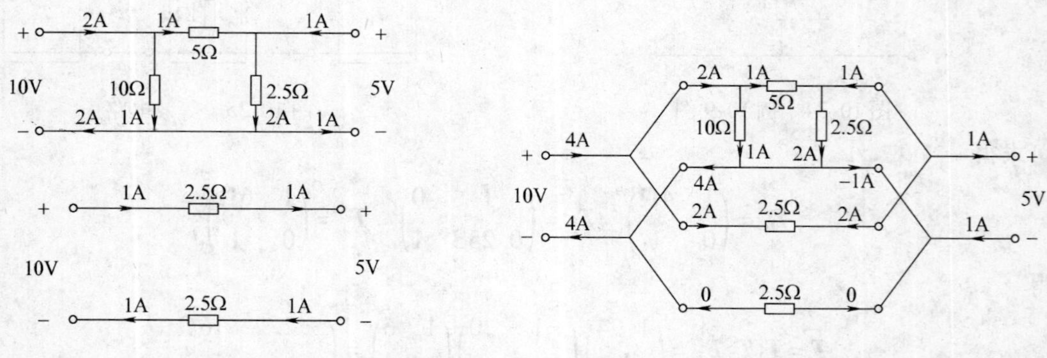

图 10-37　两个二端口网络　　　　图 10-38　图 10-37 中两个二端口网络的并联

2）具有公共端的二端口，将公共端并在一起将不会破坏端口条件。例如图 10-39 至图 10-40 的变换。

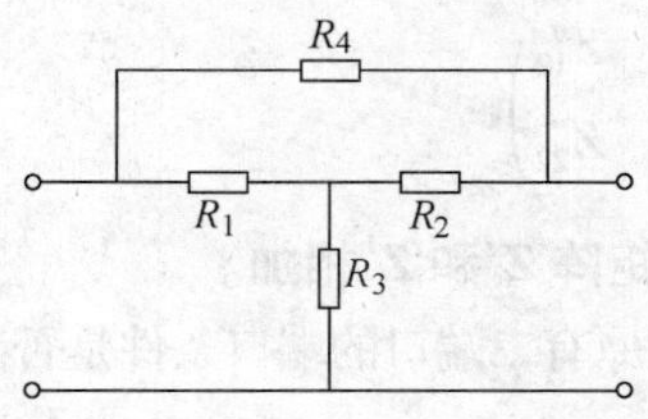

图 10-39　具有公共端的二端口

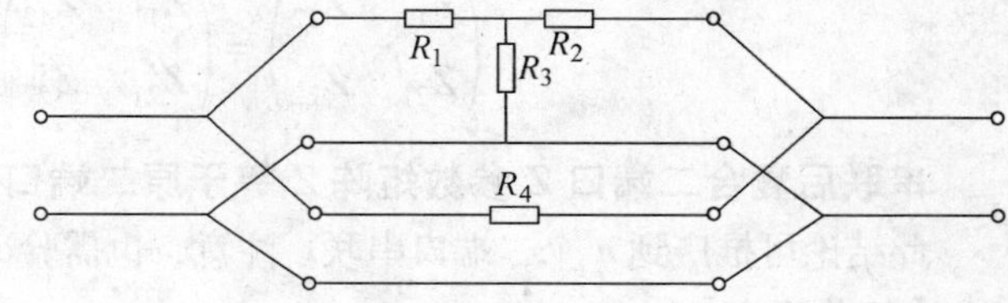

图 10-40　公共端并联

例 10-10　已知图 10-41 所示中网络 N 为多端元件，其 $\boldsymbol{Y}_{\mathrm{N}}=\begin{pmatrix} Y_{11} & Y_{12} \\ Y_{11} & Y_{22} \end{pmatrix}$。求整个二端口网络的 Y 参数矩阵。

解　该电路可以根据电路结构求出 Y 参数，也可以利用二端口网络的并联进行求解。电路可化为如图 10-42 所示两个二端口网络。

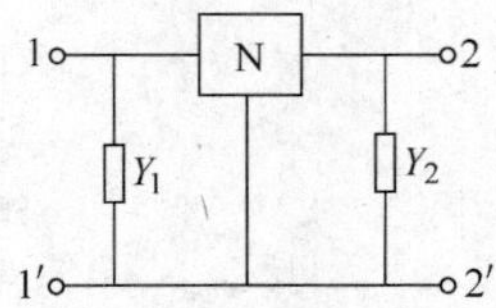

图 10-41　例 10-10 图

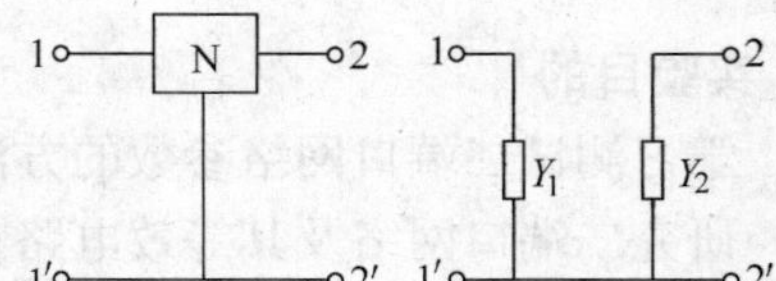

图 10-42　将图 10-41 化为两个二端口网络

图 10-42 中的 Y 参数如下：

$$\boldsymbol{Y}_{\mathrm{N1}}=\begin{pmatrix} Y_1 & 0 \\ 0 & Y_2 \end{pmatrix}$$

$$\boldsymbol{Y}=\boldsymbol{Y}_{\mathrm{N}}+\boldsymbol{Y}_{\mathrm{N1}}=\begin{pmatrix} Y_1+Y_{11} & Y_{12} \\ Y_{21} & Y_2+Y_{22} \end{pmatrix}$$

10.4.3　串联

图 10-43 所示为两个二端口串联连接，输入端口串联，输出端口也串联。

下面采用 Z 参数分析串联特性

$$\begin{pmatrix} \dot{U}_1 \\ \dot{U}_2 \end{pmatrix}=\begin{pmatrix} \dot{U}_1' \\ \dot{U}_2' \end{pmatrix}+\begin{pmatrix} \dot{U}_1'' \\ \dot{U}_2'' \end{pmatrix}=\boldsymbol{Z}'\begin{pmatrix} \dot{I}_1' \\ \dot{I}_2' \end{pmatrix}+\boldsymbol{Z}''\begin{pmatrix} \dot{I}_1'' \\ \dot{I}_2'' \end{pmatrix}$$

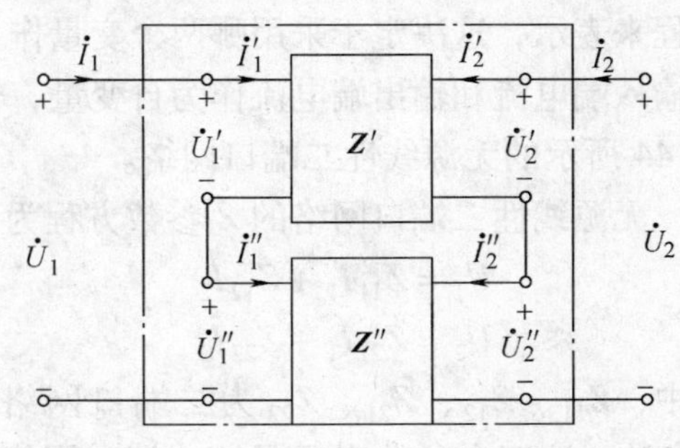

图 10-43　两个二端口串联

串联电流相等

$$\begin{pmatrix} \dot{I}_1 \\ \dot{I}_2 \end{pmatrix}=\begin{pmatrix} \dot{I}_1' \\ \dot{I}_2' \end{pmatrix}=\begin{pmatrix} \dot{I}_1'' \\ \dot{I}_2'' \end{pmatrix}$$

则

$$\boldsymbol{Z}=\boldsymbol{Z}'+\boldsymbol{Z}''$$

即

$$\begin{pmatrix} Z_{11} & Z_{12} \\ Z_{21} & Z_{22} \end{pmatrix} = \begin{pmatrix} Z'_{11} & Z'_{12} \\ Z'_{21} & Z'_{22} \end{pmatrix} + \begin{pmatrix} Z''_{11} & Z''_{12} \\ Z''_{21} & Z''_{22} \end{pmatrix}$$

串联后复合二端口 Z 参数矩阵 Z 等于原二端口 Z 参数矩阵 Z'和 Z''相加。

此结论可推广到 n 个二端口串联。注意，也需验证串联后原有二端口的端口条件是否破坏。

【每节思考】

1. 两个二端口网络级联有何特性？
2. 二端口网络的级联和串联有何区别？
3. 两个二端口并联时，其端口条件是否肯定被破坏？

10.5 实验

线性无源二端口网络测试实验

1. 实验目的

1）学习测试二端口网络参数的方法。

2）研究二端口网络及其等效电路在有载情况下的性能。

2. 实验原理

1）任何一个无源二端口网络，如果仅对它的两对端口的外部特性感兴趣，而对它的内部结构不要求了解时，那么，不管二端口网络多么复杂，总可以找到一个极其简单的等效二端口电路来替代原网络，而该等效电路的电压和电流间的相互关系与原网络对应端口的电压电流间的关系完全相同，这就是所谓“黑盒理论”的基本内容。这一理论具有很大的实用价值。因为对任何一个线性系统，人们所关心的往往只是输入端口与输出端口的特性，而对系统内部的复杂结构不需要研究。

复杂二端口网络的端口特性往往很难用计算分析的方法求取其等效电路。因此，实用上一般都是用实验测试的方法来解决。所以学会二端口网络的参数的测试方法具有很大实际意义。

2）一个二端口网络的两对端口的电压、电流四个变量之间的关系可用多种形式的参数方程来表示，这决定于采用哪两个变量作为自变量，哪两个变量作为因变量。将二端口网络的输入端电流和输出端电流作为自变量，输入端电压和输出端电压作为因变量，可得到如图10-44所示的无源线性二端口网络。

无源线性二端口网络的 Z 参数方程为

$$U_1 = Z_{11}I_1 + Z_{12}I_2$$
$$U_2 = Z_{21}I_1 + Z_{22}I_2$$

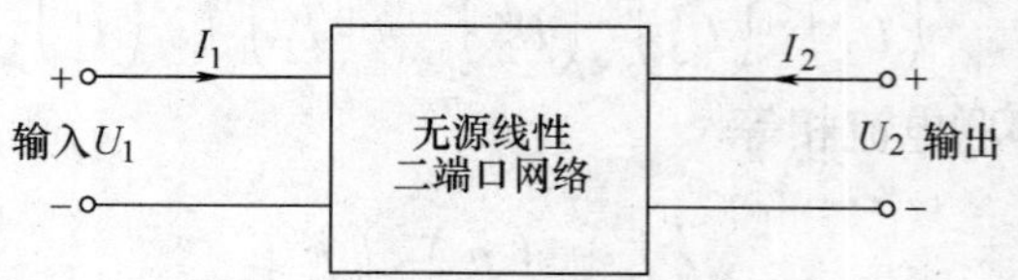

图 10-44　无源线性二端口网络

式中，Z_{11}、Z_{12}、Z_{21}、Z_{22} 为二端口网络的 Z 参数，这四个参数表征了该二端口网络的基本特性，它们的含义如下：

输入阻抗

$$Z_{11} = \frac{U_1}{I_1}\bigg|_{I_2=0}$$

开路转移阻抗　$Z_{21}=\left.\frac{U_2}{I_1}\right|_{I_2=0}$

开路转移阻抗　$Z_{12}=\left.\frac{U_1}{I_2}\right|_{I_1=0}$

输出阻抗　$Z_{22}=\left.\frac{U_2}{I_2}\right|_{I_1=0}$

由上可知，只要在两个端口分别加上电压，在两个端口同时测量其电压和电流，即可求出 Z_{11}、Z_{12}、Z_{21}、Z_{22} 四个参数，此即为双端口同时测量法。

无源线性二端口网络的 H 参数方程为（又称为混合参数）

$$U_1=H_{11}I_1+H_{12}U_2$$
$$I_2=H_{21}I_1+H_{22}U_2$$

四个参数表征了该二端口网络的基本特性，它们的含义如下：

输入阻抗　$H_{11}=\left.\frac{U_1}{I_1}\right|_{U_2=0}$

开路转移阻抗　$H_{12}=\left.\frac{U_1}{U_2}\right|_{I_1=0}$

开路转移阻抗　$H_{21}=\left.\frac{I_2}{I_1}\right|_{U_2=0}$

输出阻抗　$H_{22}=\left.\frac{I_2}{U_2}\right|_{I_1=0}$

3. 实验设备

1）直流电源、实验板、直流电压表、直流电流表等。

2）无源二端口网络实验板。

4. 实验内容

（1）Z 参数的测量

按图 10-45 所示接线，进行 Z 参数的测量和计算，并将数据记录在该表 10-1 中。

1）将输出开路（$I_2=0$），在输入端加一直流电源 U_1，测量输入端口的电压 U_1（U_1 可设定为 5V）和电流 I_1，以及输出端口的电压 U_2，则 $Z_{11}=U_1/I_1$，$Z_{21}=U_2/I_1$。

2）将输入开路（$I_1=0$），在输出端加一直流电源 U_2，测量输出端口的电压 U_2（U_2 可设定为 5V）和电流 I_2，以及输入端口的电压 U_1，则 $Z_{22}=U_2/I_2$，$Z_{12}=U_1/I_2$。

（2）H 参数的测量

按图 10-45 所示接线，进行 H 参数的测量和计算，并将数据记录在该表 10-2中。

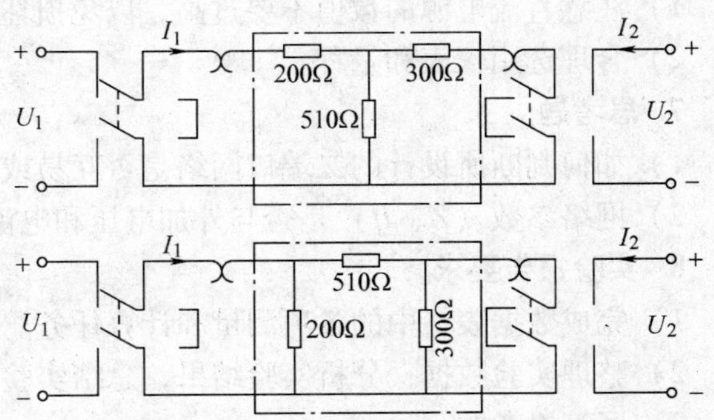

图 10-45　无源二端口网络实验电路

1）将输出短路（$U_2=0$），在输入端加一直流电源，测量输入端口的电压 U_1（U_1 可设定为 5V）和电流 I_1，以及输出端口的电流 I_2，则 $H_{11}=U_1/I_1$，$H_{21}=I_2/I_1$。

表 10-1 二端口网络的 Z 参数测量

	输出开路（$I_2=0$）		输入开路（$I_1=0$）	
	U_1/V	I_1/mA	I_2/mA	U_2/V
计算值				
测量值				
$Z_{11}=U_1/I_1=$______Ω，$Z_{21}=U_2/I_1=$______Ω			则 $Z_{22}=U_2/I_2=$______Ω，$Z_{12}=U_1/I_2=$______Ω	

表 10-2 二端口网络的 H 参数测量

	输出短路（$U_2=0$）			输入开路（$I_1=0$）		
	U_1/V	I_1/mA	I_2/mA	U_2/V	I_2/mA	U_1/V
计算值						
测量值						
$H_{11}=U_1/I_1=$______Ω，$H_{21}=I_2/I_1=$______				则 $H_{22}=I_2/U_2=$______S，$H_{12}=U_1/U_2=$______		

2）输入开路（$I_1=0$），在输出端加一直流电源，测量输出端口的电压 U_2 和电流 I_2，以及输入端口的电压 U_1，则 $H_{22}=I_2/U_2$，$H_{12}=U_1/U_2$。

（3）带负载时输入阻抗的测量

在输出端接一负载电阻 R_L（100Ω），在输入端加上直流电源，测量此时的 U_1（U_1 可设定为5V）、I_1，则输入阻抗 $Z_{in}=U_1/I_1$。

5. 预习要求

1）预习网络参数计算及测量的有关知识和方法。

2）设计并列出实验计算表格，填写计算数据。

① 列出 Z 参数特征方程，并计算 Z 参数；

② 列出 H 参数特征方程，并计算 H 参数；

③ 在二端口网络输出端接一负载电阻 R_L（100Ω），计算网络的输入阻抗 Z_{in}；

④ 列出实验测试表格，备用，并提前进行计算，将计算值填入表格中。

6. 注意事项

1）注意直流电源的数值不要过高，以免损坏二端口网络。

2）合理选用仪表和量程。

7. 思考题

1）如何判断所设计的二端口网络是否互易或对称？

2）网络参数（Z、H）是否与外加电压和电流有关？为什么？

8. 实验报告要求

1）完成数据表格中的各项测量和计算任务。

2）整理实验数据，分析实验结果，总结实验结论。

3）回答思考题。

本章小结

本章介绍了二端口网络的构造和工程应用背景，介绍了常用的二端口网络的方程和参数。在此基础上研究了二端口网络的等效电路，并重点论述了二端口网络的相互连接，特别是二端口网络的级联，充分体现了电路理论“模块化”、“集成化”的工程处理思想，应引起同学们的重视。

习　题

10-1　求图10-46所示二端口网络的 Y 参数。

10-2　求图10-47所示二端口的混合参数（H）矩阵。

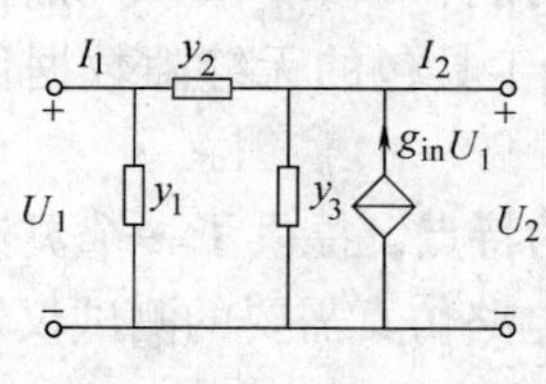

图10-46　题10-1图

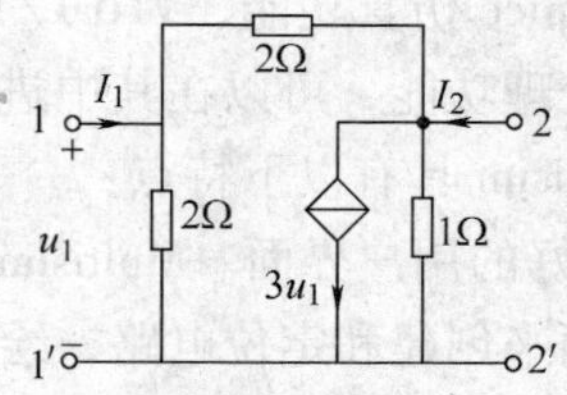

图10-47　题10-2图

10-3　求如图10-48a和b所示网络的正向 T 参数方程。

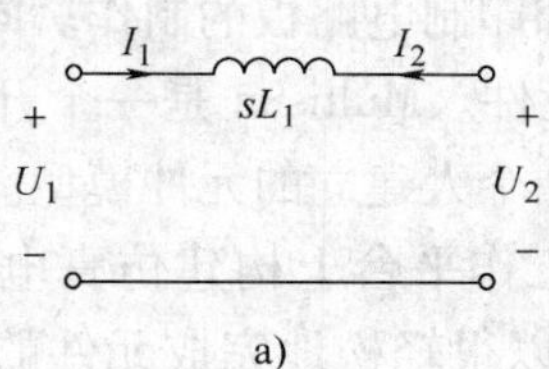

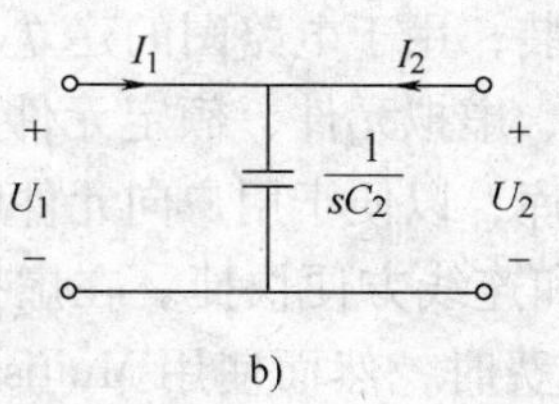

图10-48　题10-3图

10-4　求图10-49所示星形和三角形二端口网络的等效条件。

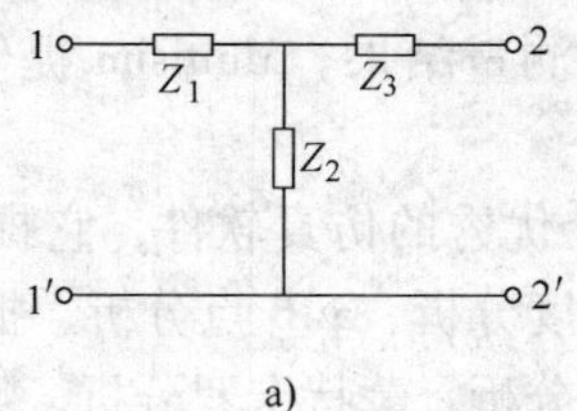

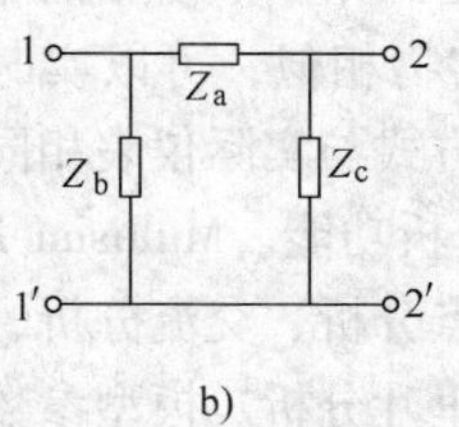

图10-49　题10-4图

10-5　利用网络连接关系，求出图10-50所示桥T形网络的一组参数矩阵。

10-6　分析图10-51所示网络输入端的输入阻抗与负载的关系，并计算当 $Z_L=3\Omega$ 时的输入阻抗及二端口网络的输入端、输出端的电压和电流。

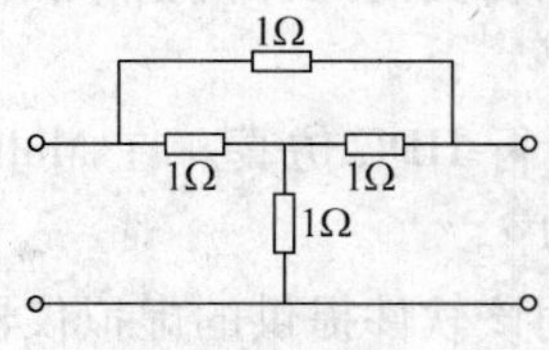

图10-50　题10-5图

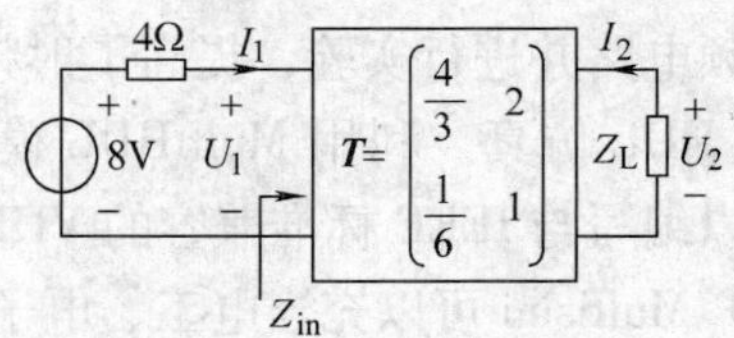

图10-51　题10-6图

附录　Multisim 仿真软件使用简介

1. Multisim 软件简介

Multisim 电路设计和仿真软件具有非常强大的元件数据库，并提供原理图输入接口、全部的数模 Spice 仿真功能、VHDL/Verilog 设计接口和仿真功能、FPGA/CPLD 综合、RF 设计能力和后处理功能，可以在其中进行从原理图到 PCB 布线工具包的无缝隙数据传输。具体来讲，Multisim 具有以下特点：

1）友好的用户界面。Multisim 沿袭了以前 EWB 界面的特点，提供了一个灵活的、直观的工作界面来创建和定位电路，绘制电路图需要的元件、电路仿真需要的测试仪器均可直接从屏幕上选取。

2）元件数和模型数多。Multisim 的元件库中拥有 13000 个元件，这些元件被分成不同的“系列”，用户可以很方便地找到所需要的元件。元件库中的每一个元件都有具体的符号、仿真模型和封装，用于电路图的建立、仿真和印制电路板的制作。同时还含有大量的交互元件、指示元件、虚拟元件、额定元件和 3D 元件。Multisim 是一个开放的软件，用户可以建立自己的元件库，以便于用户向元件库中添加个人建立的元件模型。

3）元件放置和连线方便快捷。在虚拟电子工作平台上构建仿真电路图时，放置元件和连线时较为费力费时，然而使用 Multisim 时可以很轻松地完成元件的放置和电路图的连接。

4）可进行 Spice 仿真。对电路进行 Spice 仿真可以快速了解电路的功能和性能。Multisim 为电工、模拟、数字以及模/数混合电路提供了快速并且精确的仿真。

5）虚拟仪器与实物相似，可以实时显示测量结果。Multisim 提供的虚拟仪器的功能、控制面板外形、操作方式与实际仪表相同。

6）强大的电路分析功能。Multisim 是一个优秀的仿真软件，它提供了多种电路仿真分析方法，如直流工作点分析、交流分析、敏感度分析、3dB 点分析、批处理分析、直流扫描分析、失真分析、傅里叶分析、模型参数扫描分析、蒙特卡罗分析、噪声分析、噪声系数分析、温度扫描分析、传输函数分析、用户自定义分析和失真情况分析等 19 种分析。

7）强大的作图功能。Multisim 提供了强大的作图功能，可将仿真分析结果进行显示、调节、储存、打印和输出。使用作图器还可以对仿真结果进行测量、设置标记、重建坐标系以及添加网格。

8）RF 电路的仿真。Multisim 提供了专门用于射频电路仿真的元件模型库和仪表，以此搭建射频电路并进行实验，提高了射频电路仿真的准确性。

9）HDL 仿真。利用 MultiHDL 模块，Multisim 可以进行 HDL 仿真。在 MultiHDL 环境下，可以编写与 IEEE 标准兼容的 VHDL 或 Verilog HDL 程序。

10）Multisim 可以充当电工、电子技术训练工具，利用该软件提供的虚拟仪器可以更灵活地进行电路仿真实验，熟悉常用电子仪器测量方法。因此 Multisim 非常适合电子类课程的教学和实验。

2. Multisim 的基本使用方法

（1） Multisim 软件安装

第 1 步，开始安装前退出所有的 Windows 应用程序；

第 2 步，将光盘放入光驱，运行其中的“Setup”命令执行文件；

第 3 步，出现安装向导后，单击“Next”按钮继续；

第 4 步，阅读授权协议，接受，单击“Yes”按钮，如果不接受，单击“NO”按钮，退出安装程序；

第 5 步，输入用户名、公司名以及 25 位的安装系列号，单击“Next”按钮继续；

第 6 步，当到了选择 Multisim 的安装位置时，选择默认位置或者单击“Browse”按钮选择到自己认为的位置，输入文件夹名，单击“Next”按钮继续；

第 7 步，安装程序将按照你输入的名称建立程序文件夹，单击“Next”按钮继续，Multisim 将自动完成安装。若不想安装，单击“Cancel”按钮终止。

（2） Multisim 界面

Multisim 的主窗口如附图 1 所示。

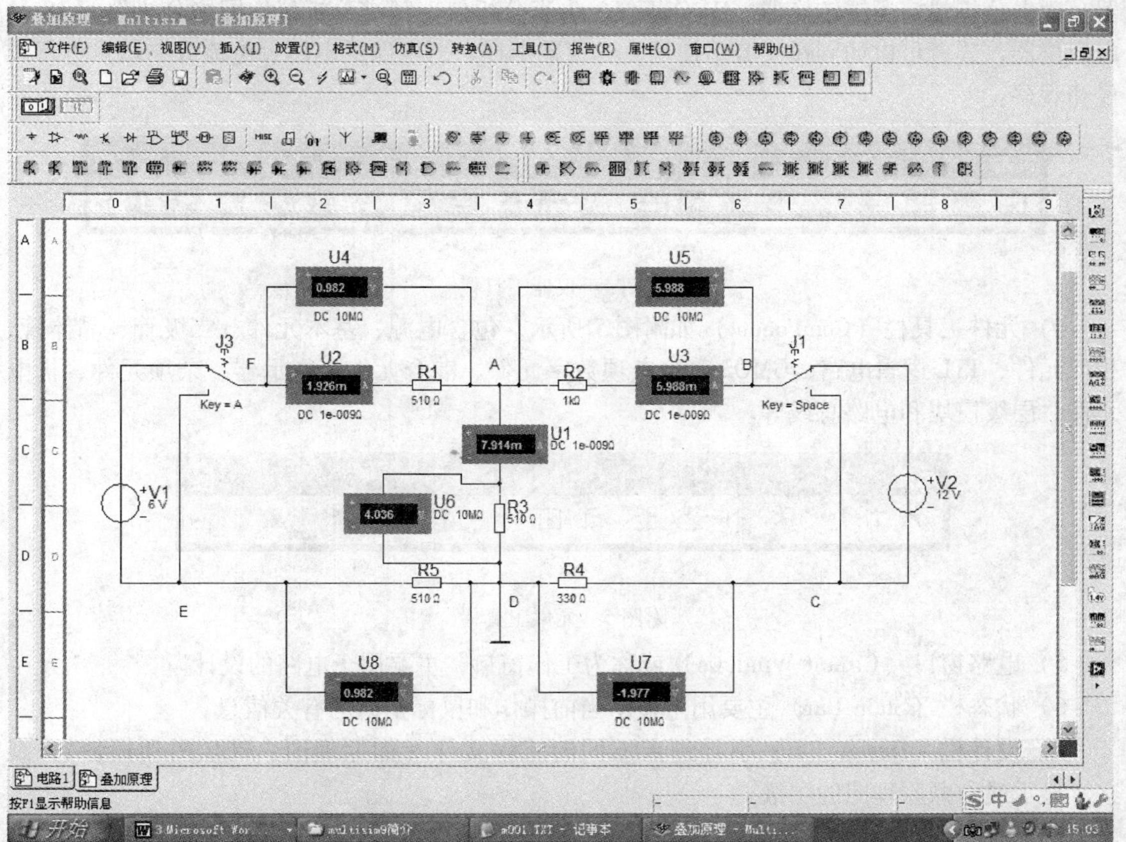

附图 1 Multisim 主窗口

界面主要由以下几部分组成：

1） 菜单栏（Menus）如附图 2 所示，主要提供文件、编辑、观察、放置、仿真、转换、工具、报告、选项、窗口以及帮助等 11 个所需的命令。

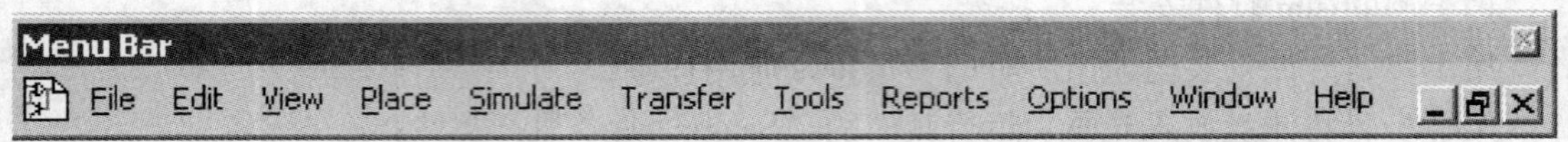

附图 2　菜单栏

2）标准工具栏（Standard Toolbar）如附图 3 所示，包括新建文件、打开文件、保存文件、打印电路、打印预览以及剪切、复制和粘贴等 8 个选项。

附图 3　标准工具栏

3）仪器工具栏（Instruments Toolbar）如附图 4 所示，Multisim 提供了大量的虚拟仪器，如万用表、信号发生器、功率表、示波器、四通道示波器、波特仪、频率计数器、字产生器、逻辑分析仪、逻辑转换器、IV 分析仪、失真分析仪、频谱分析仪、网络分析仪等 18 种虚拟仪器，读者可以如同在实验室使用真实仪器那样，对电路的电压、电流等物理量进行测量和观察。

附图 4　仪器工具栏

4）元件工具栏（ComPonent）如附图 5 所示，包含电源、基本元件、二极管、晶体管、相似元件、TTL 逻辑电路、CMOS 管、杂项数字元件、混合元件、指示器、杂项元件、机电元件、层级模块和电路总线等。

附图 5　元件工具栏

5）电路窗口（Circuit Windows）或称为工作窗口，主要用于电路的设计。

6）状态栏（Stain Bar）主要用于显示当前操作和鼠标指向的有关信息。

7）设计栏（Design Bar）引导进入不同的工程文件（如原理图、PCB 图和报告），观察、显示或隐藏原理图的层级。

8）电子数据表观察（Spreadsheet View）允许对元件的特性参数进行快速浏览和编辑，如封装、特性等。

9）使用列表（In Use List）显示电路窗口已放置元件的相关信息。

（3）Multisim 界面定制

定制 Multisim 界面，包括工具栏、电路颜色、图纸尺寸、符号系统（ANSI 和 DIN）和打印设置等。定制设置和电路文件一起保存，可将电路定制成不同的颜色。也可重载不同的个例或整个电路。

在进行电路建立之前，可以根据电路的复杂程度、审美标准、图纸可能大小，设置原理图图纸大小、方向及相关参数。从菜单的选项（Options）开始，单击表单属性（Sheet Properties）时，可对电路（Circuit）中的元件、网络名、总线入口、背景颜色（见附图6），工作空间（Workspace）中的显示方式、纸型、尺寸、方向、单位（见附图7），布线的线型（Wiring），字体（Font），印制电路板（PCB）及图纸的可视性（Visibility）进行设定。同时可对选项全局参数选择（Global Preferences）部件项中的元件放置模式、符号标准、数字仿真设置和定制用户界面（Customize User Interface）进行重置。

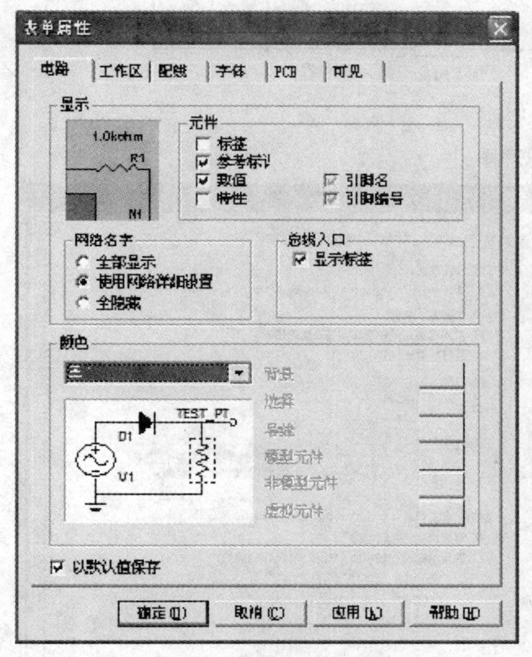

附图6 电路设置

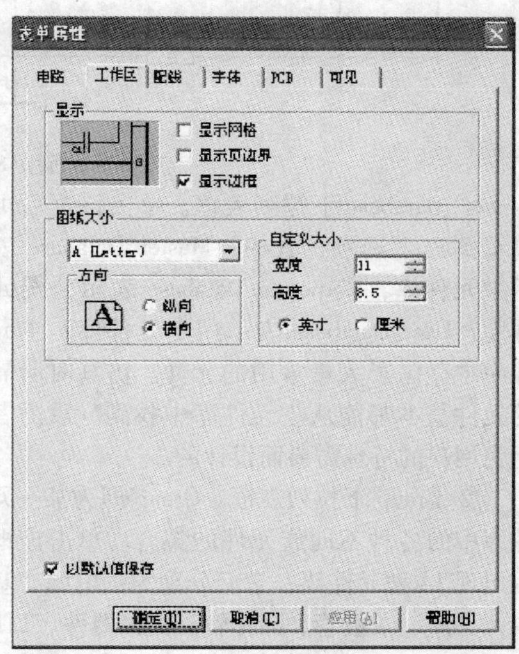

附图7 工作空间设置

3. Multisim 电路建立

电路建立主要涉及元件的放置和连接。建立仿真电路的基本要求就是选择元件并放置在电路窗口的适当位置，选择合适的方向，连接元件，并进行其他设计准备。具体如下：

1）运行 Multisim 时自动打开一个空白文件，电路的颜色、尺寸、符号标准等按界面定制方法进行设置。

2）向电路窗口放置元件。

如要设计附图 8 所示的原理图，可按下列步骤进行：

1）按要求设置好电路图纸。

2）将菜单 Options 栏 Global Preferences 选项部件（Part）中的符号默认标准 ANSI 改为 DIN 标准，如附图 9 所示。

3）选择元件。单击菜单栏中的 Place/Component，弹出如附图 10 所示的对话框。此对话框中包括以下几个部分。

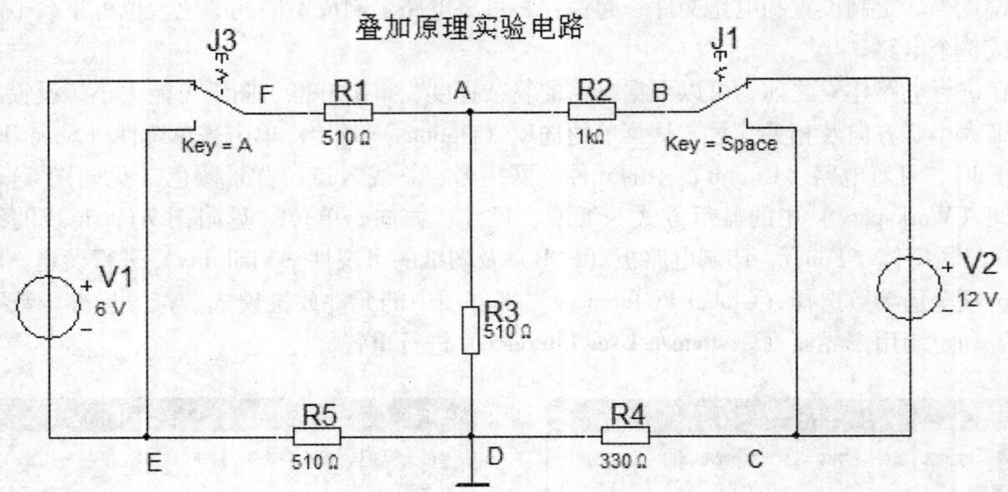

附图 8　原理图

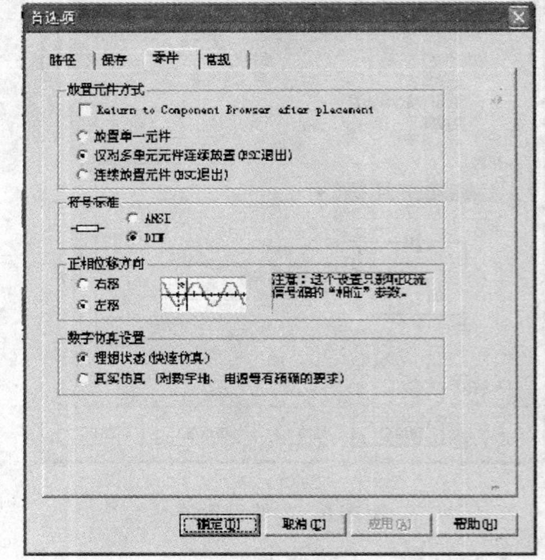

附图 9　符号标准设定

① Database 下拉列表框。单击该框后可以看到三个选项，其中，Master Database 表示主元件库，Corporate Database 表示公司元件库，User Database 表示用户元件库。主元件库中存储了大量常用的元件。仿真时所需的元件基本都能从主元件库中找到。后两者是为用户的特殊需要而设计的。

② Group 下拉列表框。Group 即为某一元件库中的各种不同族元件的集合。单击该框后出现 14 种元件族，它们分别为：电源、基本元件族、二极管、晶体管、模拟器件、TTL 器件族、CMOS 器件族、数字器件、数模混合器件、指示仿真结果器件、其他器件、射频器件、机械电子器件族和梯形图器件。

从中可以看出，选择元件时，首先应确定某一数据库，然后确定元件族，接着确定某种系列。在本例中，首先选择直流电源，再在 Database 框中选中 Master Database，在 Group 框中选择 Sources，这时在 Family 框中出现了对应于电源族器件的 6 种不同的系列——依次分别为直流电压源、单信号交流电压源、单信号交流电流源、控制函数、受控电压源和受控电流源。对于本例，自然选择 POWER_SOURCE 系列。这时在 Select a Component 对话框中的 Component 框中一共列出了 11 个具体元件。单击每一个选项后，在右侧的 Symbol、Function、Model Manuf 等栏中都会给出元件的外形、功能、封装模式等的描述。

本例中按附图 10 完成设置，然后单击“OK”按钮，会看到在用户的绘制电路工作区有一个直流电源的虚影在随着鼠标移动，将鼠标移到相应位置后单击鼠标左键，此时，一个直流电源已经放置在工作区中，如附图 11 所示。

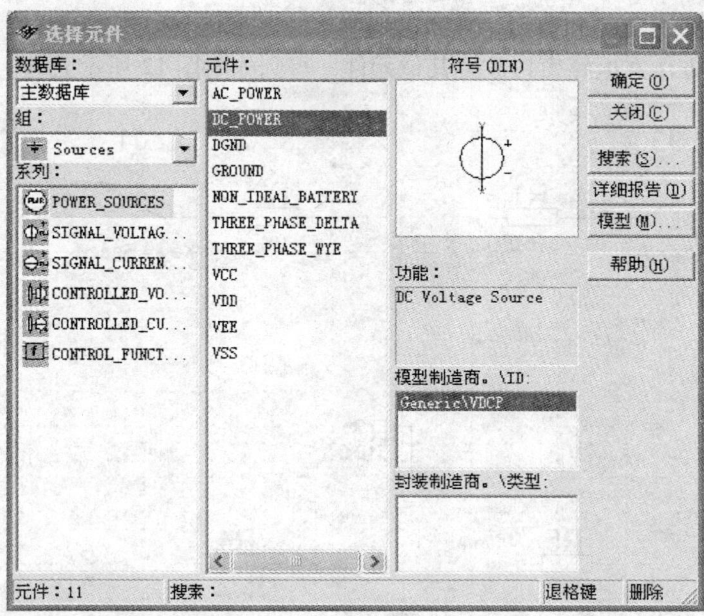

附图 10　选取元件对话框

附图 11　电压源、接地点的放置

4）调整元件。单击元件后单击鼠标右键，在出现的菜单中可对元件作水平、垂直翻转和 90°旋转。也可进行复制和剪切，直到得到调整满意为止。

5）用同样的方法在电路窗口放置其他元件，得到如附图 12 所示元件。

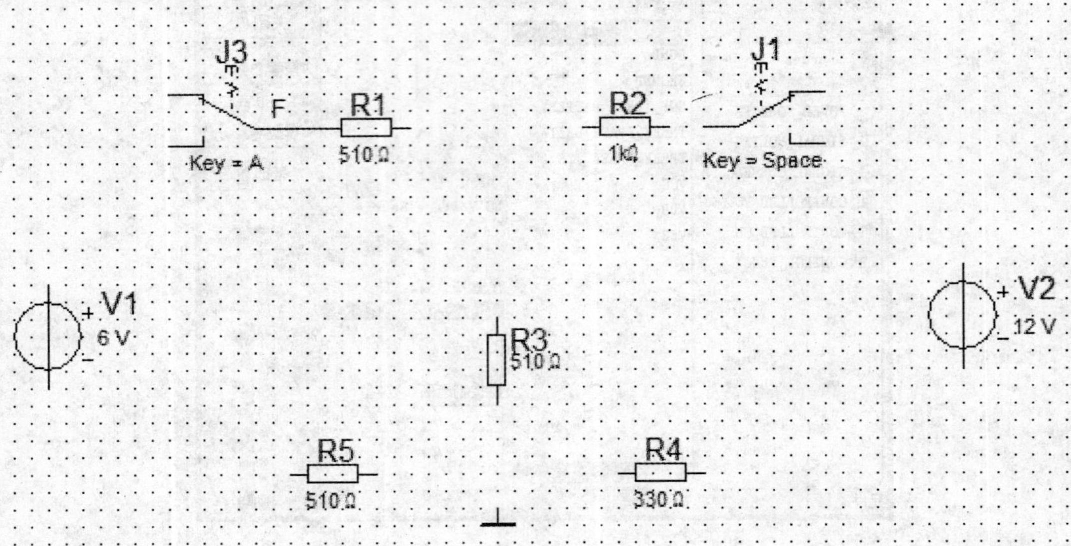

附图 12　电路窗口元件布置

6）双击要编辑的元件，对元件的标签、元件显示、元件值和引脚信息进行修改。对于电源和虚拟元件可更改元件参数，如附图 13 和附图 14 所示。

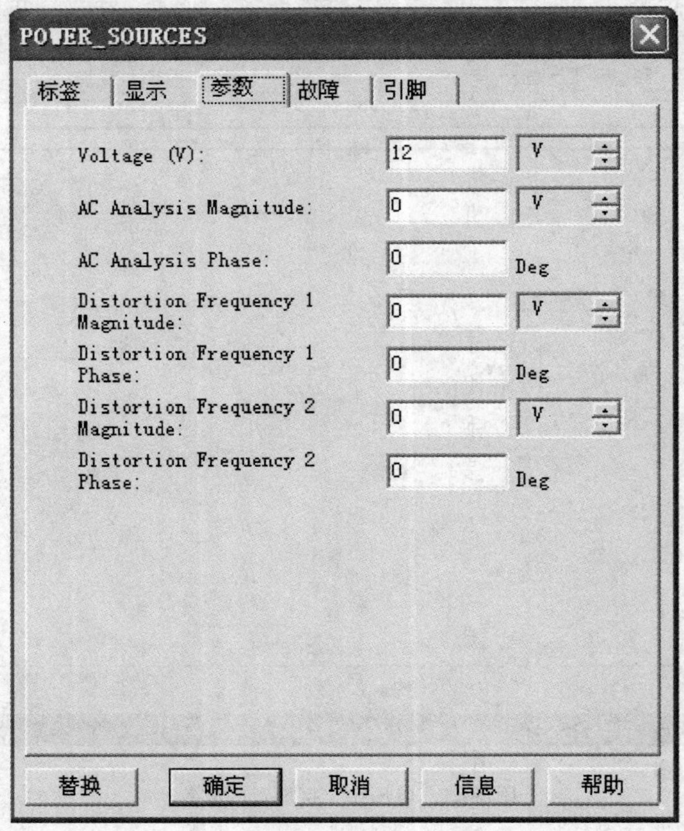

附图 13　调整电源参数

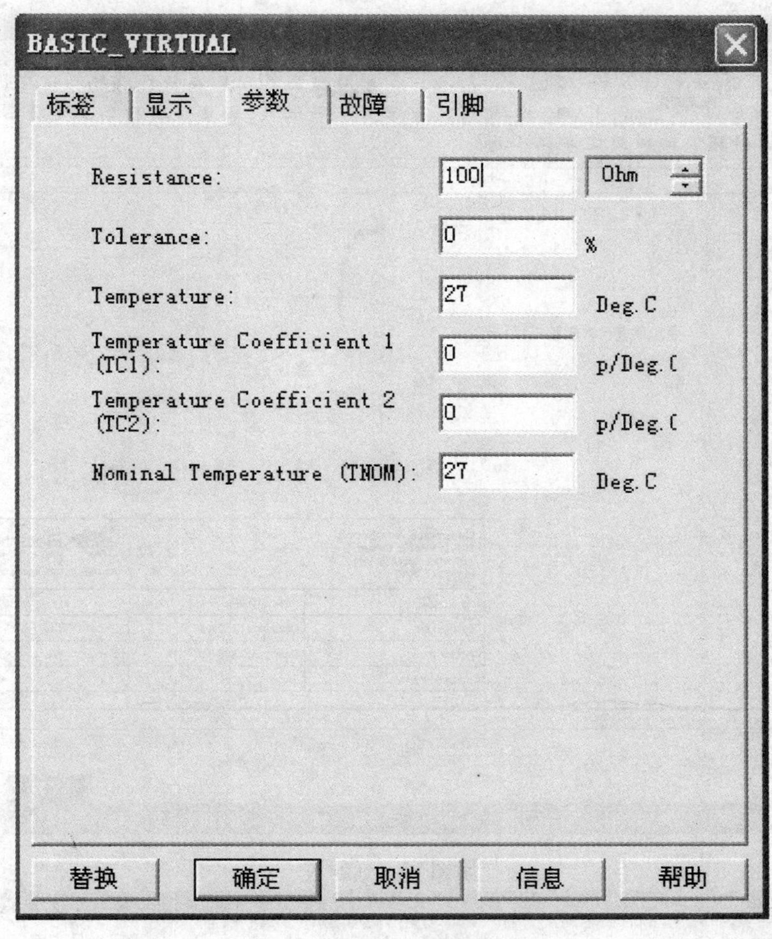

附图 14 调整虚拟元件参数

7）对已放置好的元件进行自动或人工布线。先自动布线，再进行人工调整。人工布线时，用鼠标单击元件连接点，将鼠标移动到所要连接的元件的某个引脚上，这时，鼠标指针会变成中间有实心黑点的十字形。单击鼠标后，再次移动鼠标，就会拖出一条黑虚线，将此黑虚线移动到所要连接的元件的引脚时，再次单击鼠标，这时就会将两个元件的引脚连接起来。

8）给电路增加文本、标题块和注释。单击菜单 Place/Comment 选项，在电路窗口的恰当位置放置，并添加注释框；在电路窗口单击鼠标右键，单击 Place Graphic/Text 选项，并填好文本框，单击鼠标左键，放于要说明的地方；单击 Place/Title Block 选项，将此放于电路窗口的右下角，双击添好相关项，如附图 15 所示。

4. Multisim 电路仿真

（1）给电路增加仪表

对电路进行仿真分析，除了完成原理图的设计以外，还必须往电路中添加仪表来测试电路的数据。这些仪表的使用、读数、感觉与实验室中的真实仪表一模一样，但使用更简单、便捷和安全。

1）从电路窗口的右侧仪表栏中单击所需的仪器或将 Simulate 菜单中的仪器库（Instruments）点亮，然后单击所需的仪器，如附图 16 所示。也可从快捷菜单中选择所需的仪表。如万用表、功率表和示波器等。

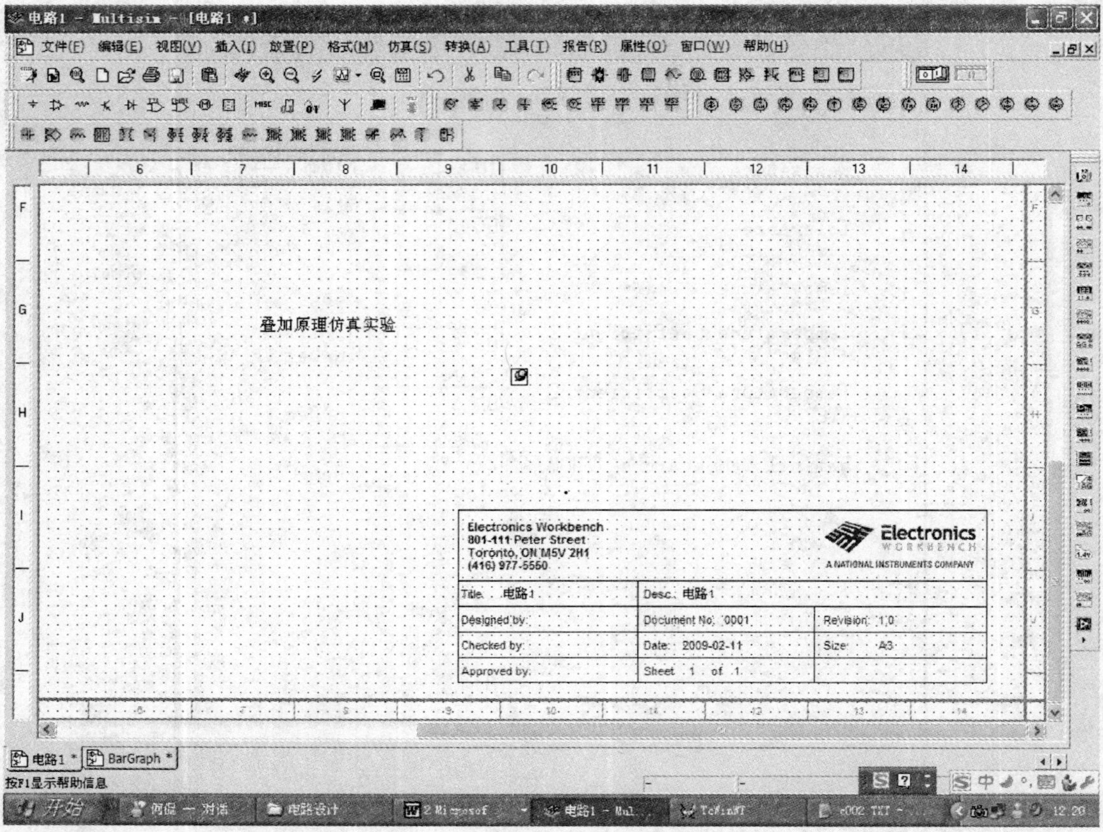

附图15 标题块

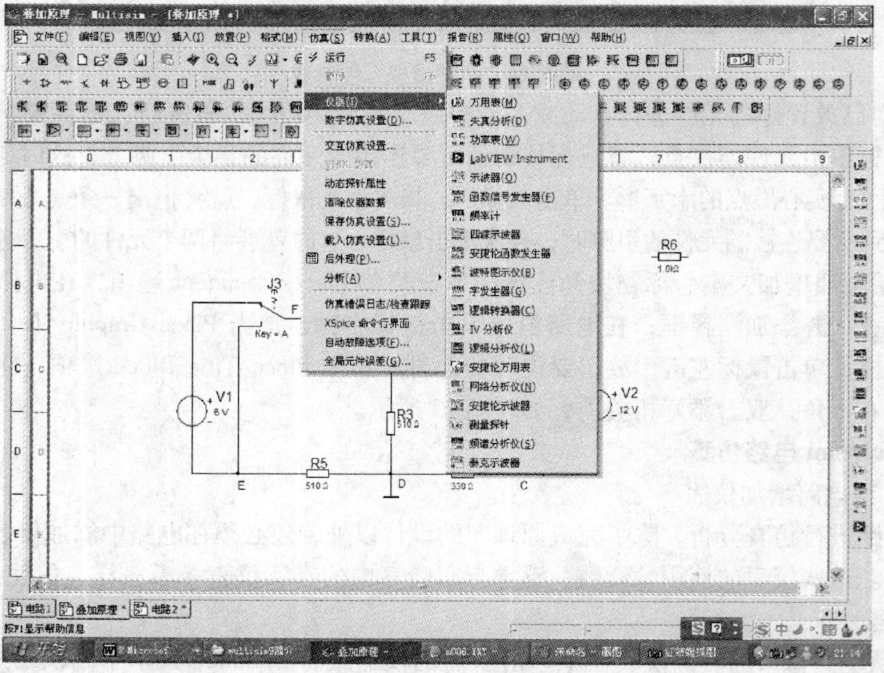

附图16 仿真仪表

2）单击 Place/Component 选项，在 Select Component 对话框中单击 Indicators，从中选择

电压表和电流表。电表分水平连接和垂直连接。移动鼠标至电路窗口电路中要测试点附近位置，单击鼠标，电表图标就出现在电路窗口，如附图 17 所示。

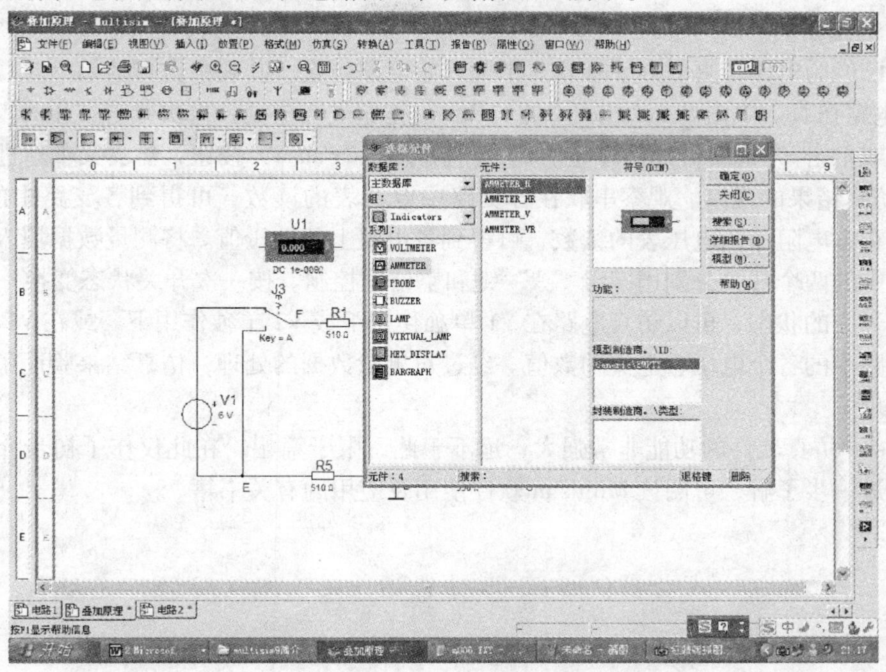

附图 17 添加仪表

3）将电压表和电流表分别连接到电路中，如附图 18 所示。

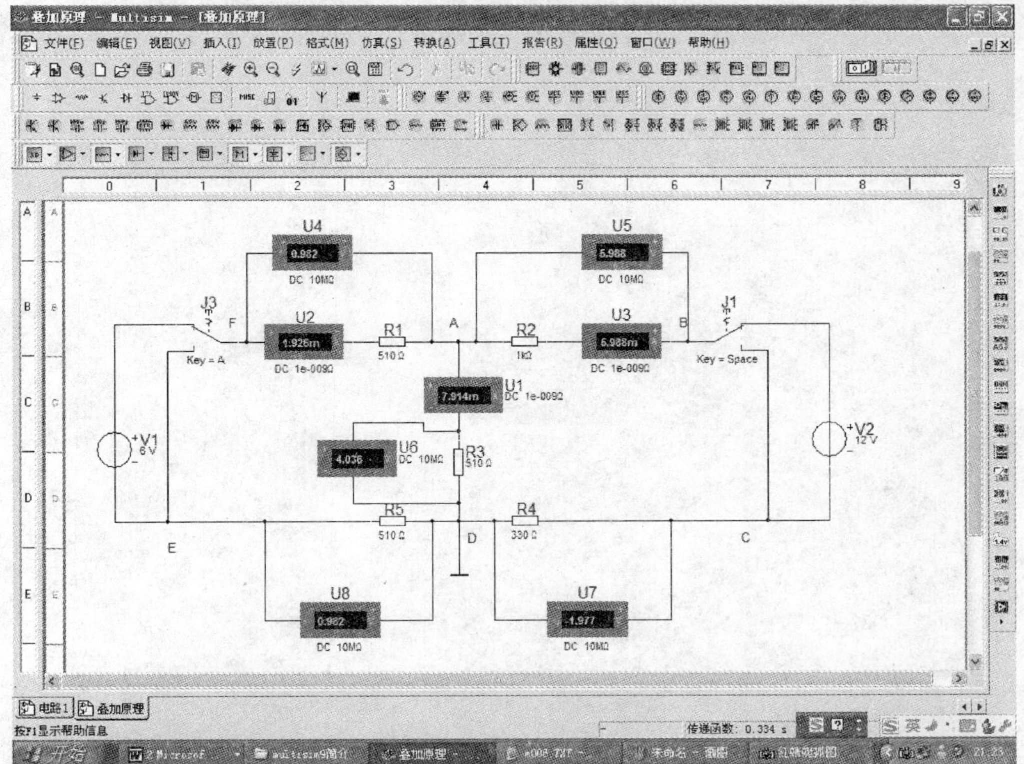

附图 18 电路仿真界面

4）双击电表图标，并对电表进行设置。在本仿真实验中，使用直流电压表和直流电流表进行仿真测试。

(2) 电路仿真

前面已经为电路仿真做好了准备。下面开始电路仿真，并观察仿真结果。

1）电路仿真。单击 Simulation 中的“Run”按钮进行仿真，再次单击“Run”按钮时仿真停止；或单击“Pause”按钮停止仿真，再次单击“Pause”按钮，仿真又重新进行。

2）仿真结果的观察。观察串联在各支路中电流表的读数，可得到各支路中的电流值；观察并联在各电阻上的电压表的读数，可得到各电阻上的电压值。将测量数据填入表格中。

电路中的两个开关分别用字母“A”键和空格键控制。按一次开关状态变换一次。通过控制两个开关的状态，可以仿真电路在 V1 单独作用下或 V2 单独作用下，或在 V1、V2 共同作用下电路中的各个电压、电流的数值。经过对测量数据的处理，仿真结果验证了线性电路的叠加原理。

Multisim 仿真软件的功能非常强大，远不于此，限于篇幅，在此仅作了初步介绍，如果读者需要进一步了解，可阅读 Multisim 软件使用及应用的有关书籍。

习题参考答案

第1章 习题答案

1-1 a) $u=-2i$ b) $u=2i$ c) $u=-0.05\dfrac{di}{dt}$

d) $u=0.05\dfrac{di}{dt}$ e) $i=0.01\times10^{-6}\dfrac{du}{dt}$ f) $i=-0.01\times10^{-6}\dfrac{du}{dt}$

1-2 a) $u=10V$ b) $u=10V$ c) $u=-10V$ d) $u=-10V$

e) $i=2A$ f) $i=2A$ g) $i=-2A$ h) $i=-2A$

1-3 a) u 与 i 不关联 b) u 与 i 关联 c) u 与 i 关联 d) u 与 i 不关联

e) u_1 与 i_1 关联；u_2 与 i_2 不关联 f) u_1 与 i_1 关联；u_2 与 i_2 不关联

1-4 $u_R=20\sin314t$（V） $u_L=-2512\cos314t$（V） $u_C=-0.255\cos314t$（V）

1-5 1）电流源功率 $P_{is}=-60W$（发出功率）

电压源功率 $P_{us}=60W$（吸收功率）

2）$P_R=9W$（吸收功率） $P_{is}=-69W$（发出功率） $P_{us}=60W$（吸收功率）

且有：$P_R+P_{is}+P_{us}=0$（功率守恒）

3）$P_R=400W$（吸收功率） $P_{is}=-60W$（发出功率） $P_{us}=-340W$（发出功率）

1-6 2Ω电阻：$P=2W$；1Ω电阻：$P=4W$；4V电压源：$P=-4W$；2V电压源：$P=-2W$；

显然：$2W+4W+(-4)W+(-2)W=0$，符合功率守恒定律。

1-7 1V电压源：$P=2W$；3V电压源：$P=-18W$；

受控电流源：$P=12W$；电阻：$P=4W$

1-8 受控电压源：$P=108W$；受控电流源：$P=-72W$

1-9 1）由电容公式 $i=C\dfrac{du}{dt}$，稳定后电容两端电压变化率 $\dfrac{du}{dt}=0$，所以电容 $i=0$；

2）电容分压相似于电阻分流，因此 $u_1=\dfrac{20}{3}V$；$u_2=\dfrac{10}{3}V$

1-10 1）由电感公式 $u=L\dfrac{di}{dt}$，稳定后流过电感的电流变化率 $\dfrac{di}{dt}=0$，所以电感 $u=0$；

2）电感分流相似于电阻分压，因此 $i_{L1}=\dfrac{10}{3}A$，$i_{L2}=\dfrac{20}{3}A$

1-11 受控源功率：$P=-800W$（发出功率）

1-12 当 $t=2\sqrt{LC}$ 时，有 $W_L=W_C=8LC^2$

1-13 $u_1=-\dfrac{1}{4}V$

1-14 a）正确 b）错，改电流为 -5A 或改电压为 -10V

c）正确 d）正确

1-15 $t=1\text{s}$ 时 $u_C(1)=0.5\text{V}$；$t=5\text{s}$ 时 $u_C(5)=12.5\text{V}$；$t=10\text{s}$ 时 $u_C(10)=-12.5\text{V}$。

1-16 $t=5\text{s}$ 时 $i(5)=25\text{A}$；$t=10\text{s}$ 时 $i(10)=25\text{A}$；$t=15\text{s}$ 时 $i(15)=62.5\text{A}$

1-17 a）$e_{ba}=5\text{V}$，正确，因从 b 点到 a 点电压上升；

b）$u_{ab}=5\text{V}$，正确，因 a 点到 b 点电压下降；

c）$e_{ba}=5\text{V}$，错误，因从 a 点到 b 点电压下降；

d）$e_{dc}=5\text{V}$，错误，因电阻不存在电动势，电动势是电源独有概念（注：电动势为正表示电压上升，而电压为正表示电压下降）

1-18 平均功率：$P=0$；$i=-314\sin(314t+30°)$

第 2 章 习题答案

2-1 a）$u=40\text{V}$ b）$i=2\text{A}$ c）$u=10\text{V}$ d）$u=1\text{V}$

2-2 $i_1=0$；$i_2=4\text{A}$；$i_3=-4\text{A}$；$i_4=8\text{A}$；$i_5=18\text{A}$

2-3 $i_2=2\text{A}$

2-4 $u_{cb}=-13\text{V}$

2-5 本题支路数 $b=6$，节点数 $n=3$；KCL 可列 $n-1=3$ 个独立方程；KVL 可列 $b-(n-1)=3$ 个独立方程；多出的 KCL 与 KVL 方程不是相互独立的

2-6 $u=\frac{2}{3}\text{V}$

2-7 $I_1=\frac{10}{8}\text{mA}$；$U_0=\frac{150}{8}\text{V}$

2-8 $U_1=20\text{V}$；$U=200\text{V}$

2-9 $u=10\text{V}$

2-10 $u_{ab}=0.25(\sin t+e^{-t})$

2-11 $U=U'+U''=10-5=5\text{V}$

2-12 $u_0=3.23\text{V}$

2-13 输出电压 U_{ab} 是原有值的 1.8 倍

2-14 $\gamma=2$

2-15 电流表读数为 -110mA

2-16 a）$U=(R+r)i+Ri_s$

b）$U=(1-\beta)Ri+u_s$

2-17 $U=1.4\text{V}$

2-18 $I=1.5\text{mA}$

第 3 章 习题答案

3-1 填空题

(1) 3，3；(2) 4，4；(3) 4，4；(4) $\left(\frac{1}{2}+\frac{1}{5}\right)(U+6)-4-8+\left(1+\frac{1}{4}\right)U=0$，4V；(5) $-(1+2)\times2-(1+5)\times2+(1+2+5+10)I=0$，1A；(6) 4，3，1；(7) 5，2，3。

(8) $\frac{U_1}{R_1}+i=I_{S1}$，$\frac{U_2}{R_2}-i=I_{S2}$，$U_1-U_2=U_S$

(9) $I_1=4A$，$I_2=6A$

(10) $I_1=2A$，$I_2=3A$

3-2 $\begin{cases}I_1=1A\\I_2=2A\\I_3=1A\end{cases}$

3-3 $\begin{cases}I_1=-\frac{1}{3}A\\I_2=-\frac{2}{3}A\end{cases}$

3-4 列出的支路电流法方程如下：

KCL：$\begin{cases}I_1-I_3=-I_{S1}\\I_1+I_2=-I_{S2}\\I_2-I_4=I_{S1}\end{cases}$

KVL：$R_1I_1-R_2I_2-R_4I_4+R_3I_3=U_{S1}-U_{S2}$

3-5 $I_1=-2.25A$，$I_2=0.25A$，$I_3=0.75A$，$I_4=-2.75A$

3-6 $U_b=2.6\times6-30=-14.4V$

$U_a=-5.2V\quad U_c=-10.2V$

3-7 $U_1=\frac{7}{3}V$，$U_2=\frac{8}{3}V$，$U_3=-\frac{1}{3}V$

3-8 $\begin{cases}I_1=-6A\\I_2=-6A\end{cases}$

3-9 图a所示电路的回路分析法方程为：

$$\begin{cases}(R_1+R_2)I_{l1}-R_2I_{l3}=U_{S2}-U_{S1}\\(R_3+R_4)I_{l2}-R_4I_{l3}=-U_{S2}\\-R_2I_{l1}-R_4I_{l2}+(R_2+R_4)I_{l3}=-U_{S3}\end{cases}$$

图b所示电路的回路分析法方程为：

$$\begin{cases}(R_1+R_2+R_4)I_{l1}-R_2I_{l2}-R_4I_{l3}=0\\-R_2I_{l1}+(R_3+R_2)I_{l2}-R_3I_{l3}=U_{S1}+U_{S2}\\-R_4I_{l1}-R_3I_{l2}+(R_3+R_4+R_5)I_{l3}=-U_{S2}\end{cases}$$

3-10 $I_1=4A$，$I_2=6A$，$I_3=-2A$

3-11 $I_2=2A$，功率 $P=I_2^2\times5=20W$

3-12 图a）回路方程为：

$$\begin{cases} 7I_1 - 2I = 24 \\ 1 \cdot I_2 = -28 \\ -2I_1 + 6I = 4\text{V} \end{cases} \quad \text{解得：} I = 2\text{A}$$

图 b）回路方程为：$-R_2I_{S2} - R_1I_{S1} + (R_1 + R_2 + R_3)I = 0$

解得：$I = \dfrac{R_1I_{S1} + R_2I_{S2}}{R_1 + R_2 + R_3}$

3-13　$-2 \times 5 + 6I = 8$　得：$I = 3\text{A}$

3-14　$\begin{cases} I_{l2} = 1.5\text{A} \\ I_{l3} = 0.5\text{A} \\ U_o = 2 \times (I_{l2} - I_{l3}) = 2\text{V} \end{cases}$

3-15　参考电路图如下：

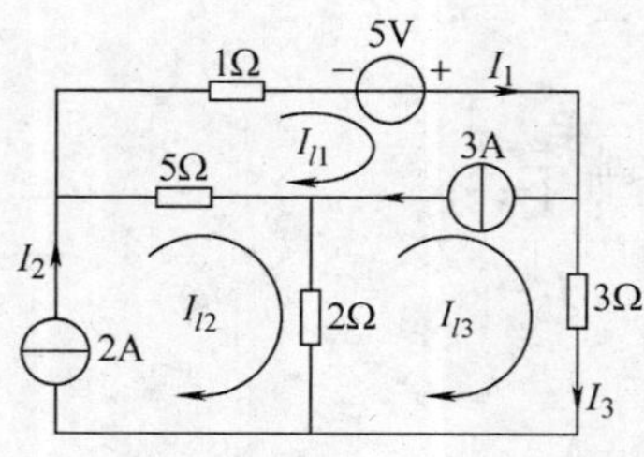

答案图 1

3-16　$\begin{cases} I_1 = -1\text{A} \\ I_2 = 1\text{A} \end{cases}$

3-17　$U_1 = 3\text{V}$，$U_2 = 1\text{V}$

3-18　$\begin{cases} U_{n1} = 0.8\text{V} \\ U_{n2} = 1.543\text{V} \\ U_{n3} = 2.114\text{V} \end{cases}$

3-19　$U_{n1} = 15\text{V}$，$I = 3.75\text{A}$

3-20　$(G_1 + G_2)U_{n1} = U_SG_1 + I_S$

3-21　参考电路图如下：

答案图 2

3-22 列出电压方程如下：

$$\begin{cases}U_a = 1\text{V} \\ -U_a + 2U_b - U_c = 1 \\ -U_a - U_b + 3U_c = 1\end{cases} \quad \text{解得：} \begin{cases}U_b = 1.6\text{V} \\ U_c = 1.2\text{V}\end{cases}$$

3-23 $\begin{cases}U_1 = 2\text{V} \\ U_2 = 4\text{V}\end{cases}$

3-24 $\begin{cases}I_1 = -3\text{A} \\ I_4 = 3/4\text{A}\end{cases}$

3-25

$$\begin{cases}8U_{n1} - 3U_{n2} = 10 - 5 \\ -3U_{n1} + 6U_{n2} - U_{n3} = 2i_x \\ U_{n3} = 4\text{V}\end{cases} \quad \text{补充方程：} i_x = 5\text{A} + (U_{n2} - U_{n3}) \times 1\text{S}$$

第4章 习题答案

4-1 $I_1 = 1.09\text{A}$，$I_2 = 0.82\text{A}$，$I_3 = 0.65\text{A}$，$U = 6\text{V}$

4-2 解：（1）当 $R_3 = 2\text{k}\Omega$ 时，$u_2 = 25\text{V}$，而 $i_2 = i_3 = 12.5\text{mA}$；（2）当 $R_3 = \infty$ 时，按分压公式 $u_2 = 33.3\text{V}$，而 $i_2 = 16.65\text{mA}$，$i_3 = 0$；（3）当 $R_3 = 0$ 时，有 $u_2 = 0\text{V}$，而 $i_3 = 50\text{mA}$，$i_2 = 0$

4-3 （1）$u_o = 38.46\text{V}$；（2）被测电压的真值为：$u_{ot} = 39.22\text{V}$；（3）相对测量误差为：$\delta = 1.94\%$

4-4 解：（1）$R_{ab} = R_2 + (-\mu R_1) + R_1 = R_1(1-\mu) + R_2$；（2）$R_{ab} = \dfrac{u_{ab}}{i_1} = R_1 + (1+\beta)R_2$

4-5 解：（1）$R_{ab} = \dfrac{u}{i} = \dfrac{1}{\dfrac{1}{R_2} + \dfrac{1+\beta}{R_1}} = \dfrac{R_1R_2}{R_1 + R_2(1+\beta)}$；（2）$R_{ab} = R_3 /\!/ R_1 /\!/ \left(-\dfrac{R_1}{\mu}\right) = R_3 /\!/ \dfrac{R_1}{1-\mu} = \dfrac{R_1R_3}{R_1 + (1-\mu)R_3}$

4-6 $R_i = \left(\dfrac{16}{5} - \dfrac{12}{5}\right)\Omega = \dfrac{4}{5}\Omega = 0.8\Omega$

4-7 $u_3 = 2i_1R_3 = 2 \times 6 \times 3\text{V} = 36\text{V}$

4-8 解：由题意得到下图，由图可得：

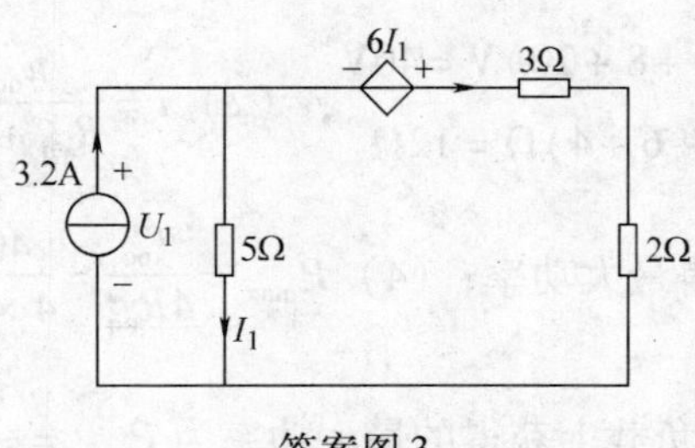

答案图 3

$$\begin{cases}P_{5\Omega}=I_1^2\times5=1^2\times5\text{W}=5\text{W}\\U_1=I_1\times5=1\times5\text{V}=5\text{V}\\P_{3.2\text{A}}=-U_1\times3.2=-5\times3.2\text{W}=-16\text{W}\\P_{2\Omega}=(3.2-1)^2\times2\text{W}=9.68\text{W}\end{cases}$$

$$\begin{cases}U_2=(3.2-1-2)\times3\text{V}=0.6\text{V}\\P_{3\Omega}=(3.2-1-2)^2\times3\text{W}=0.12\text{W}\\P_{2I_1}=0.6\times2\text{W}=1.2\text{W}\end{cases}$$

4-9　$i=\frac{-2}{5}\text{A}=-0.4\text{A}$

4-10　（1）如图4-50a所示，$R_{ab}=20\Omega$；（2）如图4-50b所示，$R_{ab}=1.5\Omega$；（3）如图4-50c所示，$R_{ab}=16.3\Omega$；（4）如图4-50d所示，$R_{ab}=R_3+(R_4/\!/R)=\frac{(G_1+G_2)(R_3+R_4)+R_3R_4G_1G_2}{R_4G_1G_2+G_1+G_2}$。

4-11　$U=4I_1-6I_2=(4\times2.5-6\times2.5)\text{V}=-5\text{V}$

$U_{ab}=5R_{ab}=5\times30\text{V}=150\text{V}$

4-12　$t=1\text{s}$时，有$u(1)=1.25\text{V}$；$t=2\text{s}$时，有$u(2)=5\text{V}$；$t=4\text{s}$时，有$u(4)=-5\text{V}$。

4-13　$t=1\text{s}$时，有$i(1)=2.5\text{A}$；$t=2\text{s}$时，有$i(2)=5\text{A}$；$t=3\text{s}$时，有$i(3)=5\text{A}$；$t=4\text{s}$时，有$i(4)=3.75\text{A}$。

4-14　（1）$C_{ab}=2.5\text{F}$；（2）$L_{ab}=10\text{H}$

4-15　（1）$u_{oc}=20\text{V}$；（2）$R_{ab}=6\Omega$

4-16　$i=\frac{1}{9}\text{A}$

4-17

$$\begin{cases}i_1(t)=\left(\frac{10}{2+2}+\frac{2}{2+2}\times2.5\text{e}^{-t}\right)\text{A}=2.5+1.25\text{e}^{-t}\text{A}\\i_2(t)=\left(\frac{10}{2+2}-\frac{2}{2+2}\times2.5\text{e}^{-t}\right)\text{A}=2.5-1.25\text{e}^{-t}\text{A}\end{cases}$$

4-18　a）$u_{oc}=166.7\text{V}$，$R_{eq}=10\Omega$；b）$u_{oc}=40\text{V}$，$R_{eq}=22.5\Omega$；c）$u_{oc}=\alpha U_s, R_{eq}=R_1+[\alpha R/\!/(1-\alpha)R]=R_1+\alpha(1-\alpha)R$；d）$R_{eq}=40\Omega$，$I_{sc}=2\text{A}$；e）$u_{oc}=(10-1\times5)\text{V}=5\text{V}$，$R_{eq}=\left(\frac{1}{0.2}+5\right)\Omega=10\Omega$；f）$u_{oc}=-2\text{V}$，$R_{eq}=8\Omega$；g）$u_{oc}=-7\text{V}$，$R_{eq}=\frac{2}{7}\Omega$

4-19　解：（1）$\begin{matrix}u_{oc}=(12+8+20)\text{V}=40\text{V}\\R_{eq}=(2+6+4)\Omega=12\Omega\end{matrix}$；（2）$i=\frac{u_{oc}}{R_{eq}+R_L}=\frac{40}{12+8}\text{A}=2\text{A}$；（3）当$R_L=R_{eq}=12\Omega$时，此电阻获得最大功率；（4）$P_{max}=\frac{u_{oc}^2}{4R_{eq}}=\frac{40^2}{4\times12}\text{W}=\frac{100}{3}\text{W}=33.3\text{W}$

4-20　$R_L=R_{eq}=9\Omega$时，负载上获得的最大功率为$P_{max}=\frac{u_{oc}^2}{4R_{eq}}=\frac{22^2}{4\times9}\text{W}=13.44\text{W}$

第5章 习题答案

5-1 （1）$7.07\angle-135°$；（2）$5\angle143.13°$；（3）$44.72\angle63.43°$；（4）$10\angle90°$；（5）$3\angle180°$；（6）$9.61\angle-73.19°$

5-2 （1）$2.92-j9.56$；（2）$-5.76+j13.85$；（3）$-1.06+j2.563$；（4）$-j10$；（5）-5；（6）$-7.07-j7.07$

5-3 $48.05\angle69.94°$；$0.52\angle-143.68°$

5-4 $-2.08-j9.56$；$2\angle107°$

5-5 $\dot{I}_1=10\angle90°$；$\dot{I}_2=5\sqrt{2}\angle-45°$；$\dot{U}=220\angle0°$

$i_1=10\sqrt{2}\cos(\omega t+90°)$；$i_2=10\cos(\omega t-45°)$；$u=220\sqrt{2}\cos\omega t$

5-6 （1）$u_1=50\sqrt{2}\cos(628t+30°)$ V；$u_2=100\sqrt{2}\cos(628t-150°)$ V；（2）$\varphi=30°-150°=180°$

5-7 （1）电阻$R=5\Omega$；（2）电容$C=2\times10^{-3}$F；（3）电感$L=10$H；（4）非R、L、C单一元件，电压超前电流相位45°，可知为电感与电阻串联组合。

5-8 a）14.1A；b）80V；c）2A；d）14.1V；e）10A，141V

5-9 a）$(1-j2)\Omega$，$(0.2+j0.4)$S；b）$(2-j1)\Omega$，$(0.4+j0.2)$S

5-10 （1）20Ω，0.05S；（2）$-0.71+j0.71$，$-0.71-j0.71$S；（3）$j20\Omega$，$-j0.05$S；（4）$(4.78+j1.46)\Omega$，$(0.19-j0.059)$S

5-11 $8.94\underline{/-26.57°}$V

5-12 $I=10$A，$X_C=17\Omega$，$R_2=X_L=8.5\Omega$

5-13 $I=10\sqrt{2}$A，$R=10\sqrt{2}\Omega$，$X_C=10\sqrt{2}\Omega$，$X_L=5\sqrt{2}\Omega$

5-14 $\dot{I}_1=(5-j5)$A，$\dot{I}_2=(5+j5)$A

5-15 $I=0.367$A，灯管上电压为103V，镇流器上电压为190V

5-16 $U=220$V，$I_1=15.6$A，$I_2=11$A，$I=11$A，$R=10\Omega$，$L=0.0318$H，$C=159\mu$F

5-17 $i_1=44\sqrt{2}\cos(314t-53.1°)$A，$i_2=22\sqrt{2}\cos(314t-36.9°)$A，
$i=65.3\sqrt{2}\cos(314t-47.7°)$A

5-18 $I_R=10$A，$I_L=10$A，$I_C=20$A，$I=10\sqrt{2}$A

5-19 $\dot{U}_{oc}\to\infty$，戴维南等效电路不存在；诺顿等效电路$\dot{I}_{sc}=-2j$，$\gamma_{eq}=0$

5-20 524Ω，1.7H，$\cos\varphi=0.5$，$C=2.58\mu$F

5-21 $Z_L=10-j20$，$P_{max}=0.005$W

第6章 习题答案

6-1 a）$\omega_{串}=\dfrac{1}{\sqrt{L(C_1+C_2)}}$，$\omega_{并}=\dfrac{1}{\sqrt{LC_2}}$；

b）$\omega_{串}=1/\sqrt{\dfrac{L_1+L_2}{L_1L_2C}}$，$\omega_{并}=\dfrac{1}{\sqrt{L_2C}}$；

c）$\omega_{串}=\dfrac{1}{\sqrt{L_2C}}$，$\omega_{并}=\dfrac{1}{\sqrt{C(L_1+L_2)}}$；

d）$\omega_{串}=\sqrt{\dfrac{L_1+L_2-2M}{C(L_1L_2-M^2)}}$，$\omega_{并}=\dfrac{1}{\sqrt{L_2C}}$

6-2　$R=100\Omega$，$C=1.67\times10^{-7}\text{F}$，$L=0.67\text{H}$，$Q=20$，$\rho=2000\Omega$，$WB=150\text{rad/s}$

6-3　$U_o=98\text{V}$

6-4　$I_4=4.54\text{A}$

6-5　$\dot{I}_{L1}=\dfrac{\sqrt{2}}{2}\underline{/-45°}\text{A}$，$\dot{I}_C=\dfrac{\sqrt{2}}{10}\underline{/135°}\text{A}$，$C=20\mu\text{F}$

6-6　a）$Z_{ab}=-\text{j}6\Omega$；b）$Z_{ab}=\text{j}\dfrac{7}{17}\Omega$；c）$Z_{ab}=\dfrac{1+\text{j}3}{5}\Omega$

6-7　S 打开$\dot{I}_1=10.85\underline{/-77.47°}\text{A}$；S 关闭$\dot{I}_1=43.86\underline{/-37.87°}\text{A}$

6-8　（1）$U_{L_1}=122\text{V}$，$U_{L_2}=305\text{V}$；（2）图略；（3）$C=33.3\mu\text{F}$

6-9　（1）1440W；（2）$Z_{ab}=56.91\underline{/13.28°}\Omega$

6-10　$Z_0=(32-\text{j}36)\Omega$，最大功率 160W

6-11　$\dot{I}_1=0\text{A}$，$\dot{U}_2=-40\text{V}$

6-12　$i_1(t)=6.71\cos(10t-17.35°)$ A；$i_2(t)=8\cos(10t+180°)$ A

6-13　（1）167.93V；（2）11.07A；（3）1145W

6-14　$i(t)=0.2\sqrt{2}\cos(3t-105°)$ A $+3.04\cos(5t-163.79°)$ A

6-15　$C_1=0.25\mu\text{F}$，$C_2=0.75\mu\text{F}$，电压表的读数 14.19V

第7章　习题答案

7-1　$U_P=220\text{V}$，$I_P=I_l=22\text{A}$

7-2　（1）$I_A=20\text{A}$，$I_B=I_C=10\text{A}$，$I_N=10\text{A}$，$U_P=220\text{V}$；（2）$U'_A=165\text{V}$，$U'_B=U'_C=251\text{V}$；（3）$I_B=I_C=17.3\text{A}$，$I_A=30\text{A}$，$U'_A=0$，$U'_B=U'_C=380\text{V}$；（4）$I_C=I_B=11.5\text{A}$，$I_A=0$，$U'_A=127\text{V}$，$U'_B=253\text{V}$

7-3　$U_P=U_l=220\text{V}$，$I_P=22\text{A}$，$I_l=38\text{A}$

7-4　线电流 $I_l=39.35\text{A}$

7-5　$I_P=11.56\text{A}$，$I_l=20\text{A}$

7-6　（1）$50.09\underline{/115.5°}\text{V}$，$68.17\underline{/-44.29°}\text{A}$，$44.51\underline{/-155.6°}\text{A}$，$76.07\underline{/94.76°}\text{A}$，$10.02\underline{/78.67°}\text{A}$

（2）$Z_N=0$ 时，$38.89\underline{/-165°}\text{A}$，$98.39\underline{/93.43°}\text{A}$，$98.27\underline{/116.3°}\text{A}$；$Z_N=\infty$ 时，$48.65\underline{/-129.8°}\text{A}$，$-48.65\underline{/-129.8°}\text{A}$

7-7　（1）803W，1893W；（2）1887var，0.8192

7-8 （1）两个功率表的读数分别为：2787.4W，-387.4W；（2）挂接Δ形三相对称电容：$C=27.19\mu F$/相，两个功率表的读数分别为1719.6W，680.4W

第8章 习题答案

8-1 $u_C(0_+)=10/3V$，$i_C(0_+)=i_1(0_+)=5/6A$，$i_2(0_+)=0$

8-2 $u_C(0_+)=10V$，$u_L(0_+)=-10V$，$i_C(0_+)=-5A$，$i_L(0_+)=2A$

8-3 $u_C(0_+)=20V$，$i_C(0_+)=0.5A$，$u_L(0_+)=20V$，$i_L(0_+)=1A$

8-4 电容上的电压和电流：$u_C(0_+)=6V$，$i_C(0_+)=-1.5A$；2Ω电阻上电压和电流：$u_{2\Omega}(0_+)=0V$，$i_{2\Omega}(0_+)=0A$；4Ω电阻上电压和电流：$u_{4\Omega}(0_+)=6V$，$i_{4\Omega}(0_+)=1.5A$

8-5 电阻支路的电流：$i_R(0_+)=0A$；电感支路的电流：$i_L(0_+)=2A$；电容支路的电流：$i_C(0_+)=-2A$

8-6 （1）$u_C(0_+)=0V$，$i_C(0_+)=1A$，$u_L(0_+)=5V$，$i_L(0_+)=0A$；
（2）$u_C(\infty)=5V$，$i_C(\infty)=0A$，$u_L(\infty)=0V$，$i_L(\infty)=1A$

8-7 $i_1(t)=0.5(1+e^{-20t})$ mA，$t\geqslant0$；$i_2(t)=0.5(1-e^{-20t})$ mA，$t\geqslant0$；
$i_C(t)=e^{-20t}$ mA，$t\geqslant0$

8-8 $i_1(t)=0.5\left(1+\frac{1}{3}e^{-\frac{200}{3}t}\right)A$，$t\geqslant0$；$i_2(t)=0.5\left(1-\frac{1}{3}e^{-\frac{200}{3}t}\right)A$，$t\geqslant0$；$i_C(t)=\frac{1}{3}e^{-\frac{200}{3}t}A$，$t\geqslant0$

8-9 充电和放电电路时间常数不相等，在充电的时候时间常数$\tau=\frac{1}{3}\times10^{-2}s$，放电电路时间常数$\tau=0.01s$

8-10 $i_L(0_+)=\frac{2}{3}A$；$i_L(t)=\frac{2}{3}e^{-2t}A$，$u_L(t)=-\frac{8}{3}e^{-2t}$ V，$t\geqslant0$

8-11 $u_C(0_+)=5V$时为RC充电状态，即电源电压高于电容的初始电压；
$u_C(0_+)=15V$时为RC放电状态，即电源电压低于电容的初始电压

8-12 $i_L(0_+)=-\frac{6}{5}A$，$i_L(t)=\frac{6}{5}-\frac{12}{5}e^{-\frac{5}{9}t}A$，$t\geqslant0$；$i(t)=\frac{9}{5}-\frac{8}{5}e^{-\frac{5}{9}t}A$，$t\geqslant0$

8-13 $u(t)=0.5e^{-500t}$ V，$t\geqslant0$

8-14 在$0\leqslant t\leqslant4s$时，电容正向充电，$u_C(t)=5(1-e^{-0.5t})V$；$t=4s$时，$u_C(4)=4.323V$，$4\leqslant t\leqslant8s$时，电容反向充电，$u_C(t)=-5+(4.323-5)e^{-0.5(t-4)}$ V；$t=8s$时，$u_C(8)=-4.908V$；$t\geqslant8s$时，电容反向放电$u_C(t)=-4.908e^{-0.5(t-8)}V$

8-15 $0\leqslant t\leqslant1s$，$i_L(t)=0.5(1-e^{-t})A$；$1\leqslant t\leqslant2s$，$i_L(t)=0.316e^{-(t-1)}A$

8-16 $i_L(t)=(1-e^{-7.5t})A$，$u_L(t)=7.5e^{-7.5t}$ V，$t\geqslant0$

8-17 图中开关闭合时，电源通过电阻给电感建立电流。当开关打开时，电感中的电流不能立即消失，由于二极管具有单向导电性电流可以通过二极管再流回电感。因此这里的二极管称为续流二极管

第9章 习题答案

9-1 (1) $F(s)=\frac{s^2-\omega^2}{(s^2+\omega^2)^2}$；(2) $F(s)=2e^{-s}-\frac{3}{s+a}$；(3) $F(s)=\frac{1+2e^{-s}}{s+1}+3e^{-2s}$；(4) $F(s)=\frac{1}{s^2}(e^{-s}-e^{-2s})$

9-2 $F(s)=\frac{1}{s}+\frac{1}{s^2}(e^{-s}-e^{-2s})$

9-3 (1) $f(t)=\delta(t-a)-be^{-b(t-a)}$；(2) $f(t)=2.4e^{-2t}-\frac{34}{9}e^{-3t}+\frac{152}{45}e^{-12t}$；(3) $f(t)=2te^{-t}+1$；(4) $f(t)=0.5\varepsilon(t)+0.26e^{-2t}\cos(2t-132.88°)$

9-4 图略

9-5 $i_L(t)=8e^{-0.5t}-10e^{-t}$A

9-6 $i_C(t)=5e^{-t}$A，$i_k(t)=10\varepsilon(t)$A，$i_L(t)=10\varepsilon(t)-5e^{-t}$A

9-7 $i(t)=5\cos(10t+60°)+1.58e^{-10t}$A

9-8 $u(t)=(83.58e^{-3t}-83.78e^{-15t}+2.2e^{-30t})$V

9-9 $i_L(t)=0.25e^{-t}$A

9-10 $i(t)=\frac{1}{3}(1-e^{-3t})$A

9-11 $u(t)=\left[0.5\varepsilon(t)+\frac{\sqrt{2}}{2}e^{-t}\cos(t+45°)\right]$V

9-12 $u_1(t)=\frac{25}{6}(\varepsilon(t)-e^{-2t})$V

第10章 习题答案

10-1 $Y_{11}=Y_1+Y_2$，$Y_{12}=-Y_2$；$Y_{21}=-Y_2-g_m$，$Y_{22}=Y_3+Y_2$

10-2 $H_{11}=1$，$H_{12}=0.5$；$H_{21}=-0.5$，$H_{22}=\frac{11}{4}$

10-3 根据图a

$$\begin{bmatrix}V_1\\I_1\end{bmatrix}=\begin{bmatrix}1 & sL_1\\0 & 1\end{bmatrix}\begin{bmatrix}V_2\\-I_2\end{bmatrix}$$

根据图b

$$\begin{bmatrix}V_1\\I_1\end{bmatrix}=\begin{bmatrix}1 & 0\\sC_2 & 1\end{bmatrix}\begin{bmatrix}V_2\\-I_2\end{bmatrix}$$

10-4 根据图a

$$\mathbf{Z}_{星形}=\begin{bmatrix}Z_1+Z_2 & Z_3\\Z_3 & Z_2+Z_3\end{bmatrix}$$